2020년 대비
2주만에 쉽고
재미있게
정리하는

소방 Vision
안전교육사
기출문제집

2014 · 2016 · 2018 · 2019 기출문제 수록

이 책의 머리말
Preface

　오랜 시간 공무원 시험을 준비하는 수험생들과 생활하였다. 누구든지 원하는 공직에 입문할 수 있도록 쉽고 재미있는 교재와 강의를 선보이기 위해 노력하였다. 방재안전직, 소방직 시험이 그것이다. 소방안전교육사 준비를 하는 많은 수험생들이 있을 것으로 생각한다. 그동안 동영상 강의가 부족하여 혼자서 공부하는 경우가 많았을 것으로 본다. 조금 더 효율성을 높이고 1차 필기와 2차 논술 시험을 쉽고 재미있게 준비할 수 있도록 시작하였다. 앞으로도 소방안전교육사와 관련된 도서를 출간할 예정인데 이에 앞서 기출문제집을 먼저 선보인다.

　노량진에서 각종 수험생들을 만났고 그들을 빠른 시간에 합격생으로 이끄는 일을 하였으며 지금도 그러하다. 객관식 시험의 특성이 존재하고 각 시험마다 지향하는 출제유형이 존재한다는 것을 기억하자. 소방안전교육사를 준비한다면 기출문제의 문제 하나하나를 면밀히 분석하여 묻고자 하고 출제의도가 무엇이고 답을 찾아가는 과정을 연구해야 한다. 무턱대고 많은 문제들을 접한다고 하여 고득점이 나오거나 합격점이 나오지는 않는다. 소방안전교육사 시험의 특성을 알기 쉽고 재미있게 소개하고자 이 책을 내는 바이다. 누구든지 원하는 바가 있으면 관심과 노력을 기울이고 최선을 다하면 된다. 본서가 합격으로 향하는 길에 작은 보탬과 큰 견인차가 되길 기원한다.

2020. 4. 1. 노량진 서재에서 정명재

이 책의 목차

Contents

- 1회 2014년 소방안전교육사 기출문제   2

- 2회 2016년 소방안전교육사 기출문제   94

- 3회 2018년 소방안전교육사 기출문제   163

- 4회 2019년 소방안전교육사 기출문제   223

1회 소방안전교육사(2014)

○ 제1과목: 소방학개론

01
연소하한계가 가장 낮은 것은?

① 아세틸렌
② 부탄
③ 메탄
④ 수소

해설

하한계가 낮을수록 위험한 것을 의미한다.

정답 ②

유제1 다음 가연성 물질 중 공기와 혼합기체를 형성할 경우 폭발 한계범위(연소범위)가 가장 좁은 물질은?

① 에탄(C_2H_6)
② 수소(H_2)
③ 일산화탄소(CO)
④ 암모니아(NH_3)

해설

○ 시험 빈출지문
1. 어떤 가연성기체의 연소범위 내에서 상호간의 온도를 표시하면, 인화점<연소점<발화점의 순으로 나타내어진다.
2. 폭발하한계가 낮을수록 위험하다.
3. 폭발상한계가 높을수록 위험하다.
4. 연소범위가 넓을수록 위험하다.
5. 염소범위의 하한계는 그 물질의 인화점에 해당한다.
6. 연소범위는 주변의 온도, 압력, 산소의 농도가 높을수록 위험하다.
7. 연소범위는 온도(압력)상승 시 상한계는 상승하고, 하한계는 변함이 없다. 단, 일산화탄소는 압력 상승 시 연소범위가 감소한다.
8. 불활성가스를 첨가할수록 연소범위는 좁아진다.
9. 연소범위 = 연소한계 = 폭발범위 = 폭발한계는 같은 의미의 용어임을 알아두자.

구분	하한계(%)	상한계(%)
수소	4	75
메탄	5	15
에탄	3	12.5
암모니아	15	28
일산화탄소	12.5	74

가스	폭발범위(하한계~상한계)
메탄	5~15
부탄	1.8~8.4
프로판	2.1~9.5
에탄	3~12.5
에틸렌	2.7~36
아세틸렌	2.5~81
일산화탄소	12.5~74
암모니아	15~28
수소	4~75

정답 ①

유제2 연소범위 및 연소한계에 대한 설명으로 옳은 것은?

① 연소하한계가 동일할 경우 연소범위가 넓은 물질이 위험성이 크다.
② 연소할 수 있는 농도의 최저치인 하한계 폭발농도만 존재한다.
③ 대기 중으로 누출 시 연소하한계가 높은 물질이 위험성이 크다.
④ 연소범위는 불연성가스가 공기 또는 산소와 혼합 시 발화 연소하는 데 필요한 가스의 농도이다.

해설

1) 연소할 수 있는 농도의 하한계와 상한계의 폭발농도가 존재한다.
2) 대기 중으로 누출 시 연소하한계가 (높은, 낮은) 물질이 위험성이 크다.
3) 연소하한계가 동일할 경우 연소범위가 (넓은, 좁은) 물질이 위험성이 크다.
4) 연소범위는 (불연성가스, 가연성가스)가 공기 또는 산소와 혼합 시 발화 연소하는 데 필요한 가스의 농도이다.
* 가연성가스: 폭발하한계가 10%이하 또는 상·하한계 값 차이가 20%이상인 가스
* 인화성가스: 섭씨 20도, 표준압력에서 공기와 혼합되었을 때 인화범위가 존재하는 가스를 말하며, 폭발하한이 12% 이하 또는 상한과 하한의 차이가 13% 이상인 가스를 인화성 가스로 정의한다. 수소, 아세틸렌, 에틸렌, 메탄, 에탄, 프로판, 부탄 등이 대표적이다.

가연성 가스	인화성가스
폭발하한계가 10%이하 또는 상·하한계 값 차이가 20%이상	폭발하한계가 12% 이하 또는 상·하한계의 차이가 13% 이상인 가스

정답 ①

유제3 프로판 75 vol%, 부탄 16 vol%, 에탄 9 vol%로 구성된 가스의 폭발하한계(vol%)는? (단, 프로판, 부탄, 에탄의 폭발하한계는 각각 2.5 vol%, 1.6 vol%, 3.0 vol%이고, 르샤틀리에(Le Chatelier)의 법칙을 이용하여 계산한 후 소수점 셋째자리에서 반올림한다)

① 1.43
② 1.98
③ 2.33
④ 3.43

해설

아래 식에서 L을 구하면 된다.

○ 르샤틀리에(Le Chatelier)의 법칙
100/L = [(75/2.5)+(16/1.6)+(9/3.0)]

정답 ③

02
다음 설명으로 가장 옳지 않은 것은?

① 대류·전도와 같이 열전달 매개체가 필요하며 전자파의 형태로 열에너지가 전달되는 현상을 복사라 한다.
② 물체 간 온도 차이로 한 물체에서 다른 물체로 직접 접촉에 의해 열에너지가 이동하는 현상을 전도라 한다.
③ 액체가 기체와 같은 유체를 열전달 매개체로 하여 유체의 온도변화에 따른 밀도차로 인해 열에너지가 전달되는 현상을 대류라 한다.
④ 수mm~수cm 정도의 크기를 가진 화염덩어리가 기류를 타고 다른 가연물로 이동하여 그 가연물을 착화시키는 현상을 '비화'라 한다.

해설

전도나 대류와는 달리 복사는 열을 전달하는 매체(매질)가 없어도 열전달이 일어난다는 점이다. 전도는 고체를 통하여 열이 이동되고 대류는 기체나 액체를 통하여 열이 전달되는 반면, 복사는 전자기파 형태로 매질 없이 열을 직접적, 순간적으로 이동시킨다.

전도	대류	복사
접촉(고체)	밀도 차(액체나 기체)	전자기파로 매질이 없어도 열전달이 가능. 예) 태양열

정답 ①

03

외부 화재로 탱크 내부 온도가 상승되어 탱크 내 가연성 액화가스의 급격한 비등 및 팽창으로 탱크 내벽에 균열이 생겨 내부 증기가 분출하면서 폭발하는 현상은?

① 증기운폭발(UVCE)
② 블래비(BLEVE)
③ 백 드래프트(back draft)
④ 보일오버(boil over)

해설

정답 ② 탱크 화재

유제 1 BLEVE에 대한 설명으로 옳은 것은?

① 가연성 고체분진이 공기 중에서 일정 농도 이상 부유하다 점화원을 만나 폭발을 일으키는 현상
② 유류를 저장하고 있는 탱크 내부에 수분이 존재할 경우, 탱크화재 시 수분이 기화하면서 유류가 탱크 외부로 분출되는 현상
③ 비등상태의 액화 가연성가스가 급속히 기화하고 팽창하면서 폭발하는 것으로, 액화석유가스 저장탱크가 화재에 노출되면 발생할 수 있는 현상
④ 높은 온도를 유지하고 있는 유류가 담긴 탱크 속에 수분이 함유되어 있을 경우, 수분이 기화되면서 탱크 안의 내용물이 넘치는 현상

해설

'비등액체 팽창 증기폭발'의 약자가 BELVE이다.
(Boiling Liquid Expanding Vapor Explosion: BELVE)

○ 비등액체 팽창 증기폭발 (BLEVE)
1) 발생단계
- 1단계: 가연성액체 탱크 주위에서 화재가 발생
- 2단계: 화재에 의한 외부열로 탱크벽이 가열
- 3단계: 탱크 내 압력이 급격히 상승
- 4단계: 외부화염이 증기만 존재하는 액 위 이상의 탱크벽과 천장에 도달하면 화염이 접촉되는 금속의 온도가 상승되어 구조적 강도 손실이 발생
- 5단계: 탱크는 파열되고 내용물은 폭발적으로 증발

2) 특징
  ㉠ BLEVE가 화재에 기인된 경우 거대한 Fire ball이 발생
  ㉡ BLEVE가 화재에 기인된 경우가 아닐 때는 증기운이 생성된 후 VCE(증기운폭발)로 발전
  ㉢ Fire ball에 의한 피해 : ㉠ 폭풍압 피해
                              ㉡ 복사열 피해 - 이것이 피해의 주종

정답 ③

유제2 원인물질의 상태에 따라 분류한 폭발 현상에 대해 설명한 것으로 옳지 않은 것은?

① 분무폭발 – 미세한 액적이 분무상으로 되어 착화원에 의하여 폭발
② 분해폭발 – 분해에 의하여 생성된 가스가 열팽창되고, 이때 생기는 압력 상승과 압력 방출에 의하여 폭발
③ 증기폭발 – 액상에서 기상으로 완만한 상변화에 의하여 폭발하한계 이하의 농도에서 폭발
④ 증기운폭발 – 대량의 가연성 액체가 유출하여 발생되는 구름상 증기가 공기와 혼합하여 착화원에 의하여 폭발

해설

증기폭발은 액상에서 기상으로 급격한 상태 변화에 의하여 폭발하는 것을 말한다.

정답 ③

유제3 연소 중인 유류탱크에 유류 표면의 온도보다 낮은 비등점의 액체(물 또는 포소화약제)를 방사했을 때 물 또는 포수용액이 급격히 증발하면서 유류가 팽창되어 넘쳐흐르는 현상은?

① 프로스오버(Froth Over)
② 블레비(BELVE)
③ 보일오버(Boil Over)
④ 슬롭오버(Slop Over)

> 해설

물 또는 포소화약제를 방사했을 때 슬롭오버(Slop Over)가 발생한다.

○ 읽기자료: 유류탱크 화재 시 발생하는 현상(개방된 탱크의 화재에서 발생)

1. 보일오버(Boil-over)

   연소유를 탱크 밖으로 비산시키며 연소하는 현상이다. 고온층이 화재의 진행과 더불어 액면 강화속도에 따라 점차 탱크 바닥으로 내려가게 되는데 이때 탱크바닥에서 물 또는 물과 기름의 에멀전(기름이 물속에 분산되어 있는 상태)이 존재하면 뜨거운 열류층의 온도에 의하여 물이 급격히 증발하면서 이에 수반되는 부피팽창으로 유류에 불이 붙은 채로 탱크 밖으로 분출되는 현상이다. 소방활동에서 소방대에 큰 피해를 유발한다.

2. 슬롭오버(Slop-over)

   물이 연소유의 뜨거운 표면에 들어갈 때(열유층에 소화하기 위하여 물이나 포말을 주입할 때), 기름표면에서 화재가 발생하는 현상이다. 유화제로 소화하기 위한 물이 수분의 급격한 증발에 의하여 액면이 거품을 일으키면서 열유층 밑의 냉유가 급히 열팽창하여 기름의 일부가 불이 붙은 채 탱크벽을 넘어서 일출하는 현상이다. (* 유화제는 물과 기름처럼 섞이기 힘든 성질의 재료를 혼합하는 데 쓴다.) 유류의 액표면 온도가 물의 비점 이상으로 올라가게 되어 소화용수가 뜨거운 액표면에 유입하게 되면 물이 수증기로 변하면서 급작스러운 부피 팽창에 의해 유류가 탱크 외부로 분출되는 현상으로 중질유와 같이 점성이 큰 유류에서 주로 발생한다.

3. 프로스오버(Froth-over)

   저장 탱크 속의 물이 점성을 가진 뜨거운 기름의 표면 아래에서 끓을 때 기름이 넘쳐흐르는 현상이다. 이는 화재 이외의 경우에도(화재를 수반하지 않고도) 물이 고점도의 유류 아래에서 비등할 때 탱크 밖으로 물과 기름이 거품(froth)과 같은 상태로 넘치는 현상으로 전형적인 예는 뜨거운 아스팔트가 물이 약간 태워진 무개 탱크차에 옮겨질 때 일어난다. 고온의 아스팔트에 의해서 탱크차 속의 물이 가열되고 끓기 시작하면 아스팔트는 탱크차 밖으로 넘치게 된다.

4. 오일오버(Oil-over)

   저장 탱크 내에 위험물이 50% 이하로 저장되어 있는 경우에 화재로 고온의 열이 전달되면 탱크 내 온도상승으로 공기가 팽창하여 폭발하는 현상이다.

5. 블레비(BLEVE : Boiling Liquid Expanding Vapor Explosion)

   가연성 액체 저장탱크 주위에서 화재 등이 발생하여 기상부의 탱크 강판이 국부적으로 가열되면 그 부분의 강도가 약해져서 그로 인해 탱크가 파열된다. 이때 내부에서 가열된 액화가스가 급격히 유출 팽창되어 화구(fire ball)을 형성하여 폭발하는 형태를 말한다. 인화성 액체 탱크는 BLEVE와 동시에 fire ball을 형성하므로 위험성은 증대된다. UVCE(증기운폭발)의 위험성은 폭발압인데 반해, BLEVE의 위험성은 복사열이 피해를 가중시키는 중요요소이다.

   ○ BLEVE 발생단계
   1) 탱크 주위에 화재 발생
   2) 열에 의한 탱크 벽의 가열
   3) 액의 온도증가 및 탱크 내의 압력 증가
   4) 금속의 온도 상승 및 구조적 강도의 손실
   5) 탱크의 파열 및 폭발

6. 증기운 폭발(UVCE : Unconfined Vapor Cloud Explosion)

   대기 중에 대량의 가스나 인화성 액체가 유출되어 그것으로부터 발생되는 증기가 대기 중 공기와 혼합하여 폭발성 증기운(Vapor Cloud)를 형성하고 착화원에 의해 화구(fire ball) 형태로 착화 폭발하는 현상을 말한다.

○ 키워드로 암기하면 아주 쉽다.

슬롭오버 (Slop over)	후로스오버 (Froth over)	보일오버 (Boil over)	오일오버 (Oil-over)
표면	표면 아래	바닥	50% 이하

정답 ④

> **유제 4** 정전기로 인한 폭발을 방지하기 위한 대책으로 옳지 않은 것은?
>
> ① 폭발성 분체 혹은 액체 분출 시 파이프 내 유속을 줄여 대전량을 적게 한다.
> ② 기계설비 금속부분을 접지한다.
> ③ 가능한 도전성 재료를 사용하고, 그렇지 못할 경우 부도체의 표면을 도전성 재료로 대전 방지 조치한다.
> ④ 실내 기온을 높여 상대습도를 낮춘다.

해설

○ 정전기 예방을 위한 기술상의 지침
제7조(코팅, 함침 공정) ① 페인트, 락카 등 유기용제를 직물이나 종이 등에 가공하는 공정의 경우 다음 각 호의 사항 중 해당 공정에 적합한 조치를 강구하여야 한다.
1. 코팅기계가 설치된 바닥은 도전성 재질로 마감하고 접지할 것
2. 작업자는 도전성 신발을 신어야 하며, 주위 바닥을 깨끗하게 유지하여 작업자와 대지가 절연상태가 되지 않도록 할 것
3. 정전기 제전기는 직물이 풀리는 장소, 롤러 위, 전개용 칼 아래 등에 설치하고 모든 기계부분들이 상호 본딩되고 접지되도록 할 것
4. 코팅기 주위가 충분히 환기되도록 하여 폭발분위기 조성이 안되도록 할 것
5. 작업공정이나 제품품질에 지장을 초래하지 않는 경우 상대습도를 50퍼센트 이상 높이는 방법을 고려할 것
6. 솔벤트 용기 등은 밀봉된 구조로 하고 폐쇄배관을 통하여 주입되도록 할 것
7. 용제탱크, 기계, 배관등 모든 관련 설비는 상호 본딩하고 접지하여야 하며, 접지저항은 1메가옴 이하로 할 것
8. 전기적으로 절연된 배관 이음부, 기계의 접속부는 모두 본딩할 것
9. 가연성 액체가 전달되는 계통은 용기로부터 모두 상호 본딩시키고 접지를 할 것
10. 본딩 및 접지에 사용되는 도체는 내부식성 및 기계적 강도가 충분하고 5.5제곱미터 이상의 전선을 사용할 것
11. 동력전달에 사용되는 고무, 가죽제품의 벨트 및 롤러는 도전성 제품을 사용할 것
12. 인화성 액체를 용기에 분사 또는 낙하시킬 때에는 가능한 한 용기 바닥까지 배관을 연장시킬 것

정답 ④

> **유제 5** 건축물 화재 시 발생하는 특수한 화재현상으로 가장 옳지 않은 것은?
>
> ① 플래시백(Flash Back)
> ② 보일오버(Boil Over)
> ③ 플래시오버(Flash-Over)
> ④ 롤 오버(Roll-Over)

해설

유탱크 화재 시 발생하는 현상이다.

정답 ②

04
다음 중 화학적 폭발현상을 모두 고른 것은?

> ㉠ 산화폭발
> ㉡ 분해폭발
> ㉢ 중합폭발
> ㉣ 수증기폭발

① ㉠㉡㉢
② ㉠㉣
③ ㉡㉢
④ ㉠㉢㉣

해설

화학적 폭발과 물리적 폭발

> ○ 읽기자료: 화학적 폭발(기상폭발)과 물리적 폭발(응상폭발)
> 1. 화학적 폭발이란 화학반응에 의한 짧은 시간에 급격한 압력 상승을 수반할 때 압력이 급격하게 방출되어지면서 폭발하는 현상이다.
>   1) 산화폭발 - 가연성 가스, 증기, 분진, 미스트 등에 공기가 유입되어 혼합가스가 형성될 경우 산화성·환원성 고체 및 액체 혼합물 또는 화합물의 반응에 의해 발생.
>   2) 분해폭발 - 아세틸렌, 산화에틸렌과 같은 분해서 가스와 디아조화합물 등 자기분해서 고체류는 분해해서 폭발.
>   3) 중합폭발 - 염화비닐, 초산비닐, 시안화수소 그 외 중합물질 모노마가 폭발적으로 중합이 발생되면 격렬하게 발열하여 압력이 상승하고 용기가 파괴. 분출한 모노마 증기에 착화되어 2차적 산화폭발이 되어 발생피해를 확대시키는 폭발이다.
>   * PVC의 원료인 비닐 클로라이드 모노머(VCM)
> 2. 물리적 폭발은 물리적 변화로 인해 발생하는데 과열액체의 급격한 비등에 의한 증기폭발이 대표적이다.

정답 ①

유제1 다음의 폭발 현상 중 기상폭발의 범주에 속하지 않는 것은?

① 분무폭발
② 가스폭발
③ 응상폭발
④ 분진폭발

> [해설]

기상폭발과 응상폭발로 구분된다.

응상폭발(물리적 폭발)	기상폭발(화학적 폭발)
고체나 액체의 불안정한 물질의 연쇄적인 폭발현상으로 액체의 급속 가열인 수증기 폭발과 극저온 액화가스의 수면 유출적인 증기폭발이 있다. 수증기 폭발이 대표적이다. 수증기 폭발은 착화원과 가연물도 필요치 않는 상변화인 물리적인 폭발로 물과 고열물의 직접적인 접촉의 기회를 주지 않는 예방대책이 필요하다.	가연성 기체와 공기와의 혼합기 폭발인 가스폭발, 가연성 액체의 분무폭발, 가연성 고체 미분의 분진폭발, 분해 연소성 기체폭발인 분해폭발 등이 있다.

정답 ③

05
분진폭발에 관한 설명으로 가장 옳지 않은 것은?

① 분진의 발열량이 적을수록 폭발위험성이 커진다.
② 분진 내 휘발성분이 많을수록 폭발위험성이 커진다.
③ 분진의 부유성이 클수록 폭발위험성이 커진다.
④ 분진 내 존재하는 수분의 양이 적을수록 폭발위험성이 커진다.

> [해설]

정답 ①

유제1 분진폭발에 대한 내용으로 가장 옳지 않은 것은?

① 가스폭발에 비해 연소속도가 빠르다.
② 가스폭발에 비해 발생에너지가 크다.
③ 연소 후의 가스 상에 일산화탄소가 다량 존재하기 쉽다.
④ 가스폭발에 비해 폭발압력이 작다.

> [해설]

분진폭발은 가스폭발에 비해 연소 속도나 폭발 압력은 작으나, 연소시간이 길고 발생 에너지가 크기 때문에 파괴력과 연소 정도가 크다.

정답 ①

■ 유제2 폭발에 대한 설명으로 옳지 않은 것은?

① 분진폭발은 불완전연소를 일으키기 쉬우므로 일산화탄소가 발생하여 가스 중독 위험성이 있다.
② 산소 농도가 감소할수록 폭발농도 범위가 좁아진다.
③ 분진폭발은 폭발압력이 선행하고 1/10 ~ 2/10초 늦게 화염이 온다.
④ 분진폭발은 가스폭발보다 발생에너지가 작기 때문에 폭발에 의한 피해가 작다.

해설

분진폭발은 연소속도와 폭발압력은 일반적인 가스폭발과 비교하여 작지만,
연소기간은 길고 발생에너지가 크기에 연소규모 [단위부피당 발열량이]가 크다.

○ **분진폭발의 특징**
1) 1차 폭발 ⇒ 작은 폭풍 ⇒ 주변 분진(퇴적물) 교란 ⇒ (1차 폭발의)열, 빛에 의해 ⇒ 2차 폭발
2) 가스와 비교하여 불완전 연소를 일으키기 쉽기 때문에 CO가 다량으로 발생 하게 되어 가스중독을 초래한다.

정답 ④

■ 유제3 분진폭발에 영향을 미치는 인자에 대한 설명으로 옳지 않은 것은?

① 입자가 작을수록 폭발이 용이해진다.
② 분말의 형상이 평편상보다 둥글수록 폭발이 용이해진다.
③ 휘발성분이 많을수록 폭발이 용이해진다.
④ 공기 중에서 부유성이 클수록 위험성이 커진다.

해설

구상(둥근 모양) → 침상(뾰족한 모양) → 평편상(넓은 모양)의 입자 순으로 폭발성이 증가한다.

정답 ②

■ 유제4 연소와 폭발현상에 대한 설명으로 가장 옳은 것은?

① 산화에틸렌은 표면 화재를 일으키면서 나중에 심부 화재로 변하며 발열, 화합 반응을 하는 물질에 의해 상압에서 발생하는 폭발이다.
② 폭발은 개방된 공간에서 압력파의 전달로 폭음과 충격파를 가진 이상팽창을 말한다.
③ 탱크 내부의 가스가 화재 시 따뜻한 기류로 쌓여 있다가 폭발하는 것을 블레비현상이라고 한다.
④ 분진폭발은 가연성가스가 폭발범위 내의 농도로 공기가 조연성 가스 중에 존재할 때 점화원에 의해 폭발하는 현상으로 가장 일반적인 폭발이다.

해설

탱크 내부의 액화가스가 화재 시 따뜻한 기류가 쌓여 있다가 폭발하는 것을 '블레비 현상'이라고 한다.
① 산화에틸렌은 산소가 없는 상태에서도 단독으로 발열, 분해 반응을 하는 물질에 의해 상압보다 고압에서 발생하는 '분해폭발'을 발생시킨다.
② 폭발은 밀폐된 공간에서 압력파의 전달로 폭음을 동반한 충격파를 가진 이상팽창을 말한다.
④ 가스폭발은 가연성가스가 폭발범위 내의 농도로 공기나 조연성 가스 중에 존재할 때, 점화원에 의해 폭발하는 현상으로 가장 일반적인 폭발이다.
* 표면화재는 탈 것 외부에 불이 붙어 눈에 보이는 화재고 심부화재는 불꽃은 보이지 않지만 탈 것 내부에 연소가 진행 중인 상태다.
* 분해폭발은 석유화학공업에서 다량으로 취급하고 있는 에틸렌, 산화에틸렌이나 금속의 용접, 용단에 널리 사용되고 있는 아세틸렌등이 어떤 조건하에서 분해하는 경우가 있고, 이때에는 상당히 큰 발열을 동반하기 때문에 분해에 의해 생성된 가스가 열팽창 되고 이때 생성되는 압력상승 이 압력의 방출에 의해 지연성 가스가 전혀 필요 없이 폭발이 일어난다. 화염, 스파크, 가열 등의 열원에 의하여 발생하는 경우가 많지만, 밸브의 개폐에 의한 단열압축열에 발화하는 경우도 있다. 분해폭발의 대부분이 가연성가스로서 공기가 혼재할 때는 가스폭발의 위험도 겸하여 갖고 있다. 그러므로 분해폭발은 가스폭발의 특수한 경우로 취급하고 있다. 예) 아세틸렌: 1.5기압 또는 섭씨 110도 이상에서 탄소와 수소로 분리되면서 분해폭발을 일으키므로 온도, 압력에 특히 주의할 것
* 지연성(조연성)가스는 자신은 연소하지 않고 연소를 도와주는 가스로 산소, 공기, 염소, 이산화질소, 불소 등이다.

정답 ③

06

내화건축물의 화재특성에 관한 설명으로 가장 옳지 않은 것은?

① 일반적으로 목재건축물에 비해 저온장기형 화재특성을 나타내는 경우가 많다.
② 일반적으로 초기-성장기-최성기-종기의 화재 진행과정을 나타낸다.
③ 최성기에서 종기로 넘어가는 시기에 플래시오버(flash over)가 발생한다.
④ 화재하중이 높을수록 화재가혹도가 크다.

해설

소방용어의 의미를 자주 출제한다. 최성기 전이 플래시오버(flash over)이다. 내화건축물의 화재특성으로는 저온(900~1,100℃), 장기형(2~3시간)의 특징을 나타낸다.

○ 건축화재
① 목조(고온단기) : 30~40분, 1100~1300℃ 온도
② 내화(고온장기) : 2~3시간, 900~1100℃ 온도(단, 목재에 비해 저온장기형)

○ 소방용어 정의

화재강도 (fire intensity)	화재 가혹도 (fire severity)	화재 하중 (fire load)	훈소 화재 (smoldering)
화재실의 단위 시간당 축적되는 열의 양	• '화재심도'라고도 한다. 화재로 인한 피해정도를 판단하는 최고의 척도이다. • 화재가혹도 = 최고온도 × 지속시간.	단위 면적당 가연물의 중량	밀폐된 공간에서 산소의 양이 부족한 상태에서 가연물이 열분해에 의해 불꽃 없이 가연성 가스 또는 분해생성물만을 발생

○ 가연물의 주된 열전달 방식

성장기까지는	플래시오버 즈음
대류	복사

플래시오버를 정의하면 '복사열에 가연물이 노출되어 거의 일시적으로 발화점에 도달하고 화재가 빠르게 확산되어 최성기에 이르러 구획실 또는 밀폐공간 전체가 화염에 휩싸이는 화재의 전환상황'이다. 플래시오버는 성장기와 최성기간의 과도적 시기이다. 즉, 화재의 성장이 현저하게 증가하는 현상이 플래시오버이다.
구획실 화재 초기단계의 주변 열전달 방식은 '대류'이지만 플래시오버를 넘어서게 되면 지배적인 열전달방식은 '복사'이다. 플래시오버가 발생하는 즈음에는 구획실 전체의 열전달 매커니즘 중에서 복사열 전달방식이 지배적으로 된다.
화재의 진행은 발화기-성장기-플래시오버-최성기-쇠퇴기이다.

정답 ③

07

소방기본법령상 화재원인조사의 종류에 해당되지 않는 것은?

① 인명피해조사
② 피난상황조사
③ 연소상황조사
④ 발견·통보 및 초기 소화상황 조사

해설

화재원인조사와 화재피해조사를 구분할 수 있어야 한다.

1. **화재원인조사**
   가. 발화원인 조사 : 발화지점, 발화열원, 발화요인, 최초착화물 및 발화관련기기 등
   나. 발견, 통보 및 초기소화상황 조사 : 발견동기, 통보 및 초기소화 등 일련의 행동과정
   다. 연소상황 조사 : 화재의 연소경로 및 연소확대물, 연소확대사유 등
   라. 피난상황 조사 : 피난경로, 피난상의 장애요인 등
   마. 소방·방화시설 등 조사 : 소방·방화시설의 활용 또는 작동 등의 상황
2. **화재피해조사**
   가. 인명피해
      1) 화재로 인한 사망자 및 부상자
      2) 화재진압 중 발생한 사망자 및 부상자
   나. 재산피해
      1) 소실피해 : 열에 의한 탄화, 용융, 파손 등의 피해
      2) 수손피해 : 소화활동으로 발생한 수손피해 등
      3) 기타피해 : 연기, 물품반출, 화재 중 발생한 폭발 등에 의한 피해 등

정답 ①

08 ★

옥내소화전 방수압력이 5 kgf/cm² 이었을 경우 약 몇 Pa인가?(단, 중력가속도는 9.8m/s²이다)

① 490 Pa
② 500 Pa
③ 50,000 Pa
④ 490,000 Pa

해설

Pa = N/m²
1cm² = 0.0001m²

정답 ④

09

비상방송설비의 화재안전기준에서 규정된 음향장치 설치기준으로 옳지 않은 것은?

① 조작부의 조작스위치는 바닥으로부터 0.5m 이상 1.5m 이하의 높이에 설치할 것
② 음량조정기를 설치하는 경우 음량조정기의 배선은 3선식으로 할 것
③ 확성기의 음성입력은 3W(실내에 설치하는 것에 있어서는 1W) 이상일 것
④ 증폭기 및 조작부는 수위실 등 상시 사람이 근무하는 장소로서 점검이 편리하고 방화상 유효한 곳에 설치할 것

해설

화재안전기준(NFSC 202)

> **제1조(목적)** 이 기준은 「화재예방, 소방시설 설치·유지 및 안전관리에 관한 법률」제9조 제1항에 따라 소방청장에게 위임한 사항 중 경보설비인 비상방송설비의 설치·유지 및 안전관리에 필요한 사항을 규정함을 목적으로 한다.
> **제2조(적용범위)** 「화재예방, 소방시설 설치·유지 및 안전관리에 관한 법률 시행령」(이하 "영"이라 한다) 별표 5 제2호 나목에 따른 비상방송설비는 이 기준에서 정하는 규정에 따라 설비를 설치하고 유지·관리하여야 한다.
> **제3조(정의)** 이 기준에서 사용되는 용어의 정의는 다음과 같다.
> 1. "확성기"란 소리를 크게 하여 멀리까지 전달될 수 있도록 하는 장치로써 일명 스피커를 말한다.
> 2. "음량조절기"란 가변저항을 이용하여 전류를 변화시켜 음량을 크게 하거나 작게 조절할 수 있는 장치를 말한다.
> 3. "증폭기"란 전압전류의 진폭을 늘려 감도를 좋게 하고 미약한 음성전류를 커다란 음성전류로 변화시켜 소리를 크게 하는 장치를 말한다.
> ★**제4조(음향장치)** 비상방송설비는 다음 각 호의 기준에 따라 설치하여야 한다. 이 경우 엘리베이터 내부에는 별도의 음향장치를 설치할 수 있다.
> 1. 확성기의 음성입력은 3W(실내에 설치하는 것에 있어서는 1W) 이상일 것
> 2. 확성기는 각층마다 설치하되, 그 층의 각 부분으로부터 하나의 확성기까지의 수평거리가 25m 이하가 되도록 하고, 해당층의 각 부분에 유효하게 경보를 발할 수 있도록 설치할 것
> 3. 음량조정기를 설치하는 경우 음량조정기의 배선은 3선식으로 할 것
> 4. 조작부의 조작스위치는 바닥으로부터 0.8m 이상 1.5m 이하의 높이에 설치할 것
> 5. 조작부는 기동장치의 작동과 연동하여 해당 기동장치가 작동한 층 또는 구역을 표시할 수 있는 것으로 할 것

6. 증폭기 및 조작부는 수위실 등 상시 사람이 근무하는 장소로서 점검이 편리하고 방화상 유효한 곳에 설치할 것
7. 층수가 5층 이상으로서 연면적이 3,000㎡를 초과하는 특정소방대상물은 다음 각 목에 따라 경보를 발할 수 있도록 하여야 한다.
   가. 2층 이상의 층에서 발화한 때에는 발화층 및 그 직상층에 경보를 발할 것
   나. 1층에서 발화한 때에는 발화층·그 직상층 및 지하층에 경보를 발할 것
   다. 지하층에서 발화한 때에는 발화층·그 직상층 및 기타의 지하층에 경보를 발할 것
7의2. 삭제
8. 다른 방송설비와 공용하는 것에 있어서는 화재 시 비상경보외의 방송을 차단할 수 있는 구조로 할 것
9. 다른 전기회로에 따라 유도장애가 생기지 아니하도록 할 것
10. 하나의 특정소방대상물에 2 이상의 조작부가 설치되어 있는 때에는 각각의 조작부가 있는 장소 상호간에 동시통화가 가능한 설비를 설치하고, 어느 조작부에서도 해당 특정소방대상물의 전 구역에 방송을 할 수 있도록 할 것
11. 기동장치에 따른 화재신고를 수신한 후 필요한 음량으로 화재발생 상황 및 피난에 유효한 방송이 자동으로 개시될 때까지의 소요시간은 10초 이하로 할 것
12. 음향장치는 다음 각 목의 기준에 따른 구조 및 성능의 것으로 하여야 한다.
    가. 정격전압의 80% 전압에서 음향을 발할 수 있는 것을 할 것
    나. 자동화재탐지설비의 작동과 연동하여 작동할 수 있는 것으로 할 것

제5조(배선) 비상방송설비의 배선은「전기사업법」제67조에 따른 기술기준에서 정한 것외에 다음 각 호의 기준에 따라 설치하여야 한다.
1. 화재로 인하여 하나의 층의 확성기 또는 배선이 단락 또는 단선되어도 다른 층의 화재통보에 지장이 없도록 할 것
2. 전원회로의 배선은 옥내소화전설비의화재안전기준(NFSC 102) 별표 1에 따른 내화배선에 따르고, 그 밖의 배선은 옥내소화전설비의화재안전기준(NFSC 102) 별표 1에 따른 내화배선 또는 내열배선에 따라 설치할 것
3. 전원회로의 전로와 대지 사이 및 배선상호간의 절연저항은「전기사업법」제67조에 따른 기술기준이 정하는 바에 따르고, 부속회로의 전로와 대지 사이 및 배선 상호간의 절연저항은 1경계구역마다 직류 250V의 절연저항측정기를 사용하여 측정한 절연저항이 0.1MΩ 이상이 되도록 할 것
4. 비상방송설비의 배선은 다른 전선과 별도의 관·덕트(절연효력이 있는 것으로 구획한 때에는 그 구획된 부분은 별개의 덕트로 본다) 몰드 또는 풀박스등에 설치할 것. 다만, 60V 미만의 약전류회로에 사용하는 전선으로서 각각의 전압이 같을 때에는 그러하지 아니하다.

제6조(전원) ① 비상방송설비의 상용전원은 다음 각 호의 기준에 따라 설치하여야 한다.
1. 전원은 전기가 정상적으로 공급되는 축전지, 전기저장장치(외부 전기에너지를 저장해 두었다가 필요한 때 전기를 공급하는 장치) 또는 교류전압의 옥내 간선으로 하고, 전원까지의 배선은 전용으로 할 것
2. 개폐기에는 "비상방송설비용"이라고 표시한 표지를 할 것

② 비상방송설비에는 그 설비에 대한 감시상태를 60분간 지속한 후 유효하게 10분 이상 경보할 수 있는 축전지설비(수신기에 내장하는 경우를 포함한다) 또는 전기저장장치(외부 전기에너지를 저장해 두었다가 필요한 때 전기를 공급하는 장치)를 설치하여야 한다.

제7조(설치·유지기준의 특례) 소방본부장 또는 소방서장은 기존건축물이 증축·개축·대수선되거나 용도 변경되는 경우에 있어서 이 기준이 정하는 기준에 따라 해당 건축물에 설치하여야 할 비상방송설비의 배관·배선 등의 공사가 현저하게 곤란하다고 인정되는 경우에는 해당 설비의 기능 및 사용에 지장이 없는 범위 안에서 비상방송설비의 설치·유지기준의 일부를 적용하지 아니할 수 있다.

정답 ①

10

화재예방, 소방시설 설치·유지 및 안전관리에 관한 법령상 단독경보형감지기를 설치하여야 하는 특정소방대상물에 해당되지 않는 것은?

① 연면적 600㎡ 미만의 숙박시설
② 연면적 1,000㎡ 미만의 아파트
③ 연면적 1,500㎡ 미만의 기숙사
④ 교육연구시설 또는 수련시설 내에 있는 합숙소 또는 기숙사로서 연면적 2,000㎡ 미만인 것

> **해설**

시행령 별표5 참조.

특정소방대상물의 관계인이 특정소방대상물의 규모·용도 및 수용인원 등을 고려하여 갖추어야 하는 소방시설의 종류
(제15조 관련)

1. 소화설비
   가. 화재안전기준에 따라 소화기구를 설치하여야 하는 특정소방대상물은 다음의 어느 하나와 같다.
      1) 연면적 33㎡ 이상인 것. 다만, 노유자시설의 경우에는 투척용 소화용구 등을 화재안전기준에 따라 산정된 소화기 수량의 2분의 1 이상으로 설치할 수 있다.
      2) 1)에 해당하지 않는 시설로서 지정문화재 및 가스시설
      3) 터널
   나. 자동소화장치를 설치하여야 하는 특정소방대상물은 다음의 어느 하나와 같다.
      1) 주거용 주방자동소화장치를 설치하여야 하는 것: 아파트등 및 30층 이상 오피스텔의 모든 층
      2) 캐비닛형 자동소화장치, 가스자동소화장치, 분말자동소화장치 또는 고체에어로졸자동소화장치를 설치하여야 하는 것: 화재안전기준에서 정하는 장소
   다. 옥내소화전설비를 설치하여야 하는 특정소방대상물(위험물 저장 및 처리 시설 중 가스시설, 지하구 및 방재실 등에서 스프링클러설비 또는 물분무등소화설비를 원격으로 조정할 수 있는 업무시설 중 무인변전소는 제외한다)은 다음의 어느 하나와 같다.
      1) 연면적 3천㎡ 이상(지하가 중 터널은 제외한다)이거나 지하층·무창층(축사는 제외한다) 또는 층수가 4층 이상인 것 중 바닥면적이 600㎡ 이상인 층이 있는 것은 모든 층
      2) 지하가 중 터널로서 다음에 해당하는 터널
         가) 길이가 1천미터 이상인 터널
         나) 예상교통량, 경사도 등 터널의 특성을 고려하여 총리령으로 정하는 터널
      3) 1)에 해당하지 않는 근린생활시설, 판매시설, 운수시설, 의료시설, 노유자시설, 업무시설, 숙박시설, 위락시설, 공장, 창고시설, 항공기 및 자동차 관련 시설, 교정 및 군사시설 중 국방·군사시설, 방송통신시설, 발전시설, 장례시설 또는 복합건축물로서 연면적 1천5백㎡ 이상이거나 지하층·무창층 또는 층수가 4층 이상인 층 중 바닥면적이 300㎡ 이상인 층이 있는 것은 모든 층
      4) 건축물의 옥상에 설치된 차고 또는 주차장으로서 차고 또는 주차의 용도로 사용되는 부분의 면적이 200㎡ 이상인 것
      5) 1) 및 3)에 해당하지 않는 공장 또는 창고시설로서「소방기본법 시행령」별표 2에서 정하는 수량의 750배 이상의 특수가연물을 저장·취급하는 것
   라. 스프링클러설비를 설치하여야 하는 특정소방대상물(위험물 저장 및 처리 시설 중 가스시설 또는 지하구는 제외한다)은 다음의 어느 하나와 같다.
      1) 문화 및 집회시설(동·식물원은 제외한다), 종교시설(주요구조부가 목조인 것은 제외한다), 운동시설(물놀이형 시설은 제외한다)로서 다음의 어느 하나에 해당하는 경우에는 모든 층
         가) 수용인원이 100명 이상인 것
         나) 영화상영관의 용도로 쓰이는 층의 바닥면적이 지하층 또는 무창층인 경우에는 500㎡ 이상, 그 밖의 층의 경우에는 1천㎡ 이상인 것
         다) 무대부가 지하층·무창층 또는 4층 이상의 층에 있는 경우에는 무대부의 면적이 300㎡ 이상인 것

라) 무대부가 다) 외의 층에 있는 경우에는 무대부의 면적이 500㎡ 이상인 것
2) 판매시설, 운수시설 및 창고시설(물류터미널에 한정한다)로서 바닥면적의 합계가 5천㎡ 이상이거나 수용인원이 500명 이상인 경우에는 모든 층
3) 층수가 6층 이상인 특정소방대상물의 경우에는 모든 층. 다만, 주택 관련 법령에 따라 기존의 아파트등을 리모델링하는 경우로서 건축물의 연면적 및 층높이가 변경되지 않는 경우에는 해당 아파트등의 사용검사 당시의 소방시설 적용기준을 적용한다.
4) 다음의 어느 하나에 해당하는 용도로 사용되는 시설의 바닥면적의 합계가 600㎡ 이상인 것은 모든 층
   가) 의료시설 중 정신의료기관
   나) 의료시설 중 종합병원, 병원, 치과병원, 한방병원 및 요양병원(정신병원은 제외한다)
   다) 노유자시설
   라) 숙박이 가능한 수련시설
5) 창고시설(물류터미널은 제외한다)로서 바닥면적 합계가 5천㎡ 이상인 경우에는 모든 층
6) 천장 또는 반자(반자가 없는 경우에는 지붕의 옥내에 면하는 부분)의 높이가 10m를 넘는 랙식 창고(rack warehouse)(물건을 수납할 수 있는 선반이나 이와 비슷한 것을 갖춘 것을 말한다)로서 바닥면적의 합계가 1천5백㎡ 이상인 것
7) 1)부터 6)까지의 특정소방대상물에 해당하지 않는 특정소방대상물의 지하층·무창층(축사는 제외한다) 또는 층수가 4층 이상인 층으로서 바닥면적이 1천㎡ 이상인 층
8) 6)에 해당하지 않는 공장 또는 창고시설로서 다음의 어느 하나에 해당하는 시설
   가) 「소방기본법 시행령」 별표 2에서 정하는 수량의 1천 배 이상의 특수가연물을 저장·취급하는 시설
   나) 「원자력안전법 시행령」 제2조 제1호에 따른 중·저준위방사성폐기물(이하 "중·저준위방사성폐기물"이라 한다)의 저장시설 중 소화수를 수집·처리하는 설비가 있는 저장시설
9) 지붕 또는 외벽이 불연재료가 아니거나 내화구조가 아닌 공장 또는 창고시설로서 다음의 어느 하나에 해당하는 것
   가) 창고시설(물류터미널에 한정한다) 중 2)에 해당하지 않는 것으로서 바닥면적의 합계가 2천5백㎡ 이상이거나 수용인원이 250명 이상인 것
   나) 창고시설(물류터미널은 제외한다) 중 5)에 해당하지 않는 것으로서 바닥면적의 합계가 2천5백㎡ 이상인 것
   다) 랙식 창고시설 중 6)에 해당하지 않는 것으로서 바닥면적의 합계가 750㎡ 이상인 것
   라) 공장 또는 창고시설 중 7)에 해당하지 않는 것으로서 지하층·무창층 또는 층수가 4층 이상인 것 중 바닥면적이 500㎡ 이상인 것
   마) 공장 또는 창고시설 중 8)가)에 해당하지 않는 것으로서 「소방기본법 시행령」 별표 2에서 정하는 수량의 500배 이상의 특수가연물을 저장·취급하는 시설
10) 지하가(터널은 제외한다)로서 연면적 1천㎡ 이상인 것
11) 기숙사(교육연구시설·수련시설 내에 있는 학생 수용을 위한 것을 말한다) 또는 복합건축물로서 연면적 5천㎡ 이상인 경우에는 모든 층
12) 교정 및 군사시설 중 다음의 어느 하나에 해당하는 경우에는 해당 장소
   가) 보호감호소, 교도소, 구치소 및 그 지소, 보호관찰소, 갱생보호시설, 치료감호시설, 소년원 및 소년분류심사원의 수용거실
   나) 「출입국관리법」 제52조 제2항에 따른 보호시설(외국인보호소의 경우에는 보호대상자의 생활공간으로 한정한다. 이하 같다)로 사용하는 부분. 다만, 보호시설이 임차건물에 있는 경우는 제외한다.
   다) 「경찰관 직무집행법」 제9조에 따른 유치장
13) 1)부터 12)까지의 특정소방대상물에 부속된 보일러실 또는 연결통로 등
마. 간이스프링클러설비를 설치하여야 하는 특정소방대상물은 다음의 어느 하나와 같다.
1) 근린생활시설 중 다음의 어느 하나에 해당하는 것
   가) 근린생활시설로 사용하는 부분의 바닥면적 합계가 1천㎡ 이상인 것은 모든 층
   나) 의원, 치과의원 및 한의원으로서 입원실이 있는 시설
2) 교육연구시설 내에 합숙소로서 연면적 100㎡ 이상인 것
3) 의료시설 중 다음의 어느 하나에 해당하는 시설
   가) 종합병원, 병원, 치과병원, 한방병원 및 요양병원(정신병원과 의료재활시설은 제외한다)으로 사용되는 바닥면적의 합계가 600㎡ 미만인 시설
   나) 정신의료기관 또는 의료재활시설로 사용되는 바닥면적의 합계가 300㎡ 이상 600㎡ 미만인 시설
   다) 정신의료기관 또는 의료재활시설로 사용되는 바닥면적의 합계가 300㎡ 미만이고, 창살(철재·플라스틱 또는 목재 등으로 사람의 탈출 등을 막기 위하여 설치한 것을 말하며, 화재 시 자동으로 열리는 구조로 되어 있는 창살은 제외한다)이 설치된 시설
4) 노유자시설로서 다음의 어느 하나에 해당하는 시설

가) 제12조 제1항 제6호 각 목에 따른 시설(제12조 제1항 제6호 나목부터 바목까지의 시설 중 단독주택 또는 공동주택에 설치되는 시설은 제외하며, 이하 "노유자 생활시설"이라 한다)
나) 가)에 해당하지 않는 노유자시설로 해당 시설로 사용하는 바닥면적의 합계가 300㎡ 이상 600㎡ 미만인 시설
다) 가)에 해당하지 않는 노유자시설로 해당 시설로 사용하는 바닥면적의 합계가 300㎡ 미만이고, 창살(철재·플라스틱 또는 목재 등으로 사람의 탈출 등을 막기 위하여 설치한 것을 말하며, 화재 시 자동으로 열리는 구조로 되어 있는 창살은 제외한다)이 설치된 시설
5) 건물을 임차하여 「출입국관리법」 제52조 제2항에 따른 보호시설로 사용하는 부분
6) 숙박시설 중 생활형 숙박시설로서 해당 용도로 사용되는 바닥면적의 합계가 600㎡ 이상인 것
7) 복합건축물(별표 2 제30호 나목의 복합건축물만 해당한다)로서 연면적 1천㎡ 이상인 것은 모든 층

바. 물분무등소화설비를 설치하여야 하는 특정소방대상물(위험물 저장 및 처리 시설 중 가스시설 또는 지하구는 제외한다)은 다음의 어느 하나와 같다.
1) 항공기 및 자동차 관련 시설 중 항공기격납고
2) 차고, 주차용 건축물 또는 철골 조립식 주차시설. 이 경우 연면적 800㎡ 이상인 것만 해당한다.
3) 건축물 내부에 설치된 차고 또는 주차장으로서 차고 또는 주차의 용도로 사용되는 부분의 바닥면적이 200㎡ 이상인 층
4) 기계장치에 의한 주차시설을 이용하여 20대 이상의 차량을 주차할 수 있는 것
5) 특정소방대상물에 설치된 전기실·발전실·변전실(가연성 절연유를 사용하지 않는 변압기·전류차단기 등의 전기기기와 가연성 피복을 사용하지 않은 전선 및 케이블만을 설치한 전기실·발전실 및 변전실은 제외한다)·축전지실·통신기기실 또는 전산실, 그 밖에 이와 비슷한 것으로서 바닥면적이 300㎡ 이상인 것[하나의 방화구획 내에 둘 이상의 실(室)이 설치되어 있는 경우에는 이를 하나의 실로 보아 바닥면적을 산정한다]. 다만, 내화구조로 된 공정제어실 내에 설치된 주조정실로서 양압시설이 설치되고 전기기기에 220볼트 이하인 저전압이 사용되며 종업원이 24시간 상주하는 곳은 제외한다.
6) 소화수를 수집·처리하는 설비가 설치되어 있지 않은 중·저준위방사성폐기물의 저장시설. 다만, 이 경우에는 이산화탄소소화설비, 할론소화설비 또는 할로겐화합물 및 불활성기체 소화설비를 설치하여야 한다.
7) 지하가 중 예상 교통량, 경사도 등 터널의 특성을 고려하여 행정안전부령으로 정하는 터널. 다만, 이 경우에는 물분무소화설비를 설치하여야 한다.
8) 「문화재보호법」 제2조 제2항 제1호 및 제2호에 따른 지정문화재 중 소방청장이 문화재청장과 협의하여 정하는 것

사. 옥외소화전설비를 설치하여야 하는 특정소방대상물(아파트등, 위험물 저장 및 처리 시설 중 가스시설, 지하구 또는 지하가 중 터널은 제외한다)은 다음의 어느 하나와 같다.
1) 지상 1층 및 2층의 바닥면적의 합계가 9천㎡ 이상인 것. 이 경우 같은 구(區) 내의 둘 이상의 특정소방대상물이 행정안전부령으로 정하는 연소(延燒) 우려가 있는 구조인 경우에는 이를 하나의 특정소방대상물로 본다.
2) 「문화재보호법」 제23조에 따라 보물 또는 국보로 지정된 목조건축물
3) 1)에 해당하지 않는 공장 또는 창고시설로서 「소방기본법 시행령」 별표 2에서 정하는 수량의 750배 이상의 특수가연물을 저장·취급하는 것

2. 경보설비
가. 비상경보설비를 설치하여야 할 특정소방대상물(지하구, 모래·석재 등 불연재료 창고 및 위험물 저장·처리 시설 중 가스시설은 제외한다)은 다음의 어느 하나와 같다.
1) 연면적 400㎡(지하가 중 터널 또는 사람이 거주하지 않거나 벽이 없는 축사 등 동·식물 관련시설은 제외한다) 이상이거나 지하층 또는 무창층의 바닥면적이 150㎡(공연장의 경우 100㎡) 이상인 것
2) 지하가 중 터널로서 길이가 500m 이상인 것
3) 50명 이상의 근로자가 작업하는 옥내 작업장

나. 비상방송설비를 설치하여야 하는 특정소방대상물(위험물 저장 및 처리 시설 중 가스시설, 사람이 거주하지 않는 동물 및 식물 관련 시설, 지하가 중 터널, 축사 및 지하구는 제외한다)은 다음의 어느 하나와 같다.
1) 연면적 3천5백㎡ 이상인 것
2) 지하층을 제외한 층수가 11층 이상인 것
3) 지하층의 층수가 3층 이상인 것

다. 누전경보기는 계약전류용량(같은 건축물에 계약 종류가 다른 전기가 공급되는 경우에는 그 중 최대계약전류용량을 말한다)이 100암페어를 초과하는 특정소방대상물(내화구조가 아닌 건축물로서 벽·바닥 또는 반자의 전부나 일부를 불연재료 또는 준불연재료가 아닌 재료에 철망을 넣어 만든 것만 해당한다)에 설치하여야 한다. 다만, 위험물 저장 및 처리 시설 중 가스시설, 지하가 중 터널 또는 지하구의 경우에는 그러하지 아니하다.

라. 자동화재탐지설비를 설치하여야 하는 특정소방대상물은 다음의 어느 하나와 같다.

1) 근린생활시설(목욕장은 제외한다), 의료시설(정신의료기관 또는 요양병원은 제외한다), 숙박시설, 위락시설, 장례시설 및 복합건축물로서 연면적 600㎡ 이상인 것
2) 공동주택, 근린생활시설 중 목욕장, 문화 및 집회시설, 종교시설, 판매시설, 운수시설, 운동시설, 업무시설, 공장, 창고시설, 위험물 저장 및 처리 시설, 항공기 및 자동차 관련 시설, 교정 및 군사시설 중 국방·군사시설, 방송통신시설, 발전시설, 관광 휴게시설, 지하가(터널은 제외한다)로서 연면적 1천㎡ 이상인 것
3) 교육연구시설(교육시설 내에 있는 기숙사 및 합숙소를 포함한다), 수련시설(수련시설 내에 있는 기숙사 및 합숙소를 포함하며, 숙박시설이 있는 수련시설은 제외한다), 동물 및 식물 관련 시설(기둥과 지붕만으로 구성되어 외부와 기류가 통하는 장소는 제외한다), 분뇨 및 쓰레기 처리시설, 교정 및 군사시설(국방·군사시설은 제외한다) 또는 묘지 관련 시설로서 연면적 2천㎡ 이상인 것
4) 지하구
5) 지하가 중 터널로서 길이가 1천m 이상인 것
6) 노유자 생활시설
7) 6)에 해당하지 않는 노유자시설로서 연면적 400㎡ 이상인 노유자시설 및 숙박시설이 있는 수련시설로서 수용인원 100명 이상인 것
8) 2)에 해당하지 않는 공장 및 창고시설로서 「소방기본법 시행령」 별표 2에서 정하는 수량의 500배 이상의 특수가연물을 저장·취급하는 것
9) 의료시설 중 정신의료기관 또는 요양병원으로서 다음의 어느 하나에 해당하는 시설
　　가) 요양병원(정신병원과 의료재활시설은 제외한다)
　　나) 정신의료기관 또는 의료재활시설로 사용되는 바닥면적의 합계가 300㎡ 이상인 시설
　　다) 정신의료기관 또는 의료재활시설로 사용되는 바닥면적의 합계가 300㎡ 미만이고, 창살(철재·플라스틱 또는 목재 등으로 사람의 탈출 등을 막기 위하여 설치한 것을 말하며, 화재 시 자동으로 열리는 구조로 되어 있는 창살은 제외한다)이 설치된 시설
10) 판매시설 중 전통시장

마. **자동화재속보설비를 설치하여야 하는 특정소방대상물은 다음의 어느 하나와 같다.**
1) 업무시설, 공장, 창고시설, 교정 및 군사시설 중 국방·군사시설, 발전시설(사람이 근무하지 않는 시간에는 무인경비시스템으로 관리하는 시설만 해당한다)로서 바닥면적이 1천5백㎡ 이상인 층이 있는 것. 다만, 사람이 24시간 상시 근무하고 있는 경우에는 자동화재속보설비를 설치하지 않을 수 있다.
2) 노유자 생활시설
3) 2)에 해당하지 않는 노유자시설로서 바닥면적이 500㎡ 이상인 층이 있는 것. 다만, 사람이 24시간 상시 근무하고 있는 경우에는 자동화재속보설비를 설치하지 않을 수 있다.
4) 수련시설(숙박시설이 있는 건축물만 해당한다)로서 바닥면적이 500㎡ 이상인 층이 있는 것. 다만, 사람이 24시간 상시 근무하고 있는 경우에는 자동화재속보설비를 설치하지 않을 수 있다.
5) 「문화재보호법」 제23조에 따라 보물 또는 국보로 지정된 목조건축물. 다만, 사람이 24시간 상시 근무하고 있는 경우에는 자동화재속보설비를 설치하지 않을 수 있다.
6) 근린생활시설 중 의원, 치과의원 및 한의원으로서 입원실이 있는 시설
7) 의료시설 중 다음의 어느 하나에 해당하는 것
　　가) 종합병원, 병원, 치과병원, 한방병원 및 요양병원(정신병원과 의료재활시설은 제외한다)
　　나) 정신병원 및 의료재활시설로 사용되는 바닥면적의 합계가 500㎡ 이상인 층이 있는 것
8) 판매시설 중 전통시장
9) 1)부터 8)까지에 해당하지 않는 특정소방대상물 중 층수가 30층 이상인 것

바. **단독경보형 감지기를 설치하여야 하는 특정소방대상물은 다음의 어느 하나와 같다.**
1) 연면적 1천㎡ 미만의 아파트등
2) 연면적 1천㎡ 미만의 기숙사
3) 교육연구시설 또는 수련시설 내에 있는 합숙소 또는 기숙사로서 연면적 2천㎡ 미만인 것
4) 연면적 600㎡ 미만의 숙박시설
5) 라목7)에 해당하지 않는 수련시설(숙박시설이 있는 것만 해당한다)
6) 연면적 400㎡ 미만의 유치원

사. 시각경보기를 설치하여야 하는 특정소방대상물은 라목에 따라 자동화재탐지설비를 설치하여야 하는 특정소방대상물 중 다음의 어느 하나에 해당하는 것과 같다.
1) 근린생활시설, 문화 및 집회시설, 종교시설, 판매시설, 운수시설, 운동시설, 위락시설, 창고시설 중 물류터미널
2) 의료시설, 노유자시설, 업무시설, 숙박시설, 발전시설 및 장례시설
3) 교육연구시설 중 도서관, 방송통신시설 중 방송국
4) 지하가 중 지하상가

아. 가스누설경보기를 설치하여야 하는 특정소방대상물(가스시설이 설치된 경우만 해당한다)은 다음의 어느 하나와 같다.
　1) 판매시설, 운수시설, 노유자시설, 숙박시설, 창고시설 중 물류터미널
　2) 문화 및 집회시설, 종교시설, 의료시설, 수련시설, 운동시설, 장례시설
자. 통합감시시설을 설치하여야 하는 특정소방대상물은 지하구로 한다.

3. 피난구조설비
　가. 피난기구는 특정소방대상물의 모든 층에 화재안전기준에 적합한 것으로 설치하여야 한다. 다만, 피난층, 지상 1층, 지상 2층(별표 2 제9호에 따른 노유자시설 중 피난층이 아닌 지상 1층과 피난층이 아닌 지상 2층은 제외한다) 및 층수가 11층 이상인 층과 위험물 저장 및 처리시설 중 가스시설, 지하가 중 터널 또는 지하구의 경우에는 그러하지 아니하다.
　나. 인명구조기구를 설치하여야 하는 특정소방대상물은 다음의 어느 하나와 같다.
　　1) 방열복 또는 방화복(안전헬멧, 보호장갑 및 안전화를 포함한다), 인공소생기 및 공기호흡기를 설치하여야 하는 특정소방대상물: 지하층을 포함하는 층수가 7층 이상인 관광호텔
　　2) 방열복 또는 방화복(안전헬멧, 보호장갑 및 안전화를 포함한다) 및 공기호흡기를 설치하여야 하는 특정소방대상물: 지하층을 포함하는 층수가 5층 이상인 병원
　　3) 공기호흡기를 설치하여야 하는 특정소방대상물은 다음의 어느 하나와 같다.
　　　가) 수용인원 100명 이상인 문화 및 집회시설 중 영화상영관
　　　나) 판매시설 중 대규모점포
　　　다) 운수시설 중 지하역사
　　　라) 지하가 중 지하상가
　　　마) 제1호 바목 및 화재안전기준에 따라 이산화탄소소화설비(호스릴이산화탄소소화설비는 제외한다)를 설치하여야 하는 특정소방대상물
　다. 유도등을 설치하여야 할 대상은 다음의 어느 하나와 같다.
　　1) 피난구유도등, 통로유도등 및 유도표지는 별표 2의 특정소방대상물에 설치한다. 다만, 다음의 어느 하나에 해당하는 경우는 제외한다.
　　　가) 지하가 중 터널 및 지하구
　　　나) 별표 2 제19호에 따른 동물 및 식물 관련 시설 중 축사로서 가축을 직접 가두어 사육하는 부분
　　2) 객석유도등은 다음의 어느 하나에 해당하는 특정소방대상물에 설치한다.
　　　가) 유흥주점영업시설(「식품위생법 시행령」 제21조 제8호 라목의 유흥주점영업 중 손님이 춤을 출 수 있는 무대가 설치된 카바레, 나이트클럽 또는 그 밖에 이와 비슷한 영업시설만 해당한다)
　　　나) 문화 및 집회시설
　　　다) 종교시설
　　　라) 운동시설
　라. 비상조명등을 설치하여야 하는 특정소방대상물(창고시설 중 창고 및 하역장, 위험물 저장 및 처리 시설 중 가스시설은 제외한다)은 다음의 어느 하나와 같다.
　　1) 지하층을 포함하는 층수가 5층 이상인 건축물로서 연면적 3천㎡ 이상인 것
　　2) 1)에 해당하지 않는 특정소방대상물로서 그 지하층 또는 무창층의 바닥면적이 450㎡ 이상인 경우에는 그 지하층 또는 무창층
　　3) 지하가 중 터널로서 그 길이가 500m 이상인 것
　마. 휴대용 비상조명등을 설치하여야 하는 특정소방대상물은 다음의 어느 하나와 같다.
　　1) 숙박시설
　　2) 수용인원 100명 이상의 영화상영관, 판매시설 중 대규모점포, 철도 및 도시철도 시설 중 지하역사, 지하가 중 지하상가

4. 소화용수설비
　상수도소화용수설비를 설치하여야 하는 특정소방대상물은 다음 각 목의 어느 하나와 같다. 다만, 상수도소화용수설비를 설치하여야 하는 특정소방대상물의 대지 경계선으로부터 180m 이내에 지름 75㎜ 이상인 상수도용 배수관이 설치되지 않은 지역의 경우에는 화재안전기준에 따른 소화수조 또는 저수조를 설치하여야 한다.
　가. 연면적 5천㎡ 이상인 것. 다만, 위험물 저장 및 처리 시설 중 가스시설, 지하가 중 터널 또는 지하구의 경우에는 그러하지 아니하다.
　나. 가스시설로서 지상에 노출된 탱크의 저장용량의 합계가 100톤 이상인 것

5. 소화활동설비
　가. 제연설비를 설치하여야 하는 특정소방대상물은 다음의 어느 하나와 같다.
　　1) 문화 및 집회시설, 종교시설, 운동시설로서 무대부의 바닥면적이 200㎡ 이상 또는 문화 및 집회시설 중 영화상영관으로서 수용인원 100명 이상인 것

2) 지하층이나 무창층에 설치된 근린생활시설, 판매시설, 운수시설, 숙박시설, 위락시설, 의료시설, 노유자시설 또는 창고시설(물류터미널만 해당한다)로서 해당 용도로 사용되는 바닥면적의 합계가 1천㎡ 이상인 층
3) 운수시설 중 시외버스정류장, 철도 및 도시철도 시설, 공항시설 및 항만시설의 대합실 또는 휴게시설로서 지하층 또는 무창층의 바닥면적이 1천㎡ 이상인 것
4) 지하가(터널은 제외한다)로서 연면적 1천㎡ 이상인 것
5) 지하가 중 예상 교통량, 경사도 등 터널의 특성을 고려하여 행정안전부령으로 정하는 터널
6) 특정소방대상물(갓복도형 아파트등은 제외한다)에 부설된 특별피난계단 또는 비상용 승강기의 승강장

나. 연결송수관설비를 설치하여야 하는 특정소방대상물(위험물 저장 및 처리 시설 중 가스시설 또는 지하구는 제외한다)은 다음의 어느 하나와 같다.
1) 층수가 5층 이상으로서 연면적 6천㎡ 이상인 것
2) 1)에 해당하지 않는 특정소방대상물로서 지하층을 포함하는 층수가 7층 이상인 것
3) 1) 및 2)에 해당하지 않는 특정소방대상물로서 지하층의 층수가 3층 이상이고 지하층의 바닥면적의 합계가 1천㎡ 이상인 것
4) 지하가 중 터널로서 길이가 1천m 이상인 것

다. 연결살수설비를 설치하여야 하는 특정소방대상물(지하구는 제외한다)은 다음의 어느 하나와 같다.
1) 판매시설, 운수시설, 창고시설 중 물류터미널로서 해당 용도로 사용되는 부분의 바닥면적의 합계가 1천㎡ 이상인 것
2) 지하층(피난층으로 주된 출입구가 도로와 접한 경우는 제외한다)으로서 바닥면적의 합계가 150㎡ 이상인 것. 다만, 「주택법 시행령」 제21조 제4항에 따른 국민주택규모 이하인 아파트등의 지하층(대피시설로 사용하는 것만 해당한다)과 교육연구시설 중 학교의 지하층의 경우에는 700㎡ 이상인 것으로 한다.
3) 가스시설 중 지상에 노출된 탱크의 용량이 30톤 이상인 탱크시설
4) 1) 및 2)의 특정소방대상물에 부속된 연결통로

라. 비상콘센트설비를 설치하여야 하는 특정소방대상물(위험물 저장 및 처리 시설 중 가스시설 또는 지하구는 제외한다)은 다음의 어느 하나와 같다.
1) 층수가 11층 이상인 특정소방대상물의 경우에는 11층 이상의 층
2) 지하층의 층수가 3층 이상이고 지하층의 바닥면적의 합계가 1천㎡ 이상인 것은 지하층의 모든 층
3) 지하가 중 터널로서 길이가 500m 이상인 것

마. 무선통신보조설비를 설치하여야 하는 특정소방대상물(위험물 저장 및 처리 시설 중 가스시설은 제외한다)은 다음의 어느 하나와 같다.
1) 지하가(터널은 제외한다)로서 연면적 1천㎡ 이상인 것
2) 지하층의 바닥면적의 합계가 3천㎡ 이상인 것 또는 지하층의 층수가 3층 이상이고 지하층의 바닥면적의 합계가 1천㎡ 이상인 것은 지하층의 모든 층
3) 지하가 중 터널로서 길이가 500m 이상인 것
4) 「국토의 계획 및 이용에 관한 법률」 제2조 제9호에 따른 공동구
5) 층수가 30층 이상인 것으로서 16층 이상 부분의 모든 층

바. 연소방지설비는 지하구(전력 또는 통신사업용인 것만 해당한다)에 설치하여야 한다.

비고
별표 2 제1호부터 제27호까지 중 어느 하나에 해당하는 시설(이하 이 표에서 "근린생활시설등"이라 한다)의 소방시설 설치기준이 복합건축물의 소방시설 설치기준보다 강한 경우 복합건축물 안에 있는 해당 근린생활시설등에 대해서는 그 근린생활시설등의 소방시설 설치기준을 적용한다.

정답 ③

11
자동화재탐지설비의 감지기 중 열감지기의 종류가 아닌 것은?

① 보상식 스포트형 감지기
② 정온식 감지선형 감지기
③ 차동식 분포형 감지기
④ 광전식 분리형 감지기

> [해설]
>
> 감지기란 화재 시 발생하는 열, 연기, 불꽃 또는 연소생성물을 자동적으로 감지하여 수신기에 발신하는 장치를 말한다.
>
> ○ 감지기 종류
>
> | 열 감지기 | 연기 감지기 |
> |---|---|
> | 정온식, 차동식, 보상식 | 이온화식, 광전식 |
>
> (암기법) 정! 열 받으면 차 보상해 줄게.
>
> 정답 ④

12
피난기구의 화재안전기준상 노유자시설로 사용되는 층의 바닥 면적이 1,500㎡일 경우, 피난기구의 최소 설치개수는? (단, 피난기구설치의 감소기준은 고려하지 않는다)

① 1개
② 2개
③ 3개
④ 4개

> [해설]
>
> 피난기구의 화재안전기준(NFSC301) 참조.
>
> | 바닥면적 500㎡마다 | 바닥면적 800㎡마다 |
> |---|---|
> | 노유자시설, 숙박시설, 의료시설 | 위락시설 · 문화집회 및 운동시설 · 판매시설 |
>
> ○ 피난기구의 화재안전기준(NFSC301)
> 　제3조(정의) 이 기준에서 사용하는 용어의 정의는 다음과 같다.
> 　　1. "피난사다리"란 화재 시 긴급대피를 위해 사용하는 사다리를 말한다.
> 　　2. "완강기"란 사용자의 몸무게에 따라 자동적으로 내려올 수 있는 기구중 사용자가 교대하여 연속적으로 사용할 수 있는 것을 말한다.

3. "간이완강기"란 사용자의 몸무게에 따라 자동적으로 내려올 수 있는 기구중 사용자가 연속적으로 사용할 수 없는 것을 말한다.
4. "구조대"란 포지 등을 사용하여 자루형태로 만든 것으로서 화재시 사용자가 그 내부에 들어가서 내려옴으로써 대피할 수 있는 것을 말한다.
5. "공기안전매트"란 화재 발생시 사람이 건축물 내에서 외부로 긴급히 뛰어 내릴 때 충격을 흡수하여 안전하게 지상에 도달할 수 있도록 포지에 공기 등을 주입하는 구조로 되어 있는 것을 말한다.
6. 삭 제
7. "다수인피난장비"란 화재 시 2인 이상의 피난자가 동시에 해당층에서 지상 또는 피난층으로 하강하는 피난기구를 말한다.
8. "승강식 피난기"란 사용자의 몸무게에 의하여 자동으로 하강하고 내려서면 스스로 상승하여 연속적으로 사용할 수 있는 무동력 승강식피난기를 말한다.
9. "하향식 피난구용 내림식사다리"란 하향식 피난구 해치에 격납하여 보관하고 사용 시에는 사다리 등이 소방대상물과 접촉되지 아니하는 내림식 사다리를 말한다.

제4조(적응 및 설치개수 등) ① 피난기구는 별표 1에 따라 소방대상물의 설치장소별로 그에 적응하는 종류의 것으로 설치하여야 한다.
② 피난기구는 다음 각 호의 기준에 따른 개수 이상을 설치하여야 한다.
  1. 층마다 설치하되, 숙박시설·노유자시설 및 의료시설로 사용되는 층에 있어서는 그 층의 바닥면적 500㎡마다, <u>위락시설·문화집회 및 운동시설·판매시설로 사용되는 층</u> 또는 복합용도의 층(하나의 층이 영 별표 2 제1호 내지 제4호 또는 제8호 내지 제18호중 2 이상의 용도로 사용되는 층을 말한다)에 있어서는 그 층의 바닥면적 800㎡마다, 계단실형 아파트에 있어서는 각 세대마다, 그 밖의 용도의 층에 있어서는 그 층의 바닥면적 1,000㎡마다 1개 이상 설치할 것
  2. 제1호에 따라 설치한 피난기구 외에 숙박시설(휴양콘도미니엄을 제외한다)의 경우에는 추가로 객실마다 완강기 또는 둘 이상의 간이완강기를 설치할 것
  3. 제1호에 따라 설치한 피난기구 외에 공동주택(「공동주택관리법 시행령」제2조의 규정에 따른 공동주택에 한한다)의 경우에는 하나의 관리주체가 관리하는 공동주택 구역마다 공기안전매트 1개 이상을 추가로 설치할 것. 다만, 옥상으로 피난이 가능하거나 인접세대로 피난할 수 있는 구조인 경우에는 추가로 설치하지 아니할 수 있다.
③ 피난기구는 다음 각 호의 기준에 따라 설치하여야 한다.
  1. 피난기구는 계단·피난구 기타 피난시설로부터 적당한 거리에 있는 안전한 구조로 된 피난 또는 소화활동상 유효한 개구부(가로 0.5m이상 세로 1m이상인 것을 말한다. 이 경우 개구부 하단이 바닥에서 1.2m 이상이면 발판 등을 설치하여야 하고, 밀폐된 창문은 쉽게 파괴할 수 있는 파괴장치를 비치하여야 한다)에 고정하여 설치하거나 필요한 때에 신속하고 유효히 설치할 수 있는 상태에 둘 것
  2. 피난기구를 설치하는 개구부는 서로 동일직선상이 아닌 위치에 있을 것. 다만, 피난교·피난용트랩·간이완강기·아파트에 설치되는 피난기구(다수인 피난장비는 제외한다) 기타 피난 상 지장이 없는 것에 있어서는 그러하지 아니하다.
  3. 피난기구는 소방대상물의 기둥·바닥·보 기타 구조상 견고한 부분에 볼트조임·매입·용접 기타의 방법으로 견고하게 부착할 것
  4. 4층 이상의 층에 피난사다리(하향식 피난구용 내림식사다리는 제외한다)를 설치하는 경우에는 금속성 고정사다리를 설치하고, 당해 고정사다리에는 쉽게 피난할 수 있는 구조의 노대를 설치할 것
  5. 완강기는 강하 시 로프가 소방대상물과 접촉하여 손상되지 아니하도록 할 것
  6. 완강기로프의 길이는 부착위치에서 지면 기타 피난상 유효한 착지 면까지의 길이로 할 것
  7. 미끄럼대는 안전한 강하속도를 유지하도록 하고, 전락방지를 위한 안전조치를 할 것
  8. 구조대의 길이는 피난 상 지장이 없고 안정한 강하속도를 유지할 수 있는 길이로 할 것
  9. 다수인 피난장비는 다음 각 목에 적합하게 설치할 것
      가. 피난에 용이하고 안전하게 하강할 수 있는 장소에 적재 하중을 충분히 견딜 수 있도록「건축물의 구조기준 등에 관한 규칙」제3조에서 정하는 구조안전의 확인을 받아 견고하게 설치할 것

나. 다수인피난장비 보관실(이하 "보관실"이라 한다)은 건물 외측보다 돌출되지 아니하고, 빗물·먼지 등으로부터 장비를 보호할 수 있는 구조 일 것
다. 사용 시에 보관실 외측 문이 먼저 열리고 탑승기가 외측으로 자동으로 전개될 것
라. 하강 시에 탑승기가 건물 외벽이나 돌출물에 충돌하지 않도록 설치할 것
마. 상·하층에 설치할 경우에는 탑승기의 하강경로가 중첩되지 않도록 할 것
바. 하강 시에는 안전하고 일정한 속도를 유지하도록 하고 전복, 흔들림, 경로이탈 방지를 위한 안전조치를 할 것
사. 보관실의 문에는 오작동 방지조치를 하고, 문 개방 시에는 당해 소방대상물에 설치된 경보설비와 연동하여 유효한 경보음을 발하도록 할 것
아. 피난층에는 해당 층에 설치된 피난기구가 착지에 지장이 없도록 충분한 공간을 확보할 것
자. 한국소방산업기술원 또는 법 제42조 제1항에 따라 성능시험기관으로 지정받은 기관에서 그 성능을 검증받은 것으로 설치할 것

10. 승강식피난기 및 하향식 피난구용 내림식사다리는 다음 각 목에 적합하게 설치할 것
    가. 승강식피난기 및 하향식 피난구용 내림식사다리는 설치경로가 설치층에서 피난층까지 연계될 수 있는 구조로 설치할 것. 다만, 건축물의 구조 및 설치 여건 상 불가피한 경우에는 그러하지 아니 한다
    나. 대피실의 면적은 2㎡(2세대 이상일 경우에는 3㎡) 이상으로 하고, 「건축법 시행령」제46조 제4항의 규정에 적합하여야 하며 하강구(개구부) 규격은 직경60㎝ 이상일 것. 단, 외기와 개방된 장소에는 그러하지 아니 한다.
    다. 하강구 내측에는 기구의 연결 금속구 등이 없어야 하며 전개된 피난기구는 하강구 수평투영면적 공간 내의 범위를 침범하지 않는 구조이어야 할 것. 단, 직경 60㎝ 크기의 범위를 벗어난 경우이거나, 직하층의 바닥면으로부터 높이 50㎝ 이하의 범위는 제외 한다.
    라. 대피실의 출입문은 갑종방화문으로 설치하고, 피난방향에서 식별할 수 있는 위치에 "대피실" 표지판을 부착할 것. 단, 외기와 개방된 장소에는 그러하지 아니 한다.
    마. 착지점과 하강구는 상호 수평거리 15㎝이상의 간격을 둘 것
    바. 대피실 내에는 비상조명등을 설치 할 것
    사. 대피실에는 층의 위치표시와 피난기구 사용설명서 및 주의사항 표지판을 부착 할 것
    아. 대피실 출입문이 개방되거나, 피난기구 작동 시 해당층 및 직하층 거실에 설치된 표시등 및 경보장치가 작동되고, 감시 제어반에서는 피난기구의 작동을 확인 할 수 있어야 할 것
    자. 사용 시 기울거나 흔들리지 않도록 설치할 것
    차. 승강식피난기는한국소방산업기술원 또는 법 제42조 제1항에 따라 성능시험기관으로 지정받은 기관에서 그 성능을 검증받은 것으로 설치할 것
④ 피난기구를 설치한 장소에는 가까운 곳의 보기 쉬운 곳에 피난기구의 위치를 표시하는 발광식 또는 축광식표지와 그 사용방법을 표시한 표지를 부착하되, 축광식표지는 소방청장이 정하여 고시한「축광표지의 성능인증 및 제품검사의 기술기준」에 적합하여야 한다. 다만, 방사성물질을 사용하는 위치표지는 쉽게 파괴되지 아니하는 재질로 처리할 것

정답 ③

13 ★

소화수조 및 저수조의 화재안전기준상 1층 및 2층의 바닥면적의 합계가 20,000㎡인 특정소방대상물에 소화수조를 설치하는 경우, 소화수조의 최소저수량(㎥)과 흡수관투입구의 최소 설치개수는?

① 40㎥, 1개
② 40㎥, 2개
③ 60㎥, 1개
④ 60㎥, 2개

해설

소화수조 및 저수조의 화재안전기준(NFSC 402) 참조.

○ **소화수조 및 저수조의 화재안전기준(NFSC 402)**
제3조(정의) 이 기준에서 사용하는 용어의 정의는 다음과 같다
 1. "소화수조 또는 저수조"란 수조를 설치하고 여기에 소화에 필요한 물을 항시 채워두는 것을 말한다.
 2. "채수구"란 소방차의 소방호스와 접결되는 흡입구를 말한다.

제4조(소화수조 등) ① 소화수조, 저수조의 채수구 또는 흡수관투입구는 소방차가 2m 이내의 지점까지 접근할 수 있는 위치에 설치하여야 한다.
② 소화수조 또는 저수조의 **저수량**은 특정소방대상물의 연면적을 다음 표에 따른 기준면적으로 나누어 얻은 수(소수점 이하의 수는 1로 본다)에 20㎥를 곱한 양 이상이 되도록 하여야 한다.

소방대상물의 구분	면적
1. 1층 및 2층의 바닥면적 합계가 15,000㎡ 이상	7,500㎡
2. 1호에 해당하지 아니하는 그 밖의 소방대상물	12,500㎡

③ 소화수조 또는 저수조는 다음 각 호의 기준에 따라 흡수관투입구 또는 채수구를 설치하여야 한다.
 1. 지하에 설치하는 소화용수설비의 **흡수관투입구**는 그 한 변이 0.6m 이상이거나 직경이 0.6m 이상인 것으로 하고, 소요수량이 80㎥ 미만인 것은 1개 이상, 80㎥ 이상인 것은 2개 이상을 설치하여야 하며, "흡관투입구"라고 표시한 표지를 할 것
 2. 소화용수설비에 설치하는 **채수구**는 다음 각 목의 기준에 따라 설치할 것
  가. 채수구는 다음 표에 따라 소방용호스 또는 소방용흡수관에 사용하는 구경 65㎜ 이상의 나사식 결합금속구를 설치할 것

소요수량	20㎥ 이상 40㎥ 미만	40㎥ 이상 100㎥ 미만	100㎥ 이상
채수구의 수	1개	2개	3개

  나. 채수구는 지면으로부터의 높이가 0.5m 이상 1m 이하의 위치에 설치하고 "채수구"라고 표시한 표지를 할 것
④ 소화용수설비를 설치하여야 할 특정소방대상물에 있어서 유수의 양이 0.8㎥/min 이상인 유수를 사용할 수 있는 경우에는 소화수조를 설치하지 아니할 수 있다.

* 채수구 : 소화수조 저수조에 설치하는 것으로 소방차가 2m 이내까지 접근할 수 있는 곳에 설치. 소방차에 물을 공급해 주기 위한 연결구.

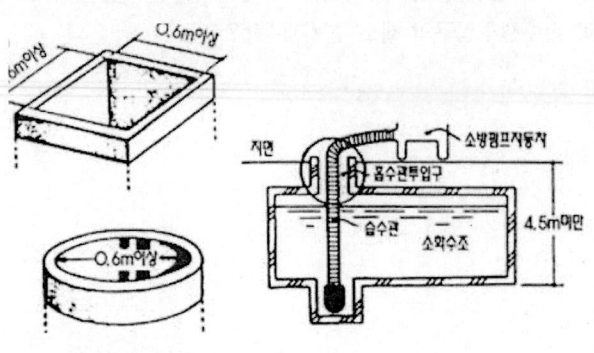

정답 ③

14
연결송수관설비의 화재안전기준에 관한 설명으로 옳지 않은 것은?

① 송수구는 지면으로부터 0.5m 이상 1m 이하의 위치에 설치하여야 한다.
② 배관 및 방수구의 주배관 구경은 65mm 이상의 것으로 하여야 한다.
③ 아파트의 1층 및 2층에는 연결송수관설비의 방수구를 설치하지 아니할 수 있다.
④ 방수기구함은 방수구가 가장 많이 설치된 층을 기준하여 3개 층마다 설치하되, 그 층의 방수구마다 보행거리 5m 이내에 설치하여야 한다.

해설

연결송수관설비의 화재안전기준(NFSC 502)
* 배관 구경은 배관 안쪽의 지름을 말한다.
* 연결송수관설비는 송수구, 배관, 방수기구함, 방수구, 소방용 호스, 방사형관창 등으로 구성.

> ○ **연결송수관설비의 화재안전기준(NFSC 502)**
> **제2조(적용범위)** 「화재예방, 소방시설 설치·유지 및 안전관리에 관한 시행령」(이하 "영"이라 한다) 별표 5의 제5호 나목에 따른 연결송수관설비는 이 기준에서 정하는 규정에 따라 설비를 설치하고 유지·관리하여야 한다.
> **제3조(정의)** 이 기준에서 사용하는 용어의 정의는 다음과 같다.
>   1. "주배관"이란 각 층을 수직으로 관통하는 수직배관을 말한다.
>   2. "송수구"란 소화설비에 소화용수를 보급하기 위하여 건물 외벽 또는 구조물의 외벽에 설치하는 관을 말한다.
>   3. "방수구"란 소화설비로부터 소화용수를 방수하기 위하여 건물내벽 또는 구조물의 외벽에 설치하는 관을 말한다.
>   4. "충압펌프"란 배관내 압력손실에 따라 주펌프의 빈번한 기동을 방지하기 위하여 충압역할을 하는 펌프를 말한다.
>   5. "정격토출량"이란 정격토출압력에서의 펌프의 토출량을 말한다.
>   6. "정격토출압력"이란 정격토출량에서의 펌프의 토출측 압력을 말한다.

7. "진공계"란 대기압 이하의 압력을 측정하는 계측기를 말한다.
8. "연성계"란 대기압 이상의 압력과 대기압 이하의 압력을 측정할 수 있는 계측기를 말한다.
9. "체절운전"이란 펌프의 성능시험을 목적으로 펌프토출측의 개폐밸브를 닫은 상태에서 펌프를 운전하는 것을 말한다.
10. "기동용 수압개폐장치"란 소화설비의 배관내 압력변동을 검지하여 자동적으로 펌프를 기동 및 정지시키는 것으로서 압력챔버 또는 기동용압력스위치 등을 말한다.

제4조(송수구) 연결송수관설비의 송수구는 다음 각 호의 기준에 따라 설치하여야 한다.
1. 소방차가 쉽게 접근할 수 있고 잘 보이는 장소에 설치할 것
2. 지면으로부터 높이가 0.5m 이상 1m 이하의 위치에 설치할 것
3. 송수구는 화재층으로부터 지면으로 떨어지는 유리창 등이 송수 및 그 밖의 소화작업에 지장을 주지 아니하는 장소에 설치할 것
4. 송수구로부터 연결송수관설비의 주배관에 이르는 연결배관에 개폐밸브를 설치한 때에는 그 개폐상태를 쉽게 확인 및 조작할 수 있는 옥외 또는 기계실 등의 장소에 설치할 것. 이 경우 개폐밸브에는 그 밸브의 개폐상태를 감시제어반에서 확인할 수 있도록 급수개폐밸브 작동표시 스위치를 다음 각 목의 기준에 따라 설치하여야 한다.
    가. 급수개폐밸브가 잠길 경우 탬퍼 스위치의 동작으로 인하여 감시제어반 또는 수신기에 표시되어야 하며 경보음을 발할 것
    나. 탬퍼 스위치는 감시제어반 또는 수신기에서 동작의 유무확인과 동작시험, 도통시험을 할 수 있을 것
    다. 급수개폐밸브의 작동표시 스위치에 사용되는 전기배선은 내화전선 또는 내열전선으로 설치할 것
5. 구경 65mm의 쌍구형으로 할 것
6. 송수구에는 그 가까운 곳의 보기 쉬운 곳에 송수압력범위를 표시한 표지를 할 것
7. 송수구는 연결송수관의 수직배관마다 1개 이상을 설치할 것. 다만, 하나의 건축물에 설치된 각 수직배관이 중간에 개폐밸브가 설치되지 아니한 배관으로 상호 연결되어 있는 경우에는 건축물마다 1개씩 설치할 수 있다.
8. 송수구의 부근에는 자동배수밸브 및 체크밸브를 다음 각목의 기준에 따라 설치할 것. 이 경우 자동배수밸브는 배관안의 물이 잘빠질 수 있는 위치에 설치하되, 배수로 인하여 다른 물건이나 장소에 피해를 주지 아니하여야 한다.
    가. 습식의 경우에는 송수구·자동배수밸브·체크밸브의 순으로 설치할 것
    나. 건식의 경우에는 송수구·자동배수밸브·체크밸브·자동배수밸브의 순으로 설치할 것
9. 송수구에는 가까운 곳의 보기 쉬운 곳에 "연결송수관설비송수구"라고 표시한 표지를 설치할 것
10. 송수구에는 이물질을 막기 위한 마개를 씌울 것

제5조(배관 등) ① 연결송수관설비의 배관은 다음 각 호의 기준에 따라 설치하여야 한다.
1. 주배관의 구경은 100mm 이상의 것으로 할 것
2. 지면으로부터의 높이가 31m 이상인 특정소방대상물 또는 지상 11층 이상인 특정소방대상물에 있어서는 습식설비로 할 것

② 배관과 배관이음쇠는 다음 각 호의 어느 하나에 해당하는 것 또는 동등 이상의 강도·내식성 및 내열성을 국내·외 공인기관으로부터 인정 받은 것을 사용하여야 하고, 배관용 스테인리스강관(KS D 3576)의 이음을 용접으로 할 경우에는 알곤용접방식에 따른다. 다만, 본 조에서 정하지 않은 사항은 건설기술 진흥법 제44조 제1항의 규정에 따른 건축기계설비공사 표준설명서에 따른다.
1. 배관 내 사용압력이 1.2 MPa 미만일 경우에는 다음 각 목의 어느 하나에 해당하는 것
    가. 배관용 탄소강관(KS D 3507)
    나. 이음매 없는 구리 및 구리합금관(KS D 5301). 다만, 습식의 배관에 한한다.
    다. 배관용 스테인리스강관(KS D 3576) 또는 일반배관용 스테인리스강관(KS D 3595)
    라. 덕타일 주철관(KS D 4311)
2. 배관 내 사용압력이 1.2 MPa 이상일 경우에는 다음 각 목의 어느 하나에 해당하는 것
    가. 압력배관용 탄소강관(KS D 3562)
    나. 배관용 아크용접 탄소강강관(KS D 3583)

③ 제2항에도 불구하고 다음 각 호의 어느 하나에 해당하는 장소에는 소방청장이 정하여 고시한「소방용합성수지배관의 성능인증 및 제품검사의 기술기준」에 적합한 소방용 합성수지배관으로 설치할 수 있다.
  1. 배관을 지하에 매설하는 경우
  2. 다른 부분과 내화구조로 구획된 덕트 또는 피트의 내부에 설치하는 경우
  3. 천장(상층이 있는 경우에는 상층바닥의 하단을 포함한다. 이하 같다)과 반자를 불연재료 또는 준불연재료로 설치하고 소화배관 내부에 항상 소화수가 채워진 상태로 설치하는 경우
④ 연결송수관설비의 배관은 주배관의 구경이 100㎜ 이상인 옥내소화전설비·스프링클러설비 또는 물분무등소화설비의 배관과 겸용할 수 있다.
⑤ 연결송수관설비의 수직배관은 내화구조로 구획된 계단실(부속실을 포함한다) 또는 파이프덕트 등 화재의 우려가 없는 장소에 설치하여야 한다. 다만, 학교 또는 공장이거나 배관주위를 1시간 이상의 내화성능이 있는 재료로 보호하는 경우에는 그러하지 아니하다.
⑥ 분기배관을 사용할 경우에는 소방청장이 정하여 고시한「분기배관의 성능인증 및 제품검사의 기술기준」에 적합한 것으로 설치하여야 한다.
⑦ 배관은 다른 설비의 배관과 쉽게 구분이 될 수 있는 위치에 설치하거나, 그 배관표면 또는 배관 보온재표면의 색상은 「한국산업표준(배관계의 식별 표시,KS A 0503)」 또는 적색으로 식별이 가능하도록 소방용설비의 배관임을 표시하여야 한다.

제6조(방수구) 연결송수관설비의 방수구는 다음 각 호의 기준에 따라 설치하여야 한다.
  1. <u>연결송수관설비의 방수구는 그 특정소방대상물의 층마다 설치할 것</u>. 다만, 다음 각목의 어느 하나에 해당하는 층에는 설치하지 아니할 수 있다.
      가. <u>아파트의 1층 및 2층</u>
      나. 소방차의 접근이 가능하고 소방대원이 소방차로부터 각 부분에 쉽게 도달할 수 있는 피난층
      다. 송수구가 부설된 옥내소화전을 설치한 특정소방대상물(집회장·관람장·백화점·도매시장·소매시장·판매시설·공장·창고시설 또는 지하가를 제외한다)로서 다음의 어느 하나에 해당하는 층
          (1) 지하층을 제외한 층수가 4층 이하이고 연면적이 6,000㎡ 미만인 특정소방대상물의 지상층
          (2) 지하층의 층수가 2 이하인 특정소방대상물의 지하층
  2. 방수구는 아파트 또는 바닥면적이 1,000㎡ 미만인 층에 있어서는 계단(계단의 부속실을 포함하며 계단이 2 이상 있는 경우에는 그 중 1개의 계단을 말한다)으로부터 5m 이내에, 바닥면적 1,000㎡ 이상인 층(아파트를 제외한다)에 있어서는 각 계단(계단의 부속실을 포함하며 계단이 3 이상 있는 층의 경우에는 그 중 2개의 계단을 말한다)으로부터 5m 이내에 설치하되, 그 방수구로부터 그 층의 각 부분까지의 거리가 다음 각목의 기준을 초과하는 경우에는 그 기준 이하가 되도록 방수구를 추가하여 설치할 것
      가. 지하가(터널은 제외한다) 또는 지하층의 바닥면적의 합계가 3,000㎡ 이상인 것은 수평거리 25m
      나. 가목에 해당하지 아니하는 것은 수평거리 50m
  3. 11층 이상의 부분에 설치하는 방수구는 쌍구형으로 할 것. 다만, 다음 각목의 어느 하나에 해당하는 층에는 단구형으로 설치할 수 있다.
      가. 아파트의 용도로 사용되는 층
      나. 스프링클러설비가 유효하게 설치되어 있고 방수구가 2개소 이상 설치된 층
  4. 방수구의 호스접결구는 바닥으로부터 높이 0.5m 이상 1m 이하의 위치에 설치할 것
  5. <u>방수구는 연결송수관설비의 전용방수구 또는 옥내소화전방수구로서 구경 65㎜의 것으로 설치할 것</u>
  6. 방수구의 위치표시는 표시등 또는 축광식표지로 하되 다음 각 목의 기준에 따라 설치할 것
      가. 표시등을 설치하는 경우에는 함의 상부에 설치하되, 소방청장이 고시한 「표시등의 성능인증 및 제품검사의 기술기준」에 적합한 것으로 설치하여야 한다.
      나. 삭제
      다. 축광식표지를 설치하는 경우에는 소방청장이 고시한 「축광표지의 성능인증 및 제품검사의 기술기준」에 적합한 것으로 설치하여야 한다.
  7. 방수구는 개폐기능을 가진 것으로 설치하여야 하며, 평상 시 닫힌 상태를 유지할 것

제7조(방수기구함) 연결송수관설비의 방수용기구함을 다음 각 호의 기준에 따라 설치하여야 한다.
1. 방수기구함은 피난층과 가장 가까운 층을 기준으로 3개층마다 설치하되, 그 층의 방수구마다 보행거리 5m 이내에 설치할 것
2. 방수기구함에는 길이 15m의 호스와 방사형 관창을 다음 각목의 기준에 따라 비치할 것
    가. 호스는 방수구에 연결하였을 때 그 방수구가 담당하는 구역의 각 부분에 유효하게 물이 뿌려질 수 있는 개수 이상을 비치할 것. 이 경우 쌍구형 방수구는 단구형 방수구의 2배 이상의 개수를 설치하여야 한다.
    나. 방사형 관창은 단구형 방수구의 경우에는 1개, 쌍구형 방수구의 경우에는 2개 이상 비치할 것
3. 방수기구함에는 "방수기구함"이라고 표시한 축광식 표지를 할 것. 이 경우 축광식 표지는 소방청장이 고시한 「축광표지의 성능인증 및 제품검사의 기술기준」에 적합한 것으로 설치하여야 한다.
    * 축광식: 전원의 공급 없이 전등 또는 태양등에서 발산되는 빛을 흡수하여 이를 축적하는 방식.

제8조(가압송수장치) 지표면에서 최상층 방수구의 높이가 70m 이상의 특정소방대상물에는 다음 각 호의 기준에 따라 연결송수관설비의 가압송수장치를 설치하여야 한다.
1. 쉽게 접근할 수 있고 점검하기에 충분한 공간이 있는 장소로서 화재 및 침수 등의 재해로 인한 피해를 받을 우려가 없는 곳에 설치할 것
2. 동결방지조치를 하거나 동결의 우려가 없는 장소에 설치할 것
3. 펌프는 전용으로 할 것. 다만, 다른 소화설비와 겸용하는 경우 각각의 소화설비의 성능에 지장이 없을 때에는 예외로 한다.
4. 펌프의 토출측에는 압력계를 체크밸브 이전에 펌프토출측 플랜지에서 가까운 곳에 설치하고, 흡입측에는 연성계 또는 진공계를 설치할 것. 다만, 수원의 수위가 펌프의 위치보다 높거나 수직회전축 펌프의 경우에는 연성계 또는 진공계를 설치하지 아니할 수 있다.
5. 가압송수장치에는 정격부하운전 시 펌프의 성능을 시험하기 위한 배관을 설치할 것. 다만, 충압펌프의 경우에는 그러하지 아니하다.
6. 가압송수장치에는 체절운전시 수온의 상승을 방지하기 위한 순환배관을 설치할 것. 다만, 충압펌프의 경우에는 그러하지 아니하다.
7. 펌프의 토출량은 2,400ℓ/min(계단식 아파트의 경우에는 1,200ℓ/min) 이상이 되는 것으로 할 것. 다만, 해당 층에 설치된 방수구가 3개를 초과(방수구가 5개 이상인 경우에는 5개)하는 것에 있어서는 1개마다 800ℓ/min(계단식 아파트의 경우에는 400ℓ/min)를 가산한 양이 되는 것으로 할 것
8. 펌프의 양정은 최상층에 설치된 노즐선단의 압력이 0.35 MPa 이상의 압력이 되도록 할 것
9. 가압송수장치는 방수구가 개방될 때 자동으로 기동되거나 또는 수동스위치의 조작에 따라 기동되도록 할 것. 이 경우 수동스위치는 2개 이상을 설치하되, 그 중 1개는 다음 각목의 기준에 따라 송수구의 부근에 설치하여야 한다.
    가. 송수구로부터 5m이내의 보기 쉬운 장소에 바닥으로부터 높이 0.8m 이상 1.5m 이하로 설치할 것
    나. 1.5㎜ 이상의 강판함에 수납하여 설치하고 "연결송수관설비 수동스위치"라고 표시한 표지를 부착할 것. 이 경우 문짝은 불연재료로 설치할 수 있다.
    다. 「전기사업법」제67조에 따른 기술기준에 따라 접지하고 빗물등이 들어가지 아니하는 구조로 할 것
10. 기동장치로는 기동용수압개폐장치 또는 이와 동등 이상의 성능이 있는 것으로 설치할 것. 다만, 기동용수압개폐장치 중 압력챔버를 사용할 경우 그 용적은 100 L 이상의 것으로 할 것
11. 수원의 수위가 펌프보다 낮은 위치에 있는 가압송수장치에는 다음의 기준에 따른 물올림장치를 설치할 것
    가. 물올림장치에는 전용의 탱크를 설치할 것
    나. 탱크의 유효수량은 100ℓ 이상으로 하되, 구경 15㎜ 이상의 급수배관에 따라 해당 탱크에 물이 계속 보급되도록 할 것
12. 기동용 수압개폐장치를 기동장치로 사용할 경우에는 다음의 기준에 따른 충압펌프를 설치할 것. 다만, 소화용 급수펌프로도 상시 충압이 가능하고 다음 가목의 성능을 갖춘 경우에는 충압펌프를 별도로 설치하지 아니할 수 있다.
    가. 펌프의 토출압력은 그 설비의 최고위 호스접결구의 자연압보다 적어도 0.2 MPa이 더 크도록 하거나 가압송수장치의 정격토출압력과 같게 할 것

나. 펌프의 정격토출량은 정상적인 누설량 보다 적어서는 아니 되며, 연결송수관설비가 자동적으로 작동할 수 있도록 충분한 토출량을 유지할 것
13. 내연기관을 사용하는 경우에는 다음의 기준에 적합한 것으로 할 것
　　가. 내연기관의 기동은 제9호의 기동장치의 기동을 명시하는 적색등을 설치할 것
　　나. 제어반에 따라 내연기관의 자동기동 및 수동기동이 가능하고, 상시 충전되어 있는 축전지설비를 갖출 것
　　다. 내연기관의 연료량은 펌프를 20분(층수가 30층 이상 49층 이하는 40분, 50층이 이상은 60분) 이상 운전할 수 있는 용량일 것
14. 가압송수장치에는 "연결송수관펌프"라고 표시한 표지를 할 것. 이 경우 그 가압송수장치를 다른 설비와 겸용하는 때에는 그 겸용되는 설비의 이름을 표시한 표지를 함께 하여야 한다.
15. 가압송수장치가 기동이 된 경우에는 자동으로 정지되지 아니하도록 하여야 한다. 다만, 충압펌프의 경우에는 그러하지 아니하다.

제9조(전원 등) ① 가압송수장치의 상용전원회로의 배선 및 비상전원은 다음 각 호의 기준에 따라 설치하여야 한다.
1. 저압수전인 경우에는 인입개폐기의 직후에서 분기하여 전용배선으로 할 것
2. 특별고압수전 또는 고압수전일 경우에는 전력용 변압기 2차측의 주차단기 1차측에서 분기하여 전용배선으로 하되, 상용전원회로의 배선기능에 지장이 없을 경우에는 주차단기 2차측에서 분기하여 전용배선으로 할 것. 다만, 가압송수장치의 정격입력전압이 수전전압과 같은 경우에는 제1호의 기준에 따른다.

② 비상전원은 자가발전설비, 축전지설비(내연기관에 따른 펌프를 사용하는 경우에는 내연기관의 기동 및 제어용 축전지를 말한다) 또는 전기저장장치(외부 전기에너지를 저장해 두었다가 필요한 때 전기를 공급하는 장치)로서 다음 각 호의 기준에 따라 설치하여야 한다.
1. 점검에 편리하고 화재 및 침수 등의 재해로 인한 피해를 받을 우려가 없는 곳에 설치할 것
2. 연결송수관설비를 유효하게 20분 이상 작동할 수 있어야 할 것
3. 상용전원으로부터 전력의 공급이 중단된 때에는 자동으로 비상전원으로부터 전력을 공급받을 수 있도록 할 것
4. 비상전원의 설치장소는 다른 장소와 방화구획 할 것. 이 경우 그 장소에는 비상전원의 공급에 필요한 기구나 설비외의 것(열병합발전설비에 필요한 기구나 설비는 제외한다)을 두어서는 아니 된다.
5. 비상전원을 실내에 설치하는 때에는 그 실내에 비상조명등을 설치할 것

제10조(배선 등) ① 연결송수관설비의 배선은「전기사업법」제67조에 따른 기술기준에서 정한 것 외에 다음 각 호의 기준에 따라 설치하여야 한다.
1. 비상전원으로부터 동력제어반 및 가압송수장치에 이르는 전원회로배선은 내화배선으로 할 것. 다만, 자가발전설비와 동력제어반이 동일한 실에 설치된 경우에는 자가발전기로부터 그 제어반에 이르는 전원회로배선은 그러하지 아니하다.
2. 상용전원으로부터 동력제어반에 이르는 배선, 그 밖의 연결송수관설비의 감시·조작 또는 표시등회로의 배선은 「옥내소화전설비의 화재안전기준(NFSC 102)」별표 1의 내화배선 또는 내열배선으로 할 것. 다만, 감시제어반 또는 동력제어반 안의 감시·조작 또는 표시등회로의 배선은 그러하지 아니하다.

② 연결송수관설비의 과전류차단기 및 개폐기에는 "연결송수관설비용"이라고 표시한 표지를 하여야 한다.
③ 연결송수관설비용 전기배선의 양단 및 접속단자에는 다음 각호의 기준에 따라 표지하여야 한다.
1. 단자에는 "연결송수관설비단자"라고 표지한 표지를 부착할 것
2. 연결송수관설비용 전기배선의 양단에는 다른 배선과 식별이 용이하도록 표시할 것

제11조(송수구의 겸용) 연결송수관설비의 송수구를 옥내소화전설비·스프링클러설비·간이스프링클러설비·화재조기진압용 스프링클러설비·물분무소화설비·포소화설비 또는 연결살수설비와 겸용으로 설치하는 경우에는 스프링클러설비의 송수구 설치기준에 따르되 각각의 소화설비의 기능에 지장이 없도록 하여야 한다.

정답 ②

15

특별피난계단의 계단실 및 부속실 제연설비의 화재안전기준에서 부속실만 단독으로 제연하는 것 또는 비상용 승강기의 승강장만 단독으로 제연하는 것으로 부속실 또는 승강장이 면하는 옥내가 거실인 경우의 최소 방연풍속은?

① 0.5m/s
② 0.6m/s
③ 0.7m/s
④ 0.8m/s

해설

특별피난계단의 계단실 및 부속실 제연설비의 화재안전기준(NFSC 501A)

제1조(목적) 이 기준은 「화재예방, 소방시설 설치·유지 및 안전관리에 관한 법률」제9조 제1항에 따라 소방청장에게 위임한 사항 중 소화활동설비인 특별피난계단의 계단실 및 부속실 제연설비의 설치유지 및 안전관리에 관하여 필요한 사항을 규정함을 목적으로 한다.

제2조(적용범위) 「화재예방, 소방시설 설치·유지 및 안전관리에 관한 법률 시행령」(이하 "영"이라 한다) 별표 5의 제5호 가목6)에 따른 특별피난계단의 계단실(이하 "계단실"이라 한다) 및 부속실(비상용승강기의 승강장과 겸용하는 것 또는 비상용승강기의 승강장을 포함한다. 이하 "부속실"이라 한다)의 제연설비는 이 기준에서 정하는 규정에 따라 설비를 설치하고 유지·관리하여야 한다.

제3조(정의) 이 기준에서 사용하는 용어의 정의는 다음과 같다.
1. "제연구역"이란 제연 하고자 하는 계단실, 부속실 또는 비상용승강기의 승강장을 말한다.
2. "방연풍속"이란 옥내로부터 제연구역내로 연기의 유입을 유효하게 방지할 수 있는 풍속을 말한다.
3. "급기량"이란 제연구역에 공급하여야 할 공기의 양을 말한다.
4. "누설량"이란 틈새를 통하여 제연구역으로부터 흘러나가는 공기량을 말한다.
5. "보충량"이란 방연풍속을 유지하기 위하여 제연구역에 보충하여야 할 공기량을 말한다.
6. "플랩댐퍼"란 부속실의 설정압력범위를 초과하는 경우 압력을 배출하여 설정압 범위를 유지하게 하는 과압방지장치를 말한다.
7. "유입공기"란 제연구역으로부터 옥내로 유입하는 공기로서 차압에 따라 누설하는 것과 출입문의 개방에 따라 유입하는 것을 말한다.
8. "거실제연설비"란 「제연설비의 화재안전기준(NFSC 501)」의 기준에 따른 옥내의 제연설비를 말한다.
9. "자동차압·과압조절형 급기댐퍼"란 제연구역과 옥내사이의 차압을 압력센서 등으로 감지하여 제연구역에 공급되는 풍량의 조절로 제연구역의 차압유지 및 과압방지를 자동으로 제어할 수 있는 댐퍼를 말한다.
10. "자동폐쇄장치"란 제연구역의 출입문 등에 설치하는 것으로서 화재발생시 옥내에 설치된 감지기 작동과 연동하여 출입문을 자동적으로 닫게하는 장치를 말한다.

제10조(방연풍속) 방연풍속은 제연구역의 선정방식에 따라 다음 표의 기준에 따라야 한다.

제연구역		방연풍속
계단실 및 그 부속실을 **동시**에 제연하는 것 또는 계단실만 **단독**으로 제연하는 것		0.5m/s 이상
부속실만 단독으로 제연하는 것 또는 비상용 승강기의 **승강장**만 단독으로 제연하는 것	부속실 또는 승강장이 면하는 옥내가 **거실**인 경우	0.7m/s 이상
	부속실 또는 승강장이 면하는 옥내가 복도로써 그 구조가 방화구조(내화시간이 30분 이상인 구조를 포함)인 것	0.5m/s 이상

정답 ③

16

고압가스 안전관리법령상 고압가스 저장의 안전유지기준으로 옳지 않은 것은?

① 용기보관 장소의 2m 이내에는 화기 또는 인화성물질이나 발화성물질을 두지 않을 것.
② 충전 용기는 항상 55℃ 이하의 온도를 유지하고, 직사광선을 받지 않도록 할 것.
③ 충전 용기와 잔가스 용기는 각각 구분하여 용기보관 장소에 놓을 것.
④ 가연성가스 용기보관 장소에는 방폭형 휴대용 손전등 외의 등화를 지니고 들어가지 않을 것.

해설

고압가스 안전관리법 시행규칙 별표4 참조.

○ **기술기준**
1) 안전유지기준
    가) 아세틸렌·천연메탄 또는 물의 전기분해에 의한 산소 및 수소의 제조시설 중 압축기 운전실에는 그 운전실에서 항상 그 저장탱크의 용량을 알 수 있도록 할 것
    나) 용기보관장소 또는 용기는 다음의 기준에 적합하게 할 것
        ① 충전용기와 잔가스용기는 각각 구분하여 용기보관장소에 놓을 것
        ② 가연성가스·독성가스 및 산소의 용기는 각각 구분하여 용기보관장소에 놓을 것
        ③ 용기보관장소에는 계량기 등 작업에 필요한 물건 외에는 두지 않을 것
        ④ <u>용기보관장소의 주위 2m 이내에는 화기 또는 인화성 물질이나 발화성 물질을 두지 않을 것</u>
        ⑤ <u>충전용기는 항상 40℃ 이하의 온도를 유지하고, 직사광선을 받지 않도록 조치할 것</u>
        ⑥ <u>충전용기(내용적이 5L 이하인 것은 제외한다)에는 넘어짐 등에 의한 충격 및 밸브의 손상을 방지하는 등의 조치</u>를 하고 난폭한 취급을 하지 않을 것
        ⑦ 가연성가스 용기보관장소에는 방폭형 휴대용 손전등 외의 등화를 지니고 들어가지 않을 것
    다) 밸브가 돌출한 용기(내용적이 5L 미만인 용기는 제외한다)에는 고압가스를 충전한 후 용기의 넘어짐 및 밸브의 손상을 방지하는 조치를 할 것
    라) 고압가스설비 중 진동이 심한 곳에는 진동을 최소한도로 줄일 수 있는 조치를 할 것
    마) 고압가스설비를 이음쇠로 접속할 때에는 그 이음쇠와 접속되는 부분에 잔류응력이 남지 않도록 조립하고 이음쇠밸브류를 나사로 조일 때에는 무리한 하중이 걸리지 않도록 하여야 하며, 상용압력이 19.6MPa 이상이 되는 곳의 나사는 나사게이지로 검사한 것일 것
    바) 제조설비에 설치한 밸브 또는 콕(조작스위치로 그 밸브 또는 콕을 개폐하는 경우에는 그 조작스위치를 말한다. 이하 "밸브등"이라 한다)에는 다음의 기준에 따라 종업원이 그 밸브등을 적절히 조작할 수 있도록 조치할 것
        ① 밸브등에는 그 밸브등의 개폐방향(조작스위치에 의하여 그 밸브등이 설치된 제조설비에 안전상 중대한 영향을 미치는 밸브등에는 그 밸브등의 개폐상태를 포함한다)이 표시되도록 할 것
        ② 밸브등(조작스위치로 개폐하는 것은 제외한다)이 설치된 배관에는 그 밸브등의 가까운 부분에 쉽게 알아볼 수 있는 방법으로 그 배관 내의 가스와 그 밖에 유체(流體)의 종류 및 방향이 표시되도록 할 것
        ③ 조작함으로써 그 밸브등이 설치된 제조설비에 안전상 중대한 영향을 미치는 밸브등 중에서 항상 사용하지 않는 것(긴급 시에 사용하는 것은 제외한다)에는 자물쇠 채움 또는 봉인 등의 조치를 해 둘 것
        ④ 밸브등을 조작하는 장소에는 그 밸브등의 기능 및 사용 빈도에 따라 그 밸브등을 확실히 조작하는 데에 필요한 발판과 조명도를 확보할 것
    사) 안전밸브 또는 방출밸브에 설치된 스톱밸브는 그 밸브의 수리 등을 위하여 특별히 필요한 때를 제외하고는 항상 완전히 열어 놓을 것.
    아) 화기를 취급하는 곳이나 인화성 물질 또는 발화성 물질이 있는 곳 및 그 부근에서는 가연성가스를 용기에 충전하지 않을 것

자) 산소 외의 고압가스 제조설비의 기밀시험이나 시운전을 할 때에는 산소 외의 고압가스를 사용하고, 공기를 사용할 때에는 미리 그 설비 안에 있는 가연성가스를 방출시킨 후에 하여야 하며, 온도는 그 설비에 사용하는 윤활유의 인화점 이하로 유지할 것
차) 가연성가스 또는 산소의 가스설비의 부근에는 작업에 필요한 양 이상의 연소하기 쉬운 물질을 두지 않을 것
카) 석유류·유지류 또는 글리세린은 산소압축기의 내부윤활제로 사용하지 않고, 공기압축기의 내부윤활유는 재생유가 아닌 것으로서 사용 조건에 안전성이 있는 것일 것
타) 가연성가스 또는 독성가스의 저장탱크의 긴급차단장치에 딸린 밸브 외에 설치한 밸브 중 그 저장탱크의 가장 가까운 부근에 설치한 밸브는 가스를 송출(送出) 또는 이입(移入)하는 때 외에는 잠가 둘 것
파) 차량에 고정된 탱크(내용적이 2천L 이상인 것만을 말한다)에 고압가스를 충전하거나 그로부터 가스를 이입 받을 때에는 차량정지목을 설치하는 등 그 차량이 고정되도록 할 것
하) 차량에 고정된 탱크 및 용기에는 안전밸브 등 필요한 부속품이 장치되어 있어야 하며 그 부속품은 다음 기준에 적합할 것
① 가연성가스 또는 독성가스를 충전하는 차량에 고정된 탱크 및 용기(시안화수소의 용기 또는 24.5MPa 이상의 압력으로 한 내압시험에 합격한 소방설비 또는 항공기에 갖춰 두는 탄산가스용기는 제외한다)에는 안전밸브가 부착되어 있고 그 성능이 그 탱크 또는 용기의 내압시험압력의 10분의 8 이하의 압력에서 작동할 수 있는 것일 것
② 긴급차단장치는 그 성능이 원격조작에 의하여 작동되고 차량에 고정된 탱크 또는 이에 접속하는 배관 외면의 온도가 110℃일 때에 자동적으로 작동할 수 있는 것일 것
③ 차량에 고정된 탱크에 부착되는 밸브·안전밸브·부속배관 및 긴급차단장치는 그 내압성능 및 기밀성능이 그 탱크의 내압시험압력 및 기밀시험압력 이상의 압력으로 하는 내압시험 및 기밀시험에 합격될 수 있는 것일 것

제1조(목적) 이 규칙은 「고압가스 안전관리법」 및 같은 법 시행령에서 위임된 사항과 그 시행에 필요한 사항을 규정함을 목적으로 한다.

제2조(정의) ① 이 규칙에서 사용하는 용어의 뜻은 다음과 같다.
1. "가연성가스"란 아크릴로니트릴·아크릴알데히드·아세트알데히드·아세틸렌·암모니아·수소·황화수소·시안화수소·일산화탄소·이황화탄소·메탄·염화메탄·브롬화메탄·에탄·염화에탄·염화비닐·에틸렌·산화에틸렌·프로판·시클로프로판·프로필렌·산화프로필렌·부탄·부타디엔·부틸렌·메틸에테르·모노메틸아민·디메틸아민·트리메틸아민·에틸아민·벤젠·에틸벤젠 및 그 밖에 공기 중에서 연소하는 가스로서 폭발한계(공기와 혼합된 경우 연소를 일으킬 수 있는 공기 중의 가스 농도의 한계를 말한다. 이하 같다)의 하한이 10퍼센트 이하인 것과 폭발한계의 상한과 하한의 차가 20퍼센트 이상인 것을 말한다.
2. "독성가스"란 아크릴로니트릴·아크릴알데히드·아황산가스·암모니아·일산화탄소·이황화탄소·불소·염소·브롬화메탄·염화메탄·염화프렌·산화에틸렌·시안화수소·황화수소·모노메틸아민·디메틸아민·트리메틸아민·벤젠·포스겐·요오드화수소·브롬화수소·염화수소·불화수소·겨자가스·알진·모노실란·디실란·디보레인·세렌화수소·포스핀·모노게르만 및 그 밖에 공기 중에 일정량 이상 존재하는 경우 인체에 유해한 독성을 가진 가스로서 허용농도(해당 가스를 성숙한 흰쥐 집단에게 대기 중에서 1시간 동안 계속하여 노출시킨 경우 14일 이내에 그 흰쥐의 2분의 1 이상이 죽게 되는 가스의 농도를 말한다. 이하 같다)가 100만분의 5000 이하인 것을 말한다.
3. "액화가스"란 가압(加壓)·냉각 등의 방법에 의하여 액체상태로 되어 있는 것으로서 대기압에서의 끓는점이 섭씨 40도 이하 또는 상용 온도 이하인 것을 말한다.
4. "압축가스"란 일정한 압력에 의하여 압축되어 있는 가스를 말한다.
5. "저장설비"란 고압가스를 충전·저장하기 위한 설비로서 저장탱크 및 충전용기보관설비를 말한다.
6. "저장능력"이란 저장설비에 저장할 수 있는 고압가스의 양으로서 별표 1에 따라 산정된 것을 말한다.
7. "저장탱크"란 고압가스를 충전·저장하기 위하여 지상 또는 지하에 고정 설치 된 탱크를 말한다.
8. "초저온저장탱크"란 섭씨 영하 50도 이하의 액화가스를 저장하기 위한 저장탱크로서 단열재를 씌우거나 냉동설비로 냉각시키는 등의 방법으로 저장탱크 내의 가스온도가 상용의 온도를 초과하지 아니하도록 한 것을 말한다.

9. "저온저장탱크"란 액화가스를 저장하기 위한 저장탱크로서 단열재를 씌우거나 냉동설비로 냉각시키는 등의 방법으로 저장탱크 내의 가스온도가 상용의 온도를 초과하지 아니하도록 한 것 중 초저온저장탱크와 가연성가스 저온저장탱크를 제외한 것을 말한다.
10. "가연성가스 저온저장탱크"란 대기압에서의 끓는점이 섭씨 0도 이하인 가연성가스를 섭씨 0도 이하인 액체 또는 해당 가스의 기상부의 상용압력이 0.1메가파스칼 이하인 액체상태로 저장하기 위한 저장탱크로서 단열재를 씌우거나 냉동설비로 냉각하는 등의 방법으로 저장탱크 내의 가스온도가 상용 온도를 초과하지 아니하도록 한 것을 말한다.
11. "차량에 고정된 탱크"란 고압가스의 수송·운반을 위하여 차량에 고정 설치된 탱크를 말한다.
12. "초저온용기"란 섭씨 영하 50도 이하의 액화가스를 충전하기 위한 용기로서 단열재를 씌우거나 냉동설비로 냉각시키는 등의 방법으로 용기 내의 가스온도가 상용 온도를 초과하지 아니하도록 한 것을 말한다.
13. "저온용기"란 액화가스를 충전하기 위한 용기로서 단열재를 씌우거나 냉동설비로 냉각시키는 등의 방법으로 용기 내의 가스온도가 상용의 온도를 초과하지 아니하도록 한 것 중 초저온용기 외의 것을 말한다.
14. "충전용기"란 고압가스의 충전질량 또는 충전압력의 2분의 1 이상이 충전되어 있는 상태의 용기를 말한다.
15. "잔가스용기"란 고압가스의 충전질량 또는 충전압력의 2분의 1 미만이 충전되어 있는 상태의 용기를 말한다.
16. "가스설비"란 고압가스의 제조·저장 설비(제조·저장 설비에 부착된 배관을 포함하며, 사업소 밖에 있는 배관은 제외한다) 중 가스(제조·저장된 고압가스, 제조공정 중에 있는 고압가스가 아닌 상태의 가스 및 해당 고압가스제조의 원료가 되는 가스를 말한다)가 통하는 부분을 말한다.
17. "고압가스설비"란 가스설비 중 고압가스가 통하는 부분을 말한다.
18. "처리설비"란 압축·액화나 그 밖의 방법으로 가스를 처리할 수 있는 설비 중 고압가스의 제조(충전을 포함한다)에 필요한 설비와 저장탱크에 딸린 펌프·압축기 및 기화장치를 말한다.
19. "감압설비"란 고압가스의 압력을 낮추는 설비를 말한다.
20. "처리능력"이란 처리설비 또는 감압설비에 의하여 압축·액화나 그 밖의 방법으로 1일에 처리할 수 있는 가스의 양(온도 섭씨 0도, 게이지압력 0파스칼의 상태를 기준으로 한다. 이하 같다)을 말한다.
21. "불연재료(不燃材料)"란 「건축법 시행령」 제2조 제10호에 따른 불연재료를 말한다.
22. "방호벽(防護壁)"이란 높이 2미터 이상, 두께 12센티미터 이상의 철근콘크리트 또는 이와 같은 수준 이상의 강도를 가지는 구조의 벽을 말한다.
23. "보호시설"이란 제1종보호시설 및 제2종보호시설로서 별표 2에서 정한 것을 말한다.
24. "용접용기"란 동판 및 경판을 각각 성형하고 용접하여 제조한 용기를 말한다.
25. "이음매 없는 용기"란 동판 및 경판을 일체(一體)로 성형하여 이음매가 없이 제조한 용기를 말한다.
26. "접합 또는 납붙임용기"란 동판 및 경판을 각각 성형하여 심(Seam)용접이나 그 밖의 방법으로 접합하거나 납붙임하여 만든 내용적(內容積) 1리터 이하의 일회용 용기를 말한다.
27. "충전설비"란 용기 또는 차량에 고정된 탱크에 고압가스를 충전하기 위한 설비로서 충전기와 저장탱크에 딸린 펌프·압축기를 말한다.
28. "특수고압가스"란 압축모노실란·압축디보레인·액화알진·포스핀·세렌화수소·게르만·디실란 및 그 밖에 반도체의 세정 등 산업통상자원부장관이 인정하는 특수한 용도에 사용되는 고압가스를 말한다.

② 「고압가스 안전관리법」(이하 "법"이라 한다) 제3조 제1호에서 "산업통상자원부령으로 정하는 일정량"이란 다음 각 호에 따른 저장능력을 말한다.
1. 액화가스 : 5톤. 다만, 독성가스인 액화가스의 경우에는 1톤(허용농도가 100만분의 200 이하인 독성가스인 경우에는 100킬로그램)을 말한다.
2. 압축가스 : 500세제곱미터. 다만, 독성가스인 압축가스의 경우에는 100세제곱미터(허용농도가 100만분의 200 이하인 독성가스인 경우에는 10세제곱미터)를 말한다.

③ 법 제3조 제4호에서 "산업통상자원부령으로 정하는 냉동능력"이란 별표 3에 따른 냉동능력 산정기준에 따라 계산된 냉동능력 3톤을 말한다.

④ 법 제3조 제4호의2에서 "산업통상자원부령으로 정하는 것"이란 다음 각 호의 어느 하나에 해당하는 안전설비를 말하며, 그 안전설비의 구체적인 범위는 산업통상자원부장관이 정하여 고시한다.
1. 독성가스 검지기
2. 독성가스 스크러버

3. 밸브
⑤ 법 제3조 제5호에서 "산업통상자원부령으로 정하는 고압가스 관련 설비"란 다음 각 호의 설비를 말한다.
1. 안전밸브·긴급차단장치·역화방지장치
2. 기화장치
3. 압력용기
4. 자동차용 가스 자동주입기
5. 독성가스배관용 밸브
6. 냉동설비(별표 11 제4호 나목에서 정하는 일체형 냉동기는 제외한다)를 구성하는 압축기·응축기·증발기 또는 압력용기(이하 "냉동용특정설비"라 한다)
7. 고압가스용 실린더캐비닛
8. 자동차용 압축천연가스 완속충전설비(처리능력이 시간당 18.5세제곱미터 미만인 충전설비를 말한다)
9. 액화석유가스용 용기 잔류가스회수장치
10. 차량에 고정된 탱크

정답 ②

17
연료와 공기를 미리 혼합시킨 후에 연소시키는 것으로써 화염이 전파되는 특징을 갖는 기체연소 형태는?

① 확산연소
② 예혼합연소
③ 훈소연소
④ 증발연소

해설

미리 = 예혼합

정답 ②

18
물 소화약제에 관한 설명으로 가장 옳지 않은 것은?

① 물의 증발잠열은 약 539cal/g이다.
② 기화 시 부피가 약 1,600배~1,700배 정도 증가하므로 질식효과도 기대할 수 있다.
③ 물 분자 내 수소원소와 산소원소 간에는 공유결합을 이루고 있다.
④ 물의 비열은 0.7cal/g·℃이므로 냉각효과가 우수한 소화약제이다.

해설

1g을 1℃ 올리는 데 필요한 칼로리수가 비열이므로 비열의 단위는 cal/g·℃이다. 따라서 정확하게 말하면 물의 비열은 1 cal/g·℃가 된다.
비열과 증발잠열이 커서 냉각효과가 우수하다. 물의 증발잠열은 약 539cal/g이므로 증발 시 많은 열량을 흡수한다.

정답 ④

19

이산화탄소 소화약제에 관한 설명으로 옳지 않은 것은?

① 주된 소화효과는 질식소화이다.
② 기체상태 가스비중은 약 1.5배로 공기보다 무겁다.
③ 용기에 액화상태로 저장한 후 방출 시에는 기체화된다.
④ 나트륨·칼륨·칼슘 등 활성금속물질에 소화효과가 있다.

해설

이산화탄소의 비중은 공기 1에 대하여 1.529이다.

○ **이산화탄소 소화설비의 화재안전기준(NFSC 106) 참조.**

제1조(목적) 이 기준은 「화재예방, 소방시설 설치·유지 및 안전관리에 관한 법률」제9조 제1항에서 소방청장에게 위임한 사항 중 물분무등소화설비인 이산화탄소소화설비의 설치유지 및 안전관리에 요구되는 기준을 규정함을 그 목적으로 한다.

제2조(적용범위) 「화재예방, 소방시설 설치·유지 및 안전관리에 관한 법률 시행령」(이하 "영"이라 한다) 별표 5 제1호 바목에 따른 이산화탄소소화설비는 이 기준에서 정하는 규정에 따라 설비를 설치하고 유지·관리하여야 한다.

제3조(정의) 이 기준에서 사용하는 용어의 정의는 다음과 같다.
1. "전역방출방식"이란 고정식 이산화탄소 공급장치에 배관 및 분사헤드를 고정 설치하여 밀폐 방호구역 내에 이산화탄소를 방출하는 설비를 말한다.
2. "국소방출방식"이란 고정식 이산화탄소 공급장치에 배관 및 분사헤드를 설치하여 직접 화점에 이산화탄소를 방출하는 설비로 화재발생부분에만 집중적으로 소화약제를 방출하도록 설치하는 방식을 말한다.
3. "호스릴방식"이란 분사헤드가 배관에 고정되어 있지 않고 소화약제 저장용기에 호스를 연결하여 사람이 직접 화점에 소화약제를 방출하는 이동식 소화설비를 말한다.
4. "충전비"란 용기의 용적과 소화약제의 중량과의 비율을 말한다.
5. "심부화재"란 목재 또는 섬유류와 같은 고체가연물에서 발생하는 화재형태로서 가연물 내부에서 연소하는 화재를 말한다.
6. "표면화재"란 가연성물질의 표면에서 연소하는 화재를 말한다.
7. "교차회로방식"이란 하나의 방호구역 내에 2 이상의 화재감지기회로를 설치하고 인접한 2 이상의 화재감지기가 동시에 감지되는 때에는 이산화탄소소화설비가 작동하여 소화약제가 방출되는 방식을 말한다.
8. "방화문"이란 「건축법 시행령」제64조에 따른 갑종방화문 또는 을종방화문으로써 언제나 닫힌 상태를 유지하거나 화재로 인한 연기의 발생 또는 온도의 상승에 따라 자동적으로 닫히는 구조를 말한다.

제10조(분사헤드) ① 전역방출방식의 이산화탄소소화설비의 분사헤드는 다음 각 호의 기준에 따라 설치하여야 한다.
1. 방사된 소화약제가 방호구역의 전역에 균일하게 신속히 확산할 수 있도록 할 것
2. 분사헤드의 방사압력이 2.1MPa(저압식은 1.05MPa) 이상의 것으로 할 것
3. 특정소방대상물 또는 그 부분에 설치된 이산화탄소소화설비의 소화약제의 저장량은 제8조 제2항 제1호 및 제2호의 기준에서 정한 시간이내에 방사할 수 있는 것으로 할 것

② 국소방출방식의 이산화탄소소화설비의 분사헤드는 다음 각 호의 기준에 따라 설치하여야 한다.
1. 소화약제의 방사에 따라 가연물이 비산하지 아니하는 장소에 설치할 것
2. 이산화탄소 소화약제의 저장량은 30초 이내에 방사할 수 있는 것으로 할 것
3. 성능 및 방사압력이 제1항 제1호 및 제2호의 기준에 적합한 것으로 할 것

③ 화재 시 현저하게 연기가 찰 우려가 없는 장소로서 다음 각 호의 어느 하나에 해당하는 장소(차고 또는 주차의 용도로 사용되는 부분 제외)에는 **호스릴이산화탄소소화설비**를 설치할 수 있다.
1. 지상 1층 및 피난층에 있는 부분으로서 지상에서 수동 또는 원격조작에 따라 개방할 수 있는 개구부의 유효면적의 합계가 바닥면적의 15% 이상이 되는 부분

2. 전기설비가 설치되어 있는 부분 또는 다량의 화기를 사용하는 부분(해당 설비의 주위 5m 이내의 부분을 포함한다)의 바닥면적이 해당 설비가 설치되어 있는 구획의 바닥면적의 5분의 1 미만이 되는 부분

④ 호스릴이산화탄소소화설비는 다음 각 호의 기준에 따라 설치하여야 한다.
  1. 방호대상물의 각 부분으로부터 하나의 호스접결구까지의 수평거리가 15m 이하가 되도록 할 것
  2. 노즐은 20℃에서 하나의 노즐마다 60kg/min 이상의 소화약제를 방사할 수 있는 것으로 할 것
  3. 소화약제 저장용기는 호스릴을 설치하는 장소마다 설치할 것
  4. 소화약제 저장용기의 개방밸브는 호스의 설치장소에서 수동으로 개폐할 수 있는 것으로 할 것
  5. 소화약제 저장용기의 가장 가까운 곳의 보기 쉬운 곳에 표시등을 설치하고, 호스릴이산화탄소소화설비가 있다는 뜻을 표시한 표지를 할 것

⑤ 이산화탄소소화설비의 분사헤드의 오리피스구경 등은 다음 각 호의 기준에 적합하여야 한다.
  1. 분사헤드에는 부식방지조치를 하여야 하며 오리피스의 크기, 제조일자, 제조업체가 표시 되도록 할 것
  2. 분사헤드의 갯수는 방호구역에 방사시간이 충족되도록 설치할 것
  3. 분사헤드의 방출율 및 방출압력은 제조업체에서 정한 값으로 할 것
  4. 분사헤드의 오리피스의 면적은 분사헤드가 연결되는 배관구경면적의 70%를 초과하지 아니할 것 * 오피리스(유량전송장치)

★제11조(분사헤드 설치제외) 이산화탄소소화설비의 분사헤드는 다음 각 호의 장소에 설치하여서는 아니 된다.
  1. 방재실·제어실 등 사람이 상시 근무하는 장소
  2. 니트로셀룰로스·셀룰로이드제품 등 자기연소성물질을 저장·취급하는 장소
  3. 나트륨·칼륨·칼슘 등 활성금속물질을 저장·취급하는 장소
  4. 전시장 등의 관람을 위하여 다수인이 출입·통행하는 통로 및 전시실 등

정답 ④

20

다음 소화약제 중 주된 소화효과가 다른 하나는?

① 이산화탄소 소화약제
② 할론 1301
③ IG-541
④ IG-01

해설

할로겐화합물 및 불활성기체소화설비의 화재안전기준(NFSC 107A) 참조.

할로겐화합물 소화약제는 지방족 탄화수소인 메탄, 에탄 등에서 분자 내의 수소 일부 또는 전부가 할로겐족 원소(F, Cl, Br, I)로 치환된 화합물을 말하며 일명으로 Halon(Halogenated Hydrocarbon의 준말)이라고 부르고 있다.

이 소화약제는 다른 소화약제와는 달리 연소의 4요소 중의 하나인 연쇄반응을 차단시켜 화재를 소화한다. 이러한 소화를 부촉매소화 또는 억제소화라 하며 이는 화학적 소화에 해당된다. 단, 화학적 소화는 불꽃연소와 관계가 있으며 작열연소, 심부화재에는 효과가 없다.

표면화재(주로 기체)	심부화재(숯, 코크스 등)
불꽃연소(발염연소 즉, 불티 없이 불꽃만)	표면연소, 작열연소(훈소 포함)로 무염연소이다. 즉, 불꽃 없이 불티만 존재.

각종 Halon은 상온, 상압에서 기체 또는 액체 상태로 존재하나 저장하는 경우는 액화시켜 저장한다. 일반적으로 유류화재(B급화재), 전기화재(C급화재)에 적합하나 전역 방출과 같은 밀폐 상태에서는 일반화재(A급화재)에도 사용할 수 있다. IG-541, IG-01 등은 할론 대체 소화약제로 화학적 소화가 아닌 물리적 소화(질식소화)방식이다.

○ 화학적 소화(연쇄반응 차단 효과)와 물리적 소화를 구분하는 문제이다.
<참고: 소화 구분에 의한 분류>
1) 물리적소화: 냉각소화, 질식소화, 제거소화
2) 화학적소화: 억제소화

○ 할로겐화합물 및 불활성기체소화설비의 화재안전기준(NFSC 107A)

제1조(목적) 이 기준은「화재예방, 소방시설 설치·유지 및 안전관리에 관한 법률」제9조 제1항에 따라 소방청장에게 위임한 사항 중 물분무등소화설비인 할로겐화합물 및 불활성기체소화설비의 설치유지 및 안전관리에 관하여 필요한 사항을 규정함을 목적으로 한다.

제2조(적용범위) 「화재예방, 소방시설 설치·유지 및 안전관리에 관한 법률 시행령」(이하 "영"이라 한다) 별표 5 제1호 바목에 따른 물분무등소화설비 중 할로겐화합물 및 불활성기체소화설비는 이 기준에서 정하는 규정에 따라 설비를 설치하고 유지·관리하여야 한다.

제3조(정의) 이 기준에서 사용하는 용어의 정의는 다음과 같다.
1. "할로겐화합물 및 불활성기체소화약제"란 할로겐화합물(할론 1301, 할론 2402, 할론 1211 제외) 및 불활성기체로서 전기적으로 비전도성이며 휘발성이 있거나 증발 후 잔여물을 남기지 않는 소화약제를 말한다.
2. "할로겐화합물소화약제"란 불소, 염소, 브롬 또는 요오드 중 하나 이상의 원소를 포함하고 있는 유기화합물을 기본성분으로 하는 소화약제를 말한다.
3. "불활성기체소화약제"란 헬륨, 네온, 아르곤 또는 질소가스 중 하나 이상의 원소를 기본성분으로 하는 소화약제를 말한다.
4. "충전밀도"란 용기의 단위용적당 소화약제의 중량의 비율을 말한다.
5. "방화문"이란 「건축법 시행령」제64조에 따른 갑종방화문 또는 을종방화문으로써 언제나 닫힌 상태를 유지하거나 화재로 인한 연기의 발생 또는 온도의 상승에 따라 자동적으로 닫히는 구조를 말한다.

제4조(종류) 소화설비에 적용되는 할로겐화합물 및 불활성기체소화약제는 다음 표에서 정하는 것에 한한다.

소화약제	화학식
퍼플루오로부탄(이하 "FC-3-1-10"이라 한다)	C_4F_{10}
하이드로클로로플루오로카본혼화제(이하 "HCFC BLEND A"라 한다)	HCFC-123($CHCl_2CF_3$) : 4.75% HCFC-22($CHClF_2$) : 82% HCFC-124($CHClFCF_3$) : 9.5% $C_{10}H_{16}$: 3.75%
클로로테트라플루오르에탄(이하 "HCFC-124"라 한다)	$CHClFCF_3$
펜타플루오로에탄(이하 "HFC-125"라 한다)	CHF_2CF_3
헵타플루오로프로판(이하 "HFC-227ea"라 한다)	CF_3CHFCF_3
트리플루오로메탄(이하 "HFC-23"라 한다)	CHF_3
헥사플루오로프로판(이하 "HFC-236fa"라 한다)	$CF_3CH_2CF_3$
트리플루오로이오다이드(이하 "FIC-13I1"라 한다)	CF_3I
불연성·불활성기체혼합가스(이하 "IG-01"이라 한다)	Ar
불연성·불활성기체혼합가스(이하 "IG-100"이라 한다)	N_2
불연성·불활성기체혼합가스(이하 "IG-541"이라 한다)	N_2 : 52%, Ar : 40%, CO_2 : 8%
불연성·불활성기체혼합가스(이하 "IG-55"이라 한다)	N_2 : 50%, Ar : 50%
도데카플루오로-2-메틸펜탄-3-원(이하 "FK-5-1-12"이라 한다)	$CF_3CF_2C(O)CF(CF_3)_2$

제5조(설치제외) 할로겐화합물 및 불활성기체소화설비는 다음 각 호에서 정한 장소에는 설치할 수 없다.
1. 사람이 상주하는 곳으로써 제7조 제2항의 최대허용설계농도를 초과하는 장소
2. 「위험물안전관리법 시행령」별표 1의 제3류위험물 및 제5류위험물을 사용하는 장소. 다만, 소화성능이 인정되는 위험물은 제외한다.

제6조(저장용기) ① 할로겐화합물 및 불활성기체소화약제의 저장용기는 다음 각 호의 기준에 적합한 장소에 설치하여야 한다.
1. 방호구역외의 장소에 설치할 것. 다만, 방호구역 내에 설치할 경우에는 피난 및 조작이 용이하도록 피난구 부근에 설치하여야 한다.
2. 온도가 55℃ 이하이고 온도의 변화가 작은 곳에 설치할 것
3. 직사광선 및 빗물이 침투할 우려가 없는 곳에 설치할 것
4. 저장용기를 방호구역 외에 설치한 경우에는 방화문으로 구획된 실에 설치할 것
5. 용기의 설치장소에는 해당 용기가 설치된 곳임을 표시하는 표지를 할 것
6. 용기간의 간격은 점검에 지장이 없도록 3㎝ 이상의 간격을 유지할 것
7. 저장용기와 집합관을 연결하는 연결배관에는 체크밸브를 설치할 것. 다만, 저장용기가 하나의 방호구역만을 담당하는 경우에는 그러하지 아니하다.

② 할로겐화합물 및 불활성기체소화약제의 저장용기는 다음 각 호의 기준에 적합하여야 한다.
1. 저장용기의 충전밀도 및 충전압력은 별표 1에 따를 것
2. 저장용기는 약제명·저장용기의 자체중량과 총중량·충전일시·충전압력 및 약제의 체적을 표시할 것
3. 집합관에 접속되는 저장용기는 동일한 내용적을 가진 것으로 충전량 및 충전압력이 같도록 할 것
4. 저장용기에 충전량 및 충전압력을 확인할 수 있는 장치를 하는 경우에는 해당 소화약제에 적합한 구조로 할 것
5. 저장용기의 약제량 손실이 5%를 초과하거나 압력손실이 10%를 초과할 경우에는 재충전하거나 저장용기를 교체할 것. 다만, 불활성기체 소화약제 저장용기의 경우에는 압력손실이 5%를 초과할 경우 재충전하거나 저장용기를 교체하여야 한다.

③ 하나의 방호구역을 담당하는 저장용기의 소화약제의 체적합계보다 소화약제의 방출시 방출경로가 되는 배관(집합관을 포함한다)의 내용적의 비율이 할로겐화합물 및 불활성기체소화약제 제조업체(이하 "제조업체"라 한다)의 설계기준에서 정한 값 이상일 경우에는 해당 방호구역에 대한 설비는 별도 독립방식으로 하여야 한다.

정답 ②

21

전기설비기술 기준상 교류 전압에서 저압으로 구분하는 기준은?

① 300V 이하
② 450V 이하
③ 600V 이하
④ 750V 이하

해설

전기설비기술기준 참조

구분	직류	교류
저압	750V 이하	600V 이하
고압	750V 초과하고 7kV 이하	600V 초과하고 7kV 이하
특고압	7kV 초과한 것.	

☞ (암기법) 교류 600V, 직류 750V

제3조(정의) ① 이 고시에서 사용하는 용어의 정의는 다음 각 호와 같다.
1. "발전소"란 발전기·원동기·연료전지·태양전지·해양에너지발전설비·전기저장장치 그 밖의 기계기구[비상용 예비전원을 얻을 목적으로 시설하는 것 및 휴대용 발전기를 제외한다]를 시설하여 전기를 생산[원자력, 화력, 신재생에너지 등을 이용하여 전기를 발생시키는 것과 양수발전, 전기저장장치와 같이 전기를 다른 에너지로 변환하여 저장 후 전기를 공급하는 것]하는 곳을 말한다.
2. "변전소"란 변전소의 밖으로부터 전송받은 전기를 변전소 안에 시설한 변압기·전동발전기·회전변류기·정류기 그 밖의 기계 기구에 의하여 변성하는 곳으로서 변성한 전기를 다시 변전소 밖으로 전송하는 곳을 말한다.
3. "개폐소"란 개폐소 안에 시설한 개폐기 및 기타 장치에 의하여 전로를 개폐하는 곳으로서 발전소·변전소 및 수용장소 이외의 곳을 말한다.
4. "급전소"란 전력계통의 운용에 관한 지시 및 급전조작을 하는 곳을 말한다.
5. "전선"이란 강전류 전기의 전송에 사용하는 전기 도체, 절연물로 피복한 전기 도체 또는 절연물로 피복한 전기 도체를 다시 보호 피복한 전기 도체를 말한다.
6. "전로"란 통상의 사용 상태에서 전기가 통하고 있는 곳을 말한다.
7. "전선로"란 발전소·변전소·개폐소, 이에 준하는 곳, 전기사용장소 상호간의 전선(전차선을 제외한다) 및 이를 지지하거나 수용하는 시설물을 말한다.
8. "전기기계기구"란 전로를 구성하는 기계기구를 말한다.
9. "연접 인입선"이란 한 수용장소의 인입선에서 분기하여 지지물을 거치지 아니하고 다른 수용 장소의 인입구에 이르는 부분의 전선을 말한다. 여기에서 "인입선"이란 가공인입선[가공전선로의 지지물로부터 다른 지지물을 거치지 아니하고 수용장소의 붙임점에 이르는 가공전선(가공전선로의 전선을 말한다. 이하 같다)을 말한다] 및 수용장소의 조영물(토지에 정착한 시설물 중 지붕 및 기둥 또는 벽이 있는 시설물을 말한다. 이하 같다)의 옆면 등에 시설하는 전선으로서 그 수용장소의 인입구에 이르는 부분의 전선을 말한다.
10. "전차선"이란 전차의 집전장치와 접촉하여 동력을 공급하기 위한 전선을 말한다.
11. "전차선로"란 전차선 및 이를 지지하는 시설물을 말한다.
12. "배선"이란 전기사용 장소에 시설하는 전선(전기기계기구 내의 전선 및 전선로의 전선을 제외한다)을 말한다.
13. "약전류전선"이란 약전류 전기의 전송에 사용하는 전기 도체, 절연물로 피복한 전기 도체 또는 절연물로 피복한 전기 도체를 다시 보호 피복한 전기 도체를 말한다.
14. "약전류전선로"란 약전류전선 및 이를 지지하거나 수용하는 시설물(조영물의 옥내 또는 옥측에 시설하는 것을 제외한다)을 말한다.
15. "광섬유케이블"이란 광신호의 전송에 사용하는 보호 피복으로 보호한 전송매체를 말한다.
16. "광섬유케이블선로"란 광섬유케이블 및 이를 지지하거나 수용하는 시설물(조영물의 옥내 또는 옥측에 시설하는 것을 제외한다)을 말한다.
17. "지지물"이란 목주·철주·철근 콘크리트주 및 철탑과 이와 유사한 시설물로서 전선·약전류전선 또는 광섬유케이블을 지지하는 것을 주된 목적으로 하는 것을 말한다.
18. "조상설비"란 무효전력을 조정하는 전기기계기구를 말한다.
19. "전력보안 통신설비"란 전력의 수급에 필요한 급전·운전·보수 등의 업무에 사용되는 전화 및 원격지에 있는 설비의 감시·제어·계측·계통보호를 위해 전기적·광학적으로 신호를 송·수신하는 제 장치·전송로 설비 및 전원 설비 등을 말한다.
20. "전기철도"란 전기를 공급받아 열차를 운행하여 여객이나 화물을 운송하는 철도를 말한다.
21. 극저주파 전자계(Extremely Low Frequency Electric and Magnetic Fields : ELF EMF)라 함은 0Hz를 제외한 300Hz 이하의 전계와 자계를 말한다.
22. "수로"란 취수설비, 침사지, 도수로, 헤드탱크, 서지탱크, 수압관로 및 방수로를 말한다.
23. "설계홍수위(flood water level : FWL)"란 설계홍수량이 저수지로 유입될 경우에 여수로 방류량과 저수지내의 저류효과를 고려하여 상승할 수 있는 가장 높은 수위를 말한다. 일반적으로 설계홍수량은 빈도별 홍수유량을 기준으로 산정한다.

24. "최고수위(maximum water level : MWL)"란 가능최대홍수량이 저수지로 유입될 경우에 여수로 방류량과 저수지내의 저류효과를 고려하여 상승할 수 있는 가장 높은 수위를 말한다. 최고수위는 설계홍수위와 같거나, 빈도홍수를 설계홍수량으로 채택한 댐의 경우는 설계홍수위보다 높다.
25. "가능최대홍수량(probable maximum flood : PMF)"이란 가능최대강수량(probable maximum precipitation : PMP)으로 인한 홍수량을 말하며, 유역에서의 가능최대 강수량이란 주어진 지속시간 동안 어느 특정 위치에 주어진 유역면적에 대하여 연중 어느 지정된 기간에 물리적으로 발생할 수 있는 이론적 최대 강수량을 말한다.
26. "탈황, 탈질설비"란 연소시 발생하는 배연가스 중 황화합물과 질소화합물의 농도를 저감하는 설비로서 보일러, 압력용기 및 배관의 부속설비에 포함한다.
27. "해양에너지발전설비"란 조력, 조류, 파력 등으로 해수를 이용해 전력을 생산하는 설비를 말한다.
28. "전기저장장치"란 전기를 저장하고 공급하는 시스템을 말한다.
29. "스털링엔진"이란 실린더 내부의 밀봉된 작동유체의 가열·냉각 등의 온도변화에 따른 체적변화에 의한 운동에너지를 이용하는 외연기관을 말한다.

② 전압을 구분하는 저압, 고압 및 특고압은 다음 각 호의 것을 말한다.
  1. 저압 : 직류는 750V 이하, 교류는 600V 이하인 것.
  2. 고압 : 직류는 750V를, 교류는 600V를 초과하고, 7kV 이하인 것.
  3. 특고압 : 7kV를 초과하는 것.
③ 특고압의 다선식 전로(중성선을 가지는 것에 한한다)의 중성선과 다른 1선을 전기적으로 접속하여 시설하는 전기설비의 사용전압 또는 최대 사용전압은 그 다선식 전로의 사용전압 또는 최대 사용전압을 말한다.

정답 ③

22
다음의 위험물 중 주수소화가 가능한 물질은?

① 나트륨
② 알킬알루미늄
③ 마그네슘
④ 적린

해설

위험물 종류를 구분할 수 있어야 한다.

○ **읽기자료: 위험물별 소화방식**
1) 제1류 위험물(산화성고체): 주수소화
   ※ 단, 무기과산화물류(알칼리금속의 과산화물): 물기엄금(마른모래, 팽창질석, 팽창진주암)
2) 제2류 위험물(가연성고체)
   ☞ 적린, 황: 주수소화
   ☞ 철분, 마그네슘, 금속분류, 오황화인, 칠황화인: 마른모래, 팽창질석, 팽창진주암
3) 제3류 위험물(자연발화성 물질 및 금수성 물질): 마른모래, 팽창질석, 팽창진주암
4) 제4류 위험물(인화성액체): 질식소화
   수용성인 인화성액체: 알코올포, 안개상(분무)의 주수소화
5) 제5류 위험물(자기반응성물질): 주수소화(초기소화)

6) 제 6류 위험물(산화성액체): 소량일 경우 대량의 물로 희석소화.
   대량일 경우 주수소화가 곤란하므로 건조사, 인산염류의 분말로 질식소화(많은 열로 인한 용기파손)

정답 ④

유제1 다음 위험물과 소화방법과의 연결이 올바르지 않는 것은?

① 제1류 위험물 - 냉각소화
② 제2류 위험물 - 주수소화
③ 제5류 위험물 - 질식소화
④ 제6류 위험물 - 질식소화

해설

질식소화는 4류, 6류 위험물이다.

정답 ③

유제2 「위험물안전관리법 시행령」상 고형알코올 그밖에 1기압에서 인화점이 섭씨 40도 미만인 고체는?

① 산화성고체
② 가연성고체
③ 인화성고체
④ 자연발화성물질

해설

별표1 참조

위험물 및 지정수량(제2조 및 제3조관련)

위험물			지정수량
유별	성질	품명	
제1류	산화성고체	1. 아염소산염류	50킬로그램
		2. 염소산염류	50킬로그램
		3. 과염소산염류	50킬로그램
		4. 무기과산화물	50킬로그램
		5. 브롬산염류	300킬로그램

		6. 질산염류	300킬로그램
		7. 요오드산염류	300킬로그램
		8. 과망간산염류	1,000킬로그램
		9. 중크롬산염류	1,000킬로그램
		10. 그 밖에 행정안전부령으로 정하는 것 11. 제1호 내지 제10호의 1에 해당하는 어느 하나 이상을 함유한 것	50킬로그램, 300킬로그램 또는 1,000킬로그램
제2류	가연성고체	1. 황화린	100킬로그램
		2. 적린	100킬로그램
		3. 유황	100킬로그램
		4. 철분	500킬로그램
		5. 금속분	500킬로그램
		6. 마그네슘	500킬로그램
		7. 그 밖에 행정안전부령으로 정하는 것 8. 제1호 내지 제7호의 1에 해당하는 어느 하나 이상을 함유한 것	100킬로그램 또는 500킬로그램
		9. 인화성고체	1,000킬로그램
제3류	자연발화성 물질 및 금수성물질	1. 칼륨	10킬로그램
		2. 나트륨	10킬로그램
		3. 알킬알루미늄	10킬로그램
		4. 알킬리튬	10킬로그램
		5. 황린	20킬로그램
		6. 알칼리금속(칼륨 및 나트륨을 제외한다) 및 알칼리토금속	50킬로그램
		7. 유기금속화합물(알킬알루미늄 및 알킬리튬을 제외한다)	50킬로그램
		8. 금속의 수소화물	300킬로그램
		9. 금속의 인화물	300킬로그램
		10. 칼슘 또는 알루미늄의 탄화물	300킬로그램
		11. 그 밖에 행정안전부령으로 정하는 것 12. 제1호 내지 제11호의 1에 해당하는 어느 하나 이상을 함유한 것	10킬로그램, 20킬로그램, 50킬로그램 또는 300킬로그램
제4류	인화성액체	1. 특수인화물		50리터
		2. 제1석유류	비수용성액체	200리터
			수용성액체	400리터
		3. 알코올류		400리터
		4. 제2석유류	비수용성액체	1,000리터
			수용성액체	2,000리터

			비수용성액체	2,000리터
		5. 제3석유류	수용성액체	4,000리터
		6. 제4석유류		6,000리터
		7. 동식물유류		10,000리터
제5류	자기반응성 물질	1. 유기과산화물		10킬로그램
		2. 질산에스테르류		10킬로그램
		3. 니트로화합물		200킬로그램
		4. 니트로소화합물		200킬로그램
		5. 아조화합물		200킬로그램
		6. 디아조화합물		200킬로그램
		7. 히드라진 유도체		200킬로그램
		8. 히드록실아민		100킬로그램
		9. 히드록실아민염류		100킬로그램
		10. 그 밖에 행정안전부령으로 정하는 것 11. 제1호 내지 제10호의 1에 해당하는 어느 하나 이상을 함유한 것		10킬로그램, 100킬로그램 또는 200킬로그램
제6류	산화성액체	1. 과염소산		300킬로그램
		2. 과산화수소		300킬로그램
		3. 질산		300킬로그램
		4. 그 밖에 행정안전부령으로 정하는 것		300킬로그램
		5. 제1호 내지 제4호의 1에 해당하는 어느 하나 이상을 함유한 것		300킬로그램

비고
1. "산화성고체"라 함은 고체[액체(1기압 및 섭씨 20도에서 액상인 것 또는 섭씨 20도 초과 섭씨 40도 이하에서 액상인 것을 말한다. 이하 같다)또는 기체(1기압 및 섭씨 20도에서 기상인 것을 말한다)외의 것을 말한다. 이하 같다]로서 산화력의 잠재적인 위험성 또는 충격에 대한 민감성을 판단하기 위하여 소방청장이 정하여 고시(이하 "고시"라 한다)하는 시험에서 고시로 정하는 성질과 상태를 나타내는 것을 말한다. 이 경우 "액상"이라 함은 수직으로 된 시험관(안지름 30밀리미터, 높이 120밀리미터의 원통형유리관을 말한다)에 시료를 55밀리미터까지 채운 다음 당해 시험관을 수평으로 하였을 때 시료액면의 선단이 30밀리미터를 이동하는데 걸리는 시간이 90초 이내에 있는 것을 말한다.
2. "가연성고체"라 함은 고체로서 화염에 의한 발화의 위험성 또는 인화의 위험성을 판단하기 위하여 고시로 정하는 시험에서 고시로 정하는 성질과 상태를 나타내는 것을 말한다.
3. 유황은 순도가 60중량퍼센트 이상인 것을 말한다. 이 경우 순도측정에 있어서 불순물은 활석 등 불연성물질과 수분에 한한다.
4. "철분"이라 함은 철의 분말로서 53마이크로미터의 표준체를 통과하는 것이 50중량퍼센트 미만인 것은 제외한다.
5. "금속분"이라 함은 알칼리금속·알칼리토류금속·철 및 마그네슘외의 금속의 분말을 말하고, 구리분·니켈분 및 150마이크로미터의 체를 통과하는 것이 50중량퍼센트 미만인 것은 제외한다.
6. 마그네슘 및 제2류 제8호의 물품중 마그네슘을 함유한 것에 있어서는 다음 각목의 1에 해당하는 것은 제외한다.
　　가. 2밀리미터의 체를 통과하지 아니하는 덩어리 상태의 것
　　나. 직경 2밀리미터 이상의 막대 모양의 것
7. 황화린·적린·유황 및 철분은 제2호의 규정에 의한 성상이 있는 것으로 본다.

8. "인화성고체"라 함은 고형알코올 그밖에 1기압에서 인화점이 섭씨 40도 미만인 고체를 말한다.
9. "자연발화성물질 및 금수성물질"이라 함은 고체 또는 액체로서 공기 중에서 발화의 위험성이 있거나 물과 접촉하여 발화하거나 가연성가스를 발생하는 위험성이 있는 것을 말한다.
10. 칼륨·나트륨·알킬알루미늄·알킬리튬 및 황린은 제9호의 규정에 의한 성상이 있는 것으로 본다.
11. "인화성액체"라 함은 액체(제3석유류, 제4석유류 및 동식물유류의 경우 1기압과 섭씨 20도에서 액체인 것만 해당한다)로서 인화의 위험성이 있는 것을 말한다. 다만, 다음 각 목의 어느 하나에 해당하는 것을 법 제20조 제1항의 중요기준과 세부기준에 따른 운반용기를 사용하여 운반하거나 저장(진열 및 판매를 포함한다)하는 경우는 제외한다.
    가. 「화장품법」제2조 제1호에 따른 화장품 중 인화성액체를 포함하고 있는 것
    나. 「약사법」제2조 제4호에 따른 의약품 중 인화성액체를 포함하고 있는 것
    다. 「약사법」제2조 제7호에 따른 의약외품(알코올류에 해당하는 것은 제외한다) 중 수용성인 인화성액체를 50부피퍼센트 이하로 포함하고 있는 것
    라. 「의료기기법」에 따른 체외진단용 의료기기 중 인화성액체를 포함하고 있는 것
    마. 「생활화학제품 및 살생물제의 안전관리에 관한 법률」제3조 제4호에 따른 안전확인대상생활화학제품(알코올류에 해당하는 것은 제외한다) 중 수용성인 인화성액체를 50부피퍼센트 이하로 포함하고 있는 것
12. "특수인화물"이라 함은 이황화탄소, 디에틸에테르 그 밖에 1기압에서 발화점이 섭씨 100도 이하인 것 또는 인화점이 섭씨 영하 20도 이하이고 비점이 섭씨 40도 이하인 것을 말한다.
13. "제1석유류"라 함은 아세톤, 휘발유 그 밖에 1기압에서 인화점이 섭씨 21도 미만인 것을 말한다.
14. "알코올류"라 함은 1분자를 구성하는 탄소원자의 수가 1개부터 3개까지의 포화1가 알코올(변성알코올을 포함한다)을 말한다. 다만, 다음 각목의 1에 해당하는 것은 제외한다.
    가. 1분자를 구성하는 탄소원자의 수가 1개 내지 3개의 포화1가 알코올의 함유량이 60중량퍼센트 미만인 수용액
    나. 가연성액체량이 60중량퍼센트 미만이고 인화점 및 연소점(태그개방식인화점측정기에 의한 연소점을 말한다. 이하 같다)이 에틸알코올 60중량퍼센트 수용액의 인화점 및 연소점을 초과하는 것
15. "제2석유류"라 함은 등유, 경유 그 밖에 1기압에서 인화점이 섭씨 21도 이상 70도 미만인 것을 말한다. 다만, 도료류 그 밖의 물품에 있어서 가연성 액체량이 40중량퍼센트 이하이면서 인화점이 섭씨 40도 이상인 동시에 연소점이 섭씨 60도 이상인 것은 제외한다.
16. "제3석유류"라 함은 중유, 클레오소트유 그 밖에 1기압에서 인화점이 섭씨 70도 이상 섭씨 200도 미만인 것을 말한다. 다만, 도료류 그 밖의 물품은 가연성 액체량이 40중량퍼센트 이하인 것은 제외한다.
17. "제4석유류"라 함은 기어유, 실린더유 그 밖에 1기압에서 인화점이 섭씨 200도 이상 섭씨 250도 미만의 것을 말한다. 다만 도료류 그 밖의 물품은 가연성 액체량이 40중량퍼센트 이하인 것은 제외한다.
18. "동식물유류"라 함은 동물의 지육 등 또는 식물의 종자나 과육으로부터 추출한 것으로서 1기압에서 인화점이 섭씨 250도 미만인 것을 말한다. 다만, 법 제20조 제1항의 규정에 의하여 행정안전부령으로 정하는 용기기준과 수납·저장기준에 따라 수납되어 저장·보관되고 용기의 외부에 물품의 통칭명, 수량 및 화기엄금(화기엄금과 동일한 의미를 갖는 표시를 포함한다)의 표시가 있는 경우를 제외한다.
19. "자기반응성물질"이라 함은 고체 또는 액체로서 폭발의 위험성 또는 가열분해의 격렬함을 판단하기 위하여 고시로 정하는 시험에서 고시로 정하는 성질과 상태를 나타내는 것을 말한다.
20. 제5류 제11호의 물품에 있어서는 유기과산화물을 함유하는 것 중에서 불활성고체를 함유하는 것으로서 다음 각목의 1에 해당하는 것은 제외한다.
    가. 과산화벤조일의 함유량이 35.5중량퍼센트 미만인 것으로서 전분가루, 황산칼슘2수화물 또는 인산1수소칼슘2수화물과의 혼합물
    나. 비스(4클로로벤조일)퍼옥사이드의 함유량이 30중량퍼센트 미만인 것으로서 불활성고체와의 혼합물
    다. 과산화지크밀의 함유량이 40중량퍼센트 미만인 것으로서 불활성고체와의 혼합물
    라. 1·4비스(2-터셔리부틸퍼옥시이소프로필)벤젠의 함유량이 40중량퍼센트 미만인 것으로서 불활성고체와의 혼합물
    마. 시크로헥사놀퍼옥사이드의 함유량이 30중량퍼센트 미만인 것으로서 불활성고체와의 혼합물
21. "산화성액체"라 함은 액체로서 산화력의 잠재적인 위험성을 판단하기 위하여 고시로 정하는 시험에서 고시로 정하는 성질과 상태를 나타내는 것을 말한다.
22. 과산화수소는 그 농도가 36중량퍼센트 이상인 것에 한하며, 제21호의 성상이 있는 것으로 본다.
23. 질산은 그 비중이 1.49 이상인 것에 한하며, 제21호의 성상이 있는 것으로 본다.
24. 위 표의 성질란에 규정된 성상을 2가지 이상 포함하는 물품(이하 이 호에서 "복수성상물품"이라 한다)이 속하는 품명은 다음 각목의 1에 의한다.
    가. 복수성상물품이 산화성고체의 성상 및 가연성고체의 성상을 가지는 경우 : 제2류 제8호의 규정에 의한 품명
    나. 복수성상물품이 산화성고체의 성상 및 자기반응성물질의 성상을 가지는 경우 : 제5류 제11호의 규정에 의한 품명
    다. 복수성상물품이 가연성고체의 성상과 자연발화성물질의 성상 및 금수성물질의 성상을 가지는 경우 : 제3류 제12호의 규정에 의한 품명

라. 복수성상물품이 자연발화성물질의 성상, 금수성물질의 성상 및 인화성액체의 성상을 가지는 경우 : 제3류 제12호의 규정에 의한 품명
마. 복수성상물품이 인화성액체의 성상 및 자기반응성물질의 성상을 가지는 경우 : 제5류 제11호의 규정에 의한 품명
25. 위 표의 지정수량란에 정하는 수량이 복수로 있는 품명에 있어서는 당해 품명이 속하는 유(類)의 품명 가운데 위험성의 정도가 가장 유사한 품명의 지정수량란에 정하는 수량과 같은 수량을 당해 품명의 지정수량으로 한다. 이 경우 위험물의 위험성을 실험·비교하기 위한 기준은 고시로 정할 수 있다.
26. 위 표의 기준에 따라 위험물을 판정하고 지정수량을 결정하기 위하여 필요한 실험은 「국가표준기본법」제23조에 따라 인정을 받은 시험·검사기관, 「소방산업의 진흥에 관한 법률」제14조에 따른 한국소방산업기술원, 중앙소방학교 또는 소방청장이 지정하는 기관에서 실시할 수 있다. 이 경우 실험 결과에는 실험한 위험물에 해당하는 품명과 지정수량이 포함되어야 한다.

정답 ③

23

마늘과 같은 자극적인 냄새가 나는 백색 또는 담황색 왁스상의 가연성 고체로 공기 중에서 자연발화성이 있어 물속에 저장하여야 할 위험물은?

① 칼륨
② 탄화칼슘
③ 알킬리튬
④ 황린

해설

황린은 3류 위험물로 물속에 저장한다.

정답 ④

유제 다음 중 청산가리라고도 하며 인조견의 불완전연소시 발생하는 연소가스는?

① 아크로린
② 이황화탄소
③ 시안화수소
④ 포스겐

해설

시안화수소 = 청산가리.

○ 시안화수소-사이안화 수소 혹은 청화수소, 청산은 화학식이 HCN인 화합물이다. 물, 에테르, 에탄올 등에는 반드시 녹으며, 거기서도 수용액은 별명이 사이안화 수소산 또는 청산이다. 무색인 맹독성 화합물이며, 휘발성이 있다. 치사량은 2g이며, 불에도 잘 탄다.
○ 포스겐- 화학식 $COCl_2$ 을 가지는 질식성 유독가스이다. 염화 카르보닐이라고도 부른다.

정답 ③

24
가연성 증기의 발생을 억제하기 위하여 철근콘크리트 수조에 넣어 보관하며, 인화점이 영하 30℃인 위험물은?

① 이황화탄소
② 산화프로필렌
③ 디에틸에테르
④ 메틸에틸케톤

해설

○ 물질에 따른 저장장소
1) 황린, 이황화탄소(CS_2): 물 속에 저장.
2) 칼륨(K), 나트륨(Na), 리튬(Li): 석유류(등유) 속에 저장.
3) 니트로셀룰로오스: 알코올 속에 저장.

정답 ①

유제 1 물보다 무겁고, 물에 녹지 않아 저장 시 가연성 증기발생을 억제하기 위해 콘크리트 수조 속의 위험물탱크에 저장하는 물질은?

① 디에틸에테르
② 에탄올
③ 이황화탄소
④ 아세트알데히드

해설

정답 ③

유제 2 위험물의 반응성에 대한 설명 중 틀린 것은?

① 마그네슘은 온수와 작용하여 산소를 발생하고 산화마그네슘이 된다.
② 황린은 공기 중에서 연소하여 오산화인을 발생한다.
③ 아연 분말은 공기 중에서 연소하여 산화아연을 발생한다.
④ 삼황화린은 공기 중에서 연소하여 오산화인을 발생한다.

해설

마그네슘은 온수와 작용하여 수소(산소x)를 발생한다.
오산화인은 안정하므로 최종 연소생성물이 되기 쉽다. 오산화인은 인이 연소할 때 생기는 백색의 가루이다. 화학식은 P_2O_5 또는 P_4O_{10} 이다. 건조제 및 탈수제로 쓰인다.

정답 ①

25

위험물안전관리법령상 위험물제조소의 표지 및 게시판 기준에 관한 설명으로 옳지 않은 것은?

① 제조소 표지의 규격은 한 변이 0.3m 이상 다른 한 변이 0.4m 이상인 직사각형으로 하여야 한다.
② 제조소 표지와 게시판의 바탕은 백색이며 문자는 흑색으로 하여야 한다.
③ 주의사항을 표시한 게시판 중 '물기엄금'은 청색바탕에 백색문자로 한다.
④ 제2류 위험물(인화성 고체 제외)에 있어서는 '화기주의'를 기재하여 게시하여야 한다.

해설

위험물안전관리법 시행규칙 별표4 참조.

[별표 4]

제조소의 위치 · 구조 및 설비의 기준(제28조관련)

Ⅰ. 안전거리
1. 제조소(제6류 위험물을 취급하는 제조소를 제외한다)는 다음 각목의 규정에 의한 건축물의 외벽 또는 이에 상당하는 공작물의 외측으로부터 당해 제조소의 외벽 또는 이에 상당하는 공작물의 외측까지의 사이에 다음 각목의 규정에 의한 수평거리(이하 "안전거리"라 한다)를 두어야 한다.
   가. 나목 내지 라목의 규정에 의한 것 외의 건축물 그 밖의 공작물로서 주거용으로 사용되는 것(제조소가 설치된 부지내에 있는 것을 제외한다)에 있어서는 10m 이상
   나. 학교·병원·극장 그 밖에 다수인을 수용하는 시설로서 다음의 1에 해당하는 것에 있어서는 30m 이상
      1) 「초·중등교육법」제2조 및 「고등교육법」제2조에 정하는 학교
      2) 「의료법」제3조 제2항 제3호에 따른 병원급 의료기관
      3) 「공연법」제2조 제4호에 따른 공연장, 「영화 및 비디오물의 진흥에 관한 법률」제2조 제10호에 따른 영화상영관 및 그 밖에 이와 유사한 시설로서 3백명 이상의 인원을 수용할 수 있는 것
      4) 「아동복지법」제3조 제10호에 따른 아동복지시설, 「노인복지법」제31조 제1호부터 제3호까지에 해당하는 노인복지시설, 「장애인복지법」제58조 제1항에 따른 장애인복지시설, 「한부모가족지원법」제19조 제1항에 따른 한부모가족복지시설, 「영유아보육법」제2조 제3호에 따른 어린이집, 「성매매방지 및 피해자보호 등에 관한 법률」제5조 제1항에 따른 성매매피해자등을 위한 지원시설, 「정신보건법」제3조 제2호에 따른 정신보건시설, 「가정폭력방지 및 피해자보호 등에 관한 법률」제7조의2 제1항에 따른 보호시설 및 그 밖에 이와 유사한 시설로서 20명 이상의 인원을 수용할 수 있는 것
   다. 「문화재보호법」의 규정에 의한 유형문화재와 기념물 중 지정문화재에 있어서는 50m 이상
   라. 고압가스, 액화석유가스 또는 도시가스를 저장 또는 취급하는 시설로서 다음의 1에 해당하는 것에 있어서는 20m 이상. 다만, 당해 시설의 배관 중 제조소가 설치된 부지 내에 있는 것은 제외한다.
      1) 「고압가스 안전관리법」의 규정에 의하여 허가를 받거나 신고를 하여야 하는 고압가스제조시설(용기에 충전하는 것을 포함한다) 또는 고압가스 사용시설로서 1일 30㎥ 이상의 용적을 취급하는 시설이 있는 것
      2) 「고압가스 안전관리법」의 규정에 의하여 허가를 받거나 신고를 하여야 하는 고압가스저장시설
      3) 「고압가스 안전관리법」의 규정에 의하여 허가를 받거나 신고를 하여야 하는 액화산소를 소비하는 시설
      4) 「액화석유가스의 안전관리 및 사업법」의 규정에 의하여 허가를 받아야 하는 액화석유가스제조시설 및 액화석유가스저장시설
      5) 「도시가스사업법」제2조 제5호의 규정에 의한 가스공급시설
   마. 사용전압이 7,000V 초과 35,000V 이하의 특고압가공전선에 있어서는 3m 이상
   바. 사용전압이 35,000V를 초과하는 특고압가공전선에 있어서는 5m 이상
2. 제1호 가목 내지 다목의 규정에 의한 건축물 등은 부표의 기준에 의하여 불연재료로 된 방화상 유효한 담 또는 벽을 설치하는 경우에는 동표의 기준에 의하여 안전거리를 단축할 수 있다.

Ⅱ. 보유공지
1. 위험물을 취급하는 건축물 그 밖의 시설(위험물을 이송하기 위한 배관 그 밖에 이와 유사한 시설을 제외한다)의 주위에는 그 취급하는 위험물의 최대수량에 따라 다음 표에 의한 너비의 공지를 보유하여야 한다.

취급하는 위험물의 최대수량	공지의 너비
지정수량의 10배 이하	3m 이상
지정수량의 10배 초과	5m 이상

2. 제조소의 작업공정이 다른 작업장의 작업공정과 연속되어 있어, 제조소의 건축물 그 밖의 공작물의 주위에 공지를 두게 되면 그 제조소의 작업에 현저한 지장이 생길 우려가 있는 경우 당해 제조소와 다른 작업장 사이에 다음 각목의 기준에 따라 방화상 유효한 격벽을 설치한 때에는 당해 제조소와 다른 작업장 사이에 제1호의 규정에 의한 공지를 보유하지 아니할 수 있다.
   가. 방화벽은 내화구조로 할 것. 다만 취급하는 위험물이 제6류 위험물인 경우에는 불연재료로 할 수 있다.
   나. 방화벽에 설치하는 출입구 및 창 등의 개구부는 가능한 한 최소로 하고, 출입구 및 창에는 자동폐쇄식의 갑종방화문을 설치할 것
   다. 방화벽의 양단 및 상단이 외벽 또는 지붕으로부터 50cm 이상 돌출하도록 할 것

Ⅲ. 표지 및 게시판

1. 제조소에는 보기 쉬운 곳에 다음 각목의 기준에 따라 "**위험물 제조소**"라는 표시를 한 표지를 설치하여야 한다.
   가. 표지는 한변의 길이가 0.3m 이상, 다른 한변의 길이가 0.6m 이상인 직사각형으로 할 것
   나. **표지의 바탕은 백색으로, 문자는 흑색으로 할 것**
2. 제조소에는 보기 쉬운 곳에 다음 각목의 기준에 따라 방화에 관하여 필요한 사항을 게시한 게시판을 설치하여야 한다.
   가. 게시판은 한변의 길이가 0.3m 이상, 다른 한변의 길이가 0.6m 이상인 직사각형으로 할 것
   나. 게시판에는 저장 또는 취급하는 위험물의 유별 · 품명 및 저장최대수량 또는 취급최대수량, 지정수량의 배수 및 안전관리자의 성명 또는 직명을 기재할 것
   다. 나목의 게시판의 바탕은 백색으로, 문자는 흑색으로 할 것
   라. 나목의 게시판 외에 저장 또는 취급하는 위험물에 따라 다음의 규정에 의한 주의사항을 표시한 게시판을 설치할 것
      1) 제1류 위험물 중 알칼리금속의 과산화물과 이를 함유한 것 또는 제3류 위험물 중 금수성물질에 있어서는 "물기엄금"
      2) 제2류 위험물(인화성고체를 제외한다)에 있어서는 "화기주의"
      3) 제2류 위험물 중 인화성고체, 제3류 위험물 중 자연발화성물질, 제4류 위험물 또는 제5류 위험물에 있어서는 "화기엄금"
   마. 라목의 게시판의 색은 "물기엄금"을 표시하는 것에 있어서는 청색바탕에 백색문자로, "화기주의" 또는 "화기엄금"을 표시하는 것에 있어서는 적색바탕에 백색문자로 할 것

정답 ①

○ 제2과목: 구급 및 응급처치론

26
인간의 기본욕구에 관한 특성으로 옳은 것은?

① 일부 기본욕구들은 상호 연관되어 있다.
② 모든 기본욕구는 연기될 수 없다.
③ 개인이 어떤 욕구를 지각했을 때 욕구충족을 위해 취할 수 있는 반응은 일정하다.
④ 개인이 속한 문화의 우선순위에 따라서만 자신의 욕구를 충족시킬 수 있다.

> 해설

욕구는 사람마다 다르다.

정답 ①

27
혈압을 조절하는 요인에 관한 설명으로 옳은 것은?

① 심장의 박출력이 증가하면 혈압이 낮아진다.
② 혈액의 점도가 높으면 혈압이 낮아진다.
③ 혈관의 탄력성이 낮으면 혈압이 낮아진다.
④ 말초혈관이 이완되면 혈압이 낮아진다.

> 해설

말초혈관이 수축되면	말초혈관이 이완되면
혈압이 높아진다	혈압이 낮아진다

① 심장의 박출력이 증가하면 혈압이 높아진다.
② 혈액의 점도가 높으면 혈압이 높아진다.
③ 혈관의 탄력성이 낮으면 혈압이 높아진다.

정답 ④

28
활동성 폐결핵 환자의 격리 유형으로 옳은 것은?

① 장 격리
② 보호 격리
③ 피부 격리
④ 호흡 격리

해설

활동성 폐결핵의 경우 기침이나 재채기, 비말 등으로 전파되므로 호흡 격리가 필요하다.

정답 ④

29
추위에 노출된 인체가 체온을 유지하기 위한 보상기전은?

① 털세움근이 수축된다.
② 말초혈관이 확장된다.
③ 심박출량이 감소된다.
④ 근긴장강도가 감소된다.

해설

추위나 공포와 같은 원인으로 수축하면 피부면에 비스듬히 누워있는 털을 직립하게 하는 것을 '털세움근 수축현상'이라 한다.

○ **읽기자료: 저체온증**

우리 몸은 추위에 노출되면 몸을 떠는 등 체온을 올리기 위한 보상 반응을 하게 되는데 고령이거나 만성질환자의 경우 자율신경계 이상 및 혈관 방어 기전이 저하돼 혈관 수축으로 열 손실 감소 및 열 생산 증가 능력이 떨어져 젊고 건강한 사람에 비해 한랭질환에 특히 취약하다.
심뇌혈관, 당뇨, 고혈압 등 만성질환이 있는 경우 한파에 노출되면 급격한 혈압상승 등 증상이 악화될 수 있으므로 한파 시 각별한 주의가 필요하다. 직접적인 원인이 추위로 인해 발생하는 질환을 통틀어 한랭질환이라고 부르며 대표적으로 저체온증과 동상이 있다.
한랭질환자의 33.5%가 음주상태다. 술을 마시면 우리 몸은 알코올 분해 과정을 통해 혈관을 확장시켜 일시적으로 얼굴이 붉어지고 열이 발생하지만 넓어진 혈관을 통해 외부로 열이 배출되면 일시적으로 오른 체온이 급격히 떨어진다. 체온을 조절하는 중추신경계가 둔해져 추위를 인지하지 못해 위험한 상황이 발생할 수 있으므로 한파 시 가급적 절주를 하는 것이 좋다.
저체온증은 체온이 35'C 이하일 때로 열을 잃는 속도가 만드는 속도보다 빨라 몸 전체나 팔, 다리가 심하게 떨리며 체온이 34'C 미만으로 떨어지게 되면 기억력과 판단력이 떨어져 어눌한 말투와 지속적인 피로감을 느끼며 점점 의식이 흐려지는 등 의식장애가 나타난다.
저체온증이 의심되면 따뜻한 음료를 마셔 체온을 올려야 하며 가급적 빨리 병원을 방문하는 것이 좋다. 의식이 없는 경우 119에 신고 후 환자를 따뜻한 곳으로 옮겨야 한다.
옷이 젖었다면 탈의시킨 후 이불 등을 이용해 감싸도록 하며 주변에 핫팩이나 더운 물통이 있다면 겨드랑이, 배 위에 두도록 하며 없다면 껴안아 체온을 올리도록 한다.

신체 부위가 얼어 발생하는 동상은 주로 귀, 뺨, 코, 손가락, 발가락, 턱 등 외부 노출 부위에 발생하며 찌르는 듯한 통증과 함께 가려움, 붉어짐, 부종 등이 나타나고 심한 경우 피부와 피하조직 괴사, 감각손실까지 발생할 수 있다.
동상이 나타나면 따뜻한 곳으로 이동 후 동상 부위를 38~42℃의 따뜻한 물을 이용해 20~40분간 담근다. 얼굴 부위일 경우 따뜻한 물수건을 이용해 해당 부위를 대고 자주 갈아주도록 한다.

정답 ①

30

호흡곤란을 호소하는 환자에게 맥박산소측정기(pulse oximeter)를 사용하여 산소포화도를 측정하였더니 80%였다. 환자 상태에 관한 올바른 해석은?

① 정상이다.
② 경증의 저산소혈증 상태이다.
③ 중등도의 저산소혈증 상태이다.
④ 중증의 저산소혈증 상태이다.

해설

○ 산소포화도 기준

95~100(%)	95% 이하	90% 이하	80% 이하
정상	저산소증 주의	저산소증 위급	매우 심한 저산소증

일반적으로 정상적인 산소포화도 기준은 95~100(%)으로 본다. 환자의 상태에 따라 차이가 있겠지만 90~94의 경우 주의 수준이고, 90 이하로 내려갈 경우 '저산소증'과 그 원인을 찾아봐야 하는 상태로 본다.

정답 ④

31

요로결석으로 심한 통증을 호소하는 환자의 교감신경 반응으로 옳은 것은?

① 땀흘림(발한)
② 맥박 감소
③ 침분비 증가
④ 느리고 단조로운 말

해설

요로결석 증상으로는 구역, 구토, 안절부절, 발한, 소변 내 혈액, 결석 또는 결석 조각 등이 있다. 특히 결석이 요관을 내려 갈 때 자주 요의를 느낄 수 있다. 오한, 발열, 배뇨 중 작열감 또는 통증, 혼탁하고 악취가 나는 소변, 복부 부종이 때때로 발생한다.

정답 ①

32

응급 현장에서의 일차평가에 관한 설명으로 옳지 않은 것은?

① 환자의 생명을 위협하는 상태 발견 시 활력징후 체크 후 다시 빠른 재평가를 실시한다.
② 즉각 이송해야 할 것인지 조금 더 평가하고 치료할 것인지를 결정해야 한다.
③ 전반적인 인상 파악(general impression)은 환자에 대한 최초의 직관적인 평가이다.
④ 순환평가는 맥박과 피부를 평가하고 심각한 출혈을 조절하는 것이다.

해설

○ 1차 평가는 환자의 생명을 위협하는 요소를 확인하고 안정화시키는 단계로 일반적으로 10분 이내에 이루어져야 한다. 기도유지와 경추 고정, 호흡과 환기, 순환상태와 출혈조절, 신경학적 이상 여부 확인 등이다.
○ 2차 평가는 생명을 위협하지는 않지만 환자의 의학적인 문제를 찾아내는 과정이다. 적절한 병력 정보의 파악, 환자의 전신적인 상태 확인 등이다.

○ **환자 평가 6단계**
1) 현장조사
2) 1차 평가
3) 2차 평가
4) 활력징후(혈압, 호흡수, 맥박수, 체온 등)
5) 환자병력
6) 지속적인 이송 중 평가

정답 ①

33

의식이 있는 성인 환자의 맥박을 촉지하기 위해 일반적으로 사용되는 부위는?

① 목(경)동맥
② 자(척골)동맥
③ 노(요골)동맥
④ 넓다리(대퇴)동맥

해설

요골 동맥 - 맥을 짚는데 사용하는 혈관이다. 한의원에서 맥을 짚는 부위라고 생각하면 쉽다.

정답 ③

34

코의 전방에 손상을 입어 코피를 흘리는 환자가 있다. 지혈하는 방법으로 옳지 않은 것은? (단, 머리뼈 골절은 없다)

① 코 위에 얼음물 주머니를 댄다.
② 콧방울을 손가락으로 눌러 압박한다.
③ 머리를 뒤로 젖힌다.
④ 혈압이 높거나 불안해하는 경우 최대한 안정시킨다.

해설

머리를 뒤로 젖히는 경우 혈액이 목으로 넘어가 위장이나 폐로 들어가면 오히려 더 위험하다. 턱을 살짝 들고 코피를 앞으로 흘러나오게 한 뒤 5~10분 정도 있으면 저절로 지혈이 된다. 코피 양이 많다면 거즈 등으로 가볍게 코를 막거나 엄지와 검지로 양쪽 콧볼을 지그시 압박해준다. 목 뒷덜미에 얼음팩을 대주는 것도 방법이다.

정답 ③

35

붕괴된 건물 잔해에 4시간 이상 두 다리가 깔린 상태로 있었던 환자가 구조되었다. 고칼륨혈증에서 초래되는 상태를 평가하기 위한 것으로 옳은 것은?

① 기이성 운동
② 심전도(ECG)
③ 이산화탄소분압
④ 원위부 맥박, 움직임, 감각(PMS)

해설

고칼륨혈증이 발생하는 원인의 대부분은 신장 기능의 저하로 인한 것으로 그 외에도 당뇨, 세포와 조직의 손상으로 인한 외상, 영양제 과다 복용, 특정 호르몬의 부족, 스트레스 등이 고칼륨혈증의 원인이 되기도 한다. 혈액검사나 심전도로 확인할 수 있다.
심전도에서 크고 좁은 T파, PR 간격의 연장, 편평한 P파, 넓어진 QRS 복합체 등의 이상소견이 발생한다.

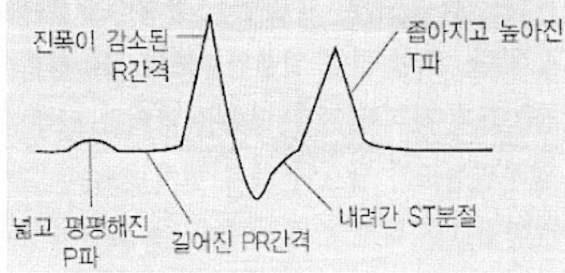

정답 ②

36

소아가 뜨거운 물에 흉복부 앞면, 생식기, 양쪽 다리 전체에 2도 화상을 입었다. '9의 법칙'에 의한 화상의 범위는?

① 28%
② 37%
③ 46%
④ 55%

해설

성인 머리와 목(9%), 소아의 머리와 목(18%)
성인 하지의 앞·뒤(18%), 소아의 하지 앞·뒤(13.5%)

1도 화상(표재성 화상)	2도 화상(부분 화상)	3도 화상(전층 화상)
표피층만 화상	표피 전 층과 진피의 상당부분이 손상	진피 전 층과 피하조직까지 손상

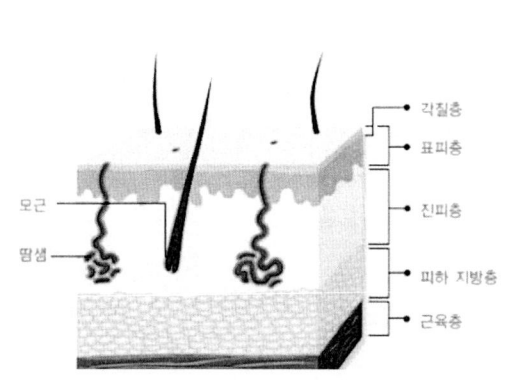

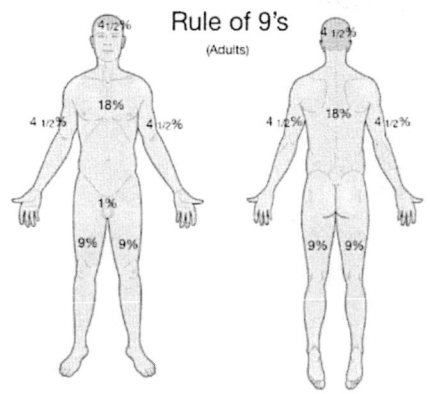

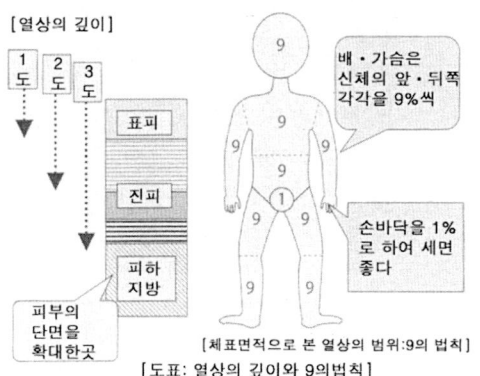

[체표면적으로 본 열상의 범위:9의 법칙]
[도표: 열상의 깊이와 9의법칙]

정답 ③

37

무호흡을 보이는 환자에서 맥박이 분명하게 만져지지 않았다. 먼저 시행할 응급처치는?

① 회복자세를 취한다.
② 기도개방을 시행한다.
③ 인공호흡을 시행한다.
④ 가슴압박을 시행한다.

해설

성인기준 가슴압박(100~120회/분당, 5~6cm) 후 기도유지, 인공호흡을 실시한다. 영아 4cm, 소아 4~5cm이다. 성인과 소아의 구분은 만8세이다.
가슴압박(compression) - 기도유지(airway) - 인공호흡(breathing) 순서이다.
가슴압박 : 인공호흡 = 30 : 2
뇌의 신경계 세포는 4~6분간 산소가 공급되지 않으면 괴사가 일어날 수 있다.

● **심폐소생술의 절차와 방법입니다.**

정답 ④

38

한 겨울 야외작업으로 양손에 동창(chilblain)이 걸린 환자의 응급처치로 옳지 않은 것은?

① 양손이 추운 환경에 다시 노출될 가능성이 있다면 따뜻한 물에 담그지 않는다.
② 손상된 조직을 문질러 온도를 높여준다.
③ 젖었거나 신체를 조이는 의복을 제거한다.
④ 환자를 추운 환경으로부터 따뜻한 장소로 옮긴다.

해설

동창으로 손상된 조직을 문지르면 세포 파괴가 일어날 수 있다. 손상부위에 동상을 입었다고 해서 빨리 녹이겠다고 히터에 가까이 할 경우 화상을 입을 수도 있다.

정답 ②

39
액화괴사(liquefaction necrosis)를 일으켜 심부손상을 유발하는 화상은?

① 전기 화상
② 염기 화상
③ 감마선 화상
④ 시안화물 화상

> 해설

산에 의한 화상	염기(알칼리)에 의한 화상
응고 괴사	액화 괴사

정답 ②

40
수요밸브(demand valve) 소생기에 관한 설명으로 옳지 않은 것은?

① 호흡이 없는 환자에게는 사용할 수 없다.
② 위 팽만 및 폐 손상을 유발할 수 있다.
③ 소아에게는 사용하지 않는다.
④ 기관 내 삽관 튜브와 연결하여 사용하는 것이 효과적이다.

> 해설

demand-valve mask(수요밸브소생기; 자동산소소생기)는 고농도 고압산소를 이용한 호흡기구이다. 수요밸브(demand valve) 호흡장치는 성인들을 위해 제작되었으므로 소아환자들에게 사용하지 않는다.

정답 ①

41
심정지 환자에게 시행하는 인공호흡 방법으로 옳은 것은?

① 30cmH$_2$O 이상의 압력으로 1초 동안 불어 넣는다.
② 환자의 가슴 상승이 보일 정도로 불어 넣는다.
③ 윤상연골(반지연골) 압박을 실시해 위 팽만을 막는다.
④ 기관 내 삽관이 되었을 때에는 5초마다 인공호흡을 한다.

> 해설

1초 동안 환자의 가슴 상승이 보일 정도로 불어 넣는다. 체중 1kg당 8~10ml의 일회호흡량이 필요하다. 심폐소생술에 의한 심장 박출량은 약1/4~1/3 정도이므로 폐에서의 산소-이산화탄소 교환량이 감소한다. 심폐소생술 중에서 정상적인 일회 호흡량이나 호흡수보다 더 적은 환기를 하여도 효과적인 산소와 이산화탄소의 교환을 유지할 수 있다. 따라서 심폐소생술 중에서 500~600ml의 일회 호흡량을 유지한다. 심폐소생술에서 인공호흡의 1차 목적은 적절한 산소화를 유지하는 것이며 2차적 목적은 이산화탄소를 제거하는 것이다.
기관 내 삽관이 되었을 때에는 6초마다(분당 10회) 인공호흡을 한다.
윤상연골(반지연골) 압박은 기관을 후방으로 밀어냄으로써 식도를 압박하는 기술이다. 위 팽창을 예방하고 백마스크 인공호흡 동안의 역류나 흡인의 위험성을 감소시키는 것으로 알려져 있지만 성인의 심폐소생술을 방해할 수 있어 권장하지는 않는다.

정답 ②

42
기도 폐쇄가 의심되어 하임리히법(Heimlich maneuver)을 시행하던 중 환자가 의식을 잃었다. 먼저 시행할 응급처치는?

① 등두드리기
② 자동제세동
③ 하임리히법
④ 심폐소생술

> 해설

하임리히법은 기도폐쇄(이물질을 제거)가 의심될 경우 활요하는 방법인데 하임리히 도중 의식을 잃는다면 심폐소생술을 시행한다.

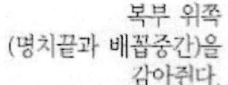

정답 ④

43

공장에서 일하던 체중 80kg인 근로자가 20%의 3도 화상을 입었다면 첫 1시간 동안 투여해야 할 수액량은? (단, 파크랜드 공식을 적용한다)

① 200 ml
② 400 ml
③ 600 ml
④ 800 ml

해설

파크랜드 공식(2도 이상의 화상에서) = 4 × (kg) × (면적)
4 × 80kg × 20% = 6,400(전체 수액량)
처음 8시간 동안 50%, 8시간 뒤 25%, 8시간 뒤 나머지 25% 수액을 공급한다.

정답 ②

44

성인의 '소생의 고리(chain of survival)' 5단계 중 세 번째 단계는?

① 빠른 제세동
② 심정지 후 통합 치료
③ 효과적 전문소생술
④ 빠른 심폐소생술

해설

5단계로 개정된 것에 유의할 것!

심정지 예방과 조기 발견 / 신속한 신고 / 신속한 심폐소생술 / 신속한 제세동 / 효과적 전문소생술 및 심정지 후 치료

정답 ④

45

심폐소생술을 받지 못한 일반인이 심정지로 쓰러진 50대 남성을 목격한 후 응급처치를 하지 못하고 있다. 목격자의 신고를 접수한 후 119 상황실 상담원이 지도할 수 있는 내용으로 옳은 것은? (단, 2010년 미국심장협회 가이드라인을 따른다)

① 머리를 젖힐 수 있는 기도개방만 하도록 지시한다.
② 환자의 코를 꽉 붙잡고 인공호흡만 하도록 유도한다.
③ 가슴압박 지점을 알려주어 가슴압박만 하도록 격려한다.
④ 목동맥을 알려주어 맥박을 확인하도록 한다.

| 해설 |

정답 ③

46

심폐소생술 중 관상동맥(심장동맥) 관류압을 적절하게 유지하려면 대동맥 이완기압은 최소 얼마 이상으로 유지하여야 하는가? (단, 우심방의 이완기압은 10 mmHg 이다)

① 0 mmHg
② 10 mmHg
③ 20 mmHg
④ 30 mmHg

| 해설 |

○ 관상동맥관류압: 대동맥 이완기압에서 우심방 이완기압을 빼면 관상동맥 관류압이 나온다.(20mmHg이상 유지되어야 한다.)
  관상동맥관류압(20) = 대동맥 이완기압 - 우심방 이완기압
○ 뇌관류압: 내경동맥압에서 내경정맥압을 빼면 뇌관류압이 나온다.(30mmHg 이상 유지되어야 한다.)
  뇌관류압 = 내경동맥압 - 내경정맥압

정답 ④

47

3세 여아에게 2인의 응급의료종사자가 심폐소생술을 실시할 때 가슴압박과 인공호흡의 비율, 압박속도, 압박 깊이로 옳은 것은?

① 15:2, 분당 100회 이하, 4cm
② 15:2, 분당 100회 이상, 5cm
③ 30:2, 분당 100회 이하, 4cm
④ 30:2, 분당 100회 이상, 5cm

해설

○ 가슴압박과 인공호흡

1인이 실시	2인이 실시
30 : 2	15 : 2

정답 ②

48

자동제세동기의 사용방법으로 옳지 않은 것은?

① 제세동 전에 환자의 몸이 젖어 있는 경우에는 환자의 가슴을 건조시켜야 한다.
② 소아일 경우 소아용 변환 시스템이 없으면 성인용 자동제세동기를 사용할 수 있다.
③ 심전도가 분석되는 동안 심폐소생술을 중단해서는 안 된다.
④ 첫 번째 제세동 후 맥박을 확인하지 않고 즉시 가슴압박을 시작한다.

해설

심전도 분석 중에는 심폐소생술을 중단한다.

○ **패드부착**
- 패드1 : 오른쪽 빗장뼈 바로아래
- 패드2 : 왼쪽 젖꼭지 옆 겨드랑이
- 패드와 제세동기 본체가 분리되어 있는 경우에는 연결하세요.

○ **심전도 분석**
- "분석중..." 이라는 음성지시가 나오면, 심폐소생술을 멈추고 환자에게 손을 떼세요.
- 제세동이 필요한 경우 "제세동이 필요합니다."라는 음성지시와 함께 자동제세동기 스스로 설정된 에너지로 충전을 시작합니다.
- 제세동이 필요 없는 경우 "제세동이 필요하지 않습니다."라는 음성지시가 나오며 즉시 심폐소생술을 다시 시작하여야 합니다.

정답 ③

49
한 등산객이 폐쇄된 탐방로로 들어가던 중 살모사에 오른쪽 다리를 물렸다. 응급처치 방법으로 옳은 것은?

① 부목으로 다리를 고정시킨다.
② 지혈대로 동맥을 차단시킨다.
③ 얼음을 대서 독소의 확산을 막는다.
④ 전기 자극을 가해 독소의 확산을 막는다.

해설

물린 부위를 심장보다 낮게 위치하도록 하고 움직임을 제한하기 위해 부목 등으로 고정하는 것이 좋다. 독사에 물렸을 때는 입으로 독을 빨아내는 것이 좋다. 뱀독은 입으로 빨아도 아무런 문제가 없으며, 비록 삼킨다 해도 위 속에서 소화가 되므로 걱정할 필요가 없다. 그러나 잇몸 염증이 있거나 입안에 상처가 있는 경우엔 빨지 않는 게 좋다.
일단 뱀독을 빨아낸 뒤엔 물린 곳을 부목 등으로 고정시킨 뒤 신속하게 병원으로 옮겨야 한다. 물린 부위를 움직이면 뱀독이 림프관을 타고 신속하게 온몸으로 퍼지므로 주의해야 한다. 병원까지 가는 데 시간이 걸리는 경우엔 물린 부위 근처를 붕대나 손수건 등으로 약간 느슨하게 묶는 것이 좋다. 독을 덜 퍼지게 한다고 술을 마시거나, 상처 부위를 절개하거나, 얼음찜질을 하는 경우가 있는데 오히려 합병증이 생길 수 있으므로 삼가야 한다.
그러나 벌에 쏘인 경우엔 얼음찜질을 해 주는 게 좋다. 뱀독은 혈관 자체를 손상시켜 손이나 발 등 말초 부위로 가는 피의 양을 감소시키므로 혈관을 더 축소시키는 얼음찜질은 금물이다. 하지만 벌독 속 히스타민이란 물질은 오히려 혈관을 확장시키므로 벌독의 확산을 방지하기 위해 얼음찜질을 하는 것이 좋다.

정답 ①

50
수중 인명구조에 투입된 잠수사가 과중한 작업량으로 잠수손상에 의한 감압증을 보였다. 환자에게 제공할 응급처치로 옳은 것은?

① 알코올이 들어있는 음료를 마시게 한다.
② 고농도의 질소를 공급한다.
③ 항공 이송 시 높은 고도를 유지한다.
④ 신속한 고압산소 처치를 실시한다.

해설

감압증이람 잠수부가 수중의 깊은 곳에서 기압이 높은 상태로 장시간 있다가 갑자기 정상기압 상태로 돌아오면 생기는 질환이다. 외부 기압이 갑자기 감소하면서 혈액이나 신체조직에 기포가 형성되는 것으로 탄산 음료수 병을 따면 기포가 올라오는 것과 비슷한 현상이다. 증상으로는 관절과 근육에 통증을 느끼거나 호흡곤란, 기침, 가슴통증 등이 동반된다. 감압증 환자의 응급처치는 고압산소처치이다.

정답 ④

○ 제3과목 : 재난관리론

51
존스(Jones)에 의한 재난 분류에서 산사태가 속한 재난유형은?

① 준자연재난
② 지질학적 재난
③ 지형학적 재난
④ 기상학적 재난

해설

○ **존스의 재난분류**
존스는 재난의 발생원인과 발생현상에 따라서 크게 자연재난, 준자연재난, 인적재난으로서 구분한다. 자연재난은 다시 지구물리학적 재난과 생물학적 재난으로서 나누며 지구물리학적 재난을 다시 지질학적, 지형학적, 기상학적 재난으로서 구분을 하고 있다.
1) 자연재난
- 지구물리학적 재난
  ㉠ 지질학적 재난 : 지진, 화산, 쓰나미 등
  ㉡ 지형학적 재난 : 산사태, 염수토양 등
  ㉢ 기상학적 재난 : 태풍, 번개, 눈, 이상기온, 가뭄, 해일 등
- 생물학적 재난
  - 유독 동·식물, 세균성 질병
2) 준자연재난
  - 스모그 현상, 홍수, 눈사태, 온난화, 사막화 현상 등
3) 인적재난
  - 공해, 광화학연무 등

○ **데이비드 존스(David K. C. Jones)의 재난분류** ☞ 재난의 발생원인과 발생현상에 따라 크게 자연재해, 준 자연재해, 인위재난으로 3분하였다. 장기간에 걸친 완만한 환경변화현상(공해, 염수화현상, 토양침식, 파업 등)까지 재해에 포함하였고, 위기적 특징이 없는 일반 행정관리의 대상까지도 재난으로 분류하여 재난관리에 적용하기에 너무 포괄적.

○ **Br. J. Anesth의 재난분류** ☞ 자연재해를 기후성 재해와 지진성 재해로 분류, 인위재난을 고의성 유무에 따라 사고성 재난과 계획적 재난으로 구분하였다. 대기오염, 수질오염과 같이 장기간에 걸쳐 완만하게 전개되고, 인명피해를 발생시키지 않는 일반행정관리 분야의 재난을 제외한 것은 데이비드 존스의 재난분류와 구분된다. 각 국의 지역재난계획에서 주로 적용.

자연재해				준 자연재해	인위재난
지구물리학적 재해			생물학적재해	스모그현상 온난화현상 사막화현상 염수화현상 눈사태 산성화 홍수 토양침식 등	공해 광화학연무 폭동 교통사고 폭발사고 태업 전쟁 등
지질학적해해	지형학적재해	기상학적재해			
지진 화산 쓰나미 등	산사태 염수토양 등	안개, 눈 해일, 번개 토네이도 폭풍, 태풍 이상기온 가뭄 등	세균질병 유독식물 유독동물		

대분류	세분류	재해의 종류
자연재해	기후성 재해	태풍
	지진성 재해	지진, 화산폭발, 해일
인위재해	사고성 재해	– 교통사고(자동차, 철도, 항공, 선박사고) – 산업사고(건축물붕괴) – 폭발사고(갱도, 가스, 화학, 폭발물) – 화재사고 – 생물학적재해(박테리아, 바이러스, 독혈증) – 화학적재해(부식성물질, 유독물질) – 방사능재해
	계획적 재해	테러, 폭동, 전쟁

정답 ③

유제 아네스(Anesth)의 재난분류에 대한 설명으로 옳지 않은 것은?

① 재난은 자연재난과 인적재난으로 구분된다.
② 자연재난은 지구물리학적 재난과 생물학적 재난으로 구분된다.
③ 인적재난은 사고성 재난과 계획적 재난으로 구분된다.
④ 사고성 재난은 화학적 재난, 방사능 재난 등을 포함한다.

해설

정답 ②

52

현대사회의 재난에 관한 설명으로 옳지 않은 것은?

① 재난의 개념은 시대와 사회에 따라 변화할 수 있다.
② 재난을 분류할 때 가장 많이 채택하는 재난분류기준은 발생장소이다.
③ 자연재난과 사회재난의 상호복합적인 작용에 의한 재난이 증가하고 있다.
④ 재난관리에서 인적·물적 피해 등 인간 활동에 미치는 영향이 전혀 없다면 재난으로 보지 않는다.

해설

재난을 분류할 때 가장 많이 채택하는 재난분류기준은 재난발생 원인이다.

정답 ②

53
재난 및 안전관리 기본법에서 정의하는 자연재난에 해당되지 않는 것은?

① 해일로 인한 피해
② 황사로 인한 피해
③ 태풍으로 인한 피해
④ 가축전염병 확산으로 인한 피해

> **해설**
>
> **법 제3조(정의)** 이 법에서 사용하는 용어의 뜻은 다음과 같다.
> 1. "재난"이란 국민의 생명·신체·재산과 국가에 피해를 주거나 줄 수 있는 것으로서 다음 각 목의 것을 말한다.
>   가. **자연재난**: 태풍, 홍수, 호우(豪雨), 강풍, 풍랑, 해일(海溢), 대설, 한파, 낙뢰, 가뭄, 폭염, 지진, 황사(黃砂), 조류(藻類) 대발생, 조수(潮水), 화산활동, 소행성·유성체 등 자연우주물체의 추락·충돌, 그 밖에 이에 준하는 자연현상으로 인하여 발생하는 재해
>   나. **사회재난**: 화재·붕괴·폭발·교통사고(항공사고 및 해상사고를 포함한다)·화생방사고·환경오염사고 등으로 인하여 발생하는 대통령령으로 정하는 규모 이상의 피해와 에너지·통신·교통·금융·의료·수도 등 국가기반체계(이하 "국가기반체계"라 한다)의 마비, 「감염병의 예방 및 관리에 관한 법률」에 따른 감염병 또는 「가축전염병예방법」에 따른 가축전염병의 확산, 「미세먼지 저감 및 관리에 관한 특별법」에 따른 미세먼지 등으로 인한 피해

정답 ④

54
재난발생 이후 대응단계에서의 활동 내용이 아닌 것은?

① 비상 의료 지원
② 현장지휘활동 개시
③ 탐색 및 구조·구급 실시
④ 이재민 지원 및 임시주거지 마련

> **해설**
>
> 재난의 단계는 예방, 대비, 대응, 복구단계이다.

정답 ④

55
재난관리 복구단계에서의 활동 내용으로 옳은 것은?

① 비상경보 체제 구축
② 안전문화활동 및 홍보
③ 잔해물 제거 및 방역 활동
④ 재해영향평가 등의 협의

해설

9의2. "안전문화활동"이란 안전교육, 안전훈련, 홍보 등을 통하여 안전에 관한 가치와 인식을 높이고 안전을 생활화하도록 하는 등 재난이나 그 밖의 각종 사고로부터 안전한 사회를 만들어가기 위한 활동을 말한다. (재난 및 안전관리기본법)
4. "재해영향성검토"란 자연재해에 영향을 미치는 행정계획으로 인한 재해 유발 요인을 예측·분석하고 이에 대한 대책을 마련하는 것을 말한다. (자연재해대책법)
5. "재해영향평가"란 자연재해에 영향을 미치는 개발사업으로 인한 재해 유발 요인을 조사·예측·평가하고 이에 대한 대책을 마련하는 것을 말한다. (자연재해대책법)

정답 ③

56

응급환자분류표에서 사상자의 상태와 색깔의 연결로 옳은 것은?

① 비응급 - 녹색
② 응급 - 적색
③ 긴급 - 흑색
④ 사망 - 황색

해설

○ 각 분류의 색상과 분류조건을 암기해야 한다.

구분	중증도 상태
사망(흑색)	사망 생존불능
긴급(적색)	기도, 호흡, 심장이상 조절 안 되는 출혈, 개방성 흉부 복부손상 심각한 두부손상, 쇼크, 기도화상 내과적 이상
응급(황색)	척추손상, 다발성 주요골절 중증의 화상, 단순 두부손상
비응급(녹색)	경상의 합병증 없는 골절, 외상, 손상, 화상 정신과적인 문제

※ 제작방법
 - 세 장으로 만들되 각 장이 동시에 기록될 수 있도록 제작
 - 일련번호는 연번으로 작성
 - 환자의 분류부분은 떼어 낼 수 있도록 제작

정답 ①

57

재난관리방식 중 통합관리방식의 특징을 모두 고른 것은?

> ㉠ 재난 유형별 관리
> ㉡ 지휘체계의 단일화
> ㉢ 과도한 책임 부담
> ㉣ 다수 부처 참여

① ㉠㉢
② ㉠㉣
③ ㉡㉢
④ ㉡㉣

해설

○ 재난관리 대응 방식

구분	분산관리 방식	통합관리 방식
성격	유형별 관리	통합적 관리
관련부처(기관)의 수	다수 부처(기관)	소수 부처(기관)
책임성	책임의 분산	과도한 책임(부담)
활동범위	특정 재난	모든 재난
정보의 전달(지휘체계)	다양화	단일화
제도적 장치(관리체계)	복잡	보다 간편

정답 ③

58

재난 시 기자회견 방법으로 옳지 않은 것은?

① 그래프 또는 차트를 사용하여 답변한다.
② 사실에 근거하여 정직한 인터뷰를 한다.
③ 잘못된 정보에 대하여 정중하게 반박한다.
④ 시청자를 고려하여 기술적인 전문용어를 사용한다.

해설

알기 쉬운 용어를 사용한다.

정답 ④

59

재난 및 안전관리 기본법령상 국가와 지방자치단체가 재난으로 피해를 입은 시설의 복구와 피해주민의 생계 안정을 위해 지원할 수 있는 사항이 아닌 것은?

① 고등학생의 학자금 면제
② 상업용 건축물의 복구비 지원
③ 세입자 보조 등 생계안정 지원
④ 공공시설 피해에 대한 복구사업비 지원

해설

법 제66조(재난지역에 대한 국고보조 등의 지원) ① 국가는 다음 각 호의 어느 하나에 해당하는 재난의 원활한 복구를 위하여 필요하면 대통령령으로 정하는 바에 따라 그 비용(제65조 제1항에 따른 보상금을 포함한다)의 전부 또는 일부를 국고에서 부담하거나 지방자치단체, 그 밖의 재난관리책임자에게 보조할 수 있다. 다만, 제39조 제1항(제46조 제1항에 따라 시·도지사가 하는 경우를 포함한다) 또는 제40조 제1항의 대피명령을 방해하거나 위반하여 발생한 피해에 대하여는 그러하지 아니하다.
  1. 자연재난
  2. 사회재난 중 제60조 제2항에 따라 특별재난지역으로 선포된 지역의 재난
② 제1항에 따른 재난복구사업의 재원은 대통령령으로 정하는 재난의 구호 및 재난의 복구비용 부담기준에 따라 국고의 부담금 또는 보조금과 지방자치단체의 부담금·의연금 등으로 충당하되, 지방자치단체의 부담금 중 시·도 및 시·군·구가 부담하는 기준은 행정안전부령으로 정한다.
③ 국가와 지방자치단체는 재난으로 피해를 입은 시설의 복구와 피해주민의 생계 안정을 위하여 다음 각 호의 지원을 할 수 있다. 다만, 다른 법령에 따라 국가 또는 지방자치단체가 같은 종류의 보상금 또는 지원금을 지급하거나, 제3조 제1호 나목에 해당하는 재난으로 피해를 유발한 원인자가 보험금 등을 지급하는 경우에는 그 보상금, 지원금 또는 보험금 등에 상당하는 금액은 지급하지 아니한다.
  1. 사망자·실종자·부상자 등 피해주민에 대한 구호
  2. 주거용 건축물의 복구비 지원
  3. 고등학생의 학자금 면제
  4. 관계 법령에서 정하는 바에 따라 농업인·임업인·어업인의 자금 융자, 농업·임업·어업 자금의 상환기한 연기 및 그 이자의 감면 또는 중소기업 및 소상공인의 자금 융자
  5. 세입자 보조 등 생계안정 지원
  6. 관계 법령에서 정하는 바에 따라 국세·지방세, 건강보험료·연금보험료, 통신요금, 전기요금 등의 경감 또는 납부유예 등의 간접지원
  7. 주 생계수단인 농업·어업·임업·염생산업(鹽生産業)에 피해를 입은 경우에 해당 시설의 복구를 위한 지원
  8. 공공시설 피해에 대한 복구사업비 지원
  9. 그 밖에 제14조 제3항 본문에 따른 중앙재난안전대책본부회의에서 결정한 지원 또는 제16조 제2항에 따른 지역재난안전대책본부회의에서 결정한 지원
④ 제3항에 따른 지원의 기준은 제1항 각 호의 어느 하나에 해당하는 재난에 대해서는 대통령령으로 정하고, 사회재난으로서 제60조 제2항에 따라 특별재난지역으로 선포되지 아니한 지역의 재난에 대해서는 해당 지방자치단체의 조례로 정한다.
⑤ 국가와 지방자치단체는 재난으로 피해를 입은 사람에 대하여 심리적 안정과 사회 적응을 위한 상담 활동을 지원할 수 있다. 이 경우 구체적인 지원절차와 그 밖에 필요한 사항은 대통령령으로 정한다.
⑥ 국가 또는 지방자치단체는 제3항 각 호에 따른 지원의 원인이 되는 사회재난에 대하여 그 원인을 제공한 자가 따로 있는 경우에는 그 원인제공자에게 국가 또는 지방자치단체가 부담한 비용의 전부 또는 일부를 청구할 수 있다.
⑦ 제3항 각 호에 따라 지원되는 금품 또는 이를 지급받을 권리는 양도·압류하거나 담보로 제공할 수 없다.

제66조의2(복구비 등의 선지급) ① 지방자치단체의 장은 재난의 신속한 구호 및 복구를 위하여 필요하다고 판단되면 제66조에 따라 재난의 구호 및 복구를 위하여 지원하는 비용(이하 "복구비등"이라 한다) 중 대통령령으로 정하는 항목에 대해서는 제59조 또는 「자연재해대책법」 제46조에 따른 복구계획 수립 전에 미리 지급할 수 있다.

> **제73조의3(복구비 등의 선지급 비율 등)** ① 법 제66조의2 제1항에서 "대통령령으로 정하는 항목"이란 다음 각 호와 같다.
> 1. 자연재난의 경우: 「자연재난 구호 및 복구 비용 부담기준 등에 관한 규정」 제4조 제1항 제1호 가목 및 나목, 같은 항 제2호 가목부터 바목까지
> 2. 사회재난의 경우: 「사회재난 구호 및 복구 비용 부담기준 등에 관한 규정」 제3조 제1항 제1호
> ② 법 제66조의2 제2항에 따라 법 제66조에 따른 재난의 구호 및 복구를 위하여 지원하는 비용(이하 "복구비등"이라 한다)을 선지급 받으려는 자는 지체 없이 거주지, 사무소 또는 영업소의 소재지를 관할하는 시장·군수·구청장에게 재난으로 인한 피해 물량 등에 관하여 신고하여야 한다.
> ③ 법 제66조의2 제4항에 따른 **선지급의 비율은 시설의 종류 및 피해 규모 등에 따라 국고와 지방비에서 지원하는 금액을 합한 금액의 100분의 20 이상**으로 하며, 구체적인 선지급 비율 및 절차 등에 관한 사항은 행정안전부장관이 관계 중앙행정기관의 장과 협의한 후 고시하여야 한다.

② 제1항에 따라 복구비등을 선지급 받으려는 자는 대통령령으로 정하는 바에 따라 재난으로 인한 피해 물량 등에 관하여 신고하여야 한다.
③ 지방자치단체의 장은 제1항에 따라 미리 복구비등을 지급하기 위하여 피해 주민의 주(主) 생계수단을 판단하기 위한 다음 각 호의 사항에 대한 확인을 해당 각 호의 자에게 요청할 수 있다. 이 경우 확인을 요청받은 자는 특별한 사유가 없으면 요청에 따라야 한다.
1. 근로소득 및 사업소득 수준에 관한 사항: 국세청장 또는 관할 세무서장
2. 국민연금 가입·납입에 관한 사항: 「국민연금법」 제24조에 따른 국민연금공단의 이사장
3. 국민건강보험 가입·납입에 관한 사항: 「국민건강보험법」 제13조에 따른 국민건강보험공단의 이사장

④ 제1항에 따른 복구비등 선지급을 위하여 필요한 선지급의 비율·절차 등에 관한 사항은 대통령령으로 정한다.

법 제66조의3(복구비등의 반환) ① 국가와 지방자치단체는 복구비등을 받은 자가 다음 각 호의 어느 하나에 해당하는 경우에는 행정안전부령으로 정하는 바에 따라 그 받은 복구비등을 반환하도록 명하여야 한다.
1. 부정한 방법으로 복구비등을 받은 경우
2. 복구비등을 받은 후 그 지급 사유가 소급하여 소멸된 경우
3. 그 밖에 대통령령으로 정하는 사유가 발생한 경우

② 제1항에 따라 반환명령을 받은 자는 즉시 복구비등을 반환하여야 한다.
③ 제2항에 따라 반환하여야 할 반환금을 지정된 기한까지 반환하지 아니하면 국세 체납처분 또는 지방세 체납처분의 예에 따라 징수한다.
④ 제3항에 따른 반환금의 징수는 국세와 지방세를 제외하고는 다른 공과금에 우선한다.

영 제69조(특별재난의 범위 및 선포 등) ①법 제60조 제1항에서 "대통령령으로 정하는 규모의 재난"이란 다음 각 호의 어느 하나에 해당하는 재난을 말한다.
1. 자연재난으로서 「자연재난 구호 및 복구 비용 부담기준 등에 관한 규정」 제5조 제1항에 따른 국고 지원 대상 피해 기준금액의 2.5배를 초과하는 피해가 발생한 재난
1의2. 자연재난으로서 「자연재난 구호 및 복구 비용 부담기준 등에 관한 규정」 제5조 제1항에 따른 국고 지원 대상에 해당하는 시·군·구의 관할 읍·면·동에 같은 항 각 호에 따른 국고 지원 대상 피해 기준금액의 4분의 1을 초과하는 피해가 발생한 재난
2. 사회재난의 재난 중 재난이 발생한 해당 지방자치단체의 행정능력이나 재정능력으로는 재난의 수습이 곤란하여 국가적 차원의 지원이 필요하다고 인정되는 재난
3. 그 밖에 재난 발생으로 인한 생활기반 상실 등 극심한 피해의 효과적인 수습 및 복구를 위하여 국가적 차원의 특별한 조치가 필요하다고 인정되는 재난

② 법 제60조 제2항에 따라 대통령이 특별재난지역을 선포하는 경우에 중앙대책본부장은 특별재난지역의 구체적인 범위를 정하여 공고하여야 한다.

영 제70조(특별재난지역에 대한 지원) ① 법 제61조에 따라 국가가 제69조 제1항 제1호 및 제1호의2의 재난과 관련하여 특별재난지역으로 선포한 지역에 대한 특별지원의 내용은 다음 각 호와 같다. ☞ 자연재난만 해당된다.
1. 「자연재난 구호 및 복구 비용 부담기준 등에 관한 규정」 제7조에 따른 국고의 추가지원
2. 「자연재난 구호 및 복구 비용 부담기준 등에 관한 규정」 제4조에 따른 지원
3. 의료·방역·방제(防除) 및 쓰레기 수거 활동 등에 대한 지원
4. 「재해구호법」에 따른 의연금품의 지원
5. 농어업인의 영농·영어·시설·운전 자금 및 중소기업의 시설·운전 자금의 우선 융자, 상환 유예, 상환 기한 연기 및 그 이자 감면과 중소기업에 대한 특례보증 등의 지원
6. 그 밖에 재난응급대책의 실시와 재난의 구호 및 복구를 위한 지원

② 삭제

③ 법 제61조에 따라 국가가 이 영 제69조 제1항 제2호에 해당하는 재난과 그에 준하는 같은 조 제3호에 따른 재난과 관련하여 특별재난지역을 선포하는 경우에는 해당 재난을 수습하는 지방자치단체의 재정능력과 피해의 규모를 고려하여 지방자치단체가 행하는 행정·재정·금융·의료에 관한 다음 각 호의 지원에 필요한 비용의 일부를 지원할 수 있다.
1. 재난으로 사망하거나 실종된 사람의 유족 및 부상당한 사람에 대한 지원
2. 피해주민의 생계안정을 위한 지원
3. 피해지역의 복구에 필요한 지원
4. 제1항 제3호 및 제5호에 해당하는 지원
5. 그 밖에 중앙대책본부장이 필요하다고 인정하는 지원

④ 제3항 제1호에 따른 사망자 유족 및 부상당한 사람에게 지급하는 보상금은 다음 각 호의 구분에 따라 산정한 금액을 초과할 수 없다.
1. 사망자 유족의 경우: 사망 당시의 「최저임금법」에 따른 월 최저임금액에 240을 곱한 금액 또는 「국가배상법」 제3조 제1항의 배상기준을 준용하여 산출한 금액 중 많은 금액
2. 부상자의 경우: 제1호에 따라 산출된 금액의 2분의 1 이하의 범위에서 부상의 정도에 따라 행정안전부령으로 정하는 금액

⑤ 중앙대책본부장은 제3항에 따른 지원을 위한 피해금액과 복구비용의 산정, 국고지원 내용 등을 관계 중앙행정기관의 장과의 협의 및 중앙대책본부회의의 심의를 거쳐 확정한다.

⑥ 중앙대책본부장 및 지역대책본부장은 특별재난지역이 선포되었을 때에는 재난응급대책의 실시와 재난의 구호 및 복구를 위하여 법 제59조 제2항에 따른 재난복구계획의 수립·시행 전에 재난대책을 위한 예비비, 재난관리기금·재해구호기금 및 의연금을 집행할 수 있다.

정답 ②

60
재난 및 안전관리 기본법령상 국가안전관리기본계획의 재난 및 안전관리대책으로 옳지 않은 것은?

① 긴급구호대책
② 교통안전대책
③ 범죄안전대책
④ 생활안전대책

해설

법 제22조(국가안전관리기본계획의 수립 등) ① 국무총리는 대통령령으로 정하는 바에 따라 국가의 재난 및 안전관리업무에 관한 기본계획(이하 "국가안전관리기본계획"이라 한다)의 수립지침을 작성하여 관계 중앙행정기관의 장에게 통보하여야 한다.
② 제1항에 따른 수립지침에는 부처별로 중점적으로 추진할 안전관리기본계획의 수립에 관한 사항과 국가재난관리체계의 기본방향이 포함되어야 한다.
③ 관계 중앙행정기관의 장은 제1항에 따른 수립지침에 따라 그 소관에 속하는 재난 및 안전관리업무에 관한 기본계획을 작성한 후 국무총리에게 제출하여야 한다.
④ 국무총리는 제3항에 따라 관계 중앙행정기관의 장이 제출한 기본계획을 종합하여 국가안전관리기본계획을 작성하여 중앙위원회의 심의를 거쳐 확정한 후 이를 관계 중앙행정기관의 장에게 통보하여야 한다.
⑤ 중앙행정기관의 장은 제4항에 따라 확정된 국가안전관리기본계획 중 그 소관 사항을 관계 재난관리책임기관(중앙행정기관과 지방자치단체는 제외한다)의 장에게 통보하여야 한다.
⑥ 국가안전관리기본계획을 변경하는 경우에는 제1항부터 제5항까지를 준용한다.
⑦ 국가안전관리기본계획과 제23조의 집행계획, 제24조의 시·도안전관리계획 및 제25조의 시·군·구안전관리계획은 「민방위기본법」에 따른 민방위계획 중 재난관리분야의 계획으로 본다.
⑧ **국가안전관리기본계획에는 다음 각 호의 사항이 포함되어야 한다.**
　1. 재난에 관한 대책
　2. 생활안전, 교통안전, 산업안전, 시설안전, 범죄안전, 식품안전, 안전취약계층 안전 및 그 밖에 이에 준하는 안전관리에 관한 대책

영 제26조(국가안전관리기본계획 수립) ① 국무총리는 법 제22조 제4항에 따른 국가안전관리기본계획(이하 "국가안전관리기본계획"이라 한다)을 5년마다 수립하여야 한다.
④ 관계 중앙행정기관의 장은 국가안전관리기본계획을 이행하기 위하여 필요한 예산을 반영하는 등의 조치를 하여야 한다.

정답 ①

61

재난 및 안전관리 기본법령상 200만원 이하의 과태료가 부과되는 자는?

① 위험구역에서의 대피명령을 위반한 자
② 정당한 사유 없이 긴급안전점검을 방해한 자
③ 안전조치명령을 받고 이를 이행하지 아니한 자
④ 정당한 사유 없이 위험구역의 출입금지명령을 위반한 자

해설

제10장 벌칙

제78조의3(벌칙) 제31조 제1항에 따른 안전조치명령을 이행하지 아니한 자는 3년 이하의 징역 또는 3천만원 이하의 벌금에 처한다.
제79조(벌칙) 다음 각 호의 어느 하나에 해당하는 자는 1년 이하의 징역 또는 1천만원 이하의 벌금에 처한다.
　2. 정당한 사유 없이 제30조 제1항에 따른 긴급안전점검을 거부 또는 기피하거나 방해한 자
　4. 정당한 사유 없이 제41조 제1항 제1호(제46조 제1항에 따른 경우를 포함한다)에 따른 위험구역에 출입하는 행위나 그 밖의 행위의 금지명령 또는 제한명령을 위반한 자

제80조(벌칙) 다음 각 호의 어느 하나에 해당하는 자는 500만원 이하의 벌금에 처한다.
1. 정당한 사유 없이 제45조(제46조 제1항에 따른 경우를 포함한다)에 따른 토지·건축물·인공구조물, 그 밖의 소유물의 일시 사용 또는 장애물의 변경이나 제거를 거부 또는 방해한 자
2. 제74조의2 제3항을 위반하여 직무상 알게 된 재난관리정보를 누설하거나 권한 없이 다른 사람이 이용하도록 제공하는 등 부당한 목적으로 사용한 자

제82조(과태료) ① 다음 각 호의 어느 하나에 해당하는 사람에게는 200만원 이하의 과태료를 부과한다. ☞ 제34조의6(다중이용시설 등의 위기상황 매뉴얼 작성·관리 및 훈련)
1. 제34조의6 제1항 본문에 따른 위기상황 매뉴얼을 작성·관리하지 아니한 소유자·관리자 또는 점유자
1의2. 제34조의6 제2항 본문에 따른 훈련을 실시하지 아니한 소유자·관리자 또는 점유자
1의3. 제34조의6 제3항에 따른 개선명령을 이행하지 아니한 소유자·관리자 또는 점유자
2. 제40조 제1항(제46조 제1항에 따른 경우를 포함한다)에 따른 대피명령을 위반한 사람
3. 제41조 제1항 제2호(제46조 제1항에 따른 경우를 포함한다)에 따른 위험구역에서의 퇴거명령 또는 대피명령을 위반한 사람
② 제76조 제2항을 위반하여 보험등에 가입하지 않은 자에게는 300만원 이하의 과태료를 부과한다.
③ 제1항 및 제2항에 따른 과태료는 대통령령으로 정하는 바에 따라 다음 각 호의 자가 부과·징수한다.
1. 시·도지사 또는 시장·군수·구청장: 제1항에 따른 과태료
2. 보험등의 가입 대상 시설의 허가·인가·등록·신고 등의 업무를 처리한 관계 행정기관의 장: 제2항에 따른 과태료

정답 ①

62

재난 및 안전관리 기본법령상 시장·군수·구청장이 매년 1회 이상 관할 주민에게 공시하여야 하는 재난관리실태에 포함되지 않는 것은?

① 재난훈련의 실적
② 재난예방조치 실적
③ 재난관리기금의 적립 현황
④ 전년도 재난의 발생 및 수습 현황

해설

법 제33조의3(재난관리 실태 공시 등) ① 시장·군수·구청장은 다음 각 호의 사항이 포함된 재난관리 실태를 매년 1회 이상 관할 지역 주민에게 공시하여야 한다.
1. 전년도 재난의 발생 및 수습 현황
2. 제25조의2 제1항에 따른 재난예방조치 실적
3. 제67조에 따른 재난관리기금의 적립 현황
4. 제34조의5에 따른 현장조치 행동매뉴얼의 작성·운용 현황
5. 그 밖에 대통령령으로 정하는 재난관리에 관한 중요 사항
② 행정안전부장관 또는 시·도지사는 제33조의2에 따른 평가 결과를 공개할 수 있다.
③ 제1항 및 제2항에 따른 공시 방법 및 시기 등 필요한 사항은 대통령령으로 정한다.

영 **제42조의2(재난관리실태 공시방법 및 시기 등)** ① 법 제33조의3 제1항 제4호에서 "대통령령으로 정하는 재난관리에 관한 중요 사항"이란 다음 각 호의 사항을 말한다.
  1. 「자연재해대책법」 제75조의2에 따른 지역안전도 진단 결과
  2. 그 밖에 재난관리를 위하여 시장·군수·구청장이 지역주민에게 알릴 필요가 있다고 인정하는 사항
② <u>시장·군수·구청장은 매년 3월 31일까지</u> 법 제33조의3 제1항에 따른 재난관리 실태를 해당 지방자치단체의 공보에 공고하여야 한다.
③ 법 제33조의3 제2항에 따라 공개하는 평가 결과에는 다음 각 호의 사항이 포함되어야 한다.
  1. 평가시기 및 대상기관
  2. 평가 결과 우수기관으로 선정된 기관

정답 ①

63
재난경감대책을 구조적 경감과 비구조적 경감으로 구분하는 경우, 비구조적 경감 대책은?

① 하천 정비
② 제방 건설
③ 보험 가입
④ 저수지 보강

해설

재난관리기준 참조

제10조(구조적·비구조적 대책) 재난유형 및 재난상황에 따라 재난관리기관에서 추진하여야 할 다음 각 호의 구조적·비구조적 경감대책을 제시하여야 한다.
  1. **구조적 대책**
      가. 재난취약지역 및 시설 등 분야별 점검 및 관리대상 선정
      나. 재난취약지역 및 시설에 대한 보수·보강·정비사업 등에 대한 대책
      다. 각종 안전시설의 정비 및 보수·보강대책 등
  2. **비구조적 대책**
      가. 재난취약지역, 시설의 지정관리를 위한 <u>기준마련</u>
      나. 재난 대처능력 제고를 위한 <u>교육·훈련</u>에 관한 사항
      다. <u>관련 법령, 제도 개선 및 정비</u>에 관한 사항

정답 ③

64

재난 및 안전관리 기본법령상 특별재난지역의 지원과 관련된 내용이다. ( )안에 들어갈 내용으로 옳은 것은?

> 지방자치단체는 사망자 유족의 경우에 (㉠)의 「최저임금법」에 따른 월 최저임금액에 (㉡)을 곱한 금액 또는 「국가배상법」 제3조 제1항의 배상기준을 준용하여 산출한 금액 중 많은 금액을 지급한다.

	㉠	㉡
①	사망 당시	120
②	사망 당시	240
③	지급 당시	120
④	지급 당시	240

해설

④ 제3항 제1호에 따른 사망자 유족 및 부상당한 사람에게 지급하는 보상금은 다음 각 호의 구분에 따라 산정한 금액을 초과할 수 없다.
  1. 사망자 유족의 경우: 사망 당시의 「최저임금법」에 따른 월 최저임금액에 240을 곱한 금액 또는 「국가배상법」 제3조 제1항의 배상기준을 준용하여 산출한 금액 중 많은 금액
  2. 부상자의 경우: 제1호에 따라 산출된 금액의 2분의 1 이하의 범위에서 부상의 정도에 따라 행정안전부령으로 정하는 금액
⑤ 중앙대책본부장은 제3항에 따른 지원을 위한 피해금액과 복구비용의 산정, 국고지원 내용 등을 관계 중앙행정기관의 장과의 협의 및 중앙대책본부회의의 심의를 거쳐 확정한다.
⑥ 중앙대책본부장 및 지역대책본부장은 특별재난지역이 선포되었을 때에는 재난응급대책의 실시와 재난의 구호 및 복구를 위하여 법 제59조 제2항에 따른 재난복구계획의 수립·시행 전에 재난대책을 위한 예비비, 재난관리기금·재해구호기금 및 의연금을 집행할 수 있다.

정답 ②

65

「재난 및 안전관리 기본법」상 안전정책조정위원회에 대한 설명으로 옳지 않은 것은?

① 안전정책조정위원회의 위원장은 국무총리가 된다.
② 안전정책조정위원회에 간사위원 1명을 두며, 간사위원은 행정안전부의 재난안전관리사무를 담당하는 본부장이 된다.
③ 안전정책조정위원회의 위원장은 중앙안전관리위원회 또는 안전정책조정위원회에서 심의·조정된 사항에 대한 이행상황을 점검하고, 그 결과를 중앙안전관리위원회에 보고할 수 있다.
④ 안전정책조정위원회의 업무를 효율적으로 처리하기 위하여 안전정책조정위원회에 실무위원회를 둘 수 있다.

> 해설

제2장 안전관리기구 및 기능

제1절 중앙안전관리위원회 등

제9조(중앙안전관리위원회) ① 재난 및 안전관리에 관한 다음 각 호의 사항을 심의하기 위하여 국무총리 소속으로 중앙안전관리위원회(이하 "중앙위원회"라 한다)를 둔다.
1. 재난 및 안전관리에 관한 중요 정책에 관한 사항
2. 제22조에 따른 국가안전관리기본계획에 관한 사항
2의2. 제10조의2에 따른 재난 및 안전관리 사업 관련 중기사업계획서, 투자우선순위 의견 및 예산요구서에 관한 사항
3. 중앙행정기관의 장이 수립·시행하는 계획, 점검·검사, 교육·훈련, 평가 등 재난 및 안전관리업무의 조정에 관한 사항
3의2. 안전기준관리에 관한 사항
4. 제36조에 따른 재난사태의 선포에 관한 사항
5. 제60조에 따른 특별재난지역의 선포에 관한 사항
6. 재난이나 그 밖의 각종 사고가 발생하거나 발생할 우려가 있는 경우 이를 수습하기 위한 관계 기관 간 협력에 관한 중요 사항
7. 중앙행정기관의 장이 시행하는 대통령령으로 정하는 재난 및 사고의 예방사업 추진에 관한 사항
8. 그 밖에 위원장이 회의에 부치는 사항

② 중앙위원회의 위원장은 국무총리가 되고, 위원은 대통령령으로 정하는 중앙행정기관 또는 관계 기관·단체의 장이 된다.
③ 중앙위원회의 위원장은 중앙위원회를 대표하며, 중앙위원회의 업무를 총괄한다.
④ 중앙위원회에 간사 1명을 두며, 간사는 행정안전부장관이 된다.
⑤ 중앙위원회의 위원장이 사고 또는 부득이한 사유로 직무를 수행할 수 없을 때에는 행정안전부장관, 대통령령으로 정하는 중앙행정기관의 장 순으로 위원장의 직무를 대행한다.
⑥ 제5항에 따라 행정안전부장관 등이 중앙위원회 위원장의 직무를 대행할 때에는 행정안전부의 재난안전관리사무를 담당하는 본부장이 중앙위원회 간사의 직무를 대행한다.
⑦ 중앙위원회는 제1항 각 호의 사무가 국가안전보장과 관련된 경우에는 국가안전보장회의와 협의하여야 한다.
⑧ 중앙위원회의 위원장은 그 소관 사무에 관하여 재난관리책임기관의 장이나 관계인에게 자료의 제출, 의견 진술, 그 밖에 필요한 사항에 대하여 협조를 요청할 수 있다. 이 경우 요청을 받은 사람은 특별한 사유가 없으면 요청에 따라야 한다.
⑨ 중앙위원회의 구성과 운영 등에 필요한 사항은 대통령령으로 정한다.

제10조(안전정책조정위원회) ① 중앙위원회에 상정될 안건을 사전에 검토하고 다음 각 호의 사무를 수행하기 위하여 중앙위원회에 안전정책조정위원회(이하 "조정위원회"라 한다)를 둔다.
1. 제9조 제1항 제3호, 제3호의2, 제6호 및 제7호의 사항에 대한 사전 조정
2. 제23조에 따른 집행계획의 심의
3. 제26조에 따른 국가기반시설의 지정에 관한 사항의 심의
4. 제71조의2에 따른 재난 및 안전관리기술 종합계획의 심의
5. 그 밖에 중앙위원회가 위임한 사항

② 조정위원회의 위원장은 행정안전부장관이 되고, 위원은 대통령령으로 정하는 중앙행정기관의 차관 또는 차관급 공무원과 재난 및 안전관리에 관한 지식과 경험이 풍부한 사람 중에서 위원장이 임명하거나 위촉하는 사람이 된다.
③ 조정위원회에 간사위원 1명을 두며, 간사위원은 행정안전부의 재난안전관리사무를 담당하는 본부장이 된다.
④ <u>조정위원회의 업무를 효율적으로 처리하기 위하여 조정위원회에 실무위원회를 둘 수 있다.</u>
⑤ 조정위원회의 위원장은 제1항에 따라 조정위원회에서 심의·조정된 사항 중 대통령령으로 정하는 중요 사항에 대해서는 조정위원회의 심의·조정 결과를 중앙위원회의 위원장에게 보고하여야 한다.
⑥ 조정위원회의 위원장은 중앙위원회 또는 조정위원회에서 심의·조정된 사항에 대한 이행상황을 점검하고, 그 결과를 중앙위원회에 보고할 수 있다.
⑦ 조정위원회 및 제4항에 따른 실무위원회의 구성 및 운영 등에 필요한 사항은 대통령령으로 정한다.

제2장 안전관리기구 및 기능

제1절 중앙안전관리위원회 등

영 제6조(중앙안전관리위원회의 위원) ① 법 제9조 제2항에 따른 중앙안전관리위원회(이하 "중앙위원회"라 한다)의 위원은 다음 각 호의 사람이 된다.
  1. 기획재정부장관, 교육부장관, 과학기술정보통신부장관, 외교부장관, 통일부장관, 법무부장관, 국방부장관, 행정안전부장관, 문화체육관광부장관, 농림축산식품부장관, 산업통상자원부장관, 보건복지부장관, 환경부장관, 고용노동부장관, 여성가족부장관, 국토교통부장관, 해양수산부장관 및 중소벤처기업부장관
  2. 국가정보원장, 방송통신위원회위원장, 국무조정실장, 식품의약품안전처장, 금융위원회위원장 및 원자력안전위원회위원장
  3. 경찰청장, 소방청장, 문화재청장, 산림청장, 기상청장 및 해양경찰청장
  4. 삭제
  5. 그 밖에 중앙위원회의 위원장이 지정하는 기관 및 단체의 장
② 법 제9조 제5항에서 "대통령령으로 정하는 중앙행정기관의 장 순"이란 제1항 제1호에 따른 중앙행정기관의 장의 순서를 말한다.

영 제8조(중앙위원회의 운영) ① 중앙위원회의 회의는 위원의 요청이 있거나 위원장이 필요하다고 인정하는 경우에 위원장이 소집한다.
② 중앙위원회의 회의는 재적위원 과반수의 출석으로 개의(開議)하고, 출석위원 과반수의 찬성으로 의결한다.
③ 위원장은 회의 안건과 관련하여 필요하다고 인정하는 경우에는 관계 공무원과 민간전문가 등을 회의에 참석하게 하거나 관계 기관의 장에게 자료 제출을 요청할 수 있다. 이 경우 요청을 받은 관계 공무원과 관계 기관의 장은 특별한 사유가 없으면 요청에 따라야 한다.
④ 제1항부터 제3항까지에서 규정한 사항 외에 중앙위원회의 운영에 필요한 사항은 중앙위원회 의결을 거쳐 위원장이 정한다.

영 제9조(안전정책조정위원회의 구성·운영 등) ① 법 제10조 제1항에 따라 중앙위원회에 두는 안전정책조정위원회(이하 "조정위원회"라 한다)의 위원은 다음 각 호의 사람이 된다.
  1. 기획재정부차관, 교육부차관, 과학기술정보통신부차관, 외교부차관, 통일부차관, 법무부차관, 국방부차관, 행정안전부의 재난안전관리사무를 담당하는 본부장, 문화체육관광부차관, 농림축산식품부차관, 산업통상자원부차관, 보건복지부차관, 환경부차관, 고용노동부차관, 여성가족부차관, 국토교통부차관, 해양수산부차관 및 중소벤처기업부차관. 이 경우 복수차관이 있는 기관은 재난 및 안전관리 업무를 관장하는 차관으로 한다.
  2. 국가정보원 제2차장, 방송통신위원회 상임위원, 국무조정실 제2차장 및 금융위원회 부위원장
  3. 그 밖에 재난 및 안전관리에 관한 지식과 경험이 풍부한 사람 중에서 조정위원회 위원장이 임명하거나 위촉하는 사람
② 조정위원회의 회의는 위원이 요청하거나 위원장이 필요하다고 인정하는 경우에 위원장이 소집한다.
③ 조정위원회의 회의는 재적위원 과반수의 출석으로 개의하고, 출석위원 과반수의 찬성으로 의결한다.
④ 위원장은 회의 안건과 관련하여 필요하다고 인정하는 경우에는 관계 공무원과 민간전문가 등을 회의에 참석하게 하거나 관계 기관의 장에게 자료 제출을 요청할 수 있다. 이 경우 요청을 받은 관계 공무원과 관계 기관의 장은 특별한 사유가 없으면 요청에 따라야 한다.
⑤ 제1항부터 제4항까지에서 규정한 사항 외에 조정위원회의 구성 및 운영 등에 필요한 사항은 위원장이 정한다.

영 제9조의2(조정위원회 심의 결과의 중앙위원회 보고) 법 제10조 제5항에서 "대통령령으로 정하는 중요 사항"이란 다음 각 호의 어느 하나에 해당하는 사항을 말한다.
  1. 법 제10조 제1항 제2호에 따른 집행계획의 심의
  2. 법 제10조 제1항 제3호에 따른 국가기반시설의 지정에 관한 사항의 심의
  3. 그 밖에 중앙위원회로부터 위임받아 심의한 사항 중 조정위원회 위원장이 필요하다고 인정하는 사항

영 제10조(실무위원회의 구성·운영 등) ① 법 제10조 제4항에 따른 실무위원회(이하 "실무위원회"라 한다)는 위원장 1명을 포함하여 50명 내외의 위원으로 구성한다.
② 실무위원회는 다음 각 호의 사항을 심의한다.
  1. 재난 및 안전관리를 위하여 관계 중앙행정기관의 장이 수립하는 대책에 관하여 협의·조정이 필요한 사항

    2. 재난 발생 시 관계 중앙행정기관의 장이 수행하는 재난의 수습에 관하여 협의·조정이 필요한 사항
    3. 그 밖에 실무위원회의 위원장(이하 "실무위원장"이라 한다)이 회의에 부치는 사항
③ 실무위원장은 행정안전부의 재난안전관리사무를 담당하는 본부장이 된다.
④ <u>실무위원회의 위원은 다음 각 호의 어느 하나에 해당하는 사람 중에서 성별을 고려하여 행정안전부장관이 임명하거나 위촉하는 사람으로 한다.</u>
    1. 관계 중앙행정기관의 고위공무원단에 속하는 공무원 또는 3급 상당 이상에 해당하는 공무원 중에서 해당 중앙행정기관의 장이 추천하는 공무원
    2. 재난 및 안전관리에 관한 지식과 경험이 풍부한 사람
    3. 그 밖에 실무위원장이 필요하다고 인정하는 분야의 전문지식과 경력이 충분한 사람
⑤ 실무위원회의 회의(이하 "실무회의"라 한다)는 위원 5명 이상의 요청이 있거나 실무위원장이 필요하다고 인정하는 경우에 실무위원장이 소집한다.
⑥ 실무회의는 실무위원장과 실무위원장이 회의마다 지정하는 25명 내외의 위원으로 구성한다.
⑦ 실무회의는 제6항에 따른 구성원 과반수의 출석으로 개의(開議)하고, 출석위원 과반수의 찬성으로 의결한다.
⑧ 제1항부터 제7항까지에서 규정한 사항 외에 실무위원회의 구성 및 운영에 필요한 사항은 행정안전부장관이 정한다.

정답 ①

66
재난 및 안전관리 기본법상 용어의 정의로 옳지 않은 것은?

① "긴급구조지원기관"이란 긴급구조에 필요한 인력·시설 및 장비, 운영체계 등 긴급구조능력을 보유한 기관이나 단체로서 대통령령으로 정하는 기관과 단체를 말한다.
② "재난관리"란 재난의 예방·대비·대응 및 복구를 위하여 하는 모든 활동을 말한다.
③ "재난관리정보"란 재난관리를 위하여 필요한 재난상황정보, 동원가능 자원정보, 시설물정보, 지리정보를 말한다.
④ "국가재난관리기준"이란 각종 시설 및 물질 등의 제작, 유지관리 과정에서 안전을 확보할 수 있도록 적용하여야 할 기술적 기준을 체계화한 것을 말하며, 안전기준의 분야, 범위 등에 관하여는 대통령령으로 정한다.

해설

법 제3조(정의) 이 법에서 사용하는 용어의 뜻은 다음과 같다.
1. "재난"이란 국민의 생명·신체·재산과 국가에 피해를 주거나 줄 수 있는 것으로서 다음 각 목의 것을 말한다.
    가. **자연재난**: 태풍, 홍수, 호우(豪雨), 강풍, 풍랑, 해일(海溢), 대설, 한파, 낙뢰, 가뭄, 폭염, 지진, 황사(黃砂), 조류(藻類) 대발생, 조수(潮水), 화산활동, 소행성·유성체 등 자연우주물체의 추락·충돌, 그 밖에 이에 준하는 자연현상으로 인하여 발생하는 재해
    나. **사회재난**: 화재·붕괴·폭발·교통사고(항공사고 및 해상사고를 포함한다)·화생방사고·환경오염사고 등으로 인하여 발생하는 대통령령으로 정하는 규모 이상의 피해와 에너지·통신·교통·금융·의료·수도 등 국가기반체계(이하 "국가기반체계"라 한다)의 마비,「감염병의 예방 및 관리에 관한 법률」에 따른 감염병 또는 「가축전염병예방법」에 따른 가축전염병의 확산, 「미세먼지 저감 및 관리에 관한 특별법」에 따른 미세먼지 등으로 인한 피해
2. "해외재난"이란 대한민국의 영역 밖에서 대한민국 국민의 생명·신체 및 재산에 피해를 주거나 줄 수 있는 재난으로서 정부차원에서 대처할 필요가 있는 재난을 말한다.

3. "재난관리"란 재난의 예방・대비・대응 및 복구를 위하여 하는 모든 활동을 말한다.
4. "안전관리"란 재난이나 그 밖의 각종 사고로부터 사람의 생명・신체 및 재산의 안전을 확보하기 위하여 하는 모든 활동을 말한다.
4의2. "안전기준"이란 각종 시설 및 물질 등의 제작, 유지관리 과정에서 안전을 확보할 수 있도록 적용하여야 할 기술적 기준을 체계화한 것을 말하며, 안전기준의 분야, 범위 등에 관하여는 대통령령으로 정한다.
5. "재난관리책임기관"이란 재난관리업무를 하는 다음 각 목의 기관을 말한다.
   가. 중앙행정기관 및 지방자치단체(「제주특별자치도 설치 및 국제자유도시 조성을 위한 특별법」 제10조 제2항에 따른 행정시를 포함한다)
   나. 지방행정기관・공공기관・공공단체(공공기관 및 공공단체의 지부 등 지방조직을 포함한다) 및 재난관리의 대상이 되는 중요시설의 관리기관 등으로서 대통령령으로 정하는 기관
5의2. "재난관리주관기관"이란 재난이나 그 밖의 각종 사고에 대하여 그 유형별로 예방・대비・대응 및 복구 등의 업무를 주관하여 수행하도록 대통령령으로 정하는 관계 중앙행정기관을 말한다.
6. "긴급구조"란 재난이 발생할 우려가 현저하거나 재난이 발생하였을 때에 국민의 생명・신체 및 재산을 보호하기 위하여 긴급구조기관과 긴급구조지원기관이 하는 인명구조, 응급처치, 그 밖에 필요한 모든 긴급한 조치를 말한다.
7. "긴급구조기관"이란 소방청・소방본부 및 소방서를 말한다. 다만, 해양에서 발생한 재난의 경우에는 해양경찰청・지방해양경찰청 및 해양경찰서를 말한다.
8. "긴급구조지원기관"이란 긴급구조에 필요한 인력・시설 및 장비, 운영체계 등 긴급구조능력을 보유한 기관이나 단체로서 대통령령으로 정하는 기관과 단체를 말한다.
9. "국가재난관리기준"이란 모든 유형의 재난에 공통적으로 활용할 수 있도록 재난관리의 전 과정을 통일적으로 단순화・체계화한 것으로서 행정안전부장관이 고시한 것을 말한다.
9의2. "안전문화활동"이란 안전교육, 안전훈련, 홍보 등을 통하여 안전에 관한 가치와 인식을 높이고 안전을 생활화하도록 하는 등 재난이나 그 밖의 각종 사고로부터 안전한 사회를 만들어가기 위한 활동을 말한다.
9의3. "안전취약계층"이란 어린이, 노인, 장애인 등 재난에 취약한 사람을 말한다.
10. "재난관리정보"란 재난관리를 위하여 필요한 재난상황정보, 동원가능 자원정보, 시설물정보, 지리정보를 말한다.
11. "재난안전통신망"이란 재난관리책임기관・긴급구조기관 및 긴급구조지원기관이 재난관리업무에 이용하거나 재난현장에서의 통합지휘에 활용하기 위하여 구축・운영하는 무선통신망을 말한다.

영 제4조(긴급구조지원기관) 법 제3조 제8호에서 "대통령령으로 정하는 기관과 단체"란 다음 각 호의 기관과 단체를 말한다.
1. 교육부, 과학기술정보통신부, 국방부, 산업통상자원부, 보건복지부, 환경부, 국토교통부, 해양수산부, 방송통신위원회, 경찰청, 기상청 및 산림청
2. 국방부장관이 법 제57조 제3항 제2호에 따른 탐색구조부대로 지정하는 군부대와 그 밖에 긴급구조지원을 위하여 국방부장관이 지정하는 군부대
3. 「대한적십자사 조직법」에 따른 대한적십자사
4. 「의료법」 제3조 제2항 제3호 마목에 따른 종합병원
4의2. 「응급의료에 관한 법률」 제2조 제5호에 따른 응급의료기관, 같은 법 제27조에 따른 응급의료정보센터 및 같은 법 제44조 제1항 제1호・제2호에 따른 구급차등의 운용자
5. 「재해구호법」 제29조에 따른 전국재해구호협회
6. 법 제3조 제7호에 따른 긴급구조기관과 긴급구조활동에 관한 응원협정을 체결한 기관 및 단체
7. 그 밖에 긴급구조에 필요한 인력과 장비를 갖춘 기관 및 단체로서 행정안전부령으로 정하는 기관 및 단체

법 제4조(국가 등의 책무) ① 국가와 지방자치단체는 재난이나 그 밖의 각종 사고로부터 국민의 생명・신체 및 재산을 보호할 책무를 지고, 재난이나 그 밖의 각종 사고를 예방하고 피해를 줄이기 위하여 노력하여야 하며, 발생한 피해를 신속히 대응・복구하기 위한 계획을 수립・시행하여야 한다.

정답 ④

67

자연재해대책법령상 지방자치단체의 장이 하천 범람 등 자연재해를 경감하고 신속한 주민 대피 등의 조치를 하기 위하여 제작ㆍ활용하여야 하는 재해지도에 해당되지 않는 것은?

① 재해예상지도
② 재해정보지도
③ 해안침수예상도
④ 홍수범람위험도

해설

법 제21조(각종 재해지도의 제작ㆍ활용) ① 관계 중앙행정기관의 장 및 지방자치단체의 장은 하천 범람 등 자연재해를 경감하고 신속한 주민 대피 등의 조치를 하기 위하여 대통령령으로 정하는 재해지도를 제작ㆍ활용하여야 한다. 다만, 다른 법령에 재해지도의 제작ㆍ활용에 관하여 특별한 규정이 있는 경우에는 그 법령에서 정하는 바에 따라 재해지도를 제작ㆍ활용할 수 있다.

② 지방자치단체의 장은 침수 피해가 발생하였을 때에는 침수, 범람, 그 밖의 피해 흔적(이하 "침수흔적"이라 한다)을 조사하여 침수흔적도를 작성ㆍ보존하고 현장에 침수흔적을 표시ㆍ관리하여야 한다.

③ 행정안전부장관은 관계 중앙행정기관의 장 및 지방자치단체의 장이 작성한 재해지도를 자연재해의 예방ㆍ대비ㆍ대응ㆍ복구 등 전분야 대책에 기초로 활용하고 업무추진의 효율성을 증진하기 위한 재해지도통합관리연계시스템을 구축ㆍ운영하여야 한다.

④ 행정안전부장관은 재해지도통합관리연계시스템의 구축을 위하여 필요한 자료를 관계 중앙행정기관의 장 및 지방자치단체의 장에게 요청할 수 있다. 이 경우 요청을 받은 관계 중앙행정기관의 장 및 지방자치단체의 장은 특별한 사유가 없으면 이에 따라야 한다.

⑤ 제1항에 따른 재해지도 및 제2항에 따른 침수흔적도의 작성ㆍ보존ㆍ활용, 침수흔적의 설치 장소, 표시 방법 및 유지ㆍ관리 등에 관한 세부 사항과 제3항에 따른 재해지도통합관리연계시스템의 표준화, 각종 재해 관련 지도의 통합ㆍ관리, 재해지도의 유형별 분류 등에 관한 세부 사항은 대통령령으로 정한다.

영 제18조(재해지도의 종류) 법 제21조 제1항 본문에서 "대통령령으로 정하는 재해지도"란 다음 각 호의 재해지도를 말한다.
1. 침수흔적도: 태풍, 호우(豪雨), 해일 등으로 인한 침수흔적을 조사하여 표시한 지도
2. 침수예상도: 현 지형을 기준으로 예상 강우 및 태풍, 호우, 해일 등에 의한 침수범위를 예측하여 표시한 지도로서 다음 각 목의 어느 하나에 해당하는 지도
    가. 홍수범람위험도: 홍수에 의한 범람 및 내수배제(內水排除) 불량 등에 의한 침수지역을 예측하여 표시한 지도와 「수자원의 조사ㆍ계획 및 관리에 관한 법률」 제7조 제1항 및 제5항에 따른 홍수위험지도
    나. 해안침수예상도: 태풍, 호우, 해일 등에 의한 해안침수지역을 예측하여 표시한 지도
3. 재해정보지도: 침수흔적도와 침수예상도 등을 바탕으로 재해 발생 시 대피 요령, 대피소 및 대피 경로 등의 정보를 표시한 지도로서 다음 각 목의 어느 하나에 해당하는 지도
    가. 피난활용형 재해정보지도: 재해 발생 시 대피 요령, 대피소 및 대피 경로 등 피난에 관한 정보를 지도에 표시한 도면
    나. 방재정보형 재해정보지도: 침수예측정보, 침수사실정보 및 병원 위치 등 각종 방재정보가 수록된 생활지도
    다. 방재교육형 재해정보지도: 재해유형별 주민 행동 요령 등을 수록하여 교육용으로 제작한 지도

영 제19조(각종 재해지도의 작성ㆍ활용 및 유지ㆍ관리 등) ① 지방자치단체의 장은 침수 피해가 발생한 날부터 6개월 이내에 침수흔적도를 작성하여 행정안전부장관에게 제출하여야 한다.

② 지방자치단체의 장은 제18조에 따른 재해지도를 전산화하여 관리하여야 한다.

③ 지방자치단체의 장은 침수흔적도를 활용하려는 자가 특정 지역ㆍ시설 등에 대하여 침수흔적도에 따른 침수흔적의 확인을 요청하는 경우에는 행정안전부령으로 정하는 바에 따라 확인해 주어야 한다.

④ 이 영에서 규정한 사항 외에 침수흔적도의 작성, 설치 장소, 표시방법 및 유지ㆍ관리에 관한 사항과 재해지도의 작성에 관한 기준은 행정안전부장관이 정한다.

영 제19조의2(재해지도의 통합·관리 등) ① 행정안전부장관은 관계 중앙행정기관의 장이 법 제21조 제1항에 따라 작성한 재해지도의 통합·관리를 위하여 관계 중앙행정기관의 장에게 해당 기관의 재해지도 관련 시스템(이하 "재해지도시스템"이라 한다)을 법 제21조 제3항에 따른 재해지도통합관리연계시스템(이하 "통합시스템"이라 한다)에 연계하여 운영할 것을 요청할 수 있다.
② 행정안전부장관은 제1항에 따라 연계·운영되는 재해지도시스템의 표준화를 위하여 다음 각 호에 관한 사항을 정하여 고시하여야 한다. 이 경우 관계 중앙행정기관의 장과 협의하여야 한다.
  1. 재해지도시스템의 표준사양에 관한 사항
  2. 제1호에 따른 표준사양의 구축방법에 관한 사항
  3. 그 밖에 행정안전부장관이 재해지도시스템의 표준화 등을 위하여 필요하다고 인정하는 사항
③ 지방자치단체의 장은 법 제21조 제1항에 따라 재해지도를 작성한 경우에는 그 재해지도를 통합시스템에 등재하여야 한다.
④ 행정안전부장관은 제3항에 따라 통합시스템에 등재되는 재해지도의 통합·관리를 위하여 다음 각 호의 사항이 포함된 지침을 마련하여 지방자치단체의 장에게 통보할 수 있다.
  1. 재해지도의 작성 표준 및 관리에 관한 사항
  2. 재해지도의 통합시스템에의 등재 및 수정에 관한 사항
  3. 그 밖에 행정안전부장관이 통합시스템의 운영 및 유지·관리를 위하여 필요하다고 인정하는 사항

정답 ①

68
자연재해대책법령상 방재신기술의 보호기간 등에 관한 내용 중 ( ) 안에 들어갈 내용으로 옳은 것은?

> 행정안전부장관은 방재신기술을 지정받은 자의 신청이 있으면 그 신기술의 활용 실적 등을 검증하여 방재신기술의 보호기간을 방재신기술로 지정된 날부터 5년을 포함하여 ( )년의 범위에서 연장할 수 있다.

① 10년
② 11년
③ 12년
④ 13년

해설

법 제61조(방재신기술의 지정·활용 등) ① 정부는 방재기술평가 결과 우수한 방재기술로 평가된 기술(이하 "방재신기술"이라 한다)에 대하여 방재신기술로 지정·고시하고 방재신기술임을 표시할 수 있는 표시 방법, 보호기간 및 활용 방법 등을 정할 수 있다.
② 정부는 방재시설을 설치하는 공공기관에 대하여 방재신기술을 우선 활용할 수 있도록 적절한 조치를 하여야 한다.
③ 행정안전부장관은 기술개발자를 보호하기 위하여 필요하다고 인정하면 보호기간을 정하여 기술개발자가 방재신기술의 기술사용료를 받을 수 있도록 하거나 그 밖의 방법으로 보호할 수 있으며, 보호기간이 만료되어 기술개발자가 보호기간 연장을 신청하는 경우에는 그 방재신기술의 활용 실적 등을 검증하여 그 기간을 연장할 수 있다.
④ 방재신기술의 지정 절차, 표시 방법, 보호기간 및 활용 방법 등에 관하여 필요한 사항은 대통령령으로 정한다.
영 제49조(방재기술평가의 방법 등) ① 행정안전부장관은 제47조 제2항에 따라 방재기술평가 신청을 받았을 때에는 신청된 기술에 대하여 제48조에 따른 방재기술평가 전문기관(이하 "방재기술평가 전문기관"이라 한다)의 심사를 거쳐 90일 이내에 방재신기술의 지정 또는 방재기술의 검증 여부를 결정하여야 한다.

② 행정안전부장관은 제1항에 따라 신청된 기술이 신기술에 해당하는지를 평가할 때 필요하다고 인정되면 이해관계인 및 소관 분야 전문기관의 의견을 들어야 한다.
③ 행정안전부장관은 제2항에 따라 이해관계인의 의견을 들으려면 신청된 기술에 관한 주요 내용을 30일 이상 관보에 공고하여야 한다.
④ 방재기술평가 전문기관은 신청된 기술의 심사를 위하여 신기술심사위원회를 구성·운영하여야 한다.
⑤ 신기술의 평가기준 및 평가절차 등에 관하여 필요한 사항은 행정안전부장관이 정하여 고시한다.
⑥ 행정안전부장관은 제1항에 따라 방재기술평가를 하였을 때에는 다음 각 호의 사항을 관보에 공고하고, 행정안전부령으로 정하는 바에 따라 신청인에게 방재신기술 지정서 또는 방재기술 검증서를 발급하여야 하며, 지방자치단체에 그 사실을 통보하여야 한다.
   1. 방재신기술 또는 방재기술의 명칭
   2. 방재신기술 또는 방재기술의 내용 및 범위
   3. 개발하였거나 개량한 사람의 성명(법인의 경우에는 그 명칭 및 대표자의 성명)
   4. 제50조에 따른 방재신기술을 지정받은 자에 대한 보호 내용
   5. 제52조에 따른 방재신기술의 보호기간
⑦ 제1항에 따른 방재신기술 지정은 현장조사(기술의 내용, 현장 적용성 등이 방재기술평가 신청서의 내용과 일치하는지를 확인하는 것을 말한다. 이하 같다) 및 서류심사의 방법으로 하고, 방재기술 검증은 현장조사·서류심사·현장평가(현장에 설치된 평가 대상 시설에 대하여 일정 기간 시험·분석 등을 하여 그 성능을 평가하는 것을 말한다. 이하 같다) 및 종합평가를 통하여 방재기술의 우수성을 평가하고 검증하는 방법으로 한다.

영 **제52조(방재신기술의 보호기간 등)** ① 법 제61조 제3항에 따른 방재신기술의 보호기간은 방재신기술로 지정된 날부터 5년으로 한다.
② 행정안전부장관은 방재신기술을 지정받은 자의 신청이 있으면 그 신기술의 활용 실적 등을 검증하여 제1항에 따른 방재신기술의 보호기간을 제1항에 따른 보호기간을 포함하여 12년의 범위에서 연장할 수 있다.
③ 제2항에 따라 보호기간을 연장하는 경우 제49조를 준용한다.

정답 ③

69
자연재해대책법령상 방재기술진흥계획의 수립에 포함되어야 하는 내용으로 옳지 않은 것은?

① 방재기술의 정보관리
② 방재기술 진흥 연구기관의 육성
③ 신규 개발된 기술의 확산에 관한 사항
④ 방재기술 개발사업의 연도별 투자 및 추진계획

해설

제58조의2(방재기술 진흥계획의 수립) ① 행정안전부장관은 제58조 제1항에 따른 방재기술의 연구·개발 촉진과 방재산업의 육성을 위하여 「국가과학기술자문회의법」에 따른 국가과학기술자문회의의 심의를 거쳐 방재기술 진흥계획(이하 "진흥계획"이라 한다)을 수립하여야 한다.
② 진흥계획에는 다음 각 호의 사항이 포함되어야 한다.
   1. 방재기술 진흥의 기본 목표 및 추진 방향
   2. 방재기술의 개발 촉진 및 그 활용을 위한 시책
   3. 방재기술 개발사업의 연도별 투자 및 추진 계획

4. 이미 개발된 기술의 확산에 관한 사항
5. 기술 개발, 기술 지원 등의 기능을 수행하는 기관·법인·단체 및 산업의 육성
6. 방재기술의 정보관리
7. 방재기술 인력의 수급·활용 및 기술인력의 양성
8. 방재기술 진흥 연구기관의 육성
9. 그 밖에 방재기술의 진흥에 관한 중요 사항

③ 행정안전부장관은 방재기술의 연구·개발, 기반 조성 및 방재산업 육성을 위하여 재난관리책임기관의 장 등에게 진흥계획이 효율적으로 달성될 수 있도록 필요한 협조를 요청할 수 있다.

정답 ③

70

긴급구조대응활동 및 현장지휘에 관한 규칙의 내용으로 옳은 것은?

① 중앙통제단장은 현장지휘관이 아니다.
② 현장에 참여하는 자원봉사기관 및 단체는 긴급구조관련기관이다.
③ 재난의 최초접수자는 소규모 재난인 경우에도 긴급구조관련기관에 즉시 통보하여야 한다.
④ 긴급구조대응활동 및 현장지휘에 관한 규칙은 소방기본법에서 위임된 사항 및 그 시행에 관한 내용을 규정하고 있다.

해설

○ **긴급구조대응활동 및 현장지휘에 관한 규칙**

제1조(목적) 이 규칙은 각종 재난이 발생하는 경우 현장지휘체계를 확립하고 긴급구조대응활동을 신속하고 효율적으로 수행하기 위하여 「재난 및 안전관리 기본법」 및 같은 법 시행령에서 위임된 사항 및 그 시행에 필요한 사항을 규정함을 목적으로 한다.

제2조(정의) 이 규칙에서 사용하는 용어의 뜻은 다음과 같다.
1. "긴급구조관련기관"이란 다음 각 목의 어느 하나에 해당하는 기관을 말한다.
   가. 「재난 및 안전관리 기본법」(이하 "법"이라 한다) 제3조 제7호에 따른 긴급구조기관
   나. 법 제3조 제8호 및 「재난 및 안전관리 기본법 시행령」(이하 "영"이라 한다) 제4조에 따른 긴급구조지원기관
   다. 현장에 참여하는 자원봉사기관 및 단체
2. "기관별지휘소"란 재난현장에 출동하는 해당 기관 소속 직원을 지휘·조정·통제하는 장소 또는 지휘차량을 말한다.
3. "현장지휘소"란 법 제49조 제2항에 따른 중앙긴급구조통제단장(이하 "중앙통제단장"이라 한다) 또는 법 제50조 제2항에 따른 지역긴급구조통제단장(이하 "지역통제단장"이라 한다)이 법 제52조 제9항에 따라 재난현장에서 기관별지휘소를 총괄하여 지휘·조정 또는 통제하는 등의 재난현장지휘를 효과적으로 수행하기 위하여 설치·운영하는 장소 또는 지휘차량을 말한다.
4. "현장지휘관"이란 긴급구조의 업무를 지휘하는 다음 각 목의 어느 하나에 해당하는 사람을 말한다.
   가. 중앙통제단장
   나. 지역통제단장

다. 통제단장(중앙통제단장 및 지역통제단장을 말한다. 이하 같다)의 사전명령이나 위임에 따라 현장지휘를 하는 소방관서의 지휘대장 또는 제9조 제4항 제5호에 따른 선착대의 장

5. "재난대응구역"이란 법 제14조 제1항 및 영 제13조에 따른 대규모 재난이 발생하여 특별시·광역시·특별자치시·도·특별자치도(이하 "시·도"라 한다)긴급구조통제단장의 지휘통제가 마비된 경우에 시(「제주특별자치도 설치 및 국제자유도시 조성을 위한 특별법」 제15조 제2항에 따른 행정시를 포함한다. 이하 같다)·군·구(자치구를 말한다. 이하 같다)긴급구조통제단장이 관할구역 안에서 자체적으로 재난에 대응하기 위하여 설정하는 구역을 말한다.

제2장 긴급구조 대비체제의 구축

제3조(재난의 최초접수자의 임무) 법 제19조의 규정에 의한 종합상황실에 근무하는 상황근무자로서 재난을 최초로 접수한 자는 즉시 긴급구조기관에 긴급구조활동에 필요한 출동을 지령하고, 즉시 재난발생상황을 통제단장에게 보고함과 동시에 긴급구조관련기관에 통보하여야 한다. 다만, 재난의 규모 등을 판단하여 종합상황실을 설치한 기관에서 자체대응이 가능하거나 소규모 재난인 경우에는 긴급구조관련기관에의 통보를 늦추거나 하지 아니할 수 있다.

제2절 긴급구조

기본법 제49조(중앙긴급구조통제단) ① 긴급구조에 관한 사항의 총괄·조정, 긴급구조기관 및 긴급구조지원기관이 하는 긴급구조활동의 역할 분담과 지휘·통제를 위하여 소방청에 중앙긴급구조통제단(이하 "중앙통제단"이라 한다)을 둔다.
② 중앙통제단의 단장은 소방청장이 된다.
③ 중앙통제단장은 긴급구조를 위하여 필요하면 긴급구조지원기관 간의 공조체제를 유지하기 위하여 관계 기관·단체의 장에게 소속 직원의 파견을 요청할 수 있다. 이 경우 요청을 받은 기관·단체의 장은 특별한 사유가 없으면 요청에 따라야 한다.
④ 중앙통제단의 구성·기능 및 운영에 필요한 사항은 대통령령으로 정한다.

법 제50조(지역긴급구조통제단) ① 지역별 긴급구조에 관한 사항의 총괄·조정, 해당 지역에 소재하는 긴급구조기관 및 긴급구조지원기관 간의 역할분담과 재난현장에서의 지휘·통제를 위하여 시·도의 소방본부에 시·도긴급구조통제단을 두고, 시·군·구의 소방서에 시·군·구긴급구조통제단을 둔다.
② 시·도긴급구조통제단과 시·군·구긴급구조통제단(이하 "지역통제단"이라 한다)에는 각각 단장 1명을 두되, 시·도긴급구조통제단의 단장은 소방본부장이 되고 시·군·구긴급구조통제단의 단장은 소방서장이 된다.
③ 지역통제단장은 긴급구조를 위하여 필요하면 긴급구조지원기관 간의 공조체제를 유지하기 위하여 관계 기관·단체의 장에게 소속 직원의 파견을 요청할 수 있다. 이 경우 요청을 받은 기관·단체의 장은 특별한 사유가 없으면 요청에 따라야 한다.
④ 지역통제단의 기능과 운영에 관한 사항은 대통령령으로 정한다.

법 제54조(긴급구조대응계획의 수립) 긴급구조기관의 장은 재난이 발생하는 경우 긴급구조기관과 긴급구조지원기관이 신속하고 효율적으로 긴급구조를 수행할 수 있도록 대통령령으로 정하는 바에 따라 재난의 규모와 유형에 따른 긴급구조대응계획을 수립·시행하여야 한다.

영 제54조(중앙통제단의 기능) 중앙통제단은 법 제49조 제4항에 따라 다음 각 호의 기능을 수행한다.
1. 국가 긴급구조대책의 총괄·조정
2. 긴급구조활동의 지휘·통제(긴급구조활동에 필요한 긴급구조기관의 인력과 장비 등의 동원을 포함한다)
3. 긴급구조지원기관간의 역할분담 등 긴급구조를 위한 현장활동계획의 수립
4. 긴급구조대응계획의 집행
5. 그 밖에 중앙통제단의 장(이하 "중앙통제단장"이라 한다)이 필요하다고 인정하는 사항

영 제55조(중앙통제단의 구성 및 운영) ① 중앙통제단장은 중앙통제단을 대표하고, 그 업무를 총괄한다.
② 중앙통제단에는 부단장을 두고 부단장은 중앙통제단장을 보좌하며 중앙통제단장이 부득이한 사유로 직무를 수행할 수 없을 경우에는 그 직무를 대행한다.
③ 제2항에 따른 **부단장은 소방청 차장이 되며, 중앙통제단에는 총괄지휘부·대응계획부·자원지원부·긴급복구부 및 현장지휘대를 둔다.**
④ 제1항부터 제3항까지에서 규정한 사항 외에 중앙통제단의 구성 및 운영에 필요한 사항은 행정안전부령으로 정한다.

법 **제54조(긴급구조대응계획의 수립)** 긴급구조기관의 장은 재난이 발생하는 경우 긴급구조기관과 긴급구조지원기관이 신속하고 효율적으로 긴급구조를 수행할 수 있도록 대통령령으로 정하는 바에 따라 재난의 규모와 유형에 따른 긴급구조대응계획을 수립·시행하여야 한다.

영 **제63조(긴급구조대응계획의 수립)** ① 법 제54조에 따라 긴급구조기관의 장이 수립하는 **긴급구조대응계획은 기본계획, 기능별 긴급구조대응계획, 재난유형별 긴급구조대응계획으로 구분하되, 구분된 계획에 포함되어야 하는 사항은 다음 각 호와 같다.**

1. **기본계획**
   가. 긴급구조대응계획의 목적 및 적용범위
   나. 긴급구조대응계획의 기본방침과 절차
   다. 긴급구조대응계획의 운영책임에 관한 사항

2. **기능별 긴급구조대응계획**
   가. 지휘통제: 긴급구조체제 및 중앙통제단과 지역통제단의 운영체계 등에 관한 사항
   나. 비상경고: 긴급대피, 상황 전파, 비상연락 등에 관한 사항
   다. 대중정보: 주민보호를 위한 비상방송시스템 가동 등 긴급 공공정보 제공에 관한 사항 및 재난상황 등에 관한 정보 통제에 관한 사항
   라. 피해상황분석: 재난현장상황 및 피해정보의 수집·분석·보고에 관한 사항
   마. 구조·진압: 인명 수색 및 구조, 화재진압 등에 관한 사항
   바. 응급의료: 대량 사상자 발생 시 응급의료서비스 제공에 관한 사항
   사. 긴급오염통제: 오염 노출 통제, 긴급 감염병 방제 등 재난현장 공중보건에 관한 사항
   아. 현장통제: 재난현장 접근 통제 및 치안 유지 등에 관한 사항
   자. 긴급복구: 긴급구조활동을 원활하게 하기 위한 긴급구조차량 접근 도로 복구 등에 관한 사항
   차. 긴급구호: 긴급구조요원 및 긴급대피 수용주민에 대한 위기 상담, 임시 의식주 제공 등에 관한 사항
   카. 재난통신: 긴급구조기관 및 긴급구조지원기관 간 정보통신체계 운영 등에 관한 사항

3. **재난유형별 긴급구조대응계획**
   가. 재난 발생 단계별 주요 긴급구조 대응활동 사항
   나. 주요 재난유형별 대응 매뉴얼에 관한 사항
   다. 비상경고 방송메시지 작성 등에 관한 사항

② 긴급구조기관의 장은 긴급구조대응계획을 수립하기 위하여 필요한 경우에는 긴급구조지원기관의 장에게 소관별 긴급구조세부대응계획을 수립하여 제출하도록 요청할 수 있다. 이 경우 긴급구조기관의 장은 긴급구조세부대응계획의 작성에 필요한 긴급구조세부대응계획의 수립에 관한 지침을 작성하여 배포하여야 한다.

정답 ②

71
긴급구조대응활동 및 현장지휘에 관한 규칙상 표준지휘조직구조 중 자원지원부에 소속인 것은?

① 통신지원반
② 정보지원반
③ 상황보고반
④ 계획지원반

> 해설

■ 긴급구조대응활동 및 현장지휘에 관한 규칙 [별표 3]
중앙통제단의 구성(제12조 제1항관련)

1. 중앙통제단 조직도

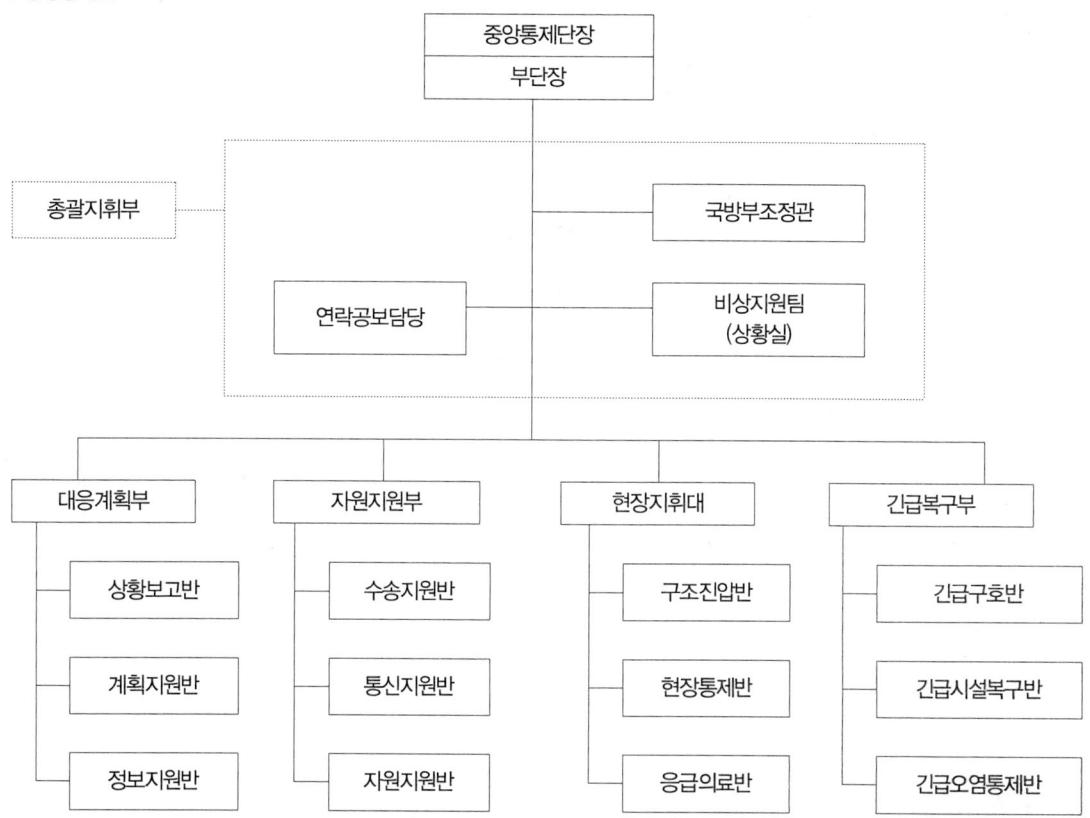

2. 부서별 임무

부서별		주요임무	대응계획
중앙통제단장		1. 긴급구조활동의 총괄 지휘·조정·통제 2. 정부차원의 긴급구조대응계획의 기동	지휘통제계획(#1)
총괄지휘부	국방부조정관	1. 중앙통제단장과 공동으로 국방부의 긴급 구조지원활동 조정·통제 2. 광범위한 지역에 걸친 재난시 대규모 탐색구조 활동 지원	국방부 세부대응계획
	연락공보담당	1. 대중정보계획(#3) 가동 2. 대중매체 홍보에 관한 사항 3. 종합상황실과 공동으로 비상경고계획(#2) 가동 4. 국회 또는 중앙재난안전대책본부장의 연락 및 보고에 관한 사항	대중정보계획(#3)
	비상지원팀 (상황실)	1. 중앙통제단 지원기능수행 2. 긴급구조대응계획중 기능별 긴급구조대응계획 가동지원 3. 각 소속 기관·단체에 분담된 임무연락 및 이행완료 여부 보고	기능별 대응계획 (#1-11)
대응계획부	상황보고반	재난상황정보를 종합 분석·정리하여 중앙대책본부장 등에게 보고	지휘통제계획(#1)
	계획지원반	시·도긴급구조통제단의 대응계획부의 작전 계획 수립지원	지휘통제계획(#1)
	정보지원반	시·도긴급구조통제단 기술정보 지원	지휘통제계획(#1)

자원지원부	수송지원반	1. 긴급구조지원기관의 자원수송지원 2. 다른 지역 자원봉사자의 재난현장 집단수송 지원	지휘통제계획(#1)
	통신지원반	1. 재난현장의 중앙통제단과 소방청의 종합상황실과의 통신지원 2. 정부차원의 재난통신지원 활동	재난통신계획(#11)
	자원지원반	소방청 자원관리시스템을 통한 시·도통제단 자원 요구사항 지원	지휘통제계획(#1)
현장지휘대	구조진압반	1. 정부차원의 인명구조 및 화재 등 위험진압 지원 2. 시·도 소방본부 및 권역별 긴급구조지휘대 자원의 지휘·조정·통제	구조진압계획(#5)
	현장통제반	1. 정부차원의 대규모 대피계획 지원 2. 지방 경찰관서 현장통제자원의 지휘·조정·통제	현장통제계획(#8)
	응급의료반	1. 정부차원의 응급의료자원 지원활동 2. 정부차원의 재난의료체계 가동 3. 시·도 응급의료 자원의 지휘·조정·통제	응급의료계획(#6)
긴급복구부	긴급구호반	1. 정부긴급구호활동 지원 2. 긴급구조	긴급구호계획(#10)
	긴급시설복구반	1. 정부긴급시설복구 지원활동 2. 시·도긴급구조통제단 긴급시설복구자원의 지휘·조정·통제	긴급복구계획(#9)
	긴급오염통제반	1. 정부차원의 긴급오염통제 지원활동 2. 시·도긴급구조통제단 긴급오염통제자원의 지휘·조정·통제	긴급오염통제계획(#7)

정답 ①

72

긴급구조대응활동 및 현장지휘에 관한 규칙상 긴급구조지휘대의 기능으로 옳은 것은?

① 의료소 조직의 편성·관리
② 긴급구조 대응계획의 작성
③ 긴급구조활동에 대한 평가
④ 주요 긴급구조지원기관과의 합동으로 현장지휘의 조정·통제

해설

제16조(긴급구조지휘대의 구성 및 기능) ① 영 제65조 제3항의 규정에 의하여 긴급구조지휘대는 별표 5의 규정에 따라 구성·운영하되, 소방본부 및 소방서의 긴급구조지휘대는 상시 구성·운영하여야 한다.
② 영 제65조 제3항의 규정에 의하여 긴급구조지휘대는 다음 각호의 기능을 수행한다.
  1. 통제단이 가동되기 전 재난초기시 현장지휘
  2. 주요 긴급구조지원기관과의 합동으로 현장지휘의 조정·통제
  3. 광범위한 지역에 걸친 재난발생시 전진지휘
  4. 화재 등 일상적 사고의 발생시 현장지휘
③ 영 제65조 제1항에 따라 긴급구조지휘대를 구성하는 사람은 통제단이 설치·운영되는 경우 다음 각 호의 구분에 따라 통제단의 해당부서에 배치된다. <개정 2020. 2. 21.>

1. 신속기동요원 : 대응계획부
2. 자원지원요원 : 자원지원부
3. 통신지휘요원 : 구조진압반
4. 안전담당요원 : 연락공보담당 또는 안전담당
5. 경찰파견 연락관 : 현장통제반
6. 응급의료파견 연락관 : 응급의료반

제21조(지역통제단장 및 보건소장의 사전대비 업무) ① 지역통제단장은 응급처치·이송·안치 등 재난현장활동의 방법에 관한 지침을 수립하고, 재난발생시 의료소설치에 필요한 물품을 확보·관리하여야 한다.
② 보건소장은 항상 의료소 조직을 편성·관리하여야 하며, 관할 소방서장의 요구가 있는 때에는 이를 통보하여야 한다.
③ 보건소장은 관할지역에 소재한 「의료법」 제3조 제2항 제3호에 따른 병원급 의료기관에 대하여 다음 각 호의 사항을 모두 파악·관리하여야 하며, 관할 소방서장의 요구가 있는 경우에는 이를 통보하여야 한다.
 1. 병원별 전문과목 및 전문의, 간호사, 응급구조사, 간호조무사 확보현황
 2. 구급차 및 응급의료장비의 확보현황
 3. 입원실, 응급실 및 중환자실의 병상, 예비병상 및 수술실의 확보현황
 4. 당직의사 및 「응급의료에 관한 법률」 제2조 제4호에 따른 응급의료종사자(간호조무사를 포함한다)의 현황
 5. 외과, 정형외과 등 응급의료관련 전문의와 의사의 비상연락망
 6. 특수의료장비의 보유현황
 7. 영안실 현황
 8. 별지 제1호의3서식의 병원별 수용능력표

제7장 긴급구조대응계획의 작성 및 운용 등

제29조(심의위원회의 구성 및 운영) ① 긴급구조기관의 장은 영 제64조 제5항의 규정에 의하여 긴급구조대응계획을 수립하는 경우에는 긴급구조기관에 긴급구조대응계획심의위원회(이하 "위원회"라 한다)를 구성하여 위원회의 심의를 거쳐 확정하여야 한다.
② 제1항의 규정에 의한 위원회의 위원장은 긴급구조기관의 장이 되고, 위원은 긴급구조지원기관의 장으로 구성하되 위원장을 포함하여 7인 이상 11인 이하로 한다.
③ 그 밖에 위원회의 구성 및 운영에 관한 사항은 각 긴급구조기관의 장이 정한다.

제30조(긴급구조대응계획의 작성책임) ① 긴급구조기관의 장은 긴급구조대응계획중 영 제63조 제1항 제2호 바목 내지 카목의 규정에 의한 기능별 긴급구조대응계획을 작성하는 경우 별표 2의 규정에 의한 책임기관과 공동으로 작성하여야 한다.
② 제1항의 규정에 의하여 기능별 긴급구조대응계획을 작성한 긴급구조지원기관의 장은 영 제63조 제2항의 규정에 의한 긴급구조세부대응계획을 작성하지 아니할 수 있다.

제31조(긴급구조대응계획의 배포·관리) ① 긴급구조기관의 장은 영 제63조 및 영 제64조의 규정에 의하여 긴급구조대응계획을 작성하거나 변경하는 경우에는 이를 긴급구조지원기관 등 관련기관 및 단체와 통제단의 반장급 이상의 지휘관에게 2부 이상을 배포하고 별지 제3호서식의 긴급구조대응계획 배포관리대장에 기록·관리하여야 한다.
② 영 제64조 제4항의 규정에 의하여 긴급구조대응계획을 변경하는 경우에는 다음 각 호의 관리대장 및 일지를 기록·관리하여야 한다.
 1. 별지 제4호서식의 긴급구조대응계획 수정일지
 2. 별지 제5호서식의 긴급구조대응계획 수정배포 관리대장
③ 그 밖에 긴급구조대응계획의 배포·관리에 관한 세부사항은 소방청장이 정한다.

제8장 긴급구조활동에 대한 평가

제38조(긴급구조활동 평가항목) ① 영 제62조 제3항의 규정에 의하여 통제단장은 다음 각호의 모든 사항을 포함하여 긴급구조활동을 평가하여야 한다.
 1. 긴급구조활동에 참여한 인력 및 장비 운용
  가. 자원 동원현황

나. 필요한 대응자원의 확보·관리 및 배분
2. 긴급구조대응계획서의 이행실태
　　가. 지휘통제 및 비상경고체계
　　　　(1) 작전 전략과 전술
　　　　(2) 현장지휘소 운영
　　　　(3) 현장통제대책
　　　　(4) 긴급구조관련기관·단체간 상호협조
　　　　(5) 통제·조정의 이행
　　　　(6) 사전 경보전파 및 대피유도활동
　　나. 대중정보 및 상황분석 체계
　　　　(1) 대중매체와 주민들에 대한 재난정보 제공
　　　　(2) 재난정보 제공에 따른 주민들의 대응행동
　　　　(3) 통합작전계획의 수립을 위한 정보의 수집 및 분석
　　　　(4) 긴급구조관련기관·단체의 정보 공유
　　　　(5) 잘못 전달된 정보 및 유언비어의 시정
　　　　(6) 대중매체와 주민의 불평
　　다. 대피 및 대피소 운영체계
　　　　(1) 대피를 위한 수송체계
　　　　(2) 주민대피유도
　　　　(3) 대피소 시설의 규모 및 편의성
　　　　(4) 임시거주시설의 규모 및 편의성
　　　　(5) 대피소 수용자들에 대한 음식·담요·전기공급 등 지원사항
　　라. 현장통제 및 구조진압체계
　　　　(1) 재난지역에 대한 경찰통제선 선정과 교통통제
　　　　(2) 범죄발생 예방활동
　　　　(3) 진압작전수행
　　　　(4) 소방용수 등 자원공급
　　　　(5) 탐색 및 구조활동
　　　　(6) 「소방기본법」에 따른 자위소방대, 「의용소방대 설치 및 운영에 관한 법률」에 따른 의용소방대 및 「민방위기본법」에 따른 민방위대 등의 임무 수행
　　　　(7) 긴급구조관련기관간 협조체제
　　마. 응급의료체계
　　　　(1) 환자분류체계
　　　　(2) 현장응급처치
　　　　(3) 환자 분산이송 및 병원선택
　　　　(4) 의료자원 공급 및 의료기관간 협조체제
　　　　(5) 현장 임시영안소의 설치·운영
　　　　(6) 사상자 명단 관리 및 발표
　　바. 긴급복구 및 긴급구조체계
　　　　(1) 잔해물 제거 및 긴급구조활동 지원
　　　　(2) 피해평가작업의 지원활동
　　　　(3) 2차 피해방지 및 보호작업
　　　　(4) 응급복구 및 피해조사의 시기
　　　　(5) 구호기관의 지원활동
　　　　(6) 상황 및 시기에 적합한 구호물자 제공

3. 긴급구조요원의 전문성
   가. 경보접수 후 긴급조치
   나. 긴급구조관련기관·단체가 제공한 재난상황정보의 정확성
   다. 자원집결지와 자원대기소의 운영 및 자원통제
   라. 상황정보 및 자원정보와 작전계획의 연계
   마. 단위책임자들의 작전계획서 활용
   바. 대피명령의 시기
   사. 위험물질 누출 및 확산 통제
4. 통합 현장대응을 위한 통신의 적절성
   가. 통신 시설·장비의 성능 및 작동
   나. 비상소집활동 및 책임자 등의 응소
   다. 대체 통신수단 확보
5. 긴급구조교육수료자의 교육실적
   가. 긴급구조 업무담당자 및 관리자의 교육이수율
   나. 긴급구조 현장활동요원의 긴급구조교육과정 및 교육이수율
   다. 긴급구조관련기관별 자체교육 및 훈련 실적
6. 그 밖에 긴급구조대응상의 개선을 요하는 사항
   가. 예방 가능하였던 사상자의 존재
   나. 수송수단의 확보
   다. 수송장비의 유지 및 수리작업
   라. 비상 및 임시수송로 확보
   마. 대응요원들의 불필요한 사상
   바. 대응자원의 분실
   사. 전문적 지식·기술·의학·법률 등에 관한 자문체계 운영
   아. 대응 및 긴급복구작업에 소요된 비용 근거자료 기록관리
   자. 통제단 운영에 대한 기록유지
② 그 밖에 평가기준에 관한 사항은 소방청장이 정한다.

제39조(긴급구조활동평가단의 구성) ① 통제단장은 재난상황이 종료된 후 긴급구조활동의 평가를 위하여 긴급구조기관에 긴급구조활동평가단(이하 "평가단"이라 한다)을 구성하여야 한다.
② 평가단의 단장은 통제단장으로 하고, 단원은 다음 각호의 어느 하나에 해당하는 자와 민간전문가 2인 이상을 포함하여 <u>5인 이상 7인 이하로 구성</u>한다.
  1. 통제단장
  2. 통제단의 대응계획부장 또는 소속 반장
  3. 자원지원부장 또는 소속 반장
  4. 긴급구조지휘대장
  5. 긴급복구부장 또는 소속 반장
  6. 긴급구조활동에 참가한 기관·단체의 요원 또는 평가에 관한 전문지식과 경험이 풍부한 자중에서 통제단장이 필요하다고 인정하는 자

제40조(재난활동보고서등의 제출요청 등) ① 영 제62조 제3항의 규정에 의하여 통제단장은 긴급구조활동의 평가를 위하여 긴급구조활동에 참여한 긴급구조지원기관의 장에게 일정한 기간을 정하여 긴급구조대응계획이 정하는 바에 따라 재난활동보고서와 관련자료의 제출을 요청하여야 한다.
② 평가단의 단장은 평가와 관련된 업무를 수행함에 있어서 긴급구조지원기관의 장과 관계인의 출석·의견진술 및 자료제출 등을 요구할 수 있다.

제41조(평가실시) ① 평가단의 단장은 제40조 제1항의 규정에 의한 재난활동보고서 및 관련자료와 대응기간동안 통제단에서 작성한 각종 서류, 동영상 및 사진, 긴급구조활동에 참여한 기관·단체 책임자들과의 면담 자료 등을 근거로 긴급구조활동에 대한 평가를 실시한다.

② 긴급구조지원기관에 대한 평가는 제38조 제1항의 규정에 의한 평가항목을 기준으로 소방청장이 정하는 평가표에 의하여 실시한다. 다만, 영 제63조 제2항의 규정에 의하여 긴급구조세부대응계획을 작성한 긴급구조지원기관에 대한 긴급구조활동의 평가는 제36조의 규정에 의한 긴급구조세부대응계획을 기준으로 실시한다.
③ 평가항목별 평가수준은 0부터 5까지로 한다.

제42조(평가결과의 보고 및 통보) ① 평가단은 긴급구조대응계획에서 정하는 평가결과보고서를 지체 없이 제출하여야 하며, 시·군·구긴급구조통제단장은 시·도긴급구조통제단장 및 시장(「제주특별자치도 설치 및 국제자유도시 조성을 위한 특별법」 제17조 제1항에 따른 행정시장을 포함한다)·군수·구청장(자치구의 구청장을 말한다)에게, 시·도긴급구조통제단장은 소방청장 및 특별시장·광역시장·특별자치시장·도지사·특별자치도지사에게 각각 보고하거나 통보하여야 한다.
② 통제단장은 평가결과 시정을 요하거나 개선·보완할 사항이 있는 경우에는 그 사항을 평가종료 후 1월 이내에 해당 긴급구조지원기관의 장에게 통보하여야 한다.

제43조(평가결과의 조치) 긴급구조지원기관의 장은 통제단장으로부터 제42조 제2항의 규정에 의한 통보를 받은 경우에는 긴급구조세부대응계획의 수정, 긴급구조활동에 대한 제도 및 대응체제의 개선, 예산의 우선지원 등 필요한 대책을 강구하여야 한다.

제44조(평가결과의 통보 등) 통제단장은 평가결과 다음 사항을 당해 긴급구조지원기관의 장에게 통보할 수 있다.
1. 우수 재난대응관리자 또는 종사자의 현황
2. 재난대응을 하지 아니하거나 부적절하게 대응한 관리자 또는 종사자의 현황

■ 긴급구조대응활동 및 현장지휘에 관한 규칙 [별표 5] 〈개정 2020. 2. 21.〉

긴급구조지휘대(제16조 제1항 관련)

1. 구성

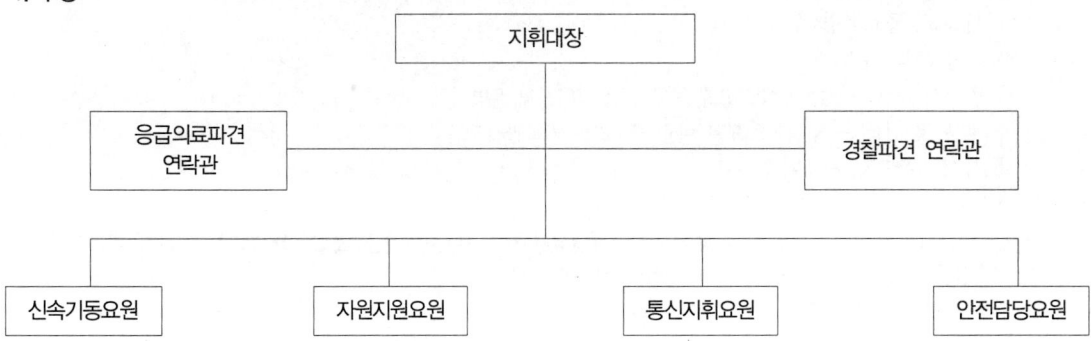

2. 임무

구분	주요 임무
지휘대장	가. 화재 등 재난사고의 발생 시 현장지휘·조정·통제 나. 통제단 가동 전 재난현장 지휘활동 등
응급의료파견 연락관	가. 재난현장 다수사상자 발생 시 재난의료체계 가동 요청 나. 사상자 관리 및 병원수용능력 파악 등 의료자원 관리 등
경찰파견 연락관	가. 재난현장 및 위험지역 출입통제 및 통행금지 나. 재난발생 지역 긴급교통로 확보 및 치안유지 활동 등
신속기동요원	가. 재난현장과 상황실(지휘부)간 실시간 정보지원체계 구축 나. 현장상황 파악 및 통제단 가동을 위한 상황판단 정보 제공 등
자원지원요원	가. 자원대기소, 자원집결지 선정 및 동원자원 관리 나. 긴급구조지원기관 및 응원협정체결기관 동원요청 등

통신지휘요원	가. 재난현장 통신지원체계 유지·관리 나. 지휘대장의 현장활동대원 무전지휘 운영 지원 등
안전담당요원	가. 현장활동 안전사고 방지대책 수립 및 이행 나. 재난현장 안전진단 및 안전조치 등

정답 ④

73
긴급구조대응활동 및 현장지휘에 관한 규칙상 긴급구조대응계획을 작성해야 하는 재난유형으로 옳지 않은 것은?

① 폭염
② 폭설
③ 홍수
④ 지진

해설

제35조(재난유형별 긴급구조대응계획의 작성체계) 영 제63조 제1항 제3호의 규정에 의한 재난유형별 긴급구조대응계획은 다음의 재난유형별로 재난의 진행단계에 따라 조치하여야 하는 주요사항과 주민보호를 위한 대민정보사항을 포함하여 작성하여야 한다.
1. 홍수
2. 태풍
3. 폭설
4. 지진
5. 시설물 등의 붕괴
6. 가스 등의 붕괴
7. 다중이용시설의 대형화재
8. 유해화학물질(방사능을 포함한다)의 누출 및 확산

74

긴급구조대응활동 및 현장지휘에 관한 규칙상 긴급구조활동평가단 단원의 구성에 포함되지 않는 자는?

① 대응계획부장
② 총괄지휘부장
③ 긴급구조지휘대장
④ 자원지원부장

해설

제39조(긴급구조활동평가단의 구성) ① 통제단장은 재난상황이 종료된 후 긴급구조활동의 평가를 위하여 긴급구조기관에 긴급구조활동평가단(이하 "평가단"이라 한다)을 구성하여야 한다.
② 평가단의 단장은 통제단장으로 하고, 단원은 다음 각호의 어느 하나에 해당하는 자와 민간전문가 2인 이상을 포함하여 5인 이상 7인 이하로 구성한다.
  1. 통제단장
  2. 통제단의 대응계획부장 또는 소속 반장
  3. 자원지원부장 또는 소속 반장
  4. 긴급구조지휘대장
  5. 긴급복구부장 또는 소속 반장
  6. 긴급구조활동에 참가한 기관·단체의 요원 또는 평가에 관한 전문지식과 경험이 풍부한 자중에서 통제단장이 필요하다고 인정하는 자

정답 ②

75

다음은 긴급구조지원기관이 유지하여야 하는 긴급구조에 필요한 능력의 구성요소 중 전문인력의 자격에 관한 기준이다. ( ) 안에 들어갈 내용으로 옳은 것은?

| 가. 긴급구조에 관한 교육을 (㉠)시간 이상 이수한 사람 |
| 나. 긴급구조 관련 업무에 (㉡)년 이상 종사한 경력이 있는 사람 |

	㉠	㉡
①	10	3
②	14	3
③	24	5
④	40	5

해설

영 제66조의3(긴급구조지원기관의 능력에 대한 평가) ① 긴급구조지원기관이 법 제55조의2 제1항에 따라 유지하여야 하는 긴급구조에 필요한 능력의 구성요소는 다음 각 호와 같다.
  1. 다음 각 목의 어느 하나에 해당하는 전문인력

가. 법 제55조 제3항에 따른 긴급구조에 관한 교육을 14시간 이상 이수한 사람
　　나. 긴급구조 관련 업무에 3년 이상 종사한 경력이 있는 사람
　　다. 해당 기관의 긴급구조 분야와 관련되는 국가자격(「자격기본법」 제2조 제4호에 따른 국가자격을 말한다) 또는 민간자격(「자격기본법」 제2조 제5호에 따른 민간자격을 말한다)을 보유한 사람
2. 긴급구조활동에 필요한 다음 각 목의 시설이나 장비
　　가. 긴급구조기관으로부터 재난발생 상황 및 긴급구조 지원 요청을 접수하고 처리할 수 있는 상시 운영 시설
　　나. 재난이 발생할 우려가 현저하거나 재난이 발생하였을 때 긴급구조기관과 연락할 수 있는 정보통신 시설이나 장비
　　다. 긴급구조지원기관의 해당 분야별 긴급구조활동을 수행하는 데에 필요한 시설이나 장비
　　라. 제1호에 따른 전문인력과 나목 및 다목의 시설·장비를 재난 현장으로 수송할 수 있는 장비
3. 재난 현장에서 긴급구조활동을 지속적으로 수행하는 데에 필요한 다음 각 목의 물자
　　가. 제1호에 따른 전문인력의 안전 확보 및 휴식·대기 등을 위한 물자
　　나. 제2호 각 목의 시설 및 장비의 운영과 유지·보수 및 정비에 필요한 물자
4. 재난 현장에서 제1호부터 제3호까지의 전문인력, 시설·장비 및 물자를 긴급구조기관과 연계하여 운영하기 위한 다음 각 목의 운영체계
　　가. 재난 현장에서의 의사전달 및 조정 체계
　　나. 재난 현장에 투입된 인력, 시설·장비, 물자 등의 상황을 신속하게 파악하고, 효율적으로 배치·관리할 수 있는 자원관리체계
　　다. 긴급구조기관과의 협조체제를 유지하기 위한 현장지휘체계
② 긴급구조기관의 장은 법 제55조의2 제2항 본문에 따라 제1항에 따른 긴급구조에 필요한 능력의 구성요소를 평가대상으로 하여 매년 긴급구조지원기관의 능력을 평가할 수 있다.
③ 긴급구조기관의 장은 법 제55조의2 제3항에 따라 긴급구조지원기관의 능력 평가 결과를 긴급구조지원기관의 장에게 통보할 때에는 해당 기관의 긴급구조에 필요한 능력의 개선 및 보완에 필요한 사항을 포함할 수 있다.
④ 긴급구조지원기관의 장은 제3항에 따라 개선 및 보완 사항을 통보받은 때에는 그에 따라 긴급구조에 필요한 능력을 개선·보완하여 긴급구조에 필요한 능력을 유지하여야 한다.
⑤ 제1항에 따른 긴급구조에 필요한 능력의 구성요소에 대한 세부 사항에 관하여는 긴급구조지원기관의 특성 등을 고려하여 소방청장이 정한다.

정답 ②

2회 소방안전교육사(2016)

○ 제1과목: 소방학개론

01

이상가열이나 타 물건과의 접촉 또는 혼합에 의하지 않고 스스로 발열반응을 일으켜 발화하는 현상을 '자연발화'라 한다. 자연발화가 일어날 수 있는 조건으로 옳지 않은 것을 모두 고른 것은?

> ㉠ 가연물의 열전도율이 클 것
> ㉡ 가연물의 발열량이 작을 것
> ㉢ 가연물의 주위 온도가 높을 것
> ㉣ 가연물의 표면적이 넓을 것

① ㉠㉡
② ㉡㉢
③ ㉢㉣
④ ㉠㉣

해설

○ **자연발화조건**
1) 가연물의 열전도율이 낮을 것
2) 가연물의 발열량이 클 것
3) 가연물의 표면적이 넓을 것
4) 가연물의 주위 온도가 높을 것

정답 ①

02

국가화재안전기준상 다음에서 설명하는 피난기구는?

> 화재 발생 시 사람이 건축물 내에서 외부로 긴급히 뛰어 내릴 때 충격을 흡수하여 안전하게 지상에 도달할 수 있도록 포지에 공기 등을 주입하는 구조로 되어 있는 것을 말한다.

① 피난사다리
② 완강기
③ 구조대
④ 공기안전매트

> 해설

피난기구의 화재안전기준(NFSC 301) 참조.

나머지 부분의 정의도 잘 알아두어야 한다.

제1조(목적) 이 기준은「화재예방, 소방시설 설치·유지 및 안전관리에 관한 법률」제9조에서 소방청장에게 위임한 사항을 정함을 목적으로 한다.

제2조(적용범위)「화재예방, 소방시설 설치·유지 및 안전관리에 관한 법률 시행령」(이하 "영"이라 한다) 별표 5 제3호 가목 및 「다중이용업소의 안전관리에 관한 특별법 시행령」별표 1 제1호 다목1)에 따른 피난기구는 이 기준에서 정하는 규정에 따라 설비를 설치하고 유지·관리하여야 한다.

제2조의2(피난기구의 종류) 영 제3조에 따른 별표 1 제3호 가목4)에서 "소방청장이 정하여 고시하는 화재안전기준으로 정하는 것"이란 미끄럼대·피난교·피난용트랩·간이완강기·공기안전매트·다수인 피난장비·승강식피난기 등을 말한다.

★**제3조(정의)** 이 기준에서 사용하는 용어의 정의는 다음과 같다.
1. "피난사다리"란 화재 시 긴급대피를 위해 사용하는 사다리를 말한다.
2. "완강기"란 사용자의 몸무게에 따라 자동적으로 내려올 수 있는 기구 중 사용자가 교대하여 연속적으로 사용할 수 있는 것을 말한다.
3. "간이완강기"란 사용자의 몸무게에 따라 자동적으로 내려올 수 있는 기구 중 사용자가 연속적으로 사용할 수 없는 것을 말한다.
4. "구조대"란 포지 등을 사용하여 자루형태로 만든 것으로서 화재 시 사용자가 그 내부에 들어가서 내려옴으로써 대피할 수 있는 것을 말한다.
5. "공기안전매트"란 화재 발생 시 사람이 건축물 내에서 외부로 긴급히 뛰어 내릴 때 충격을 흡수하여 안전하게 지상에 도달할 수 있도록 포지에 공기 등을 주입하는 구조로 되어 있는 것을 말한다.
6. 삭 제
7. "다수인피난장비"란 화재 시 2인 이상의 피난자가 동시에 해당층에서 지상 또는 피난층으로 하강하는 피난기구를 말한다.
8. "승강식 피난기"란 사용자의 몸무게에 의하여 자동으로 하강하고 내려서면 스스로 상승하여 연속적으로 사용할 수 있는 무동력 승강식피난기를 말한다.
9. "하향식 피난구용 내림식사다리"란 하향식 피난구 해치에 격납하여 보관하고 사용 시에는 사다리 등이 소방대상물과 접촉되지 아니하는 내림식 사다리를 말한다.

★**제4조(적응 및 설치개수 등)** ① 피난기구는 별표 1에 따라 소방대상물의 설치장소별로 그에 적응하는 종류의 것으로 설치하여야 한다.

② 피난기구는 다음 각 호의 기준에 따른 개수 이상을 설치하여야 한다.
1. 층마다 설치하되, 숙박시설·노유자시설 및 의료시설로 사용되는 층에 있어서는 그 층의 바닥면적 500㎡마다, 위락시설·문화집회 및 운동시설·판매시설로 사용되는 층 또는 복합용도의 층(하나의 층이 영 별표 2 제1호 내지 제4호 또는 제8호 내지 제18호중 2 이상의 용도로 사용되는 층을 말한다)에 있어서는 그 층의 바닥면적 800㎡마다, 계단실형 아파트에 있어서는 각 세대마다, 그 밖의 용도의 층에 있어서는 그 층의 바닥면적 1,000㎡마다 1개 이상 설치할 것
2. 제1호에 따라 설치한 피난기구 외에 숙박시설(휴양콘도미니엄을 제외한다)의 경우에는 추가로 객실마다 완강기 또는 둘 이상의 간이완강기를 설치할 것
3. 제1호에 따라 설치한 피난기구 외에 공동주택(「공동주택관리법 시행령」제2조의 규정에 따른 공동주택에 한한다)의 경우에는 하나의 관리주체가 관리하는 공동주택 구역마다 공기안전매트 1개 이상을 추가로 설치할 것. 다만, 옥상으로 피난이 가능하거나 인접세대로 피난할 수 있는 구조인 경우에는 추가로 설치하지 아니할 수 있다.

③ 피난기구는 다음 각 호의 기준에 따라 설치하여야 한다.
1. 피난기구는 계단·피난구 기타 피난시설로부터 적당한 거리에 있는 안전한 구조로 된 피난 또는 소화활동상 유효한 개구부(가로 0.5m이상 세로 1m이상인 것을 말한다. 이 경우 개구부 하단이 바닥에서 1.2m 이상이면 발판 등을 설치하여야 하고, 밀폐된 창문은 쉽게 파괴할 수 있는 파괴장치를 비치하여야 한다)에 고정하여 설치하거나 필요한 때에 신속하고 유효하게 설치할 수 있는 상태에 둘 것

2. 피난기구를 설치하는 개구부는 서로 동일직선상이 아닌 위치에 있을 것. 다만, 피난교·피난용트랩·간이완강기·아파트에 설치되는 피난기구(다수인 피난장비는 제외한다) 기타 피난 상 지장이 없는 것에 있어서는 그러하지 아니하다.
3. 피난기구는 소방대상물의 기둥·바닥·보 기타 구조상 견고한 부분에 볼트조임·매입·용접 기타의 방법으로 견고하게 부착할 것
4. 4층 이상의 층에 피난사다리(하향식 피난구용 내림식사다리는 제외한다)를 설치하는 경우에는 금속성 고정사다리를 설치하고, 당해 고정사다리에는 쉽게 피난할 수 있는 구조의 노대를 설치할 것
5. 완강기는 강하 시 로프가 소방대상물과 접촉하여 손상되지 아니하도록 할 것
6. 완강기로프의 길이는 부착위치에서 지면 기타 피난상 유효한 착지 면까지의 길이로 할 것
7. 미끄럼대는 안전한 강하속도를 유지하도록 하고, 전락방지를 위한 안전조치를 할 것
8. 구조대의 길이는 피난 상 지장이 없고 안정한 강하속도를 유지할 수 있는 길이로 할 것
9. 다수인 피난장비는 다음 각 목에 적합하게 설치할 것
    가. 피난에 용이하고 안전하게 하강할 수 있는 장소에 적재 하중을 충분히 견딜 수 있도록「건축물의 구조기준 등에 관한 규칙」제3조에서 정하는 구조안전의 확인을 받아 견고하게 설치할 것
    나. 다수인피난장비 보관실(이하 "보관실"이라 한다)은 건물 외측보다 돌출되지 아니하고, 빗물·먼지 등으로부터 장비를 보호할 수 있는 구조 일 것
    다. 사용 시에 보관실 외측 문이 먼저 열리고 탑승기가 외측으로 자동으로 전개될 것
    라. 하강 시에 탑승기가 건물 외벽이나 돌출물에 충돌하지 않도록 설치할 것
    마. 상·하층에 설치할 경우에는 탑승기의 하강경로가 중첩되지 않도록 할 것
    바. 하강 시에는 안전하고 일정한 속도를 유지하도록 하고 전복, 흔들림, 경로이탈 방지를 위한 안전조치를 할 것
    사. 보관실의 문에는 오작동 방지조치를 하고, 문 개방 시에는 당해 소방대상물에 설치된 경보설비와 연동하여 유효한 경보음을 발하도록 할 것
    아. 피난층에는 해당 층에 설치된 피난기구가 착지에 지장이 없도록 충분한 공간을 확보할 것
    자. 한국소방산업기술원 또는 법 제42조 제1항에 따라 성능시험기관으로 지정받은 기관에서 그 성능을 검증받은 것으로 설치할 것
10. 승강식피난기 및 하향식 피난구용 내림식사다리는 다음 각 목에 적합하게 설치할 것
    가. 승강식피난기 및 하향식 피난구용 내림식사다리는 설치경로가 설치층에서 피난층까지 연계될 수 있는 구조로 설치할 것. 다만, 건축물의 구조 및 설치 여건 상 불가피한 경우에는 그러하지 아니 한다.
    나. 대피실의 면적은 2㎡(2세대 이상일 경우에는 3㎡) 이상으로 하고, 「건축법 시행령」제46조 제4항의 규정에 적합하여야 하며 하강구(개구부) 규격은 직경60㎝ 이상일 것. 단, 외기와 개방된 장소에는 그러하지 아니 한다.
    다. 하강구 내측에는 기구의 연결 금속구 등이 없어야 하며 전개된 피난기구는 하강구 수평투영면적 공간 내의 범위를 침범하지 않는 구조이어야 할 것. 단, 직경 60㎝ 크기의 범위를 벗어난 경우이거나, 직하층의 바닥 면으로부터 높이 50㎝ 이하의 범위는 제외 한다.
    라. 대피실의 출입문은 갑종방화문으로 설치하고, 피난방향에서 식별할 수 있는 위치에 "대피실" 표지판을 부착할 것. 단, 외기와 개방된 장소에는 그러하지 아니 한다.
    마. 착지점과 하강구는 상호 수평거리 15㎝이상의 간격을 둘 것
    바. 대피실 내에는 비상조명등을 설치 할 것
    사. 대피실에는 층의 위치표시와 피난기구 사용설명서 및 주의사항 표지판을 부착 할 것
    아. 대피실 출입문이 개방되거나, 피난기구 작동 시 해당층 및 직하층 거실에 설치된 표시등 및 경보장치가 작동되고, 감시 제어반에서는 피난기구의 작동을 확인 할 수 있어야 할 것
    자. 사용 시 기울거나 흔들리지 않도록 설치할 것
    차. 승강식피난기는한국소방산업기술원 또는 법 제42조 제1항에 따라 성능시험기관으로 지정받은 기관에서 그 성능을 검증받은 것으로 설치할 것
④ 피난기구를 설치한 장소에는 가까운 곳의 보기 쉬운 곳에 피난기구의 위치를 표시하는 발광식 또는 축광식표지와 그 사용방법을 표시한 표지를 부착하되, 축광식표지는 소방청장이 정하여 고시「축광표지의 성능인증 및 제품검사의 기술기준」에 적합하여야 한다. 다만, 방사성물질을 사용하는 위치표지는 쉽게 파괴되지 아니하는 재질로 처리할 것

제5조(설치제외) 영 별표 6 제7호 피난설비의 설치면제 요건의 규정에 따라 다음 각 호의 어느 하나에 해당하는 소방대상물 또는 그 부분에는 피난기구를 설치하지 아니할 수 있다. 다만, 제4조 제2항 제2호에 따라 숙박시설(휴양콘도미니엄을 제외한다)에 설치되는 완강기 및 간이완강기의 경우에는 그러하지 아니하다.

1. 다음 각 목의 기준에 적합한 층
   가. 주요구조부가 내화구조로 되어 있어야 할 것
   나. 실내의 면하는 부분의 마감이 불연재료·준불연재료 또는 난연재료로 되어 있고 방화구획이 「건축법 시행령」제46조의 규정에 적합하게 구획되어 있어야 할 것
   다. 거실의 각 부분으로부터 직접 복도로 쉽게 통할 수 있어야 할 것
   라. 복도에 2 이상의 특별피난계단 또는 피난계단이 「건축법 시행령」제35조에 적합하게 설치되어 있어야 할 것
   마. 복도의 어느 부분에서도 2 이상의 방향으로 각각 다른 계단에 도달할 수 있어야 할 것
2. 다음 각 목의 기준에 적합한 소방대상물 중 그 옥상의 직하층 또는 최상층(관람집회 및 운동시설 또는 판매시설을 제외한다)
   가. 주요구조부가 내화구조로 되어 있어야 할 것
   나. 옥상의 면적이 1,500㎡ 이상이어야 할 것
   다. 옥상으로 쉽게 통할 수 있는 창 또는 출입구가 설치되어 있어야 할 것
   라. 옥상이 소방사다리차가 쉽게 통행할 수 있는 도로(폭 6m 이상의 것을 말한다. 이하 같다) 또는 공지(공원 또는 광장 등을 말한다. 이하 같다)에 면하여 설치되어 있거나 옥상으로부터 피난층 또는 지상으로 통하는 2 이상의 피난계단 또는 특별피난계단이 「건축법 시행령」제35조의 규정에 적합하게 설치되어 있어야 할 것
3. 주요구조부가 내화구조이고 지하층을 제외한 층수가 4층 이하이며 소방사다리차가 쉽게 통행할 수 있는 도로 또는 공지에 면하는 부분에 영 제2조 제1호 각 목의 기준에 적합한 개구부가 2 이상 설치되어 있는 층(문화집회 및 운동시설·판매시설 및 영업시설 또는 노유자시설의 용도로 사용되는 층으로서 그 층의 바닥면적이 1,000㎡ 이상인 것을 제외한다)
4. 편복도형 아파트 또는 발코니 등을 통하여 인접세대로 피난할 수 있는 구조로 되어 있는 계단실형 아파트
5. 주요구조부가 내화구조로서 거실의 각 부분으로 직접 복도로 피난할 수 있는 학교(강의실 용도로 사용되는 층에 한한다)
6. 무인공장 또는 자동창고로서 사람의 출입이 금지된 장소(관리를 위하여 일시적으로 출입하는 장소를 포함한다)
7. 건축물의 옥상부분으로서 거실에 해당하지 아니하고 「건축법 시행령」제119조 제1항 제9호에 해당하여 층수로 산정된 층으로 사람이 근무하거나 거주하지 아니하는 장소

제6조(피난기구설치의 감소) ① 피난기구를 설치하여야 할 소방대상물중 다음 각 호의 기준에 적합한 층에는 제4조 제2항에 따른 피난기구의 2분의 1을 감소할 수 있다. 이 경우 설치하여야 할 피난기구의 수에 있어서 소수점 이하의 수는 1로 한다.

1. 주요구조부가 내화구조로 되어 있을 것
2. 직통계단인 피난계단 또는 특별피난계단이 2 이상 설치되어 있을 것

② 피난기구를 설치하여야 할 소방대상물 중 주요구조부가 내화구조이고 다음 각 호의 기준에 적합한 건널 복도가 설치되어 있는 층에는 제4조 제2항에 따른 피난기구의 수에서 해당 건널 복도의 수의 2배의 수를 뺀 수로 한다.

1. 내화구조 또는 철골조로 되어 있을 것
2. 건널 복도 양단의 출입구에 자동폐쇄장치를 한 갑종방화문(방화셔터를 제외한다)이 설치되어 있을 것
3. 피난·통행 또는 운반의 전용 용도일 것

③ 피난기구를 설치하여야 할 소방대상물 중 다음 각 호에 기준에 적합한 노대가 설치된 거실의 바닥면적은 제4조 제2항에 따른 피난기구의 설치개수 산정을 위한 바닥면적에서 이를 제외한다.

1. 노대를 포함한 소방대상물의 주요구조부가 내화구조일 것
2. 노대가 거실의 외기에 면하는 부분에 피난 상 유효하게 설치되어 있어야 할 것
3. 노대가 소방사다리차가 쉽게 통행할 수 있는 도로 또는 공지에 면하여 설치되어 있거나, 또는 거실부분과 방화 구획되어 있거나 또는 노대에 지상으로 통하는 계단 그 밖의 피난기구가 설치되어 있어야 할 것

제7조(설치ㆍ유지기준의 특례) 소방본부장 또는 소방서장은 기존건축물이 증축ㆍ개축ㆍ대수선되거나 용도 변경되는 경우에 있어서 이 기준이 정하는 기준에 따라 해당 건축물에 설치하여야 할 피난기구의 공사가 현저하게 곤란하다고 인정되는 경우에는 해당 설비의 기능 및 사용에 지장이 없는 범위 안에서 피난기구의 설치ㆍ유지기준의 일부를 적용하지 아니할 수 있다.

정답 ④

03

국가화재안전기준상 유슈검지장치에서 스프링클러헤드까지 압축공기 또는 질소 등의 기체로 충전된 스프링클러설비는?

① 습식스프링클러설비
② 건식스프링클러설비
③ 준비작동식스프링클러설비
④ 일제살수식스프링클러설비

해설

스프링클러설비의 화재안전기준(NFSC 103) 참조.

제1조(목적) 이 기준은「화재예방, 소방시설 설치ㆍ유지 및 안전관리에 관한 법률」제9조 제1항에 따라 소방청장에게 위임한 사항 중 소화설비인 스프링클러설비의 설치ㆍ유지 및 안전관리에 필요한 사항을 규정함을 목적으로 한다.

제2조(적용범위) 「화재예방, 소방시설 설치ㆍ유지 및 안전관리에 관한 법률 시행령」(이하 "영"이라 한다) 별표 5 제1호 라목에 따른 스프링클러설비는 이 기준에서 정하는 규정에 따라 설비를 설치하고 유지ㆍ관리하여야 한다.

제3조(정의) 이 기준에서 사용하는 용어의 정의는 다음과 같다.
1. "고가수조"란 구조물 또는 지형지물 등에 설치하여 자연낙차 압력으로 급수하는 수조를 말한다.
2. "압력수조"란 소화용수와 공기를 채우고 일정압력 이상으로 가압하여 그 압력으로 급수하는 수조를 말한다.
3. "충압펌프"란 배관 내 압력손실에 따른 주펌프의 빈번한 기동을 방지하기 위하여 충압역할을 하는 펌프를 말한다.
4. "정격토출량"이란 정격토출압력에서의 펌프의 토출량을 말한다.
5. "정격토출압력"이란 정격토출량에서의 펌프의 토출측 압력을 말한다.
6. "진공계"란 대기압 이하의 압력을 측정하는 계측기를 말한다.
7. "연성계"란 대기압 이상의 압력과 대기압 이하의 압력을 측정할 수 있는 계측기를 말한다.
8. "체절운전"이란 펌프의 성능시험을 목적으로 펌프토출측의 개폐밸브를 닫은 상태에서 펌프를 운전하는 것을 말한다.
9. "기동용수압개폐장치"란 소화설비의 배관내 압력변동을 검지하여 자동적으로 펌프를 기동 및 정지시키는 것으로서 압력챔버 또는 기동용압력스위치 등을 말한다.
10. "개방형스프링클러헤드"란 감열체 없이 방수구가 항상 열려져 있는 스프링클러헤드를 말한다.
11. "폐쇄형스프링클러헤드"란 정상상태에서 방수구를 막고 있는 감열체가 일정온도에서 자동적으로 파괴ㆍ용해 또는 이탈됨으로써 방수구가 개방되는 스프링클러헤드를 말한다.
12. "조기반응형헤드"란 표준형스프링클러헤드 보다 기류온도 및 기류속도에 조기에 반응하는 것을 말한다.
13. "측벽형스프링클러헤드"란 가압된 물이 분사될 때 헤드의 축심을 중심으로 한 반원상에 균일하게 분산시키는 헤드를 말한다.
14. "건식스프링클러헤드"란 물과 오리피스가 분리되어 동파를 방지할 수 있는 스프링클러헤드를 말한다. * 오리피스는 구멍이 뚫린 얇은 판으로 보통 파이프나 튜빙 내부에 설치된다.

15. "유수검지장치"란 습식유수검지장치(패들형을 포함한다), 건식유수검지장치, 준비작동식유수검지장치를 말하며 본체내의 유수현상을 자동적으로 검지하여 신호 또는 경보를 발하는 장치를 말한다.
16. "일제개방밸브"란 개방형스프링클러헤드를 사용하는 일제살수식 스프링클러설비에 설치하는 밸브로서 화재발생시 자동 또는 수동식 기동장치에 따라 밸브가 열려지는 것을 말한다.
17. "가지배관"이란 스프링클러헤드가 설치되어 있는 배관을 말한다.
18. "교차배관"이란 직접 또는 수직배관을 통하여 가지배관에 급수하는 배관을 말한다.
19. "주배관"이란 각 층을 수직으로 관통하는 수직배관을 말한다.
20. "신축배관"이란 가지배관과 스프링클러헤드를 연결하는 구부림이 용이하고 유연성을 가진 배관을 말한다.
21. "급수배관"이란 수원 및 옥외송수구로부터 스프링클러헤드에 급수하는 배관을 말한다.
22. "습식스프링클러설비"란 가압송수장치에서 폐쇄형스프링클러헤드까지 배관 내에 항상 물이 가압되어 있다가 화재로 인한 열로 폐쇄형스프링클러헤드가 개방되면 배관 내에 유수가 발생하여 습식유수검지장치가 작동하게 되는 스프링클러설비를 말한다.
22의2. "부압식스프링클러설비"란 가압송수장치에서 준비작동식유수검지장치의 1차측까지는 항상 **정압**의 물이 가압되고, 2차측 폐쇄형 스프링클러헤드까지는 소화수가 부압으로 되어 있다가 화재 시 감지기의 작동에 의해 정압으로 변하여 유수가 발생하면 작동하는 스프링클러설비를 말한다. * 예) 부압은 실내가 마이너스 압력으로 환기 시 외부공기가 바로 실내로 유입이 됩니다. 정압은 실내가 플러스 압력으로 환기 시 실내의 공기가 외부로 유출 됩니다.
23. "준비작동식스프링클러설비"란 가압송수장치에서 준비작동식유수검지장치 1차 측까지 배관 내에 항상 물이 가압되어 있고 2차 측에서 폐쇄형스프링클러헤드까지 대기압 또는 저압으로 있다가 화재발생시 감지기의 작동으로 준비작동식유수검지장치가 작동하여 폐쇄형스프링클러헤드까지 소화용수가 송수되어 폐쇄형스프링클러헤드가 열에 따라 개방되는 방식의 스프링클러설비를 말한다.
24. "건식스프링클러설비"란 건식유수검지장치 2차 측에 <u>압축공기 또는 질소 등의 기체로 충전된 배관</u>에 폐쇄형스프링클러헤드가 부착된 스프링클러설비로서, 폐쇄형스프링클러헤드가 개방되어 배관내의 압축공기 등이 방출되면 건식유수검지장치 1차 측의 수압에 의하여 건식유수검지장치가 작동하게 되는 스프링클러설비를 말한다.
25. "일제살수식스프링클러설비"란 가압송수장치에서 일제개방밸브 1차 측까지 배관 내에 항상 물이 가압되어 있고 <u>2차 측에서 **개방형스프링클러헤드**까지</u> 대기압으로 있다가 화재발생시 자동감지장치 또는 수동식 기동장치의 작동으로 일제개방밸브가 개방되면 스프링클러헤드까지 소화용수가 송수되는 방식의 스프링클러설비를 말한다.
26. "반사판(디프렉타)"이란 스프링클러헤드의 방수구에서 유출되는 물을 세분시키는 작용을 하는 것을 말한다.
27. "개폐표시형밸브"란 밸브의 개폐여부를 외부에서 식별이 가능한 밸브를 말한다.
28. "연소할 우려가 있는 개구부"란 각 방화구획을 관통하는 컨베이어·에스컬레이터 또는 이와 유사한 시설의 주위로서 방화구획을 할 수 없는 부분을 말한다.
29. "가압수조"란 가압원인 압축공기 또는 불연성 고압기체에 따라 소방용수를 가압시키는 수조를 말한다.
30. "소방부하"라 법 제2조 제1항 제1호에 따른 소방시설 및 방화·피난·소화활동을 위한 시설의 전력부하를 말한다.
31. "소방전원 보존형 발전기"란 소방부하 및 소방부하 이외의 부하(이하 비상부하라 한다)겸용의 비상발전기로서, 상용전원 중단 시에는 소방부하 및 비상부하에 비상전원이 동시에 공급되고, 화재 시 과부하에 접근될 경우 비상부하의 일부 또는 전부를 자동적으로 차단하는 제어장치를 구비하여, 소방부하에 비상전원을 연속 공급하는 자가발전설비를 말한다.

정답 ②

| 유제1 | 다음은 스프링클러설비에 관한 설명이다. ( ) 안에 들어갈 말은?

( ) 스프링클러설비는 가압송수장치에서 폐쇄형스프링클러헤드까지 배관 내에 항상 물이 가압되어 있다가 화재로 인한 열로 폐쇄형스프링클러헤드가 개방되면 배관 내에 유수가 발생하여 ( ) 유수검지장치가 작동하게 되는 스프링클러설비이다.

① 습식
② 건식
③ 일제살수식
④ 준비작동식

해설

정답 ①

| 유제2 | 스프링클러 설비에서 일반적으로 가장 많이 쓰이며 2차 측 헤드까지 가압수가 가득 차있는 설비는?

① 습식 스프링클러설비
② 건식 스프링클러설비
③ 준비작동식 스프링클러설비
④ 일제살수식 스프링클러설비

해설

정답 ①

| 유제3 | 다음 중 스프링클러설비의 종류가 아닌 것은?

① 습식 스프링클러
② 건식 스프링클러
③ 부압식 스프링클러
④ 고압식 스프링클러

해설

정답 ④

04

국가화재안전기준상 옥내소화전설비에서 고가수조에 관한 내용으로 옳은 것은?

① 자연낙차의 압력으로 급수하는 수조
② 가압공기로 가압하여 급수하는 수조
③ 고압기체로 가압하여 급수하는 수조
④ 펌프를 이용하여 급수하는 수조

해설

옥내소화전설비의 화재안전기준(NFSC 102) 참조.

제1조(목적) 이 기준은「화재예방, 소방시설 설치·유지 및 안전관리에 관한 법률」제9조 제1항에 따라 소방청장에게 위임한 사항 중 소화설비인 옥내소화전설비의 설치·유지 및 안전관리에 필요한 사항을 규정함을 목적으로 한다.
제2조(적용범위) 「화재예방, 소방시설 설치·유지 및 안전관리에 관한 법률 시행령」(이하 "영"이라 한다) 별표 5 제1호 다목에 따른 옥내소화전설비는 이 기준에서 정하는 규정에 따라 설비를 설치하고 유지·관리하여야 한다.
제3조(정의) 이 기준에서 사용하는 용어의 정의는 다음과 같다.
  1. "고가수조"란 구조물 또는 지형지물 등에 설치하여 자연낙차의 압력으로 급수하는 수조를 말한다.
  2. "압력수조"란 소화용수와 공기를 채우고 일정압력 이상으로 가압하여 그 압력으로 급수하는 수조를 말한다.
  3. "충압펌프"란 배관내 압력손실에 따른 주펌프의 빈번한 기동을 방지하기 위하여 충압역할을 하는 펌프를 말한다.
  4. "정격토출량"이란 정격토출압력에서의 펌프의 토출량을 말한다.
  5. "정격토출압력"이란 정격토출량에서의 펌프의 토출측 압력을 말한다.
  6. "진공계"란 대기압 이하의 압력을 측정하는 계측기를 말한다.
  7. "연성계"란 대기압 이상의 압력과 대기압 이하의 압력을 측정할 수 있는 계측기를 말한다.
  8. "체절운전"이란 펌프의 성능시험을 목적으로 펌프토출측의 개폐밸브를 닫은 상태에서 펌프를 운전하는 것을 말한다.
  9. "기동용수압개폐장치"란 소화설비의 배관내 압력변동을 검지하여 자동적으로 펌프를 기동 및 정지시키는 것으로서 압력챔버 또는 기동용압력스위치 등을 말한다.
  10. "급수배관"이란 수원 및 옥외송수구로부터 옥내소화전방수구에 급수하는 배관을 말한다.
  11. "개폐표시형밸브"란 밸브의 개폐여부를 외부에서 식별이 가능한 밸브를 말한다.
  12. "가압수조"란 가압원인 압축공기 또는 불연성 고압기체에 따라 소방용수를 가압시키는 수조를 말한다.

정답 ①

05

폭발의 종류와 폭발을 일으키는 원인물질의 연결이 옳지 않은 것은?

① 분해폭발-아세틸렌
② 분진폭발-탄산칼슘
③ 중합폭발-시안화수소
④ 산화폭발-프로판

해설

분진폭발을 일으키지 않는 물질로는 탄산칼슘(CaCo3), [생석회(CaO)=산화칼슘], 석회석, 시멘트, [소석회(Ca(OH)2)=수산화칼슘]
☞ 암기법: 분진은 탄생석의 시소

> ○ **읽기자료: 화학적 폭발(기상폭발)과 물리적 폭발(응상폭발)**
>
> 1. 화학적 폭발이란 화학반응에 의한 짧은 시간에 급격한 압력 상승을 수반할 때 압력이 급격하게 방출되어지면서 폭발하는 현상이다.
>   1) 산화폭발 - 가연성 가스, 증기, 분진, 미스트 등에 공기가 유입되어 혼합가스가 형성될 경우 산화성·환원성 고체 및 액체 혼합물 또는 화합물의 반응에 의해 발생.
>   2) 분해폭발 - 아세틸렌, 산화에틸렌과 같은 분해서 가스와 디아조화합물 등 자기분해서 고체류는 분해해서 폭발.
>   3) 중합폭발 - 염화비닐, 초산비닐, 시안화수소 그 외 중합물질 모노마가 폭발적으로 중합이 발생되면 격렬하게 발열하여 압력이 상승하고 용기가 파괴. 분출한 모노마 증기에 착화되어 2차적 산화폭발이 되어 발생피해를 확대시키는 폭발이다.
>   * PVC의 원료인 비닐 클로라이드 모노머(VCM)
>   * 증기운(UVCE), 분해폭발도 화학적 폭발이다.
> 2. 물리적 폭발은 물리적 변화로 인해 발생하는데 과열액체의 급격한 비등에 의한 증기폭발이 대표적이다.

정답 ②

06

소화설비 중 가스계소화설비가 아닌 것은?

① 포소화설비
② 이산화탄소소화설비
③ 청정소화약제소화설비
④ 할로겐화합물소화설비

해설

소방시설법 시행령 별표1 참조.

포는 물과 약품이 섞여 거품이 발생하는 원리를 이용한 것이다.

> **소방시설(제3조 관련)**
>
> 1. 소화설비: 물 또는 그 밖의 소화약제를 사용하여 소화하는 기계·기구 또는 설비로서 다음 각 목의 것
>   가. 소화기구
>   1) 소화기
>   2) 간이소화용구: 에어로졸식 소화용구, 투척용 소화용구 및 소화약제 외의 것을 이용한 간이소화용구

            3) 자동확산소화기
        나. 자동소화장치
            1) 주거용 주방자동소화장치
            2) 상업용 주방자동소화장치
            3) 캐비닛형 자동소화장치
            4) 가스자동소화장치
            5) 분말자동소화장치
            6) 고체에어로졸자동소화장치
        다. 옥내소화전설비(호스릴옥내소화전설비를 포함한다)
        라. 스프링클러설비등
            1) 스프링클러설비
            2) 간이스프링클러설비(캐비닛형 간이스프링클러설비를 포함한다)
            3) 화재조기진압용 스프링클러설비
        마. 물분무등소화설비
            1) 물 분무 소화설비
            2) 미분무소화설비
            3) 포소화설비
            4) 이산화탄소소화설비
            5) 할론소화설비
            6) 할로겐화합물 및 불활성기체 소화설비
            7) 분말소화설비
            8) 강화액소화설비
            9) 고체에어로졸소화설비
        바. 옥외소화전설비
2. 경보설비: 화재발생 사실을 통보하는 기계·기구 또는 설비로서 다음 각 목의 것
        가. 단독경보형 감지기
        나. 비상경보설비
            1) 비상벨설비
            2) 자동식사이렌설비
        다. 시각경보기
        라. 자동화재탐지설비
        마. 비상방송설비
        바. 자동화재속보설비
        사. 통합감시시설
        아. 누전경보기
        자. 가스누설경보기
3. 피난구조설비: 화재가 발생할 경우 피난하기 위하여 사용하는 기구 또는 설비로서 다음 각 목의 것
        가. 피난기구
            1) 피난사다리
            2) 구조대
            3) 완강기
            4) 그 밖에 법 제9조 제1항에 따라 소방청장이 정하여 고시하는 화재안전기준(이하 "화재안전기준"이라 한다)으로 정하는 것
        나. 인명구조기구

          1) 방열복, 방화복(안전헬멧, 보호장갑 및 안전화를 포함한다)
          2) 공기호흡기
          3) 인공소생기
       다. 유도등
          1) 피난유도선
          2) 피난구유도등
          3) 통로유도등
          4) 객석유도등
          5) 유도표지
       라. 비상조명등 및 휴대용비상조명등
    4. 소화용수설비: 화재를 진압하는 데 필요한 물을 공급하거나 저장하는 설비로서 다음 각 목의 것
       가. 상수도소화용수설비
       나. 소화수조·저수조, 그 밖의 소화용수설비
    5. 소화활동설비: 화재를 진압하거나 인명구조활동을 위하여 사용하는 설비로서 다음 각 목의 것
       가. 제연설비
       나. 연결송수관설비
       다. 연결살수설비
       라. 비상콘센트설비
       마. 무선통신보조설비
       바. 연소방지설비

정답 ①

07

국가화재안전기준상 감지기에 관한 정의에서 ( ) 안에 들어갈 용어로 옳은 것은?

> 감지기란 화재 시 열, 연기, 불꽃 또는 연소생성물을 자동적으로 감지하여 ( )에 발신하는 장치를 말한다.

① 경종
② 발신기
③ 수신기
④ 시각경보장치

해설

제1조(목적) 이 기준은「화재예방, 소방시설 설치·유지 및 안전관리에 관한 법률」제9조 제1항에서 소방청장에게 위임한 사항 중 경보설비인 자동화재탐지설비 및 시각경보장치의 설치·유지 및 안전관리에 필요한 사항을 규정함을 목적으로 한다.

제2조(적용범위) 「화재예방, 소방시설 설치·유지 및 안전관리에 관한 법률 시행령」(이하 "영"이라 한다) 별표 5 제2호 라목 및 사목에 따른 자동화재탐지설비 및 시각경보장치는 이 기준에서 정하는 규정에 따라 설비를 설치하고 유지·관리하여야 한다.

제3조(정의) 이 기준에서 사용하는 용어의 정의는 다음과 같다.
  1. "경계구역"이란 특정소방대상물 중 화재신호를 발신하고 그 신호를 수신 및 유효하게 제어할 수 있는 구역을 말한다.

2. "수신기"란 감지기나 발신기에서 발하는 화재신호를 직접 수신하거나 중계기를 통하여 수신하여 화재의 발생을 표시 및 경보하여 주는 장치를 말한다.
3. "중계기"란 감지기·발신기 또는 전기적접점 등의 작동에 따른 신호를 받아 이를 수신기의 제어반에 전송하는 장치를 말한다.
4. "감지기"란 화재시 발생하는 열, 연기, 불꽃 또는 연소생성물을 자동적으로 감지하여 수신기에 발신하는 장치를 말한다.
5. "발신기"란 화재발생 신호를 수신기에 수동으로 발신하는 장치를 말한다.
6. "시각경보장치"란 자동화재탐지설비에서 발하는 화재신호를 시각경보기에 전달하여 청각장애인에게 점멸형태의 시각경보를 하는 것을 말한다.
7. "거실"이란 거주·집무·작업·집회·오락 그밖에 이와 유사한 목적을 위하여 사용하는 방을 말한다.

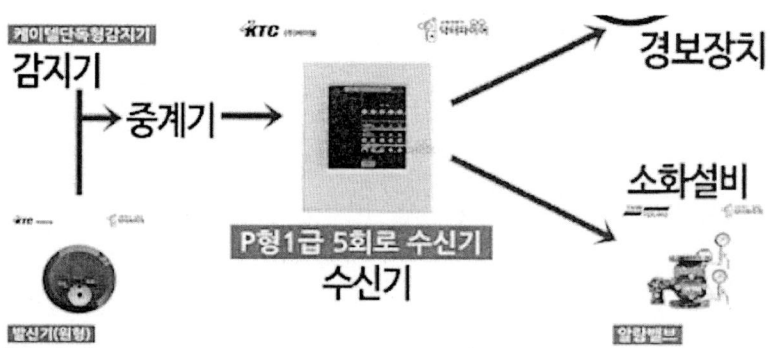

정답 ③ 자동화재탐지설비 및 시각경보장치의 화재안전기준(NFSC 203)참조

08

다음에서 설명하는 내화구조 건축물화재의 진행단계로 옳은 것은?

> 화재가 진행됨에 따라 화재의 강도가 점점 강해진다. 화재가 진행되면서 대류, 전도, 복사, 불꽃의 접촉 등에 의해 열이 축적되고, 축적된 열 때문에 연소의 속도는 기하급수적으로 증가하게 되는 단계이다.

① 화재 초기
② 화재 성장기
③ 화재 최성기
④ 화재 감쇠기

해설

증가는 성장기, 최고조는 최성기.

정답 ②

09

전기히터가 220V에서 작동하여 1,500W를 소비하였을 때 저항치[Ω]는? (단, 소수점 둘째자리에서 반올림한다)

① 12.3
② 22.3
③ 32.3
④ 42.3

해설

전력의 단위는 와트(W)이다.

전력(P) = 전압(V) × 전류(I)
전압(V) = 전류(I) × 저항(R)

정답 ③

10

액화천연가스(LNG)의 주성분인 탄화수소가스로 옳은 것은?

① CH_4
② C_2H_6
③ C_3H_8
④ C_4H_{10}

해설

LNG는 액화천연가스로 메탄을 주성분으로 한 천연가스를 초저온으로 냉각해서 액화시킨것이며, 성분비율은 매우 다양하고 72%~95%의 메탄(CH_4), 3~13%의 에탄(C_2H_6), 1~4%의 프로판(C_3H_8), 1~18%의 질소가 혼합되어 있다.
LNG는 메탄을 주성분으로 하는 천연가스전에서 주로 생산되는 가스이며, LPG는 유전에서 원유와 함께 생산되는 부탄가스(C_4H_{10})가 주성분인 가스이다.

화학기호	명칭
CH_4	메탄
C_2H_6	에탄
C_3H_8	프로판
C_4H_{10}	부탄

정답 ①

11
예상하지 못한 극한 상황에서 나타나는 인간의 본능 중 다음에서 설명하고 있는 행동특성은?

> 원래 왔던 길로 되돌아가거나 일상적으로 사용하는 경로로 탈출하려는 본능이다. 항상 사용하는 복도, 계단 및 엘리베이터 부근에 모이므로 피난계단, 출구까지 안전하게 피난할 수 있도록 계획적인 고려가 필요하다.

① 회피본능
② 지광본능
③ 추종본능
④ 귀소본능

해설

반사적으로 화염 연기 등 위험으로부터 멀리하려는 습성을 퇴피본능이라 한다. 귀소본능은 처음 왔던 곳으로 다시 되돌아가려는 습성이다.

정답 ④

유제 다음 중 인간의 기본적 피난특성으로 옳지 않은 것은?

① 어두운 곳에서 밝은 불빛을 따라 행동하는 습성을 지광본능이라 한다.
② 반사적으로 화염 연기 등 위험으로부터 멀리하려는 습성을 귀소본능이라 한다.
③ 혼란 시 판단력의 저하로 최초 행동 개시자인 리더를 따르는 습성을 추종본능이라 한다.
④ 오른손잡이는 오른발을 축으로 좌측으로 행동하는 습성을 좌회본능이라 한다.

해설

정답 ②

12
국가화재안전기준상 스프링클러설비 가압송수장치의 정격토출압력에 있어서 하나의 헤드선단에서의 최소 및 최대 방수압력[MPa]기준은?

① 0.07, 0.7
② 0.25, 0.7
③ 0.1, 1.2
④ 0.1, 1.7

> 해설

스프링클러설비의 화재안전기준(NFSC 103)

제5조(가압송수장치) ① 전동기 또는 내연기관에 따른 펌프를 이용하는 가압송수장치는 다음 각 호의 기준에 따라 설치하여야 한다. 다만, 가압송수장치의 주펌프는 전동기에 따른 펌프로 설치하여야 한다.
1. 쉽게 접근할 수 있고 점검하기에 충분한 공간이 있는 장소로서 화재 및 침수 등의 재해로 인한 피해를 받을 우려가 없는 곳에 설치할 것
2. 동결방지조치를 하거나 동결의 우려가 없는 장소에 설치할 것
3. 펌프는 전용으로 할 것. 다만, 다른 소화설비와 겸용하는 경우 각각의 소화설비의 성능에 지장이 없을 때에는 그러하지 아니하다.

3의2.
4. 펌프의 토출측에는 압력계를 체크밸브 이전에 펌프토출측 플랜지에서 가까운 곳에 설치하고, 흡입측에는 연성계 또는 진공계를 설치할 것. 다만, 수원의 수위가 펌프의 위치보다 높거나 수직회전축 펌프의 경우에는 연성계 또는 진공계를 설치하지 아니할 수 있다.
5. 가압송수장치에는 정격부하 운전 시 펌프의 성능을 시험하기 위한 배관을 설치할 것. 다만, 충압펌프의 경우에는 그러하지 아니하다.
6. 가압송수장치에는 체절운전 시 수온의 상승을 방지하기 위한 순환배관을 설치할 것. 다만, 충압펌프의 경우에는 그러하지 아니하다.
7. 기동장치로는 기동용수압개폐장치 또는 이와 동등 이상의 성능이 있는 것으로 설치할 것. 다만, 기동용수압개폐장치 중 압력챔버를 사용할 경우 그 용적은 100 L 이상의 것으로 할 것
8. 수원의 수위가 펌프보다 낮은 위치에 있는 가압송수장치에는 다음 각 목의 기준에 따른 물올림장치를 설치할 것
   가. 물올림장치에는 전용의 수조를 설치할 것
   나. 수조의 유효수량은 100 ℓ 이상으로 하되, 구경 15mm 이상의 급수배관에 따라 해당 수조에 물이 계속 보급되도록 할 것
9. 가압송수장치의 정격토출압력은 하나의 헤드선단에 0.1 MPa 이상 1.2 MPa 이하의 방수압력이 될 수 있게 하는 크기일 것
10. 가압송수장치의 송수량은 0.1 MPa의 방수압력 기준으로 80 ℓ /min 이상의 방수성능을 가진 기준개수의 모든 헤드로부터의 방수량을 충족시킬 수 있는 양 이상의 것으로 할 것. 이 경우 속도수두는 계산에 포함하지 아니할 수 있다.

정답 ③

13

국가화재안전기준상 유도등 설치기준으로 옳지 않은 것은?

① 복도통로유도등은 바닥으로부터 높이 1.5m 이하의 위치에 보행거리 20m마다 설치할 것
② 객석유도등은 객석의 통로, 바닥 또는 벽에 설치하여야 한다.
③ 거실통로유도등은 거실통로에 기둥이 설치된 경우에는 기둥부분의 바닥으로부터 높이 1.5m 이하의 위치에 설치할 수 있다.
④ 피난구유도등은 피난구의 바닥으로부터 높이 1.5m 이상으로서 출입구에 인접하도록 설치하여야 한다.

해설

유도등 및 유도표지의 화재안전기준(NFSC 303) 참조.

바닥으로부터 높이 1m 이하	바닥으로부터 높이 1.5m 이상
복도통로유도등 계단통로유도등	피난구유도등 거실통로유도등

제1조(목적) 이 기준은「화재예방, 소방시설 설치·유지 및 안전관리에 관한 법률」제9조에서 소방청장에게 위임한 사항을 정함을 목적으로 한다.

제2조(적용범위) 「화재예방, 소방시설 설치·유지 및 안전관리에 관한 법률」(이하 "법"이라 한다) 제9조 제1항 및 같은 법 시행령(이하 "영"이라 한다) 별표 5의 제3호 다목에 따른 유도등과 유도표지 및 「다중이용업소의 안전관리에 관한 특별법 시행령」별표 1의 제1호 다목2)에 따른 피난유도선은 이 기준에서 정하는 규정에 따라 설비를 설치하고 유지·관리하여야 한다.

제3조(정의) 이 기준에서 사용하는 용어의 정의는 다음과 같다.
1. "유도등"이란 화재 시에 피난을 유도하기 위한 등으로서 정상상태에서는 상용전원에 따라 켜지고 상용전원이 정전되는 경우에는 비상전원으로 자동전환되어 켜지는 등을 말한다.
2. "피난구유도등"이란 피난구 또는 피난경로로 사용되는 출입구를 표시하여 피난을 유도하는 등을 말한다.
3. "통로유도등"이란 피난통로를 안내하기 위한 유도등으로 복도통로유도등, 거실통로유도등, 계단통로유도등을 말한다.
4. "복도통로유도등"이란 피난통로가 되는 복도에 설치하는 통로유도등으로서 피난구의 방향을 명시하는 것을 말한다.
5. "거실통로유도등"이란 거주, 집무, 작업, 집회, 오락 그 밖에 이와 유사한 목적을 위하여 계속적으로 사용하는 거실, 주차장 등 개방된 통로에 설치하는 유도등으로 피난의 방향을 명시하는 것을 말한다.
6. "계단통로유도등"이란 피난통로가 되는 계단이나 경사로에 설치하는 통로유도등으로 바닥면 및 디딤 바닥면을 비추는 것을 말한다.
7. "객석유도등"이란 객석의 통로, 바닥 또는 벽에 설치하는 유도등을 말한다.
8. "피난구유도표지"란 피난구 또는 피난경로로 사용되는 출입구를 표시하여 피난을 유도하는 표지를 말한다.
9. "통로유도표지"란 피난통로가 되는 복도, 계단등에 설치하는 것으로서 피난구의 방향을 표시하는 유도표지를 말한다.
10. "피난유도선"이란 햇빛이나 전등불에 따라 축광(이하 "축광방식"이라 한다)하거나 전류에 따라 빛을 발하는(이하 "광원점등방식"이라 한다) 유도체로서 어두운 상태에서 피난을 유도할 수 있도록 띠 형태로 설치되는 피난유도시설을 말한다.

제5조(피난구유도등) ① 피난구유도등은 다음 각 호의 장소에 설치하여야 한다.
1. 옥내로부터 직접 지상으로 통하는 출입구 및 그 부속실의 출입구
2. 직통계단·직통계단의 계단실 및 그 부속실의 출입구
3. 제1호와 제2호에 따른 출입구에 이르는 복도 또는 통로로 통하는 출입구
4. 안전구획된 거실로 통하는 출입구

② 피난구유도등은 피난구의 바닥으로부터 높이 1.5m 이상으로서 출입구에 인접하도록 설치하여야 한다.

제6조(통로유도등 설치기준) ① 통로유도등은 특정소방대상물의 각 거실과 그로부터 지상에 이르는 복도 또는 계단의 통로에 다음 각 호의 기준에 따라 설치하여야 한다.
1. **복도통로유도등**은 다음 각 목의 기준에 따라 설치할 것
   가. 복도에 설치할 것
   나. <u>구부러진 모퉁이 및 보행거리 20m마다 설치할 것</u>
   다. <u>바닥으로부터 높이 1m 이하의 위치에 설치할 것</u>. 다만, 지하층 또는 무창층의 용도가 도매시장·소매시장·여객자동차터미널·지하역사 또는 지하상가인 경우에는 복도·통로 중앙부분의 바닥에 설치하여야 한다.
   라. 바닥에 설치하는 통로유도등은 하중에 따라 파괴되지 아니하는 강도의 것으로 할 것
2. **거실통로유도등**은 다음 각 목의 기준에 따라 설치할 것
   가. 거실의 통로에 설치할 것. 다만, 거실의 통로가 벽체 등으로 구획된 경우에는 복도통로유도등을 설치하여야 한다.

나. 구부러진 모퉁이 및 보행거리 20m마다 설치할 것
　　다. 바닥으로부터 높이 1.5m 이상의 위치에 설치할 것. 다만, 거실통로에 기둥이 설치된 경우에는 기둥부분의 바닥으로부터 높이 1.5m 이하의 위치에 설치할 수 있다.
3. 계단통로유도등은 다음 각 목의 기준에 따라 설치할 것
　　가. 각층의 경사로 참 또는 계단참마다(1개 층에 경사로 참 또는 계단참이 2 이상 있는 경우에는 2개의 계단참마다) 설치할 것
　　나. 바닥으로부터 높이 1m 이하의 위치에 설치할 것
4. 통행에 지장이 없도록 설치할 것
5. 주위에 이와 유사한 등화광고물·게시물 등을 설치하지 아니할 것

정답 ①

14

국가화재안전기준상 소화수조 등에 관한 내용에서 ( ) 안에 들어갈 숫자는?

> 소하수조, 저수조의 채수구 또는 흡수관투입구는 소방차가 ( )m 이내의 지점까지 접근할 수 있는 위치에 설치하여야 한다.

① 2
② 3
③ 4
④ 5

해설

소하수조 및 저수조의 화재안전기준(NFSC 402) 참조.

> **제3조(정의)** 이 기준에서 사용하는 용어의 정의는 다음과 같다
> 1. "소화수조 또는 저수조"란 수조를 설치하고 여기에 소화에 필요한 물을 항시 채워두는 것을 말한다.
> 2. "채수구"란 소방차의 소방호스와 접결되는 흡입구를 말한다.
>
> **제4조(소화수조 등)** ① 소화수조, 저수조의 채수구 또는 흡수관투입구는 소방차가 2m 이내의 지점까지 접근할 수 있는 위치에 설치하여야 한다.
> ② 소화수조 또는 저수조의 **저수량**은 특정소방대상물의 연면적을 다음 표에 따른 기준면적으로 나누어 얻은 수(소수점 이하의 수는 1로 본다)에 20㎥를 곱한 양 이상이 되도록 하여야 한다.
>
> | 소방대상물의 구분 | 면적 |
> |---|---|
> | 1. 1층 및 2층의 바닥면적 합계가 15,000㎡ 이상 | 7,500㎡ |
> | 2. 1호에 해당하지 아니하는 그 밖의 소방대상물 | 12,500㎡ |
>
> ③ 소화수조 또는 저수조는 다음 각 호의 기준에 따라 흡수관투입구 또는 채수구를 설치하여야 한다.
> 1. 지하에 설치하는 소화용수설비의 **흡수관투입구**는 그 한 변이 0.6m 이상이거나 직경이 0.6m 이상인 것으로 하고, **소요수량이** 80㎥ 미만인 것은 1개 이상, 80㎥ 이상인 것은 2개 이상을 설치하여야 하며, "흡관투입구"라고 표시한 표지를 할 것

2. 소화용수설비에 설치하는 **채수구**는 다음 각 목의 기준에 따라 설치할 것
   가. 채수구는 다음 표에 따라 소방용호스 또는 소방용흡수관에 사용하는 구경 65㎜ 이상의 나사식 결합금속구를 설치할 것

소요수량	20㎥ 이상 40㎥ 미만	40㎥ 이상 100㎥ 미만	100㎥ 이상
채수구의 수	1개	2개	3개

   나. 채수구는 지면으로부터의 높이가 0.5m 이상 1m 이하의 위치에 설치하고 "채수구"라고 표시한 표지를 할 것
④ 소화용수설비를 설치하여야 할 특정소방대상물에 있어서 유수의 양이 0.8㎥/min 이상인 유수를 사용할 수 있는 경우에는 소화수조를 설치하지 아니할 수 있다.

정답 ①

15

국가화재안전기준상 제연설비 설치장소의 제연구역 구획기준으로 옳지 않은 것은?

① 하나의 제연구역의 면적은 1,000㎡ 이내로 할 것
② 거실과 통로(복도 포함)는 상호 제연구획 할 것
③ 하나의 제연구역은 직경 60m 원내에 들어갈 수 있을 것
④ 통로(복도 포함)상의 제연구역은 보행중심선의 길이가 90m를 초과하지 아니할 것

해설

제연설비의 화재안전기준(NFSC 501)

제1조(목적) 이 기준은 「화재예방, 소방시설 설치·유지 및 안전관리에 관한 법률」 제9조 제1항에 따라 소방청장에게 위임한 사항 중 소화활동설비인 제연설비의 설치·유지 및 안전관리에 관하여 필요한 사항을 규정함을 목적으로 한다.
제2조(적용범위) 「화재예방, 소방시설 설치·유지 및 안전관리에 관한 법률 시행령」(이하 "영"이라 한다) **별표 5** 소화활동설비의 소방시설 적용기준 란 제5호 가목에 따른 제연설비는 이 기준에서 정하는 규정에 따라 설비를 설치하고 유지·관리하여야 한다.
제3조(정의) 이 기준에서 사용하는 용어의 정의는 다음과 같다.
   1. "제연구역"이란 제연경계(제연설비의 일부인 천장을 포함한다)에 의해 구획된 건물 내의 공간을 말한다.
   2. "예상제연구역"이란 화재발생시 연기의 제어가 요구되는 제연구역을 말한다.
   3. "제연경계의 폭"이란 제연경계의 천장 또는 반자로부터 그 수직하단까지의 거리를 말한다.
   4. "수직거리"란 제연경계의 바닥으로부터 그 수직하단까지의 거리를 말한다.
   5. "공동예상제연구역"이란 2개 이상의 예상제연구역을 말한다.
   6. "방화문"이란 「건축법 시행령」제64조에 따른 갑종방화문 또는 을종방화문으로써 언제나 닫힌 상태를 유지하거나 화재로 인한 연기의 발생 또는 온도의 상승에 따라 자동적으로 닫히는 구조를 말한다.
   7. "유입풍도"란 예상제연구역으로 공기를 유입하도록 하는 풍도를 말한다.
   8. "배출풍도"란 예상 제연구역의 공기를 외부로 배출하도록 하는 풍도를 말한다.
제4조(제연설비) ① 제연설비의 설치장소는 다음 각 호에 따른 제연구역으로 구획하여야 한다.
   1. 하나의 제연구역의 면적은 1,000㎡이내로 할 것
   2. 거실과 통로(복도를 포함한다. 이하 같다)는 상호 제연구획 할 것

3. 통로상의 제연구역은 보행중심선의 길이가 60m를 초과하지 아니할 것
4. 하나의 제연구역은 직경 60m 원내에 들어갈 수 있을 것
5. 하나의 제연구역은 2개 이상 층에 미치지 아니하도록 할 것. 다만, 층의 구분이 불분명한 부분은 그 부분을 다른 부분과 별도로 제연구획 하여야 한다.

② 제연구역의 구획은 보·제연경계벽(이하 "제연경계"라 한다) 및 벽(화재 시 자동으로 구획되는 가동벽·샷다·방화문을 포함한다. 이하 같다)으로 하되, 다음 각 호의 기준에 적합하여야 한다.
1. 재질은 내화재료, 불연재료 또는 제연경계벽으로 성능을 인정받은 것으로서 화재시 쉽게 변형·파괴되지 아니하고 연기가 누설되지 않는 기밀성 있는 재료로 할 것
2. 제연경계는 제연경계의 폭이 0.6m 이상이고, 수직거리는 2m 이내이어야 한다. 다만, 구조상 불가피한 경우는 2m를 초과할 수 있다.
3. 제연경계벽은 배연 시 기류에 따라 그 하단이 쉽게 흔들리지 아니하여야 하며, 또한 가동식의 경우에는 급속히 하강하여 인명에 위해를 주지 아니하는 구조일 것

정답 ④

16
다음은 자동화재탐지설비 음향장치에 관한 설명으로 ( ) 안에 들어갈 내용으로 옳은 것은?

○ 정격전압의 80% 전압에서 음향을 발할 수 있는 것으로 할 것
○ 음량은 부착된 음향장치의 중심으로부터 1m 떨어진 위치에서 ( )dB 이상이 되는 것으로 할 것
○ 감지기 및 발신기의 작동과 연동하여 작동할 수 있는 것으로 할 것

① 60
② 70
③ 80
④ 90

해설

자동화재탐지설비 및 시각경보장치의 화재안전기준

제8조(음향장치 및 시각경보장치) ① 자동화재탐지설비의 음향장치는 다음 각 호의 기준에 따라 설치하여야 한다.
1. 주음향장치는 수신기의 내부 또는 그 직근에 설치할 것
2. 층수가 5층 이상으로서 연면적이 3,000㎡를 초과하는 특정소방대상물은 다음 각목에 따라 경보를 발할 수 있도록 하여야 한다.
   가. 2층 이상의 층에서 발화한 때에는 발화층 및 그 직상층에 경보를 발할 것
   나. 1층에서 발화한 때에는 발화층·그 직상층 및 지하층에 경보를 발할 것
   다. 지하층에서 발화한 때에는 발화층·그 직상층 및 기타의 지하층에 경보를 발할 것
2의2. 삭제
3. 지구음향장치는 특정소방대상물의 층마다 설치하되, 해당 특정소방대상물의 각 부분으로부터 하나의 음향장치까지의 수평거리가 25m 이하가 되도록 하고, 해당층의 각부분에 유효하게 경보를 발할 수 있도록 설치할 것. 다만, 비상방송설비의화재안전기준(NFSC202)에 적합한 방송설비를 자동화재탐지설비의 감지기와 연동하여 작동하도록 설치한 경우에는 지구음향장치를 설치하지 아니할 수 있다.

4. 음향장치는 다음 각 목의 기준에 따른 구조 및 성능의 것으로 하여야 한다.
    가. 정격전압의 80% 전압에서 음향을 발할 수 있는 것으로 할 것. 다만, 건전지를 주전원으로 사용하는 음향장치는 그러하지 아니하다.
    나. 음량은 부착된 음향장치의 중심으로부터 1m 떨어진 위치에서 90dB 이상이 되는 것으로 할 것
    다. 감지기 및 발신기의 작동과 연동하여 작동할 수 있는 것으로 할 것
5. 제3호에도 불구하고 제3호의 기준을 초과하는 경우로서 기둥 또는 벽이 설치되지 아니한 대형공간의 경우 지구음향장치는 설치 대상 장소의 가장 가까운 장소의 벽 또는 기둥 등에 설치 할 것

② 청각장애인용 시각경보장치는 소방청장이 정하여 고시한 「시각경보장치의 성능인증 및 제품검사의 기술기준」에 적합한 것으로서 다음 각 목의 기준에 따라 설치하여야 한다.
  1. 복도·통로·청각장애인용 객실 및 공용으로 사용하는 거실(로비, 회의실, 강의실, 식당, 휴게실, 오락실, 대기실, 체력단련실, 접객실, 안내실, 전시실, 기타 이와 유사한 장소를 말한다)에 설치하며, 각 부분으로부터 유효하게 경보를 발할 수 있는 위치에 설치할 것
  2. 공연장·집회장·관람장 또는 이와 유사한 장소에 설치하는 경우에는 시선이 집중되는 무대부 부분 등에 설치할 것
  3. 설치높이는 바닥으로부터 2m 이상 2.5m 이하의 장소에 설치할 것 다만, 천장의 높이가 2 m 이하인 경우에는 천장으로부터 0.15 m 이내의 장소에 설치하여야 한다.
  4. 시각경보장치의 광원은 전용의 축전지설비 또는 전기저장장치(외부 전기에너지를 저장해 두었다가 필요한 때 전기를 공급하는 장치)에 의하여 점등되도록 할 것. 다만, 시각경보기에 작동전원을 공급할 수 있도록 형식승인을 얻은 수신기를 설치 한 경우에는 그러하지 아니하다.

③ 하나의 특정소방대상물에 2 이상의 수신기가 설치된 경우 어느 수신기에서도 지구음향장치 및 시각경보장치를 작동할 수 있도록 할 것

정답 ④

17

제시된 위험물과 적응성이 있는 소화약제의 연결이 옳지 않은 것은?

① 적린-물
② 유기과산화물-물
③ 아세톤-알코올형포
④ 마그네슘-이산화탄소

해설

마그네슘 이산화탄소 소화약제로 소화 시 폭발한다.
유기과산화물(5류 위험물)은 초기에는 대량의 물로 소화하고 후에는 자연 진화된다.

정답 ④

유제1 소화설비의 주된 소화효과를 옳게 설명한 것은?

① 옥내·옥외소화전설비: 질식소화
② 스프링클러설비, 물분무소화설비: 억제소화
③ 포, 분말 소화설비: 억제소화
④ 할로겐화합물 소화설비: 억제소화

해설

냉각소화(옥내소화전, 스프링클러)는 대부분 증발잠열(물: 539Kcal)을 이용하는 것으로 분무주수(물방울 형태로 주수)가 해당된다.
포소화설비는 방호대상물에 방출하면 연소면을 뒤덮어 산소 공급을 차단하는 '질식소화' 방식이다.

정답 ④

유제2 제5류 위험물을 취급하는 위험물제조소에 설치하는 주의사항 게시판에서 표시하는 내용과 바탕색, 문자색으로 옳은 것은?

① '화기주의', 백색바탕에 적색문자
② '화기주의', 적색바탕에 백색문자
③ '화기엄금', 백색바탕에 적색문자
④ '화기엄금', 적색바탕에 백색문자

해설

Ⅲ. 표지 및 게시판
1. 제조소에는 보기 쉬운 곳에 다음 각목의 기준에 따라 **"위험물 제조소"**라는 표시를 한 표지를 설치하여야 한다.
   가. 표지는 한변의 길이가 0.3m 이상, 다른 한변의 길이가 0.6m 이상인 직사각형으로 할 것
   나. **표지의 바탕은 백색으로, 문자는 흑색**으로 할 것
2. 제조소에는 보기 쉬운 곳에 다음 각목의 기준에 따라 방화에 관하여 필요한 사항을 게시한 게시판을 설치하여야 한다.
   가. 게시판은 한변의 길이가 0.3m 이상, 다른 한변의 길이가 0.6m 이상인 직사각형으로 할 것
   나. 게시판에는 저장 또는 취급하는 위험물의 유별·품명 및 저장최대수량 또는 취급최대수량, 지정수량의 배수 및 안전관리자의 성명 또는 직명을 기재할 것
   다. 나목의 게시판의 바탕은 백색으로, 문자는 흑색으로 할 것
   라. 나목의 게시판 외에 저장 또는 취급하는 위험물에 따라 다음의 규정에 의한 주의사항을 표시한 게시판을 설치할 것
      1) 제1류 위험물 중 알칼리금속의 과산화물과 이를 함유한 것 또는 제3류 위험물 중 금수성물질에 있어서는 "물기엄금"
      2) 제2류 위험물(인화성고체를 제외한다)에 있어서는 "화기주의"
      3) 제2류 위험물 중 **인화성고체**, 제3류 위험물 중 **자연발화성물질**, 제4류 위험물 또는 제5류 위험물에 있어서는 "화기엄금"
   마. 라목의 게시판의 색은 "물기엄금"을 표시하는 것에 있어서는 청색바탕에 백색문자로, "화기주의" 또는 "화기엄금"을 표시하는 것에 있어서는 적색바탕에 백색문자로 할 것

정답 ④

| 유제3 | 소화효과 중 부촉매 효과를 기대할 수 있는 소화약제는?

① 물소화약제
② 포소화약제
③ 분말소화약제
④ 이산화탄소소화약제

해설

○ **부촉매(억제)소화효과**
1) 분말소화약제(A, B, C, D급 소화약제)
2) 강화액(탄산수소칼륨)
3) 할로겐화합물 소화약제

정답 ③

18
섬유소(Cellulose)에 대한 탈수·탄화 소화효과가 있는 분말소화약제의 주성분은?

① 탄산수소나트륨
② 탄산수소칼륨
③ 제1인산암모늄
④ 탄산수소칼륨+요소

해설

제3종 분말소화약제(제1인산암모늄) 반응과정에서 ortho-인산(H_3PO_4) 발생으로 수분을 흡수하여 탈수효과가 있다.

정답 ③

20
국가화재안전기준상 특정소방대상물의 각 부분으로부터 1개의 소형소화기까지의 설치기준으로 옳은 것은?

① 수평거리 20m
② 보행거리 20m
③ 수평거리 30m
④ 보행거리 30m

해설

소화기구 및 자동소화장치의 화재안전기준(NFSC 101)

제1조(목적) 이 기준은 「화재예방, 소방시설 설치·유지 및 안전관리에 관한 법률」제9조 제1항에 따라 소방청장에게 위임한 사항 중 소화설비인 소화기구 및 자동소화장치의 설치·유지 및 안전관리에 필요한 사항을 규정함을 목적으로 한다.

제2조(적용범위) 「화재예방, 소방시설 설치·유지 및 안전관리에 관한 법률 시행령」(이하 "영"이라 한다) 별표 5 제1호 가목 및 나목에 따른 소화기구 및 자동소화장치는 이 기준에서 정하는 규정에 따라 설치하고 유지·관리하여야 한다.

제3조(정의) 이 기준에서 사용하는 용어의 정의는 다음과 같다.
1. "소화약제"란 소화기구 및 자동소화장치에 사용되는 소화성능이 있는 고체·액체 및 기체의 물질을 말한다.
2. "소화기"란 소화약제를 압력에 따라 방사하는 기구로서 사람이 수동으로 조작하여 소화하는 다음 각 목의 것을 말한다.
    가. "소형소화기"란 능력단위가 1단위 이상이고 대형소화기의 능력단위 미만인 소화기를 말한다.
    나. "대형소화기"란 화재 시 사람이 운반할 수 있도록 운반대와 바퀴가 설치되어 있고 능력단위가 A급 10단위 이상, B급 20단위 이상인 소화기를 말한다.
3. "자동확산소화기"란 화재를 감지하여 자동으로 소화약제를 방출 확산시켜 국소적으로 소화하는 소화기를 말한다.
4. "자동소화장치"란 소화약제를 자동으로 방사하는 고정된 소화장치로서 법 제36조 또는 제39조에 따라 형식승인이나 성능인증을 받은 유효설치 범위(설계방호체적, 최대설치높이, 방호면적 등을 말한다) 이내에 설치하여 소화하는 다음 각 목의 것을 말한다.
    가. "주거용 주방자동소화장치"란 주거용 주방에 설치된 열발생 조리기구의 사용으로 인한 화재 발생 시 열원(전기 또는 가스)을 자동으로 차단하며 소화약제를 방출하는 소화장치를 말한다.
    나. "상업용 주방자동소화장치"란 상업용 주방에 설치된 열발생 조리기구의 사용으로 인한 화재 발생 시 열원(전기 또는 가스)을 자동으로 차단하며 소화약제를 방출하는 소화장치를 말한다.
    다. "캐비닛형 자동소화장치"란 열, 연기 또는 불꽃 등을 감지하여 소화약제를 방사하여 소화하는 캐비닛형태의 소화장치를 말한다.
    라. "가스자동소화장치"란 열, 연기 또는 불꽃 등을 감지하여 가스계 소화약제를 방사하여 소화하는 소화장치를 말한다.
    마. "분말자동소화장치"란 열, 연기 또는 불꽃 등을 감지하여 분말의 소화약제를 방사하여 소화하는 소화장치를 말한다.
    바. "고체에어로졸자동소화장치"란 열, 연기 또는 불꽃 등을 감지하여 에어로졸의 소화약제를 방사하여 소화하는 소화장치를 말한다.
5. "거실"이란 거주·집무·작업·집회·오락 그 밖에 이와 유사한 목적을 위하여 사용하는 방을 말한다.
6. "능력단위"란 소화기 및 소화약제에 따른 간이소화용구에 있어서는 법 제36조 제1항에 따라 형식승인 된 수치를 말하며, 소화약제 외의 것을 이용한 간이소화용구에 있어서는 별표 2에 따른 수치를 말한다.
7. "일반화재(A급 화재)"란 나무, 섬유, 종이, 고무, 플라스틱류와 같은 일반 가연물이 타고 나서 재가 남는 화재를 말한다. 일반화재에 대한 소화기의 적응 화재별 표시는 'A'로 표시한다.
8. "유류화재(B급 화재)"란 인화성 액체, 가연성 액체, 석유 그리스, 타르, 오일, 유성도료, 솔벤트, 래커, 알코올 및 인화성 가스와 같은 유류가 타고 나서 재가 남지 않는 화재를 말한다. 유류화재에 대한 소화기의 적응 화재별 표시는 'B'로 표시한다.
9. "전기화재(C급 화재)"란 전류가 흐르고 있는 전기기기, 배선과 관련된 화재를 말한다. 전기화재에 대한 소화기의 적응 화재별 표시는 'C'로 표시한다.
10. "주방화재(K급 화재)"란 주방에서 동식물유를 취급하는 조리기구에서 일어나는 화재를 말한다. 주방화재에 대한 소화기의 적응 화재별 표시는 'K'로 표시한다.

제4조(설치기준) ①소화기구는 다음 각 호의 기준에 따라 설치하여야 한다.
1. 특정소방대상물의 설치장소에 따라 별표 1에 적합한 종류의 것으로 할 것
2. 특정소방대상물에 따라 소화기구의 능력단위는 별표 3의 기준에 따를 것
3. 제2호에 따른 능력단위 외에 별표 4에 따라 부속용도별로 사용되는 부분에 대하여는 소화기구 및 자동소화장치를 추가하여 설치할 것

4. 소화기는 다음 각 목의 기준에 따라 설치할 것
    가. 각층마다 설치하되, 특정소방대상물의 각 부분으로부터 1개의 소화기까지의 **보행거리**가 소형소화기의 경우에는 20m 이내, 대형소화기의 경우에는 30m 이내가 되도록 배치할 것. 다만, 가연성물질이 없는 작업장의 경우에는 작업장의 실정에 맞게 보행거리를 완화하여 배치할 수 있으며, 지하구의 경우에는 화재발생의 우려가 있거나 사람의 접근이 쉬운 장소에 한하여 설치할 수 있다.
    나. 특정소방대상물의 각층이 2 이상의 거실로 구획된 경우에는 가목의 규정에 따라 각 층마다 설치하는 것 외에 바닥면적이 33㎡ 이상으로 구획된 각 거실(아파트의 경우에는 각 세대를 말한다)에도 배치할 것
    다. <삭제>
5. 능력단위가 2단위 이상이 되도록 소화기를 설치하여야 할 특정소방대상물 또는 그 부분에 있어서는 간이소화용구의 능력단위가 전체 능력단위의 2분의 1을 초과하지 아니하게 할 것 다만, 노유자시설의 경우에는 그렇지 않다.
6. 소화기구(자동확산소화기를 제외한다)는 거주자 등이 손쉽게 사용할 수 있는 장소에 바닥으로부터 높이 1.5m 이하의 곳에 비치하고, 소화기에 있어서는 "소화기", 투척용소화용구에 있어서는 "투척용소화용구", 마른모래에 있어서는 "소화용모래", 팽창질석 및 팽창진주암에 있어서는 "소화질석"이라고 표시한 표지를 보기 쉬운 곳에 부착할 것
7. 자동확산소화기는 다음 각 목의 기준에 따라 설치할 것
    가. 방호대상물에 소화약제가 유효하게 방사될 수 있도록 설치할 것
    나. 작동에 지장이 없도록 견고하게 고정할 것
8. 삭제
9. 삭제

② 자동소화장치는 다음 각 호의 기준에 따라 설치하여야 한다.
1. 주거용 주방자동소화장치는 다음 각 목의 기준에 따라 설치할 것
    가. 소화약제 방출구는 환기구(주방에서 발생하는 열기류 등을 밖으로 배출하는 장치를 말한다. 이하 같다)의 청소부분과 분리되어 있어야 하며, 형식승인 받은 유효설치 높이 및 방호면적에 따라 설치할 것
    나. 감지부는 형식승인 받은 유효한 높이 및 위치에 설치할 것
    다. 차단장치(전기 또는 가스)는 상시 확인 및 점검이 가능하도록 설치할 것
    라. 가스용 주방자동소화장치를 사용하는 경우 탐지부는 수신부와 분리하여 설치하되, 공기보다 가벼운 가스를 사용하는 경우에는 천장 면으로 부터 30㎝ 이하의 위치에 설치하고, 공기보다 무거운 가스를 사용하는 장소에는 바닥 면으로부터 30㎝ 이하의 위치에 설치할 것
    마. 수신부는 주위의 열기류 또는 습기 등과 주위온도에 영향을 받지 아니하고 사용자가 상시 볼 수 있는 장소에 설치할 것
2. 상업용 주방자동소화장치는 다음 각 목의 기준에 따라 설치할 것
    가. 소화장치는 조리기구의 종류 별로 성능인증 받은 설계 매뉴얼에 적합하게 설치 할 것
    나. 감지부는 성능인증 받는 유효높이 및 위치에 설치할 것
    다. 차단장치(전기 또는 가스)는 상시 확인 및 점검이 가능하도록 설치할 것
    라. 후드에 방출되는 분사헤드는 후드의 가장 긴 변의 길이까지 방출될 수 있도록 약제 방출 방향 및 거리를 고려하여 설치할 것
    마. 덕트에 방출되는 분사헤드는 성능인증 받는 길이 이내로 설치할 것
3. 캐비닛형자동소화장치는 다음 각 목의 기준에 따라 설치하여야 한다.
    가. 분사헤드의 설치 높이는 방호구역의 바닥으로부터 최소 0.2m 이상 최대 3.7m 이하로 하여야 한다. 다만, 별도의 높이로 형식승인 받은 경우에는 그 범위 내에서 설치할 수 있다.
    나. 화재감지기는 방호구역내의 천장 또는 옥내에 면하는 부분에 설치하되「자동화재탐지설비 및 시각경보장치의 화재안전기준(NFSC 203)」제7조에 적합하도록 설치할 것
    다. 방호구역내의 화재감지기의 감지에 따라 작동되도록 할 것
    라. 화재감지기의 회로는 교차회로방식으로 설치할 것. 다만, 화재감지기를「자동화재탐지설비 및 시각경보장치의 화재안전기준(NFSC 203)」제7조 제1항 단서의 각 호의 감지기로 설치하는 경우에는 그러하지 아니하다.
    마. 교차회로내의 각 화재감지기회로별로 설치된 화재감지기 1개가 담당하는 바닥면적은「자동화재탐지설비 및 시각경보장치의 화재안전기준(NFSC 203)」제7조 제3항 제5호·제8호 및 제10호에 따른 바닥면적으로 할 것

바. 개구부 및 통기구(환기장치를 포함한다. 이하 같다)를 설치한 것에 있어서는 약제가 방사되기 전에 해당 개구부 및 통기구를 자동으로 폐쇄할 수 있도록 할 것. 다만, 가스압에 의하여 폐쇄되는 것은 소화약제방출과 동시에 폐쇄할 수 있다.
사. 작동에 지장이 없도록 견고하게 고정시킬 것
아. 구획된 장소의 방호체적 이상을 방호할 수 있는 소화성능이 있을 것
4. 가스, 분말, 고체에어로졸 자동소화장치는 다음 각 목의 기준에 따라 설치하여야 한다.
가. 소화약제 방출구는 형식승인 받은 유효설치범위 내에 설치할 것
나. 자동소화장치는 방호구역내에 형식승인 된 1개의 제품을 설치할 것. 이 경우 연동방식으로서 하나의 형식을 받은 경우에는 1개의 제품으로 본다.
다. 감지부는 형식승인된 유효설치범위 내에 설치하여야 하며 설치장소의 평상시 최고주위온도에 따라 다음 표에 따른 표시온도의 것으로 설치할 것. 다만, 열감지선의 감지부는 형식승인 받은 최고주위온도범위 내에 설치하여야 한다.

설치장소의 최고주위온도	표시온도
39℃ 미만	79℃ 미만
39℃이상 64℃ 미만	79℃ 이상 121℃ 미만
64℃ 이상 106℃ 미만	121℃ 이상 162℃ 미만
106℃ 이상	162℃ 이상

라. 다목에도 불구하고 화재감지기를 감지부를 사용하는 경우에는 제3호 나목부터 마목까지의 설치방법에 따를 것
③ 이산화탄소 또는 할로겐화합물을 방사하는 소화기구(자동확산소화기를 제외한다)는 지하층이나 무창층 또는 밀폐된 거실로서 그 바닥면적이 20㎡ 미만의 장소에는 설치할 수 없다. 다만, 배기를 위한 유효한 개구부가 있는 장소인 경우에는 그러하지 아니하다.

정답 ②

21

화재가 발생하여 20℃의 물 100L를 뿌렸다. 소화약제로 사용된 물이 상태변화 없이 모두 100℃의 액체 상태로 가열되었다면, 이 때 물이 연소 중인 물체에서 흡수한 열은 몇kJ이 되는가? (단, 물의 밀도는 1,000kg/㎥, 비열은 4.19kJ/kg℃이다)

① 335
② 3,352
③ 33,520
④ 335,200

해설

열량 = 비열 × 질량 × 온도의 변화
= 4.19 × (100L × 1,000) × 80℃ (J)
= 4.19 × 100 × 80 (kJ)

정답 ③

22
이산화탄소 소화약제의 소화효과로 옳지 않은 것은?

① 질식효과
② 피복효과
③ 냉각효과
④ 부촉매효과

해설

부촉매 - 강할분!

○ **부촉매(억제)소화효과**
1) 분말소화약제(A, B, C, D급 소화약제)
2) 강화액(탄산수소칼륨)
3) 할로겐화합물 소화약제

정답 ④

23
휘발유(Gasoline)에 관한 설명으로 옳지 않은 것은?

① 유기용제에 잘 녹고 유지 등을 잘 녹인다.
② 비전도성이므로 유체 마찰에 의해 정전기의 발생 및 축적이 용이하여 인화의 위험성이 높다.
③ 원유를 분별증류하여 얻어지면 탄소수가 15~20개의 포화 및 불포화탄화수소의 화합물이다.
④ 제1류 위험물과 같은 강산화제와 혼합하면 혼촉발화의 위험이 있다.

해설

휘발유는 탄소수가 4~12개, 디젤은 13~17개이다.

정답 ③

24
연소의 3요소에 해당하지 않는 것은?

① 산소
② 점화원
③ 가연물
④ 연쇄반응

해설

4요소에 연쇄반응이 된다.

정답 ④

25

위험물안전관리법상 제조소의 설비기준 중 환기설비 설치기준으로 옳지 않은 것은?

① 환기는 강제배기방식으로 할 것
② 급기구는 당해 급기구가 설치된 실의 바닥면적 150㎡ 마다 1개 이상으로 할 것
③ 급기구가 설치된 실의 바닥 면적이 150㎡ 이상인 경우 급기구의 크기는 800㎠ 이상으로 할 것
④ 급기구는 낮은 곳에 설치하고 가는 눈의 구리망 등으로 인화방지망을 설치할 것

해설

위험물안전관리법 시행규칙 별표4.

Ⅴ. 채광·조명 및 환기설비
  1. 위험물을 취급하는 건축물에는 다음 각목의 기준에 의하여 위험물을 취급하는데 필요한 채광·조명 및 환기의 설비를 설치하여야 한다.
    가. 채광설비는 불연재료로 하고, 연소의 우려가 없는 장소에 설치하되 채광면적을 최소로 할 것
    나. 조명설비는 다음의 기준에 적합하게 설치할 것
      1) 가연성가스 등이 체류할 우려가 있는 장소의 조명등은 방폭등으로 할 것
      2) 전선은 내화·내열전선으로 할 것
      3) 점멸스위치는 출입구 바깥부분에 설치할 것. 다만, 스위치의 스파크로 인한 화재·폭발의 우려가 없을 경우에는 그러하지 아니하다.
    다. 환기설비는 다음의 기준에 의할 것
      1) 환기는 자연배기방식으로 할 것
      2) 급기구는 당해 급기구가 설치된 실의 바닥면적 150㎡마다 1개 이상으로 하되, 급기구의 크기는 800㎠ 이상으로 할 것. 다만 바닥면적이 150㎡ 미만인 경우에는 다음의 크기로 하여야 한다.

바닥면적	급기구의 면적
60㎡ 미만	150㎠ 이상
60㎡ 이상 90㎡ 미만	300㎠ 이상
90㎡ 이상 120㎡ 미만	450㎠ 이상
120㎡ 이상 150㎡ 미만	600㎠ 이상

      3) 급기구는 낮은 곳에 설치하고 가는 눈의 구리망 등으로 인화방지망을 설치할 것
      4) 환기구는 지붕위 또는 지상 2m 이상의 높이에 회전식 고정벤티레이터 또는 루푸팬방식으로 설치할 것
  2. 배출설비가 설치되어 유효하게 환기가 되는 건축물에는 환기설비를 하지 아니 할 수 있고, 조명설비가 설치되어 유효하게 조도가 확보되는 건축물에는 채광설비를 하지 아니할 수 있다.

정답 ①

○ 제2과목: 구급 및 응급처치론

26
혈압을 산출하는 공식에서 다음 ( ) 안에 들어갈 용어는?

> 혈압 = 심박출량 × ( )

① 호흡수
② 혈액산성도
③ 혈액점성도
④ 말초혈관저항

해설

심박출량은 심장에서 뿜어내는 혈액량으로 심장이 한번에 뿜어내는 혈액량(일회박출량)과 심장의 일분간 박동수(뛰는 회수)에 의해 결정된다. 말초혈관의 저항은 혈액이 통과해야 할 말초혈관의 내경(굵기가 역동적으로 변할 수 있는 소동맥의 안쪽 직경)에 의해 결정된다.

정답 ④

27
내과적 무균술에 근거한 손씻기에 관한 설명으로 옳지 않은 것은?

① 세면대와 닿지 않도록 떨어져 일정거리를 유지하고 선다.
② 흐르는 물에서 비누를 묻혀 1분 정도 거품을 충분히 낸다.
③ 씻을 때 손끝이 위로 향하게 하여 물기가 팔꿈치 쪽으로 흐르도록 한다.
④ 씻은 후 손가락에서 손목 쪽으로 타월을 이용하여 가볍게 물을 닦는다.

해설

내과적 무균술에 근거한 손씻기는 팔꿈치를 높게 하여 손끝이 아래로 가게 해 물이 아래로 흐르도록 한다. 반면에, 외과적 무균술의 경우는 손끝을 팔꿈치보다 높게 하고 손이 몸으로부터 멀리 떨어져 있도록 한다.

정답 ③

28
감염병과 1차적 전파 경로 간 연결로 옳지 않은 것은?

① 결핵 - 공개매개 비말
② 쯔쯔가무시병 - 혈액
③ 세균성 뇌막염 - 비강 분비물
④ AIDS - 혈액

> **해설**

쯔쯔가무시병- 쥐 진드기. 쯔쯔가무시균(Orientia tsutsugamushi)에 의해 감염된 털진드기의 유충에 의해 발생한다.
* 비강 분비물: 콧물

정답 ②

29
심부체온이 32℃ 이상인 경미한 저체온증의 증상 및 징후로 옳지 않은 것은?

① 빈맥(빠른맥)
② 몸을 떠는 증상
③ 저혈압
④ 창백하고 축축한 피부

> **해설**

인간의 몸이 가장 건강한 온도는 36.5도라고 알려져 있다. 체온이 1도만 오르거나 낮아져도 우리 몸은 평소와 달리 이상 증세를 보인다.

> ○ **읽기자료: 저체온증**
>
> 체온이 35℃ 이하로 떨어진 경우를 저체온증이라고 한다. 겨드랑이나 구강 체온은 저체온 시 정확한 중심 체온을 반영할 수 없기에 기준이 될 수 없으며, 직장 체온이 35℃ 미만일 경우를 저체온증이라고 하고, 온도에 따라 32℃~35℃를 경도, 28℃~32℃를 중등도, 28℃도 미만을 중도의 3가지 단계로 구분한다.
> 저체온증은 체온에 따라 다른 증상을 보인다.
> 1) 32~ 35℃: 오한, 빈맥, 과호흡, 혈압증가, 신체기능 저하, 판단력 저하와 건망증 등이 나타나며, 말을 정확히 할 수 없고, 걸을 때 비틀거린다.
> 2) 28~ 32℃: 오한이 소실되고 온몸의 근육이 경직된다. 극도의 피로감, 건망증, 기억 상실, 의식장애, 서맥, 부정맥이 나타난다.
> 3) 28℃ 이하: 반사기능이 소실되고, 호흡부전, 부종, 폐 출혈, 저혈압, 혼수, 심실세동 등이 나타나고, 이 온도가 지속될 경우 사망할 수 있다.

정답 ③

30
인체의 호흡생리에 관한 설명으로 옳은 것은?

① 정상 호기말이산화탄소는 이산탄소분압보다 10~20 mmHg 높은 10% 정도이다.
② 폐포 내 정상 산소분압은 100 mmHg 정도인 반면 폐동맥을 통해 들어오는 혈액 내 산소분압은 40 mmHg 정도이다.
③ 대기압에 비해 흉강내압이 1~2 mmHg 감소하면 공기가 폐를 통해 기도로 나간다.
④ 환기율의 가장 중요한 결정요인은 동맥 내 산소분압이다.

해설

동맥피의 산소분압은 100mmHg이고, 정맥피의 산소분압은 40mmHg정도이다.
호기 말에 측정되는 이산화탄소 분압은 동맥혈 이산화탄소의 분압과 일치하게 된다. 그러나 실제 측정을 해 보면 조금 낮다.
대기압에 비해 흉강내압이 1~2 mmHg 감소하면 공기가 폐를 통해 기도로 들어온다.
환기율은 분당 호흡수를 말한다. 환기율은 호흡의 횟수와 호흡용적으로 계산되므로 동맥 내 산소분압은 영향을 미치는 것이 아니다.

정답 ②

31
환자 들것을 들어 올릴 때, 구조자의 부상을 방지하기 위한 방법인 파워리프트(power lift)에 관한 자세로 옳지 않은 것은?

① 구조자의 등을 반듯이 고정하고 엉덩이보다 상체를 먼저 일으켜 들것을 들어올린다.
② 구조자의 무게중심은 발꿈치 또는 바로 그 뒤에 둔다.
③ 구조자가 일어설 때는 발을 평편한 바닥 위에 편안한 상태로 벌려 천천히 일어선다.
④ 구조자의 허리를 구부려 들것손잡이를 잡은 후 몸에서 떨어진 상태에서 들것을 들어올린다.

해설

구조자의 허리를 편 상태에서 환자의 몸무게를 구조자의 몸에 가까이 둔다.

정답 ④

32

외상을 입은 임신3기 환자에게 이송 시 취해주어야 할 자세는?

① 심스 자세
② 무릎가슴 자세
③ 좌측 옆누운 자세
④ 등쪽 누운자세

해설

좌측 옆누운 자세(left lateral recumbent position)

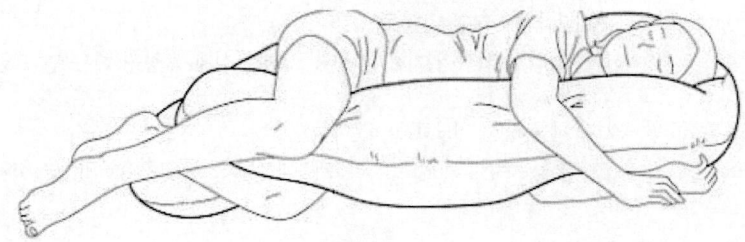

정답 ③

33

긴장성 공기가슴증(긴장성 기흉)의 증상과 징후로 옳지 않은 것은?

① 심박출량이 감소하고, 정맥압이 증가한다.
② 갈비(늑골)사이 공간의 압력이 증가하면서 호흡장애, 저산소증이 진행된다.
③ 정맥환류가 감소되어 맥압 증가가 유발된다.
④ 흉강내압 증가로 기관(trachea)이 밀려날 수 있다.

해설

긴장성 기흉이란 환자가 숨을 들이쉴 때에는 공기가 흉강 속으로 유입되지만 숨을 내쉴 때에는 흉강속의 공기가 배출되지 못하여 흉강 속의 압력이 점점 높아지는 상태를 말한다. 긴장성 기흉은 자연기흉과 외상성 기흉 어느 경우에나 발생할 수 있다. 긴장성 기흉이 발생하면 기흉이 발생한 쪽 폐가 완전히 찌그러지면서 반대쪽 폐와 심장까지 누르게 된다. 그러므로 심한 호흡곤란과 청색증, 저혈압 등이 발생하여 치명적인 상태에 이를 수 있으며 즉각적인 응급조치가 필요하다.
대동맥의 최대 혈압과 최소 혈압의 차이인 맥압(pulse pressure)인데 긴장성 기흉 발생 시 맥박이 지속적으로 감소(맥압의 감소: 수축기압 거의 정상, 이완기압 혈압 상승).

정답 ③

34

다음 추락 환자의 출혈성 쇼크 단계와 증상 및 징후로 옳은 것은?

> ○ 20대 연령의 체중 70kg 정도인 남성
> ○ 양쪽 어깨 근육부위에 500mL 출혈
> ○ 왼쪽 넙다리뼈(대퇴골)에 개방성 골절로 인한 1,200mL 출혈

① 쇼크 1기로 호흡은 정상이나 환자는 불안해하며, 피부는 차고 창백하다.
② 쇼크 2기로 호흡은 증가하나 갈증 징후는 없다.
③ 쇼크 3기로 호흡은 빠르고 의식이 떨어지며 식은땀이 나고 소변량이 줄어든다.
④ 쇼크 4기로 호흡이 비효율적이며 기면상태이다.

해설

체중이 60kg인 사람의 혈액량은 약 4.5L, 70kg인 사람은 약 5L이다.

구분	특징
쇼크 1기	수축기 혈압 정상, 소실된 혈액량 10% 이내
쇼크 2기	수축기 혈압 변화, 소실된 혈액량 10~25%
쇼크 3기	수축기 혈압 90mmHg 미만, 소실된 혈액량 25~40%
쇼크 4기	수축기 혈압 60mmHg 미만, 소실된 혈액량 40% 이상(2리터)

* 수축기혈압 120mmHg, 이완기혈압 80mmHg(정상)

정답 ③

35

심인성 심정지를 유발하는 원인에 해당하지 않는 것은?

① 뇌졸중
② 심근염
③ 대동맥판 협착증
④ 관상동맥 죽상경화증

해설

심인성 심정지는 심장질환이 있거나 갑작스러운 심정지를 말한다.
비심인성 심정지는 심정지를 유발하는 명백한 원인이 있는 경우로 뇌졸중, 패혈증, 탈수, 위장관 출혈 등이다.

정답 ①

36

다음 경우에 취해야 할 즉각적인 응급처치로 옳은 것은?

> ○ 생후 7개월 남자 아이에서 안면 청색증 관찰
> ○ 의식은 있으나 발성이 불가능한 심각한 기도폐쇄 의심

① 하임리히법
② 심폐소생술
③ 등을 두드리는 방법
④ 입 속 이물질의 제거

해설

영아(1세 전)의 경우 기도폐쇄가 보이면 뒤집어 등 두드리기를 한다.

정답 ③

37

심정지 환자에서 관찰되는 심전도에 관한 설명으로 옳은 것은?

① 심실세동, 무맥성 전기활동은 전기충격이 필요한 리듬이다.
② 빈맥성 부정맥은 심근의 허혈이 주요 원인으로 알려져 있다.
③ 무수축에 의한 심정지는 빈맥성 부정맥에 의해서만 발생한다.
④ 무맥성 전기활동은 심박출은 있지만 심전도상에서 전기적 활동이 관찰되지 않는 것이다.

해설

빈맥성 부정맥이란 부정맥 가운데 심장 박동이나 맥박이 빨라지는 것을 말합니다. 가슴 두근거림이나 호흡곤란이 주요 증상이나 현기증, 실신, 심장마비 등을 일으킬 수 있다. 심근경색 등의 심근성 허혈이 주요 원인이다.
심실 세동과 무맥성 심실빈맥에 대해서만 전기 충격이 가능하고 무수축과 무맥성 전기활동은 심장충격으로 치료되지 않는다.

전기충격 가능	전기충격 불가
심실세동, 무맥성 심실빈맥	무수축, 무맥성 전기활동

심실세동이나 무맥성 심실빈맥에 의한 심정지환자의 생존율은 무수축이나 무맥성 전기활동에 의한 심정지환자의 생존율보다 월등히 높다.
심정지 시 관찰되는 부정맥은 심실세동(ventricular fibrillation) 및 무맥성 심실빈맥(pulseless ventricular tachycardia), 무수축(asystole), 무맥성 전기활동(pulseless electrical activity)으로 구분 할 수 있다. 심전도 상 관찰되는 부정맥에 따라 심정지의 치료 과정이 다르다. 심실세동과 무맥성 심실빈맥을 치료하려면 반드시 제세동이 시행되어야 한다. 따라서 심실세동과 무맥성 심실빈맥 은 '충격필요 리듬(shockable rhythm)'이라고 한다. 제세동 치료가 필요하지 않은 무수축과 무맥성 전기활동은 '충격불필요 리듬(nonshockable rhythm)'이라고 한다.

부정맥은 심장이 어떻게 뛰느냐에 따라 여러 종류로 나뉜다. 정상적인 심장은 1분에 60~100회 뛰는데, 맥박이 이보다 빠르면 '빈맥성 부정맥', 느리면 '서맥성 부정맥'이라고 한다.
무맥성 전기활동이란 심전도상 심장의 전기활동이 관찰되지만 맥박이 촉지되지 않는 상태를 말한다.
심장무수축은 심정지(cardiac arrest)의 가장 위험하고 회복 불가능한(irreversiblr) 상태가 된다. 무수축은 심전도상 전기적 활동이 없는 상태이다.

정답 ②

38
심폐소생술에서 가슴압박 깊이와 속도에 관한 설명으로 옳은 것은? (단, 2015년 심폐소생술 가이드라인을 따른다)

① 성인: 5cm, 100회/분
② 성인: 6cm 이상, 80회/분
③ 소아: 3cm 이하, 120회/분
④ 영아: 흉곽 전후 직경의 1/4 깊이, 140회/분

해설

영아의 경우 손가락을 곧게 펴고, 체중을 실어서 가슴깊이의 1/3(4cm) 정도가 눌리도록 강하게 압박한다. 1분에 100~120회의 속도로 빠르게 압박한다.
가슴압박 깊이는 영아 4cm, 소아 4~5cm, 성인 5~6cm이다.

정답 ①

39
노인환자의 특성이 아닌 것은?

① 전형적인 병적 증상이 나타난다.
② 신체기능의 저하가 나타난다.
③ 가벼운 외상으로도 골절이 흔하다.
④ 여러 약물을 동시에 복용하는 경우가 많다.

해설

정답 ①

40
구조의 우선순위에서 가장 먼저 시행해야 하는 것은?

① 생명보존
② 재산보호
③ 신속한 구출
④ 유체적 통증 경감

> **해설**

정답 ①

41
자발호흡이 있는 성인 응급환자에게 분당 40L의 속도로 100% 산소를 공급하고자 할 때, 사용되는 호흡보조 장비는?

① 포켓 마스크
② 백-밸브 마스크
③ 비재호흡 마스크
④ 수요밸브 소생기

> **해설**
> 수요밸브마스크 산소량은 100%(16세이하 금지, 폐포손상 많이 발생)이다.

정답 ④

42
경추손상이 의심되는 심정지 환자에서 턱 밀어올리기(하악견인법)로 기도 유지와 환기 보조가 어려운 경우에 사용하는 방법은?

① 인공호흡
② 삼중기도유지법
③ 경추고정장비 적용
④ 머리기울임-턱들어올리기

> **해설**
> ○ Jaw thrust maneuver(턱 밀어올리기 방법, 하악견인법).
> ○ 머리 기울임·턱 들어올리기(Head-tilt·Chin-lift Maneuver, 하악거상법)는 척추손상이 없는 비외상 환자에게 적용한다.

정답 ④

43

7세 남아에게 자동제세동기를 사용했지만 회복되지 않아 두 번째 제세동을 하고자 한다. 두 번째 제세동의 에너지량으로 옳은 것은?

① 2J/kg
② 4J/kg
③ 6J/kg
④ 8J/kg

해설

○ 제세동 에너지 용량
1) 성인은 첫 번째는 2~4 J/kg, 그 이후는 4 J/kg 이상.
2) 소아의 경우 첫 번째는 2J/kg, 그 이후는 4 J/kg 이상.

정답 ②

44

다음은 자동제세동기의 사용방법 일부이다. 순서로 옳은 것은?

> ㉠ 전원켜기
> ㉡ 전극 패드 부착
> ㉢ 커넥터 연결
> ㉣ 환자와의 접촉금지

① ㉠-㉡-㉢-㉣
② ㉠-㉢-㉡-㉣
③ ㉢-㉣-㉠-㉡
④ ㉣-㉢-㉡-㉠

해설

○ **자동 제세동기의 사용방법**
1) 전원켜기
2) 두 개의 패드를 부착 후 패드의 커넥터를 자동제세동기에 연결
3) 심장리듬 분석(환자에게서 떨어져 있어야 한다. 환자 접촉 금지)
4) 제세동(심장충격) 실시(환자와의 접촉 금지))
5) 즉시 심폐소생술 다시 시행한다.
심장충격(제세동)을 실시한 뒤에는 즉시 가슴압박과 인공호흡을 30:2로 다시 시작한다. 심장충격기(자동제세동기)는 2분마다 심장리듬을 반복해서 분석하며, 이러한 심장충격기(자동제세동기)의 사용 및 심폐소생술의 시행은 119 구급대가 현장에 도착할 때까지 지속되어야 한다.

정답 ①

45

다음과 같은 피부손상을 보이는 경우 화상 정도는?

> ○ 붉은 표피는 만지면 하얗다가 다시 붉어진다.
> ○ 진피층의 경우 모낭, 한선, 피지선 손상이 있다.
> ○ 표피와 진피가 손상되어 혈장과 조직액이 유리된다.

① 1도
② 2도
③ 3도
④ 4도

해설

1도 화상(표재성 화상)	2도 화상(부분 화상)	3도 화상(전층 화상)
표피층만 화상	표피 전 층과 진피의 상당부분이 손상	진피 전 층과 피하조직까지 손상

정답 ②

46

50세 성인이 다음과 같은 부위에 3도 화상을 입었을 때, '9의 법칙'에 의한 화상 범위(%)로 옳은 것은?

> ○ 흉부 앞면
> ○ 왼쪽 하지 앞면
> ○ 외부 생식기

① 19
② 28
③ 37
④ 46

해설

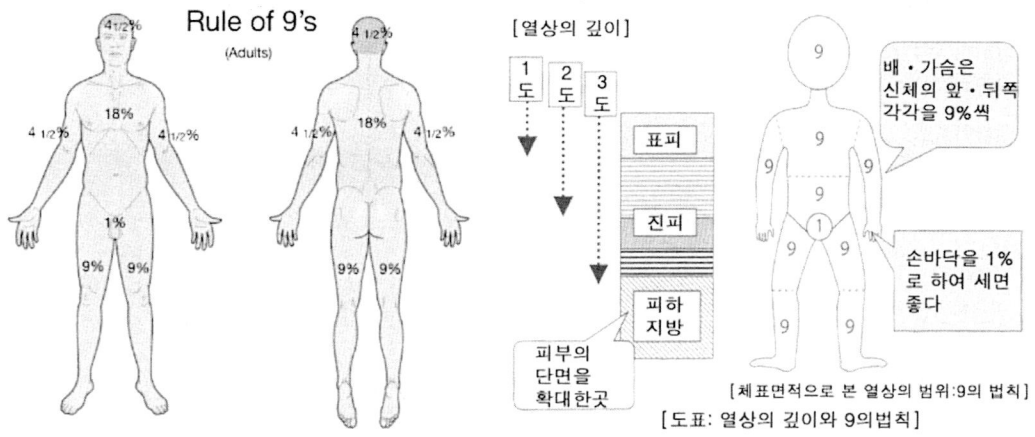

[도표: 열상의 깊이와 9의법칙]

정답 ①

47
다음 화상 환자에게 파크랜드(Parkland)법에 의해 첫 8시간 동안 투여해야 할 수액량으로 옳은 것은?

- 체중 60kg
- 1도 화상 10%
- 2도 화상 20%
- 3도 화상 10%

① 3,600mL
② 4,800mL
③ 7,200mL
④ 9,600mL

해설

수액을 공급해야 하는 것은 2도 화상과 3도 화상인 경우이다.
- 파크랜드(Parkland) 공식 = 4 × 60 ×30% = 전체수액량 = 7,200mL
  8시간 동안 전체 수액량의 절반을, 이후 8시간 후 25%, 나머지 8시간에 다시 25%를 최종적으로 투입한다.

정답 ①

48
복어 식중독을 일으키는 유독성분은?

① 아플라톡신
② 아미그달린
③ 시쿠아톡신
④ 테트로도톡신

해설

① 아플라톡신 - 땅콩 등의 곡류
② 아미그달린 - 청매(덜 익은 매실)
③ 시쿠아톡신 - 열대나 아열대 바다의 해조류와 산호초 등에 붙어사는 플랑크톤으로 시구아톡신이라는 독을 생산한다. 물고기들이 이 플랑크톤을 먹으면 몸속에 독이 쌓인다. 상위 포식자로 갈수록 독이 농축된다.

정답 ④

49
성폭행 피해자에 대한 응급처치자의 역할로 옳지 않은 것은?

① 객관적인 태도를 유지한다.
② 가능한 빨리 몸을 씻도록 도와준다.
③ 적절한 심리적 안정을 취하도록 돕는다.
④ 피해현장에서 벗어난 안전한 환경을 제공한다.

해설

정답 ②

50
아동학대의 유형 중 '유기와 방임'에 해당하는 것은?

① 성기노출을 강요한다.
② 장난감 선택을 혼자서 못하게 한다.
③ 신체 특정부위를 뜨거운 물에 넣는다.
④ 상한 음식을 먹어도 관여하지 않는다.

해설

○ 유기: '유기'한다는 것은 보호를 요하는 자를 보호되지 않는 상태에 두어 생명·신체를 위험케 하는 것이다.
○ 방임: Neglect

정답 ④

○ 제3과목: 재난관리론

51
다음 설명과 관련 있는 재난의 특성은?

> 재난은 언제 어디서 발생할지 정확하게 예측할 수 없고, 재난 발생 후 위험자체가 기존의 기술적·사회적 장치와 맞물려 어떻게 맞물려 어떻게 전개될지 알 수 없으며 재난의 대응·복구 단계의 진행방향을 예측할 수 없다.

① 누적성
② 복잡성
③ 인지성
④ 불확실성

해설

불확실성: 어떻게 전개될지 알 수 없으며 재난의 대응·복구 단계의 진행방향을 예측할 수 없다.
Comfort는 상호작용성, 불확실성, 복잡성 세 가지를 재난의 특성으로 강조하였는데 재난의 특성으로 인지성을 추가하기도 한다.
인지성이란 위험의 객관적 사실과 주관적인 인지의 불일치, 객관적이고 정량적인 차원과 주관적이고 정성적인 차원 간의 불일치를 말한다.

정답 ④

52
재난예방단계의 활동에 해당되지 않는 것은?

① 위험지도 작성
② 재난예방 홍보
③ 재해보험 가입
④ 재난피해자 심리지원

해설

회복단계에서의 활동이다.

정답 ④

53

다음 활동이 이루어지는 재난관리단계는?

> 재난대응 계획의 수립, 비상경보시스템의 구축, 비상자원의 확보

① 재난예방단계
② 재난대비단계
③ 재난대응단계
④ 재난복구단계

해설

비상경보시스템의 구축이나 비상자원의 확보는 재난이 들이닥치기 전인 대비단계이다.

정답 ②

54

존스(David K. C. Jones)의 재난 분류에 관한 설명으로 가장 옳은 것은?

① 자연재난은 기후성 재난과 지진성 재난으로 구분한다.
② 인위재난은 사고성 재난과 계획성 재난으로 구분한다.
③ 재난은 자연재난, 준자연재난, 인위재난으로 구분한다.
④ 지진성 재난에 지진·화산폭발·해일이 포함된다.

해설

정답 ③

○ 데이비드 존스(David K. C. Jones)의 재난분류 ☞ 재난의 발생원인과 발생현상에 따라 크게 자연재해, 준 자연재해, 인위재난으로 3분하였다. 장기간에 걸친 완만한 환경변화현상(공해, 염수화현상, 토양침식, 파업 등)까지 재해에 포함하였고, 위기적 특징이 없는 일반 행정관리의 대상까지도 재난으로 분류하여 재난관리에 적용하기에 너무 포괄적.

자 연 재 해				준 자연재해	인위재난
지구물리학적 재해			생물학적재해		
지질학적재해	지형학적재해	기상학적재해		스모그현상 온난화현상 사막화현상 염수화현상 눈사태 산성화 홍수 토양침식 등	공해 광화학연무 폭동 교통사고 폭발사고 태업 전쟁 등
지진 화산 쓰나미 등	산사태 염수토양 등	안개, 눈 해일, 번개 토네이도 폭풍, 태풍 이상기온 가뭄 등	세균질병 유독식물 유독동물		

○ Br. J. Anesth의 재난분류 ☞ 자연재해를 기후성 재해와 지진성 재해로 분류, 인위재난을 고의성 유무에 따라 사고성 재난과 계획적 재난으로 구분하였다. 대기오염, 수질오염과 같이 장기간에 걸쳐 완만하게 전개되고, 인명피해를 발생시키지 않는 일반행정관리 분야의 재난을 제외한 것은 데이비드 존스의 재난분류와 구분된다. 각 국의 지역재난계획에서 주로 적용.

대분류	세분류	재해의 종류
자연재해	기후성 재해	태풍
	지진성 재해	지진, 화산폭발, 해일
인위재해	사고성 재해	- 교통사고(자동차, 철도, 항공, 선박사고) - 산업사고(건축물붕괴) - 폭발사고(갱도, 가스, 화학, 폭발물) - 화재사고 - 생물학적재해(박테리아, 바이러스, 독혈증) - 화학적재해(부식성물질, 유독물질) - 방사능재해
	계획적 재해	테러, 폭동, 전쟁

55

재난관리방식에 관한 설명으로 옳은 것은?
① 통합관리방식은 유형별 재난의 특징을 강조한 방식이다.
② 통합관리방식은 정보의 전달체계가 다원화인 반면, 유형별 분산관리방식은 일원화이다.
③ 통합관리방식은 관련 부처 및 기관측면에서 다수 부처 및 기관이 단순병렬인 반면, 유형별 분산관리방식은 단일 부처 조정 하의 병렬적 다수부터 및 기관이 관련된다.
④ 콰란텔리(Quarantelli)는 유형별 분산관리방식이 통합관리방식으로 전환되어야 하는 근거로 재난개념의 변화, 재난 대응의 유사성, 계획내용의 유사성, 대응자원의 공통성을 제시하고 있다.

해설

○읽기자료: 콰란텔리(Quarantelli)
Quarantelli(1991)는 이와 같은 재난유형별 분산관리방식은 통합관리방식으로 전환되어야 한다는 근거를 다음과 같이 제시하고 있다.
(1) 재난개념의 변화
　재난개념에 대한 물리적 관점은 재난의 유형별 특징을 강조하게 되나 재난은 오로지 사회적으로 충격적인 사건이라는 점에서 식별될 수 있으며 재난에 대한 사회 지향적 개념은 자연적요인 및 기술적요인의 물리적 특징과 영향에서 사회적 사건의 공통성 또는 유사성으로 초점이 이동되었다는 것이다.
(2) 재난대응의 유사성
　경험적 측면에서 볼 때 사회과학적 연구들은 재난의 사회·행태적 특징들이 대부분 재난유형별로 나타나는 것이 아니라 상이한 유형의 자연적·기술적 재해에서 일반적으로 유사하다는 것을 밝히고 있다.

이들 연구자들은 재난을 준비하고 관리하는데 있어서의 많은 인적·조직적 문제들을 해결하는데 있어서 어떠한 구체적인 재난이 관련되어 있는지는 중요하지 않다고 생각한다.

이들은 어떠한 재해이던 간에, 요구되는 작업이 경고, 퇴거, 보호, 급식, 탐색, 구조, 사망자처리, 자원의 동원, 통신교류, 조직간 조정이건 또는 공공정보이건 간에, 그리고 그 일이 개인에 관련되건 또는 집단에 관련되건 간에 동일한 일반적인 활동이 취해져야 한다고 보는 것이다.

(3) 계획내용의 유사성

재난계획에 있어 종합적 접근법을 택해야 한다고 주장하는 연구자들은 재난유형의 차이에도 불구하고, 심각한 화학적 사고에 수행되어야 할 많은 일들은 주요한 자연재해에 취해져야 할 일과 크게 다르지 않다고 생각한다.

재난지역의 안전성 확립, 부상자 간호, 공공에 대한정보제공, 대처의 전반적인 조정 그리고 많은 유사한 일 등이 모든 업무가 지역사회의 위험상황에서 수행되며, 이 조직은 대부분 소방서와 경찰서에서 재해의 유형에 관계없이 모든 재해의 대처에 관계된다.

(4) 대응자원의 공통성

Tierney(1981)는 화학사고에 대한 지역단위의 준비를 그 지역이 갖는 위험의 전 범위를 다루는 종합적인 준비조치로 실현하는 것이 효율적일 뿐 아니라 비용 면에서 효과적으로 보인다고 주장한다.

이러한 종합적 접근(Generic approach)의 원칙은 재해유형과 이에 대처하기 위해 필요한 인적·물적 자원이 다르다고 하더라도 구체적인 위협에 관계 없이 동일한 일반적 활동들이 재난 전, 대응, 복구시기에 진행된다는 점이다.

정답 ④

56

재난복구단계에 관한 설명으로 옳지 않은 것은?

① 재난 및 안전관리 기본법상 재난사태를 선포하는 단계이다.
② 피해평가, 잔해물 제거, 보험금 지급 등의 활동이 이루어진다.
③ 복구활동은 단기 복구와 중장기 복구활동으로 구분할 수 있다.
④ 피해지역이 재난 발생 직후부터 재난 발생 이전의 상태로 회복될 때까지의 장기적인 활동 과정이다.

해설

제6장 재난의 대응

제1절 응급조치 등

제36조(재난사태 선포) ① 행정안전부장관은 대통령령으로 정하는 재난이 발생하거나 발생할 우려가 있는 경우 사람의 생명·신체 및 재산에 미치는 중대한 영향이나 피해를 줄이기 위하여 긴급한 조치가 필요하다고 인정하면 중앙위원회의 심의를 거쳐 재난사태를 선포할 수 있다. 다만, 행정안전부장관은 재난상황이 긴급하여 중앙위원회의 심의를 거칠 시간적 여유가 없다고 인정하는 경우에는 중앙위원회의 심의를 거치지 아니하고 재난사태를 선포할 수 있다.

② 행정안전부장관은 제1항 단서에 따라 재난사태를 선포한 경우에는 지체 없이 중앙위원회의 승인을 받아야 하고, 승인을 받지 못하면 선포된 재난사태를 즉시 해제하여야 한다.

③ 행정안전부장관 및 지방자치단체의 장은 제1항에 따라 재난사태가 선포된 지역에 대하여 다음 각 호의 조치를 할 수 있다.

1. 재난경보의 발령, 인력·장비 및 물자의 동원, 위험구역 설정, 대피명령, 응급지원 등 이 법에 따른 응급조치
2. 해당 지역에 소재하는 행정기관 소속 공무원의 비상소집
3. 해당 지역에 대한 여행 등 이동 자제 권고
4. 「유아교육법」 제31조, 「초·중등교육법」 제64조 및 「고등교육법」 제61조에 따른 휴업명령 및 휴원·휴교 처분의 요청
5. 그 밖에 재난예방에 필요한 조치

④ 행정안전부장관은 재난으로 인한 위험이 해소되었다고 인정하는 경우 또는 재난이 추가적으로 발생할 우려가 없어진 경우에는 선포된 재난사태를 즉시 해제하여야 한다.

제7장 재난의 복구

제1절 피해조사 및 복구계획

제58조(재난피해 신고 및 조사) ① 재난으로 피해를 입은 사람은 피해상황을 행정안전부령으로 정하는 바에 따라 시장·군수·구청장(시·군·구대책본부가 운영되는 경우에는 해당 본부장을 말한다. 이하 이 조에서 같다)에게 신고할 수 있으며, 피해 신고를 받은 시장·군수·구청장은 피해상황을 조사한 후 중앙대책본부장에게 보고하여야 한다.
② 재난관리책임기관의 장은 재난으로 인하여 피해가 발생한 경우에는 피해상황을 신속하게 조사한 후 그 결과를 중앙대책본부장에게 통보하여야 한다.
③ 중앙대책본부장은 재난피해의 조사를 위하여 필요한 경우에는 대통령령으로 정하는 바에 따라 관계 중앙행정기관 및 관계 재난관리책임기관의 장과 합동으로 중앙재난피해합동조사단을 편성하여 재난피해 상황을 조사할 수 있다.
④ 중앙대책본부장은 제3항에 따른 중앙재난피해합동조사단을 편성하기 위하여 관계 재난관리책임기관의 장에게 소속 공무원이나 직원의 파견을 요청할 수 있다. 이 경우 요청을 받은 관계 재난관리책임기관의 장은 특별한 사유가 없으면 요청에 따라야 한다.
⑤ 제1항 및 제2항에 따른 피해상황 조사의 방법 및 기준 등 필요한 사항은 중앙대책본부장이 정한다.

제59조(재난복구계획의 수립·시행) ① 재난관리책임기관의 장은 사회재난으로 인한 피해[사회재난 중 제60조 제2항에 따라 특별재난지역으로 선포된 지역의 사회재난으로 인한 피해(이하 이 조에서 "특별재난지역 피해"라 한다)는 제외한다]에 대하여 제58조 제2항에 따른 피해조사를 마치면 지체 없이 자체복구계획을 수립·시행하여야 한다.
② 시·도지사 또는 시장·군수·구청장은 특별재난지역 피해에 대하여 관할구역의 피해상황을 종합하는 재난복구계획을 수립한 후 수습본부장 및 관계 중앙행정기관의 장과 협의를 거쳐 중앙대책본부장에게 제출하여야 한다.
③ 제2항에도 불구하고 긴급하게 복구를 실시하여야 하는 등 대통령령으로 정하는 특별한 사유가 있는 경우에는 수습본부장이 특별재난지역 피해에 대한 재난복구계획을 직접 수립하여 중앙대책본부장에게 제출할 수 있다.
④ 중앙대책본부장은 제2항 또는 제3항에 따라 제출받은 재난복구계획을 제14조 제3항 본문에 따른 중앙재난안전대책본부회의의 심의를 거쳐 확정하고, 이를 관계 재난관리책임기관의 장에게 통보하여야 한다.
⑤ 재난관리책임기관의 장은 제4항에 따라 재난복구계획을 통보받으면 그 재난복구계획에 따라 지체 없이 재난복구를 시행하여야 한다. 이 경우 지방자치단체의 장은 재난복구를 위하여 필요한 경비를 지방자치단체의 예산에 계상(計上)하여야 한다.

제60조(특별재난지역의 선포) ① 중앙대책본부장은 대통령령으로 정하는 규모의 재난이 발생하여 국가의 안녕 및 사회질서의 유지에 중대한 영향을 미치거나 피해를 효과적으로 수습하기 위하여 특별한 조치가 필요하다고 인정하거나 제3항에 따른 지역대책본부장의 요청이 타당하다고 인정하는 경우에는 중앙위원회의 심의를 거쳐 해당 지역을 특별재난지역으로 선포할 것을 대통령에게 건의할 수 있다.
② 제1항에 따라 특별재난지역의 선포를 건의받은 대통령은 해당 지역을 특별재난지역으로 선포할 수 있다.
③ 지역대책본부장은 관할지역에서 발생한 재난으로 인하여 제1항에 따른 사유가 발생한 경우에는 중앙대책본부장에게 특별재난지역의 선포 건의를 요청할 수 있다.

정답 ①

57

재난 대응단계에 관한 설명으로 가장 옳지 않은 것은?

① 인명 탐색 및 구조, 환자의 수용 및 후송 등의 활동이 이루어진다.
② 재난대응을 위해 중앙긴급구조통제단을 두고, 단장은 행정안전부장관이 된다.
③ 경보, 소개, 대피, 응급의료, 희생자 탐색·구조, 재산 보호가 재난대응 국면의 일반적 기능이다.
④ 제2의 손실 발생 가능성을 감소시킴으로써 복구단계에서 발생 가능한 문제들을 최소화시키는 재난관리의 실제 활동국면이다.

해설

제34조의5(재난분야 위기관리 매뉴얼 작성·운용) ① 재난관리책임기관의 장은 재난을 효율적으로 관리하기 위하여 재난유형에 따라 다음 각 호의 위기관리 매뉴얼을 작성·운용하여야 한다. 이 경우 재난대응활동계획과 위기관리 매뉴얼이 서로 연계되도록 하여야 한다.

1. 위기관리 표준매뉴얼: 국가적 차원에서 관리가 필요한 재난에 대하여 재난관리 체계와 관계 기관의 임무와 역할을 규정한 문서로 위기대응 실무매뉴얼의 작성 기준이 되며, 재난관리주관기관의 장이 작성한다. 다만, 다수의 재난관리주관기관이 관련되는 재난에 대해서는 관계 재난관리주관기관의 장과 협의하여 행정안전부장관이 위기관리 표준매뉴얼을 작성할 수 있다.
2. 위기대응 실무매뉴얼: 위기관리 표준매뉴얼에서 규정하는 기능과 역할에 따라 실제 재난대응에 필요한 조치사항 및 절차를 규정한 문서로 재난관리주관기관의 장과 관계 기관의 장이 작성한다. 이 경우 재난관리주관기관의 장은 위기대응 실무매뉴얼과 제1호에 따른 위기관리 표준매뉴얼을 통합하여 작성할 수 있다.
3. 현장조치 행동매뉴얼: 재난현장에서 임무를 직접 수행하는 기관의 행동조치 절차를 구체적으로 수록한 문서로 위기대응 실무매뉴얼을 작성한 기관의 장이 지정한 기관의 장이 작성하되, 시장·군수·구청장은 재난유형별 현장조치 행동매뉴얼을 통합하여 작성할 수 있다. 다만, 현장조치 행동매뉴얼 작성 기관의 장이 다른 법령에 따라 작성한 계획·매뉴얼 등에 재난유형별 현장조치 행동매뉴얼에 포함될 사항이 모두 포함되어 있는 경우 해당 재난유형에 대해서는 현장조치 행동매뉴얼이 작성된 것으로 본다.

② 행정안전부장관은 재난유형별 위기관리 매뉴얼의 작성 및 운용기준을 정하여 재난관리책임기관의 장에게 통보할 수 있다.
③ 재난관리주관기관의 장이 작성한 위기관리 표준매뉴얼은 행정안전부장관의 승인을 받아 이를 확정하고, 위기대응 실무매뉴얼과 연계하여 운용하여야 한다.
④ 재난관리주관기관의 장은 위기관리 표준매뉴얼 및 위기대응 실무매뉴얼을 정기적으로 점검하여야 한다.
⑤ 행정안전부장관은 재난유형별 위기관리 매뉴얼의 표준화 및 실효성 제고를 위하여 대통령령으로 정하는 위기관리 매뉴얼협의회를 구성·운영할 수 있다.
⑥ 재난관리주관기관의 장은 소관 분야 재난유형의 위기대응 실무매뉴얼 및 현장조치 행동매뉴얼을 조정·승인하고 지도·관리를 하여야 하며, 소관분야 위기관리 매뉴얼을 새로이 작성하거나 변경한 때에는 이를 행정안전부장관에게 통보하여야 한다.
⑦ 시장·군수·구청장이 작성한 현장조치 행동매뉴얼에 대하여는 시·도지사의 승인을 받아야 한다. 시·도지사는 현장조치 행동매뉴얼을 승인하는 때에는 재난관리주관기관의 장이 작성한 위기대응 실무매뉴얼과 연계되도록 하여야 하며, 승인 결과를 재난관리주관기관의 장 및 행정안전부장관에게 보고하여야 한다.
⑧ 행정안전부장관은 위기관리 매뉴얼의 체계적인 운용을 위하여 관리시스템을 구축·운영할 수 있으며, 제3항부터 제7항까지의 규정에 따른 위기관리 매뉴얼의 작성·운용 등 필요한 사항은 대통령령으로 정한다.
⑨ 행정안전부장관은 재난관리업무를 효율적으로 하기 위하여 대통령령으로 정하는 바에 따라 위기관리에 필요한 매뉴얼 표준안을 연구·개발하여 보급할 수 있다. 이 경우 다음 각 호의 사항을 고려하여야 한다.
  1. 재난유형에 따른 국민행동요령의 표준화
  2. 재난유형에 따른 예방·대비·대응·복구 단계별 조치사항에 관한 연구 및 표준화
  3. 재난현장에서의 대응과 상호협력 절차에 관한 연구 및 표준화

    4. 안전취약계층의 특성을 반영한 연구·개발
    5. 그 밖에 위기관리에 관한 매뉴얼의 개선·보완에 필요한 사항
⑩ 행정안전부장관은 위기관리 매뉴얼의 작성·운용 실태를 정기적으로 점검하여야 하며, 필요한 경우 이를 시정 또는 보완하기 위하여 위기관리 매뉴얼을 작성·운용하는 기관의 장에게 필요한 조치를 하도록 권고할 수 있다. 이 경우 권고를 받은 기관의 장은 특별한 사유가 없으면 이에 따라야 한다.

제37조(응급조치) ① 제50조 제2항에 따른 시·도긴급구조통제단 및 시·군·구긴급구조통제단의 단장(이하 "지역통제단장"이라 한다)과 시장·군수·구청장은 재난이 발생할 우려가 있거나 재난이 발생하였을 때에는 즉시 관계 법령이나 재난대응활동계획 및 위기관리 매뉴얼에서 정하는 바에 따라 수방(水防)·진화·구조 및 구난(救難), 그 밖에 재난 발생을 예방하거나 피해를 줄이기 위하여 필요한 다음 각 호의 응급조치를 하여야 한다. 다만, 지역통제단장의 경우에는 제2호 중 진화에 관한 응급조치와 제4호 및 제6호의 응급조치만 하여야 한다.
    1. 경보의 발령 또는 전달이나 피난의 권고 또는 지시
    1의2. 제31조에 따른 안전조치
    2. 진화·수방·지진방재, 그 밖의 응급조치와 구호
    3. 피해시설의 응급복구 및 방역과 방범, 그 밖의 질서 유지
    4. 긴급수송 및 구조 수단의 확보
    5. 급수 수단의 확보, 긴급피난처 및 구호품의 확보
    6. 현장지휘통신체계의 확보
    7. 그 밖에 재난 발생을 예방하거나 줄이기 위하여 필요한 사항으로서 대통령령으로 정하는 사항
② 시·군·구의 관할 구역에 소재하는 재난관리책임기관의 장은 시장·군수·구청장이나 지역통제단장이 요청하면 관계 법령이나 시·군·구안전관리계획에서 정하는 바에 따라 시장·군수·구청장이나 지역통제단장의 지휘 또는 조정하에 그 소관 업무에 관계되는 응급조치를 실시하거나 시장·군수·구청장이나 지역통제단장이 실시하는 응급조치에 협력하여야 한다.

제38조(위기경보의 발령 등) ① 재난관리주관기관의 장은 대통령령으로 정하는 재난에 대한 징후를 식별하거나 재난발생이 예상되는 경우에는 그 위험 수준, 발생 가능성 등을 판단하여 그에 부합되는 조치를 할 수 있도록 위기경보를 발령할 수 있다. 다만, 제34조의5 제1항 제1호 단서의 상황인 경우에는 행정안전부장관이 위기경보를 발령할 수 있다.
② 제1항에 따른 위기경보는 재난 피해의 전개 속도, 확대 가능성 등 재난상황의 심각성을 종합적으로 고려하여 관심·주의·경계·심각으로 구분할 수 있다. 다만, 다른 법령에서 재난 위기경보의 발령 기준을 따로 정하고 있는 경우에는 그 기준을 따른다.
③ 재난관리주관기관의 장은 심각 경보를 발령 또는 해제할 경우에는 행정안전부장관과 사전에 협의하여야 한다. 다만, 긴급한 경우에 재난관리주관기관의 장은 우선 조치한 후 지체 없이 행정안전부장관과 협의하여야 한다.
④ 재난관리책임기관의 장은 제1항에 따른 위기경보가 신속하게 발령될 수 있도록 재난과 관련한 위험정보를 얻으면 즉시 행정안전부장관, 재난관리주관기관의 장, 시·도지사 및 시장·군수·구청장에게 통보하여야 한다.

| 제2절 | 긴급구조 |

제49조(중앙긴급구조통제단) ① 긴급구조에 관한 사항의 총괄·조정, 긴급구조기관 및 긴급구조지원기관이 하는 긴급구조 활동의 역할 분담과 지휘·통제를 위하여 소방청에 중앙긴급구조통제단(이하 "중앙통제단"이라 한다)을 둔다.
② 중앙통제단의 단장은 소방청장이 된다.
③ 중앙통제단장은 긴급구조를 위하여 필요하면 긴급구조지원기관 간의 공조체제를 유지하기 위하여 관계 기관·단체의 장에게 소속 직원의 파견을 요청할 수 있다. 이 경우 요청을 받은 기관·단체의 장은 특별한 사유가 없으면 요청에 따라야 한다.
④ 중앙통제단의 구성·기능 및 운영에 필요한 사항은 대통령령으로 정한다.

제50조(지역긴급구조통제단) ① 지역별 긴급구조에 관한 사항의 총괄·조정, 해당 지역에 소재하는 긴급구조기관 및 긴급구조지원기관 간의 역할분담과 재난현장에서의 지휘·통제를 위하여 시·도의 소방본부에 시·도긴급구조통제단을 두고, 시·군·구의 소방서에 시·군·구긴급구조통제단을 둔다.
② 시·도긴급구조통제단과 시·군·구긴급구조통제단(이하 "지역통제단"이라 한다)에는 각각 단장 1명을 두되, 시·도긴급구조통제단의 단장은 소방본부장이 되고 시·군·구긴급구조통제단의 단장은 소방서장이 된다.

③ 지역통제단장은 긴급구조를 위하여 필요하면 긴급구조지원기관 간의 공조체제를 유지하기 위하여 관계 기관·단체의 장에게 소속 직원의 파견을 요청할 수 있다. 이 경우 요청을 받은 기관·단체의 장은 특별한 사유가 없으면 요청에 따라야 한다.
④ 지역통제단의 기능과 운영에 관한 사항은 대통령령으로 정한다.

정답 ②

58
우리나라 재난관리체계의 변천 과정에 관한 설명으로 가장 옳지 않은 것은?

① 1975년 내무부에 민방위본부가 창설되었다.
② 1995년 삼풍백화점 붕괴사고 이후 그 해 「재난관리법」이 제정되었다.
③ 2003년 대구 지하철 방화사고 이후 2004년 「재난 및 안전관리 기본법」이 제정되었다.
④ 2014년 세월호 침몰사고 이후 국토안보부(DHS)가 출범하였다.

해설

성수대교 붕괴(1994. 10.)
삼풍백화점 붕괴(1995. 6.)
재난관리법 제정(1995. 12. 제정)
대구 지하철 방화(2003. 2.)
재난 및 안전관리 기본법(2004. 제정)

정답 ④

유제1
2001년 미국 9·11 테러 이후, 분산된 국가 위기관리 관련 조직을 통합하기 위하여 창설된 국토안보부(Department of Homeland Security)에 포함(소속)되지 않는 조직은?

① 연방재난관리청(Federal Emergency Management Agency)
② 교통안전국(Transportation Security Administration)
③ 해안경비대(United States Coast Guard)
④ 중앙정보국(Central Intelligence Agency)

해설

상식적인 문제이다. 중앙정보국은 CIS이다.
국토안보부(Department of Homeland Security)가 자주 출제되며
특히, 연방재난관리청은 자주 출제되고 있다.

정답 ④

유제2 미국의 연방재난관리청(FEMA)에 대한 설명으로 옳지 않은 것은?

① 1979년 재난관리재조직계획에 따라 설립되었으며 미국의 재난관리기능을 통합하는 계기가 되었다.
② FEMA는 인적재난, 자연재난, 환경재난 등을 포괄 대응한다.
③ FEMA는 연방정부 및 지방정부의 재난관리기구를 구성·운영한다.
④ 본부는 워싱턴시 특별행정구역에 있고 미국 전역 10개소에 지역사무소를 설치·운영한다.

해설

미국의 경우는 천재와 인재를 총괄하는 통괄기구로 대통령 직속기관인 연방재난 관리청(Federal Emergency Management Agency : FEMA, 1979년 설립)을 두었다가 2001년 911테러 이후, 2003년에 연방재난관리청(FEMA)은 대통령 직속에서 미국토안보부(DHS, Department of Homeland Security)의 하위기관이 되었다.
연방재난관리청(FEMA)은 연방정부의 재난관리기구이다.

〈읽기자료 : 미국의 재난 관리〉

9·11 테러(2001년) 이후 국토안보 위주의 위기관리 체계로 집중하면서 주로 테러 위기 대응에 초점을 맞춰 보다 중앙집권적인 시스템을 구축하게 됩니다. 재난관리 측면에서 부시 정부는 '작은 정부'와 재정 감축 기조를 주장하는 가운데 재난 안전 조직이 과대하고 비효율적이라는 인식을 보이면서 연방정부의 개입과 역할을 축소하는 양상을 띠었습니다.

이렇게 재난 관리 체계에서 연방-주정부-지방정부간 관계가 약화되면서 재난이 발생했을 때 각 주체 간 조정이 쉽지 않았습니다.

특히 연방재난관리청(FEMA)의 재난 대응 조직과 기능이 약화되면서 현장 대응에서 다양한 명령 체계가 존재하면서 지휘 체계가 불명확했던 것은 결정적이었습니다. 1973년 주택도시부에 딸린 외청으로 출발한 연방재난관리청(FEMA)은 1979년 독립기구로 격상됐습니다.

재난 대비·대응·복구·방지 등 4대 업무를 총괄하는 '포괄적 재난 관리'가 목적이었는데요. 부시 행정부는 집권 초기인 2001년 봄부터 재난관리청 업무의 초점을 자연재해에서 테러 대비 쪽으로 바꿨고, 9·11 테러 이후엔 아예 신설된 국토안보부로 편입시켰습니다.

미 의회조사국(CRS)은 2007년 3월 펴낸 카트리나 보고서에서 "이로 인해 재난관리청의 재난 대비 능력이 현격히 떨어졌다. 재난 관리 업무의 기능과 예산, 책임 소재가 불분명해진 것이 카트리나 사태에 제대로 대처하지 못한 원인"이라고 짚기도 했습니다.

이런 상황에서 카트리나(2005년 허리케인)로 사회기반시설이 대부분 파괴됐고, 특히 통신망이 끊기면서 외부세계와 단질돼 연방정부와 주정부 지방 정부 사이의 정보 공유가 제대로 안 돼 현장 대응에서 혼선은 극심했습니다.

전통적으로 미국은 시민참여 성향이 강하기 때문에 위기 당시 NGO와 시민들의 자원봉사 활동과 구호활동은 활발히 진행됐습니다. 음식이나 의료, 임시숙소 제공 등에서 많은 성과를 거뒀지만, NGO의 활동은 정부 기관과 유기적 공조 없이 개별적, 분산적으로 전개되면서 좋은 취지로 하는 일들이지만 다소 비효율적이라는 문제점을 드러냈습니다.

정답 ③

| 유제3 | 미국의 재난관리 법령을 제정된 시기 순서대로 바르게 나열한 것은?

㉠ 포스트 - 카트리나 재난개혁법
㉡ 국토안보법
㉢ 스태퍼드법

① ㉡-㉢-㉠
② ㉢-㉡-㉠
③ ㉠-㉢-㉡
④ ㉢-㉠-㉡

해설

㉠ 포스트-카트리나 재난개혁법(2006)
㉡ 국토안보법(2003)
㉢ 스태퍼드법(1998)

○ **읽기자료: 미국의 재난관리체제**

미국은 1974년 「재난구호법」제정으로 '연방재난지원부'를 설립하고 과거 민방위 주도의 정책에서 비상프로그램 중심으로 전환함으로써 통합적 위기관리를 추진하였다. 이 법은 1988년 「스태포드법」으로 개정되어 시행되고 있다.

미국의 재난관리조직과 재난대응체제를 살펴보면, 미국의 재난관리조직은 크게 중앙 연방정부의 조직과 지방·주정부의 조직으로 양분되고 각자의 역할과 임무가 명확히 구분되어 있다. 미국의 연방재난관리조직은 1979년 창설된 연방재난관리청(FEMA; Federal Emergency Management Agency)이며, 모든 유형의 자연재난과 인적재난을 통합적으로 관리한다. 미국은 2001.9.11 테러 이후 각 부처에 분산된 대테러기능을 통합하기 위해 2003년 「국토안보법」을 제정하고 '국토안보부'를 설립하였는데, 이때 연방재난관리청(FEMA)은 '국토안보부'1) 산하로 통합되었다. 연방재난관리청은 국토안보부로 편입되면서 테러중심의 정책 기조로 인하여 조직, 예산, 기능 등이 약화 되었으나, 2005년 허리케인 카트리나 사태 이후, 재난관리에 관한 권한과 책임이 확대·강화되었다.

연방재난관리청은 워싱턴에 본부가 위치해 있으며, **각 권역별로 10개의 지방사무소** 2) 가 있으며, 재난 발생 후 즉각 전개할 수 있는 약 5,000명 규모의 상시재난지원 요원이 근무하고 있다. **연방재난관리청은** 재난·재해 및 기타 비상사태의 피해경감, 대비, 대응 및 복구 등에 관한 비상관리프로그램을 통해 국민의 생명과 재산을 지키고, 주요 기반시설을 보호하는 연방차원의 활동을 체계적·종합적으로 수행한다.3)

미국에서 재난에 대한 최초의 초기 대응은 지방 정부의 업무이다. 지방정부는 인근 지방자치단체, 주정부, 자원봉사기관(NGO)와 함께 재난대응업무를 수행한다. 지방정부의 재난대응 역량을 초과하는 재난이 발생하였을 경우에는 이를 지원하기 위하여 주정부나 연방정부가 재난대응에 참여하게 된다.

따라서 대규모 재해발생 시 주지사의 요청에 따라, 수색 및 구조, 전력, 음식, 물, 대피소 및 기타 기본적으로 필요한 것들에 대하여 연방 정부의 자원이 동원된다. 이때 연방의 지원은 국토안보부의 연방재난관리청을 통하여 이루어진다.

* 각주
1) 국토안보부는 테러 및 재난관리와 관련된 여러 기관들이 통합된 단일조직으로 주요 임무는 미국을 위협하는 국내·외 모든 위험에 대해 예방, 대비, 대응, 복구 전 단계에 걸쳐 국민과 국토를 보호하는 것이다.
2) 50개 주를 10개 광역권으로 묶어 통제하고 광역권마다 지방청을 두고 있다.
3) 주요 업무로는
   ① 연방정부, 주정부, 지방정부, 자원봉사기관, 기업체 등과 재난관리 협력강화
   ② 모든 재난에 대비하고 종합적인 국가재난관리 체계의 구축
   ③ 사전경감을 국가재해관리체계의 근간으로 함

④ 신속하고 효과적인 대응 및 복구체계 구축
⑤ 주정부 및 지방정부의 재난관리 능력 강화 등이다.

정답 ②

유제4 1990년대 성수대교 붕괴, 대구지하철 공사장 도시가스 폭발사고 등을 계기로 제정된 법률은?

① 재난관리법
② 지진재해대책법
③ 자연재해대책법
④ 재난 및 안전관리 기본법

해설

1994년 삼풍백화점 붕괴 등 사고로 1995년 「재난관리법」 제정.

정답 ①

유제5 다음 ㉠ ~ ㉢에 들어갈 법률명으로 옳은 것을 모두 고른 것은?

1990년대에 각종 재해 및 재난별로 관련 법률들을 통합 규율하는 것이 시도되어 자연현상으로 인한 재난에 관한 사항은 (㉠)으로, 자연재해가 아닌 재난에 관련된 사항은 (㉡)으로 제정 및 전부개정되었다. 2000년대 이후에는 범 국가차원의 안전 및 재난전담관리 시스템과 법령 정비의 필요성이 대두되었고, 이를 반영하여 (㉢)을 제정하여 시행하고 있다.

	㉠	㉡	㉢
①	소방법	재난관리법	자연재해대책법
②	재난관리법	소방법	재난 및 안전관리 기본법
③	자연재해대책법	소방법	재난관리법
④	자연재해대책법	재난관리법	재난 및 안전관리 기본법

해설

1967년 풍수해대책법 제정 후 시행되다가 1995년 자연재해대책법으로 개정하고, 자연재해가 아닌 것은 재난관리법(1995)으로 제정하였다.
2004년에는 기존의 자연재해대책법(1995 전문 개정)과 재난관리법(1995)을 통합하여 「재난 및 안전관리 기본법」(2004)이 제정되었다. 기존의 법률 연혁을 묻는 문제이다.

정답 ④

59

재난 및 안전관리 기본법령상 국가 및 지방자치단체가 행하는 재난 및 안전관리 업무를 총괄·조정하는 자는?

① 대통령
② 국무총리
③ 행정안전부 장관
④ 소방청장

해설

제6조(재난 및 안전관리 업무의 총괄·조정) 행정안전부장관은 국가 및 지방자치단체가 행하는 재난 및 안전관리 업무를 총괄·조정한다.

정답 ③

60

재난 및 안전관리 기본법령상 국가안전관리기본계획 및 집행계획에 관한 설명으로 가장 옳지 않은 것은?

① 국무총리는 국가안전관리기본계획을 5년마다 수립하여야 한다.
② 국무총리는 국가안전관리기본계획을 작성하여 중앙위원회의 심의를 거쳐 확정한 후 이를 관계 중앙행정기관의 장에게 시달하여야 한다.
③ 국무총리는 집행계획을 효율적으로 수립하기 위하여 필요한 경우에는 집행계획의 작성지침을 마련하여 관계 중앙행정기관의 장에게 통보할 수 있다.
④ 국가안전관리기본계획은 총칙, 재난에 관한 대책 그리고 생활안전, 산업안전, 시설안전, 범죄안전, 식품안전, 그밖에 이에 준하는 안전관리에 관한 대책으로 구성한다.

해설

제2장 안전관리기구 및 기능
제1절 중앙안전관리위원회 등

제9조(중앙안전관리위원회) ① 재난 및 안전관리에 관한 다음 각 호의 사항을 심의하기 위하여 국무총리 소속으로 중앙안전관리위원회(이하 "중앙위원회"라 한다)를 둔다.
 1. 재난 및 안전관리에 관한 중요 정책에 관한 사항
 2. 제22조에 따른 국가안전관리기본계획에 관한 사항
 2의2. 제10조의2에 따른 재난 및 안전관리 사업 관련 중기사업계획서, 투자우선순위 의견 및 예산요구서에 관한 사항
 3. 중앙행정기관의 장이 수립·시행하는 계획, 점검·검사, 교육·훈련, 평가 등 재난 및 안전관리업무의 조정에 관한 사항
 3의2. 안전기준관리에 관한 사항
 4. 제36조에 따른 재난사태의 선포에 관한 사항
 5. 제60조에 따른 특별재난지역의 선포에 관한 사항
 6. 재난이나 그 밖의 각종 사고가 발생하거나 발생할 우려가 있는 경우 이를 수습하기 위한 관계 기관 간 협력에 관한 중요 사항

    7. 중앙행정기관의 장이 시행하는 대통령령으로 정하는 재난 및 사고의 예방사업 추진에 관한 사항
    8. 그 밖에 위원장이 회의에 부치는 사항
② 중앙위원회의 위원장은 국무총리가 되고, 위원은 대통령령으로 정하는 중앙행정기관 또는 관계 기관·단체의 장이 된다.
③ 중앙위원회의 위원장은 중앙위원회를 대표하며, 중앙위원회의 업무를 총괄한다.
④ 중앙위원회에 간사 1명을 두며, 간사는 행정안전부장관이 된다.
⑤ 중앙위원회의 위원장이 사고 또는 부득이한 사유로 직무를 수행할 수 없을 때에는 행정안전부장관, 대통령령으로 정하는 중앙행정기관의 장 순으로 위원장의 직무를 대행한다.
⑥ 제5항에 따라 행정안전부장관 등이 중앙위원회 위원장의 직무를 대행할 때에는 행정안전부의 재난안전관리사무를 담당하는 본부장이 중앙위원회 간사의 직무를 대행한다.
⑦ 중앙위원회는 제1항 각 호의 사무가 국가안전보장과 관련된 경우에는 국가안전보장회의와 협의하여야 한다.
⑧ 중앙위원회의 위원장은 그 소관 사무에 관하여 재난관리책임기관의 장이나 관계인에게 자료의 제출, 의견 진술, 그 밖에 필요한 사항에 대하여 협조를 요청할 수 있다. 이 경우 요청을 받은 사람은 특별한 사유가 없으면 요청에 따라야 한다.
⑨ 중앙위원회의 구성과 운영 등에 필요한 사항은 대통령령으로 정한다.

제10조(안전정책조정위원회) ① 중앙위원회에 상정될 안건을 사전에 검토하고 다음 각 호의 사무를 수행하기 위하여 중앙위원회에 안전정책조정위원회(이하 "조정위원회"라 한다)를 둔다.
    1. 제9조 제1항 제3호, 제3호의2, 제6호 및 제7호의 사항에 대한 사전 조정
    2. 제23조에 따른 집행계획의 심의
    3. 제26조에 따른 국가핵심기반의 지정에 관한 사항의 심의
    4. 제71조의2에 따른 재난 및 안전관리기술 종합계획의 심의
    5. 그 밖에 중앙위원회가 위임한 사항
② 조정위원회의 위원장은 행정안전부장관이 되고, 위원은 대통령령으로 정하는 중앙행정기관의 차관 또는 차관급 공무원과 재난 및 안전관리에 관한 지식과 경험이 풍부한 사람 중에서 위원장이 임명하거나 위촉하는 사람이 된다.
③ 조정위원회에 간사위원 1명을 두며, 간사위원은 행정안전부의 재난안전관리사무를 담당하는 본부장이 된다.
④ 조정위원회의 업무를 효율적으로 처리하기 위하여 조정위원회에 실무위원회를 둘 수 있다.
⑤ 조정위원회의 위원장은 제1항에 따라 조정위원회에서 심의·조정된 사항 중 대통령령으로 정하는 중요 사항에 대해서는 조정위원회의 심의·조정 결과를 중앙위원회의 위원장에게 보고하여야 한다.
⑥ 조정위원회의 위원장은 중앙위원회 또는 조정위원회에서 심의·조정된 사항에 대한 이행상황을 점검하고, 그 결과를 중앙위원회에 보고할 수 있다.
⑦ 조정위원회 및 제4항에 따른 실무위원회의 구성 및 운영 등에 필요한 사항은 대통령령으로 정한다.

제3장 안전관리계획

제22조(국가안전관리기본계획의 수립 등) ① 국무총리는 대통령령으로 정하는 바에 따라 국가의 재난 및 안전관리업무에 관한 기본계획(이하 "국가안전관리기본계획"이라 한다)의 수립지침을 작성하여 관계 중앙행정기관의 장에게 통보하여야 한다.
② 제1항에 따른 수립지침에는 부처별로 중점적으로 추진할 안전관리기본계획의 수립에 관한 사항과 국가재난관리체계의 기본방향이 포함되어야 한다.
③ 관계 중앙행정기관의 장은 제1항에 따른 수립지침에 따라 그 소관에 속하는 재난 및 안전관리업무에 관한 기본계획을 작성한 후 국무총리에게 제출하여야 한다.
④ 국무총리는 제3항에 따라 관계 중앙행정기관의 장이 제출한 기본계획을 종합하여 국가안전관리기본계획을 작성하여 중앙위원회의 심의를 거쳐 확정한 후 이를 관계 중앙행정기관의 장에게 통보하여야 한다.
⑤ 중앙행정기관의 장은 제4항에 따라 확정된 국가안전관리기본계획 중 그 소관 사항을 관계 재난관리책임기관(중앙행정기관과 지방자치단체는 제외한다)의 장에게 통보하여야 한다.
⑥ 국가안전관리기본계획을 변경하는 경우에는 제1항부터 제5항까지를 준용한다.
⑦ 국가안전관리기본계획과 제23조의 집행계획, 제24조의 시·도안전관리계획 및 제25조의 시·군·구안전관리계획은 「민방위기본법」에 따른 민방위계획 중 재난관리분야의 계획으로 본다.
⑧ 국가안전관리기본계획에는 다음 각 호의 사항이 포함되어야 한다.

1. 재난에 관한 대책
2. 생활안전, 교통안전, 산업안전, 시설안전, 범죄안전, 식품안전, 안전취약계층 안전 및 그 밖에 이에 준하는 안전관리에 관한 대책

제23조(집행계획) ① 관계 중앙행정기관의 장은 제22조 제4항에 따라 통보받은 국가안전관리기본계획에 따라 그 소관 업무에 관한 집행계획을 작성하여 조정위원회의 심의를 거쳐 국무총리의 승인을 받아 확정한다.
② 관계 중앙행정기관의 장은 확정된 집행계획을 행정안전부장관, 시·도지사 및 제3조 제5호 나목에 따른 재난관리책임기관의 장에게 각각 통보하여야 한다.
③ 제3조 제5호 나목에 따른 재난관리책임기관의 장은 제2항에 따라 통보받은 집행계획에 따라 세부집행계획을 작성하여 관할 시·도지사와 협의한 후 소속 중앙행정기관의 장의 승인을 받아 이를 확정하여야 한다. 이 경우 그 재난관리책임기관의 장이 공공기관이나 공공단체의 장인 경우에는 그 내용을 지부 등 지방조직에 통보하여야 한다.

> 영 **제26조(국가안전관리기본계획 수립)** ① 국무총리는 법 제22조 제4항에 따른 국가안전관리기본계획(이하 "국가안전관리기본계획"이라 한다)을 5년마다 수립하여야 한다.
> ④ 관계 중앙행정기관의 장은 국가안전관리기본계획을 이행하기 위하여 필요한 예산을 반영하는 등의 조치를 하여야 한다.
> 영 **제27조(집행계획의 작성 및 제출 등)** ① 관계 중앙행정기관의 장은 매년 10월 31일까지 다음 연도의 법 제23조 제1항에 따른 집행계획(이하 "집행계획"이라 한다)을 작성하여 행정안전부장관에게 통보하여야 한다.
> ② 행정안전부장관은 집행계획을 효율적으로 수립하기 위하여 필요한 경우에는 집행계획의 작성지침을 마련하여 관계 중앙행정기관의 장에게 통보할 수 있다.
> ③ 관계 중앙행정기관의 장은 집행계획을 작성하는 경우에 필요하면 제28조에 따라 세부집행계획을 작성하여야 하는 재난관리책임기관의 장에게 집행계획의 작성에 필요한 자료의 제출을 요청할 수 있다.
> ⑤ 중앙행정기관의 장은 법 제23조 제1항에 따라 확정된 집행계획에 변경 사항이 있을 때에는 그 변경 사항을 행정안전부장관과 협의한 후 국무총리에게 보고하여야 한다. 다만, 다음 각 호의 어느 하나에 해당하는 경미한 사항은 보고를 생략할 수 있다.
> 1. 집행계획 중 재난 및 안전관리에 소요되는 비용 등의 단순 증감에 관한 사항
> 2. 다른 관계 중앙행정기관의 재난 및 안전관리에 영향을 미치지 않는 사항
> 3. 그 밖에 행정안전부장관이 집행계획의 기본방향에 영향을 미치지 않는 것으로 인정하는 사항
> 영 **제28조(세부집행계획의 작성대상자 등)** ① 법 제23조 제2항 및 제3항에 따른 재난관리책임기관의 장은 별표 1의2에 따른 재난관리책임기관의 본사에 해당하는 기관의 장으로 한다.
> ② 관계 중앙행정기관의 장은 법 제23조 제3항에 따른 세부집행계획을 효율적으로 수립하기 위하여 필요한 경우에는 세부집행계획의 작성지침을 마련하여 관계 재난관리책임기관의 장에게 통보할 수 있다.

정답 ③

61

재난 및 안전관리기본법령상 재난관리책임기관의 장이 취해야 할 재난예방조치에 해당되지 않는 것은?

① 특별재난지역의 선포
② 재난에 대응할 조직의 구성 및 정비
③ 재난의 예측과 정보전달체계의 구축
④ 재난 발생에 대비한 교육·훈련과 재난관리예방에 관한 홍보

해설

정답 ① 대통령

62

재난 및 안전관리기본법령상 재난분야 위기관리 매뉴얼의 작성·운용에 관한 설명으로 옳은 것은?

① 위기대응 실무매뉴얼은 국가적 차원에서 관리가 필요한 재난에 대하여 재난관리 체계와 관계 기관의 임무와 역할을 규정한 문서이다.
② 현장조치 행동매뉴얼은 위기관리 표준매뉴얼에서 규정하는 기능과 역할에 따라 실제 재난대응에 필요한 조치 상황 및 절차를 규정한 문서이다.
③ 위기관리 표준매뉴얼은 재난현장에서 임무를 직접 수행하는 기관의 행동조치 절차를 구체적으로 수록한 문서이다.
④ 재난관리책임기관의 장이 위기관리 매뉴얼을 작성·운용하는 경우 재난대응활동계획과 위기관리 매뉴얼은 서로 연계되도록 하여야 한다.

해설

제34조의5(재난분야 위기관리 매뉴얼 작성·운용) ① 재난관리책임기관의 장은 재난을 효율적으로 관리하기 위하여 재난유형에 따라 다음 각 호의 위기관리 매뉴얼을 작성·운용하여야 한다. <u>이 경우 재난대응활동계획과 위기관리 매뉴얼이 서로 연계되도록 하여야 한다.</u>
   1. 위기관리 표준매뉴얼: 국가적 차원에서 관리가 필요한 재난에 대하여 재난관리 체계와 관계 기관의 임무와 역할을 규정한 문서로 위기대응 실무매뉴얼의 작성 기준이 되며, 재난관리주관기관의 장이 작성한다. 다만, 다수의 재난관리주관기관이 관련되는 재난에 대해서는 관계 재난관리주관기관의 장과 협의하여 행정안전부장관이 위기관리 표준매뉴얼을 작성할 수 있다.
   2. 위기대응 실무매뉴얼: 위기관리 표준매뉴얼에서 규정하는 기능과 역할에 따라 실제 재난대응에 필요한 조치사항 및 절차를 규정한 문서로 재난관리주관기관의 장과 관계 기관의 장이 작성한다. 이 경우 재난관리주관기관의 장은 위기대응 실무매뉴얼과 제1호에 따른 위기관리 표준매뉴얼을 통합하여 작성할 수 있다.
   3. 현장조치 행동매뉴얼: 재난현장에서 임무를 직접 수행하는 기관의 행동조치 절차를 구체적으로 수록한 문서로 위기대응 실무매뉴얼을 작성한 기관의 장이 지정한 기관의 장이 작성하되, 시장·군수·구청장은 재난유형별 현장조치 행동매뉴얼을 통합하여 작성할 수 있다. 다만, 현장조치 행동매뉴얼 작성 기관의 장이 다른 법령에 따라 작성한 계획·매뉴얼 등에 재난유형별 현장조치 행동매뉴얼에 포함될 사항이 모두 포함되어 있는 경우 해당 재난유형에 대해서는 현장조치 행동매뉴얼이 작성된 것으로 본다.
② 행정안전부장관은 재난유형별 위기관리 매뉴얼의 작성 및 운용기준을 정하여 재난관리책임기관의 장에게 통보할 수 있다.
③ 재난관리주관기관이 장이 작성한 위기관리 표준매뉴얼은 행정안전부장관의 승인을 받아 이를 확정하고, 위기대응 실무매뉴얼과 연계하여 운용하여야 한다.
④ 재난관리주관기관의 장은 위기관리 표준매뉴얼 및 위기대응 실무매뉴얼을 정기적으로 점검하여야 한다.
⑤ 행정안전부장관은 재난유형별 위기관리 매뉴얼의 표준화 및 실효성 제고를 위하여 대통령령으로 정하는 위기관리 매뉴얼협의회를 구성·운영할 수 있다.
⑥ 재난관리주관기관의 장은 소관 분야 재난유형의 위기대응 실무매뉴얼 및 현장조치 행동매뉴얼을 조정·승인하고 지도·관리를 하여야 하며, 소관분야 위기관리 매뉴얼을 새로이 작성하거나 변경한 때에는 이를 행정안전부장관에게 통보하여야 한다.
⑦ 시장·군수·구청장이 작성한 현장조치 행동매뉴얼에 대하여는 시·도지사의 승인을 받아야 한다. 시·도지사는 현장조치 행동매뉴얼을 승인하는 때에는 재난관리주관기관의 장이 작성한 위기대응 실무매뉴얼과 연계되도록 하여야 하며, 승인 결과를 재난관리주관기관의 장 및 행정안전부장관에게 보고하여야 한다.
⑧ 행정안전부장관은 위기관리 매뉴얼의 체계적인 운용을 위하여 관리시스템을 구축·운영할 수 있으며, 제3항부터 제7항까지의 규정에 따른 위기관리 매뉴얼의 작성·운용 등 필요한 사항은 대통령령으로 정한다.
⑨ 행정안전부장관은 재난관리업무를 효율적으로 하기 위하여 대통령령으로 정하는 바에 따라 위기관리에 필요한 매뉴얼 표준안을 연구·개발하여 보급할 수 있다. 이 경우 다음 각 호의 사항을 고려하여야 한다.

1. 재난유형에 따른 국민행동요령의 표준화
2. 재난유형에 따른 예방·대비·대응·복구 단계별 조치사항에 관한 연구 및 표준화
3. 재난현장에서의 대응과 상호협력 절차에 관한 연구 및 표준화
4. 안전취약계층의 특성을 반영한 연구·개발
5. 그 밖에 위기관리에 관한 매뉴얼의 개선·보완에 필요한 사항

⑩ 행정안전부장관은 위기관리 매뉴얼의 작성·운용 실태를 정기적으로 점검하여야 하며, 필요한 경우 이를 시정 또는 보완하기 위하여 위기관리 매뉴얼을 작성·운용하는 기관의 장에게 필요한 조치를 하도록 권고할 수 있다. 이 경우 권고를 받은 기관의 장은 특별한 사유가 없으면 이에 따라야 한다.

제34조의6(다중이용시설 등의 위기상황 매뉴얼 작성·관리 및 훈련) ① 대통령령으로 정하는 다중이용시설 등의 소유자·관리자 또는 점유자는 대통령령으로 정하는 바에 따라 위기상황에 대비한 매뉴얼(이하 "위기상황 매뉴얼"이라 한다)을 작성·관리하여야 한다. 다만, 다른 법령에서 위기상황에 대비한 대응계획 등의 작성·관리에 관하여 규정하고 있는 경우에는 그 법령에서 정하는 바에 따른다.

② 제1항에 따른 소유자·관리자 또는 점유자는 대통령령으로 정하는 바에 따라 위기상황 매뉴얼에 따른 훈련을 주기적으로 실시하여야 한다. 다만, 다른 법령에서 위기상황에 대비한 대응계획 등의 훈련에 관하여 규정하고 있는 경우에는 그 법령에서 정하는 바에 따른다.

③ 행정안전부장관, 관계 중앙행정기관의 장 또는 지방자치단체의 장은 위기상황 매뉴얼(제1항 단서 및 제2항 단서에 따른 위기상황에 대비한 대응계획 등을 포함한다)의 작성·관리 및 훈련실태를 점검하고 필요한 경우에는 개선명령을 할 수 있다.

정답 ④

63

재난 및 안전관리기본법령상 재난유형별 긴급구조대응계획에 포함되어야 할 사항으로 옳지 않은 것은?

① 재난 발생 단계별 주요 긴급구조 대응활동 사항
② 비상경고 방송메시지 작성 등에 관한 사항
③ 주요 재난 유형별 대응 매뉴얼에 관한 사항
④ 재난현장 접근 통제 및 치안유지 등에 관한 사항

해설

영 제63조(긴급구조대응계획의 수립) ① 법 제54조에 따라 긴급구조기관의 장이 수립하는 긴급구조대응계획은 기본계획, 기능별 긴급구조대응계획, 재난유형별 긴급구조대응계획으로 구분하되, 구분된 계획에 포함되어야 하는 사항은 다음 각호와 같다.

1. 기본계획
   가. 긴급구조대응계획의 목적 및 적용범위
   나. 긴급구조대응계획의 기본방침과 절차
   다. 긴급구조대응계획의 운영책임에 관한 사항
2. 기능별 긴급구조대응계획
   가. 지휘통제: 긴급구조체제 및 중앙통제단과 지역통제단의 운영체계 등에 관한 사항
   나. 비상경고: 긴급대피, 상황 전파, 비상연락 등에 관한 사항
   다. 대중정보: 주민보호를 위한 비상방송시스템 가동 등 긴급 공공정보 제공에 관한 사항 및 재난상황 등에 관한 정보 통제에 관한 사항

라. 피해상황분석: 재난현장상황 및 피해정보의 수집·분석·보고에 관한 사항
마. 구조·진압: 인명 수색 및 구조, 화재진압 등에 관한 사항
바. 응급의료: 대량 사상자 발생 시 응급의료서비스 제공에 관한 사항
사. 긴급오염통제: 오염 노출 통제, 긴급 감염병 방제 등 재난현장 공중보건에 관한 사항
아. 현장통제: 재난현장 접근 통제 및 치안 유지 등에 관한 사항
자. 긴급복구: 긴급구조활동을 원활하게 하기 위한 긴급구조차량 접근 도로 복구 등에 관한 사항
차. 긴급구호: 긴급구조요원 및 긴급대피 수용주민에 대한 위기 상담, 임시 의식주 제공 등에 관한 사항
카. 재난통신: 긴급구조기관 및 긴급구조지원기관 간 정보통신체계 운영 등에 관한 사항
3. 재난유형별 긴급구조대응계획
　　가. 재난 발생 단계별 주요 긴급구조 대응활동 사항
　　나. 주요 재난유형별 대응 매뉴얼에 관한 사항
　　다. 비상경고 방송메시지 작성 등에 관한 사항
② 긴급구조기관의 장은 긴급구조대응계획을 수립하기 위하여 필요한 경우에는 긴급구조지원기관의 장에게 소관별 긴급구조세부대응계획을 수립하여 제출하도록 요청할 수 있다. 이 경우 긴급구조기관의 장은 긴급구조세부대응계획의 작성에 필요한 긴급구조세부대응계획의 수립에 관한 지침을 작성하여 배포하여야 한다.

정답 ④

64

재난 및 안전관리기본법령상 특별재난지역 선포에 관한 내용 중 (　) 안에 들어갈 내용으로 옳은 것은?

> 중앙대책본부장은 대통령령으로 정하는 규모의 재난이 발생하여 국가의 안녕 및 사회질서의 유지에 중대한 영향을 미치거나 피해를 효과적으로 수습하기 위하여 특별한 조치가 필요하다고 인정하거나 지역대책본부장의 요청이 타당하다고 인정하는 경우에는 중앙위원회의 심의를 거쳐 해당 지역을 특별재난지역으로 선포할 것을 (　)에게 건의할 수 있다.

① 대통령
② 국무총리
③ 행정안전부 장관
④ 소방청장

해설

제60조(특별재난지역의 선포) ① 중앙대책본부장은 대통령령으로 정하는 규모의 재난이 발생하여 국가의 안녕 및 사회질서의 유지에 중대한 영향을 미치거나 피해를 효과적으로 수습하기 위하여 특별한 조치가 필요하다고 인정하거나 제3항에 따른 지역대책본부장의 요청이 타당하다고 인정하는 경우에는 중앙위원회의 심의를 거쳐 해당 지역을 특별재난지역으로 선포할 것을 대통령에게 건의할 수 있다.
② 제1항에 따라 특별재난지역의 선포를 건의 받은 대통령은 해당 지역을 특별재난지역으로 선포할 수 있다.
③ 지역대책본부장은 관할지역에서 발생한 재난으로 인하여 제1항에 따른 사유가 발생한 경우에는 중앙대책본부장에게 특별재난지역의 선포 건의를 요청할 수 있다.

정답 ①

65

재난 및 안전관리기본법령상 재난관리기금에 관한 설명으로 옳은 것은?

① 국가는 매월 재난관리기금을 적립하여야 한다.
② 매월 최저적립액은 1백만 원으로 한다.
③ 행정안전부 장관은 매년도 최저적립액의 100분의 10이하의 금액을 예치하여야 한다.
④ 시·도지사 및 시장·군수·구청장은 전용 계좌를 개설하여 매년 적립하는 재난관리기금을 관리하여야 한다.

해설

제67조(재난관리기금의 적립) ① 지방자치단체는 재난관리에 드는 비용에 충당하기 위하여 매년 재난관리기금을 적립하여야 한다.
② 제1항에 따른 재난관리기금의 매년도 최저적립액은 최근 3년 동안의 「지방세법」에 의한 보통세의 수입결산액의 평균연액의 100분의 1에 해당하는 금액으로 한다.

제68조(재난관리기금의 운용 등) ① 재난관리기금에서 생기는 수입은 그 전액을 재난관리기금에 편입하여야 한다.
② 제67조 제2항에 따른 매년도 최저적립액 중 대통령령으로 정하는 일정 비율 이상은 응급복구 또는 긴급한 조치에 우선적으로 사용하여야 한다.
③ 제1항 및 제2항에 따른 재난관리기금의 용도·운용 및 관리에 필요한 사항은 대통령령으로 정한다.

> **영 제74조(재난관리기금의 용도)** 법 제68조에 따른 재난관리기금의 용도는 다음 각 호와 같다.
> 1. 지방자치단체가 수행하는 공공분야 재난관리 활동의 범위에서 해당 지방자치단체의 조례로 정하는 것. 다만, 다음 각 목의 어느 하나에 해당하는 것은 제외한다.
>   가. 「보조금 관리에 관한 법률」 제4조에 따라 보조금의 예산 계상을 신청하여 보조금에 관한 예산이 확정된 보조사업에 대한 지방비 부담분
>   나. 「자연재해대책법」 등 재난관련 법령에 따른 재난 및 안전관리 사업 계획에 반영되지 않은 사항에 드는 비용. 다만, 응급 복구 및 긴급한 조치에 소요되는 비용은 제외한다.
> 2. 지방자치단체 외의 자가 소유하거나 점유하는 시설에 대한 다음 각 목의 어느 하나에 해당하는 안전조치 비용으로서 해당 지방자치단체의 조례로 정하는 것
>   가. 공중의 안전에 위해를 끼칠 수 있는 경우로서 다음의 요건을 모두 충족하는 시설에 대한 안전조치
>   1) 「자연재해대책법」 등 재난관련 법령에 따라 지정된 지역 또는 지구에 위치한 시설일 것
>   2) 소유자 또는 점유자의 부재나 주소·거소가 불분명한 경우 등 소유자 또는 점유자를 특정하기 어렵거나 경제적 사정 등으로 인해 소유자 또는 점유자에게 안전조치를 기대하기 어려운 경우일 것
>   나. 법 제31조 제4항에 따라 지방자치단체의 장이 재난예방을 위해 실시하는 안전조치
>
> **영 제75조(재난관리기금의 운용·관리)** ① 시·도지사 및 시장·군수·구청장은 전용 계좌를 개설하여 법 제67조에 따라 매년 적립하는 재난관리기금을 관리하여야 한다.
> ② 시·도지사 및 시장·군수·구청장은 법 제67조 제2항에 따른 매년도 최저적립액(이하 "최저적립액"이라 한다)의 100분의 15 이상의 금액(이하 이 조에서 "의무예치금액"이라 한다)을 금융회사 등에 예치하여 관리하여야 한다. 다만, 의무예치금액의 누적 금액이 해당 연도를 기준으로 법 제67조 제2항에 따른 매년도 최저적립액의 10배를 초과한 경우에는 해당 연도의 의무예치금액을 매년도 최저적립액의 100분의 5로 낮추어 예치할 수 있다.
> ③ 법 제68조 제2항에서 "대통령령으로 정하는 일정 비율"이란 해당 연도의 최저적립액의 100분의 21을 말한다.
> ④ 제74조에 따른 용도로 사용할 수 있는 재난관리기금은 제2항에 따른 금액을 제외하고 남은 금액과 그 이자를 초과할 수 없다. 다만, 「자연재난 구호 및 복구비용 부담기준 등에 관한 규정」 제5조 제1항에 따른 국고 지원 대상 피해기준금액의 5배를 초과하는 피해가 발생한 경우에는 의무예치금액의 일부를 사용할 수 있다.
> ⑤ 제1항부터 제4항까지 규정한 사항 외에 재난관리기금의 운용·관리에 필요한 사항은 해당 지방자치단체의 조례로 정한다.

정답 ④

66

재난 및 안전관리기본법령상 중앙안전관리위원회의 재난 및 안전관리에 관한 심의사항으로 옳지 않은 것은?

① 재난관리기금의 적립현황에 관한 사항
② 재난 및 안전관리에 관한 중요 정책에 관한 사항
③ 재난사태의 선포에 관한 사항
④ 특별재난지역의 선포에 관한 사항

해설

제9조(중앙안전관리위원회) ① 재난 및 안전관리에 관한 다음 각 호의 사항을 심의하기 위하여 국무총리 소속으로 중앙안전관리위원회(이하 "중앙위원회"라 한다)를 둔다.
  1. 재난 및 안전관리에 관한 중요 정책에 관한 사항
  2. 제22조에 따른 국가안전관리기본계획에 관한 사항
  2의2. 제10조의2에 따른 재난 및 안전관리 사업 관련 중기사업계획서, 투자우선순위 의견 및 예산요구서에 관한 사항
  3. 중앙행정기관의 장이 수립·시행하는 계획, 점검·검사, 교육·훈련, 평가 등 재난 및 안전관리업무의 조정에 관한 사항
  3의2. 안전기준관리에 관한 사항
  4. 제36조에 따른 재난사태의 선포에 관한 사항
  5. 제60조에 따른 특별재난지역의 선포에 관한 사항
  6. 재난이나 그 밖의 각종 사고가 발생하거나 발생할 우려가 있는 경우 이를 수습하기 위한 관계 기관 간 협력에 관한 중요 사항
  7. 중앙행정기관의 장이 시행하는 대통령령으로 정하는 재난 및 사고의 예방사업 추진에 관한 사항
  8. 그 밖에 위원장이 회의에 부치는 사항
② 중앙위원회의 위원장은 국무총리가 되고, 위원은 대통령령으로 정하는 중앙행정기관 또는 관계 기관·단체의 장이 된다.
③ 중앙위원회의 위원장은 중앙위원회를 대표하며, 중앙위원회의 업무를 총괄한다.
④ 중앙위원회에 간사 1명을 두며, 간사는 행정안전부장관이 된다.
⑤ 중앙위원회의 위원장이 사고 또는 부득이한 사유로 직무를 수행할 수 없을 때에는 행정안전부장관, 대통령령으로 정하는 중앙행정기관의 장 순으로 위원장의 직무를 대행한다.
⑥ 제5항에 따라 행정안전부장관 등이 중앙위원회 위원장의 직무를 대행할 때에는 행정안전부의 재난안전관리사무를 담당하는 본부장이 중앙위원회 간사의 직무를 대행한다.
⑦ 중앙위원회는 제1항 각 호의 사무가 국가안전보장과 관련된 경우에는 국가안전보장회의와 협의하여야 한다.
⑧ 중앙위원회의 위원장은 그 소관 사무에 관하여 재난관리책임기관의 장이나 관계인에게 자료의 제출, 의견 진술, 그 밖에 필요한 사항에 대하여 협조를 요청할 수 있다. 이 경우 요청을 받은 사람은 특별한 사유가 없으면 요청에 따라야 한다.
⑨ 중앙위원회의 구성과 운영 등에 필요한 사항은 대통령령으로 정한다.

제10조(안전정책조정위원회) ① 중앙위원회에 상정될 안건을 사전에 검토하고 다음 각 호의 사무를 수행하기 위하여 중앙위원회에 안전정책조정위원회(이하 "조정위원회"라 한다)를 둔다.
  1. 제9조 제1항 제3호, 제3호의2, 제6호 및 제7호의 사항에 대한 사전 조정
  2. 제23조에 따른 집행계획의 심의
  3. 제26조에 따른 국가핵심기반의 지정에 관한 사항의 심의
  4. 제71조의2에 따른 재난 및 안전관리기술 종합계획의 심의
  5. 그 밖에 중앙위원회가 위임한 사항
② 조정위원회의 위원장은 행정안전부장관이 되고, 위원은 대통령령으로 정하는 중앙행정기관의 차관 또는 차관급 공무원과 재난 및 안전관리에 관한 지식과 경험이 풍부한 사람 중에서 위원장이 임명하거나 위촉하는 사람이 된다.
③ 조정위원회에 간사위원 1명을 두며, 간사위원은 행정안전부의 재난안전관리사무를 담당하는 본부장이 된다.

④ 조정위원회의 업무를 효율적으로 처리하기 위하여 조정위원회에 실무위원회를 둘 수 있다.
⑤ 조정위원회의 위원장은 제1항에 따라 조정위원회에서 심의·조정된 사항 중 대통령령으로 정하는 중요 사항에 대해서는 조정위원회의 심의·조정 결과를 중앙위원회의 위원장에게 보고하여야 한다.
⑥ 조정위원회의 위원장은 중앙위원회 또는 조정위원회에서 심의·조정된 사항에 대한 이행상황을 점검하고, 그 결과를 중앙위원회에 보고할 수 있다.
⑦ 조정위원회 및 제4항에 따른 실무위원회의 구성 및 운영 등에 필요한 사항은 대통령령으로 정한다.

정답 ①

67

자연재해대책법령상 ( ) 안에 들어갈 내용으로 옳은 것은?

> 행정안전부장관이 직접 시행할 수 있는 대규모 재해복구사업은 법 제46조 제2항에 따라 확정·통보된 재해복구계획을 기준으로 총 복구비(용지보상비를 포함한다)가 (   )억원 이상인 사업을 말한다.

① 20억원
② 30억원
③ 40억원
④ 50억원

해설

법 제49조의2(대규모 재해복구사업 및 지구단위종합복구사업의 시행) ① 제46조 제2항에 따른 지방자치단체 소관 재해복구계획 중 대규모이거나 전문성과 기술력이 요구되는 재해복구사업은 행정안전부장관 또는 관계 중앙행정기관의 장이 직접 시행할 수 있다.
② 지구단위종합복구계획에 따라 시행하는 재해복구사업(이하 "지구단위종합복구사업"이라 한다) 중 근원적인 자연재해 원인의 해소가 필요하거나 국가 차원의 전문성과 기술력 등의 지원이 필요한 지구단위종합복구사업은 관계 중앙행정기관의 장이, 일정 규모 이상의 지구단위종합복구사업은 행정안전부장관이 직접 시행할 수 있다.
③ 제1항 또는 제2항에 따라 행정안전부장관 또는 관계 중앙행정기관의 장이 직접 시행하는 대규모 재해복구사업 또는 지구단위종합복구사업의 대상, 규모 및 시행절차 등에 필요한 사항은 대통령령으로 정한다.
영 제36조의2(대규모 재해복구사업 및 지구단위종합복구사업의 대상 및 규모) ① 법 제49조의2 제1항에 따라 행정안전부장관이 직접 시행할 수 있는 대규모 재해복구사업은 법 제46조 제2항에 따라 확정·통보된 재해복구계획을 기준으로 총 복구비(용지보상비를 포함한다)가 50억원 이상인 사업을 말한다.
② 법 제49조의2 제2항에 따라 행정안전부장관이 직접 시행할 수 있는 일정 규모 이상의 지구단위종합복구사업은 법 제46조 제2항에 따라 확정·통보된 지구단위종합복구계획을 기준으로 총 복구비(용지보상비를 포함한다)가 300억원 이상인 사업으로 한다.

정답 ④

68

재난현장 표준작전절차(SOP) 중 화재유형별 표준작전절차에 부여되는 일련번호는?

① 표준작전절차(SOP) 100부터 199까지
② 표준작전절차(SOP) 200부터 299까지
③ 표준작전절차(SOP) 300부터 399까지
④ 표준작전절차(SOP) 400부터 499까지

해설

지휘	100~
화재	200~
사고	300~
구급	400~
상황	500~

제10조(재난현장 표준작전절차) ① 제9조 제2항에 따른 재난현장 표준작전절차는 소방청장이 다음 각 호의 구분에 따라 작성한다.
  1. 지휘통제절차: 표준작전절차(SOP) 100부터 199까지의 일련번호를 부여하여 작성한다.
  2. 화재유형별 표준작전절차: 표준작전절차(SOP) 200부터 299까지의 일련번호를 부여하여 작성한다.
  3. 사고유형별 표준작전절차: 표준작전절차(SOP) 300부터 399까지의 일련번호를 부여하여 작성한다.
  4. 구급단계별 표준작전절차: 표준작전절차(SOP) 400부터 499까지의 일련번호를 부여하여 작성한다.
  5. 상황단계별 표준작전절차: 표준작전절차(SOP) 500부터 599까지의 일련번호를 부여하여 작성한다.
  6. 현장 안전관리 표준지침: 표준지침(SSG) 1부터 99까지의 일련번호를 부여하여 작성한다.
② 긴급구조기관의 장은 제1항의 규정에 의한 재난현장 표준작전절차를 사용하되 지역특성에 따라 이를 변경하여 적용할 수 있다.
③ 그밖에 재난현장 표준작전절차에 관한 사항은 소방청장이 정하는 바에 의한다.

정답 ②

69

자연재해대책법령상 용어의 정의로 옳지 않은 것은?

① "침수흔적도"란 풍수해로 인한 침수 기록을 표시한 도면을 말한다.
② "재해영향성검토"란 자연재해에 영향을 미치는 행정계획으로 인한 재해 유발 요인을 예측·분석하고 이에 대한 대책을 마련하는 것을 말한다.
③ "재해영향평가"란 자연재해에 영향을 미치는 개발사업으로 인한 재해 유발 요인을 조사·예측·평가하고 이에 대한 대책을 마련하는 것을 말한다.
④ "지구단위 홍수방어기준"이란 풍수해로부터 시설물의 수해 내구성(耐久性)을 강화하고 지하 공간의 침수를 방지하기 위하여 관계 중앙행정기관의 장 또는 행정안전부장관이 정하는 기준을 말한다.

제2조(정의) 이 법에서 사용하는 용어의 뜻은 다음과 같다.

1. "재해"란 「재난 및 안전관리 기본법」(이하 "기본법"이라 한다) 제3조 제1호에 따른 재난으로 인하여 발생하는 피해를 말한다.
2. "자연재해"란 기본법 제3조 제1호 가목에 따른 자연재난(이하 "자연재난"이라 한다)으로 인하여 발생하는 피해를 말한다.
3. "풍수해"(風水害)란 태풍, 홍수, 호우, 강풍, 풍랑, 해일, 조수, 대설, 그밖에 이에 준하는 자연현상으로 인하여 발생하는 재해를 말한다.
4. "재해영향성검토"란 자연재해에 영향을 미치는 행정계획으로 인한 재해 유발 요인을 예측·분석하고 이에 대한 대책을 마련하는 것을 말한다.
5. "재해영향평가"란 자연재해에 영향을 미치는 개발사업으로 인한 재해 유발 요인을 조사·예측·평가하고 이에 대한 대책을 마련하는 것을 말한다.
6. "자연재해저감 종합계획"이란 지역별로 자연재해의 예방 및 저감(低減)을 위하여 특별시장·광역시장·특별자치시장·도지사·특별자치도지사(이하 "시·도지사"라 한다) 및 시장·군수가 지역안전도에 대한 진단 등을 거쳐 수립한 종합계획을 말한다.
7. "우수유출저감시설"이란 우수(雨水)의 직접적인 유출을 억제하기 위하여 인위적으로 우수를 지하로 스며들게 하거나 지하에 가두어 두는 시설을 말한다.
8. "수방기준"(水防基準)이란 풍수해로부터 시설물의 수해 내구성(耐久性)을 강화하고 지하 공간의 침수를 방지하기 위하여 관계 중앙행정기관의 장 또는 행정안전부장관이 정하는 기준을 말한다.
9. "침수흔적도"란 풍수해로 인한 침수 기록을 표시한 도면을 말한다.
10. "재해복구보조금"이란 중앙행정기관이 재해복구사업을 위하여 특별시·광역시·특별자치시·도·특별자치도(이하 "시·도"라 한다) 및 시·군·구(자치구를 말한다. 이하 같다)에 지원하는 보조금을 말한다.
11. 삭제
12. "지구단위 홍수방어기준"이란 상습침수지역이나 재해위험도가 높은 지역에 대하여 침수 피해를 방지하기 위하여 행정안전부장관이 정한 기준을 말한다.
13. "재해지도"란 풍수해로 인한 침수 흔적, 침수 예상 및 재해정보 등을 표시한 도면을 말한다.
14. "방재관리대책대행자"란 재해영향성검토 등 방재관리대책에 관한 업무를 전문적으로 대행하기 위하여 제38조 제2항에 따라 행정안전부장관에게 등록한 자를 말한다.
15. "지역안전도 진단"이란 자연재해 위험에 대하여 지역별로 안전도를 진단하는 것을 말한다.
16. "방재기술"이란 자연재해의 예방·대비·대응·복구 및 기후변화에 신속하고 효율적인 대처를 통하여 인명과 재산 피해를 최소화시킬 수 있는 자연재해에 대한 예측·규명·저감·정보화 및 방재 관련 제품생산·제도·정책 등에 관한 모든 기술을 말한다.
17. "방재산업"이란 방재시설의 설계·시공·제작·관리, 방재제품의 생산·유통, 이와 관련된 서비스의 제공, 그 밖에 자연재해의 예방·대비·대응·복구 및 기후변화 적응과 관련된 산업을 말한다.

정답 ④

70
자연재해대책법령상 무단으로 침수흔적 표지를 훼손한 자에 대한 벌칙부과 기준은?

① 300만원 이하의 과태료
② 500만원 이하의 벌금
③ 500만원 이하의 과태료
④ 2천만원 이하의 벌금

해설

제7장 벌칙

제77조(벌칙) ① 제6조의4 제2항 또는 제3항에 따른 공사 중지 명령을 이행하지 아니한 자는 2년 이하의 징역 또는 2천만원 이하의 벌금에 처한다.
② 제38조 제2항에 따른 대행자 등록을 하지 아니하고 방재관리대책 업무를 대행한 자는 1년 이하의 징역 또는 1천만원 이하의 벌금에 처한다.
③ 다음 각 호의 어느 하나에 해당하는 자는 500만원 이하의 벌금에 처한다.
  1. 제37조 제1항에 따른 비상대처계획을 수립하지 아니한 자
  2. 제65조 제3항에 따라 위탁받은 전문교육과정의 출석일수를 허위로 작성하는 등 거짓이나 부정한 방법으로 전문교육과정을 운영한 자

제79조(과태료) ① 다음 각 호의 어느 하나에 해당하는 자에게는 500만원 이하의 과태료를 부과한다.
  1. 제6조 제3항을 위반하여 관리책임자를 지정하여 통보하지 아니한 자
  2. 제6조 제4항을 위반하여 관리대장에 재해영향평가등의 협의 내용의 이행 상황 등을 기록하지 아니하거나 관리대장을 공사 현장에 갖추어 두지 아니한 자
  3. 제6조의2를 위반하여 사업의 착공·준공 또는 중지의 통보를 하지 아니한 자
  4. 제6조의4 제1항 또는 제3항에 따른 조치 명령을 이행하지 아니한 자
② 다음 각 호의 어느 하나에 해당하는 자에게는 300만원 이하의 과태료를 부과한다.
  1. 제12조 제2항에 따른 자연재해위험개선지구의 재해 예방을 위한 점검·정비 명령을 이행하지 아니한 자
  2. 제19조의6 제1항에 따른 우수유출저감시설을 설치하지 아니한 자
  3. 제21조 제2항에 따른 침수흔적 등의 조사를 방해하거나 무단으로 침수흔적 표지를 훼손한 자
  4. 제25조의3 제2항에 따른 해일위험지구의 재해 예방을 위한 점검·정비 명령을 이행하지 아니한 자
  5. 제40조에 따른 준수사항을 위반한 자
  6. 제41조에 따른 신고를 하지 아니하고 사업을 휴업하거나 폐업한 자
  7. 제41조의2에 따른 실태 점검을 거부·기피·방해하거나 거짓 자료를 제출한 대행자 및 방재관리대책 업무를 대행하게 한 자
③ 제1항 및 제2항에 따른 과태료는 대통령령으로 정하는 바에 따라 행정안전부장관, 시·도지사, 시장·군수 또는 구청장이 부과·징수한다.

유제	태풍, 지진, 해일 등 자연현상으로 인하여 대규모 인명 또는 재산의 피해가 우려되는 댐, 다중이용시설 또는 해안지역 등에 대하여 시설물 또는 지역의 관리주체는 피해 경감을 위한 비상대처계획을 수립하여야 한다. 비상대처계획을 수립하지 아니한 자에 대한 벌칙부과는?

① 1,000만원 이하의 벌금
② 500만원 이하의 벌금
③ 500만원 이하의 과태료
④ 300만원 이하의 과태료

해설

제37조(각종 시설물 등의 비상대처계획 수립) ① 태풍, 지진, 해일 등 자연현상으로 인하여 대규모 인명 또는 재산의 피해가 우려되는 댐, 다중이용시설 또는 해안지역 등에 대하여 시설물 또는 지역의 관리주체는 피해 경감을 위한 비상대처계획을 수립하여야 한다.
② 제1항에 따라 비상대처계획을 수립하여야 하는 시설물 또는 지역의 종류 및 규모 등은 다음 각 호의 시설물 또는 지역 중에서 대통령령으로 정한다. 다만, 다른 법령에 따라 비상대처계획의 수립에 관하여 특별한 규정이 있는 경우에는 그 법령에 따라 수립할 수 있다.
  1. 내진설계 대상 시설물
  2. 해일, 하천 범람, 호우, 태풍 등으로 피해가 우려되는 시설물
  3. 댐 및 저수지
  4. 자연재해위험개선지구 중 비상대처계획의 수립이 필요하다고 지방자치단체의 장이 인정하는 지역 등
③ 행정안전부장관은 제1항에 따른 비상대처계획 수립을 효율적으로 지원하기 위하여 비상대처계획수립지침을 작성하여 배포할 수 있다.
④ 비상대처계획 수립 절차 및 비상대처계획에 포함되어야 할 사항과 그 밖에 비상대처계획 수립을 위하여 필요한 사항은 대통령령으로 정한다.
⑤ 제1항에 따른 시설물 또는 지역의 관리주체는 비상대처계획을 수립할 때에는 관할 지방자치단체의 장과 사전에 협의하여야 한다. 이 경우 해당 지방자치단체의 장은 비상대처계획의 보완을 요구할 수 있고 요구를 받은 시설물 또는 지역의 관리주체는 특별한 사유가 없으면 요구에 따라야 한다.
⑥ 지방자치단체의 장은 필요하면 제1항과 제2항에 따른 비상대처계획의 수립 실태를 점검할 수 있다.

정답 ②

71

자연재해대책법령상 상습침수지역, 산사태위험지역 등 지형적인 여건 등으로 인하여 재해가 발생할 우려가 있는 지역을 자연재해위험개선지구로 지정·고시할 수 있는 자는?

① 시장·군수·구청장
② 경찰서장
③ 소방서장
④ 소방본부장

해설

제12조(자연재해위험개선지구의 지정 등) ① 시장·군수·구청장은 상습침수지역, 산사태위험지역 등 지형적인 여건 등으로 인하여 재해가 발생할 우려가 있는 지역을 자연재해위험개선지구로 지정·고시하고, 그 결과를 시·도지사를 거쳐(특별자치시장이 보고하는 경우는 제외한다) 행정안전부장관과 관계 중앙행정기관의 장에게 보고하여야 한다. 이 경우 「토지이용규제 기본법」 제8조 제2항에 따라 지형도면을 함께 고시하여야 한다.

② 시장·군수·구청장은 제1항에 따라 지정된 자연재해위험개선지구를 관할하는 관계 기관(군부대를 포함한다) 또는 그 지구에 속해 있는 시설물의 소유자·점유자 또는 관리인(이하 이 조에서 "관계인"이라 한다)에게 행정안전부령으로 정하는 바에 따라 재해 예방에 필요한 한도에서 점검·정비 등 필요한 조치를 할 것을 요청하거나 명할 수 있다.

③ 제2항에 따라 재해 예방에 필요한 조치를 하도록 요청받거나 명령받은 관계 기관 또는 관계인은 필요한 조치를 하고 그 결과를 시장·군수·구청장에게 통보하여야 한다.

④ 시장·군수·구청장은 대통령령으로 정하는 자연재해위험개선지구에 대하여 직권으로 제2항에 따른 조치를 하거나 소유자에게 그 조치에 드는 비용의 일부를 보조할 수 있다.

⑤ 시장·군수·구청장은 자연재해위험개선지구 정비사업 시행 등으로 재해 위험이 없어진 경우에는 관계 전문가의 의견을 수렴하여 자연재해위험개선지구 지정을 해제하고 그 결과를 고시하여야 한다.

⑥ 행정안전부장관 및 시·도지사는 제1항에 따른 자연재해위험개선지구의 지정이 필요함에도 불구하고 시장·군수·구청장이 자연재해위험개선지구로 지정하지 아니하는 경우에는 해당 지역을 자연재해위험개선지구로 지정·고시하도록 권고할 수 있다. 이 경우 시장·군수·구청장은 특별한 사유가 없는 한 이에 따라야 한다.

정답 ①

72

긴급구조대응활동 및 현장지휘에 관한 규칙상 긴급구조지휘대의 구성 및 기능에 관한 설명으로 옳지 않은 것은?

① 주요 긴급구조지원기관과의 합동으로 현장지휘의 조정·통제하는 기능을 수행한다.
② 통제단이 설치·운영되는 경우 신속기동요원은 대응계획부에 배치된다.
③ 경찰청 및 경찰서의 긴급구조지휘대는 재난발생 후에 구성·운영하여야 한다.
④ 통제단이 설치·운영되는 경우 통신지휘요원은 구조진압반에 배치된다.

해설

영 제65조(긴급구조지휘대 구성·운영) ① 법 제55조 제2항에 따른 긴급구조지휘대는 다음 각 호의 사람으로 구성하여야 한다.
1. 신속기동요원
2. 자원지원요원
3. 통신지휘요원
4. 안전담당요원
5. 경찰관서에서 파견된 연락관
6. 「응급의료에 관한 법률」 제26조에 따른 권역응급의료센터에서 파견된 연락관

② 법 제55조 제2항에 따른 긴급구조지휘대는 소방서현장지휘대, 방면현장지휘대, 소방본부현장지휘대 및 권역현장지휘대로 구분하되, 구분된 긴급구조지휘대의 설치기준은 다음 각 호와 같다.
1. 소방서현장지휘대: 소방서별로 설치·운영
2. 방면현장지휘대: 2개 이상 4개 이하의 소방서별로 소방본부장이 1개를 설치·운영
3. 소방본부현장지휘대: 소방본부별로 현장지휘대 설치·운영
4. 권역현장지휘대: 2개 이상 4개 이하의 소방본부별로 소방청장이 1개를 설치·운영

③ 제1항 및 제2항에서 규정한 사항 외에 긴급구조지휘대의 세부 운영기준은 <u>행정안전부령</u>으로 정한다.

시행규칙 제16조(긴급구조지휘대의 구성 및 기능) ① 영 제65조 제3항의 규정에 의하여 긴급구조지휘대는 별표 5의 규정에 따라 구성·운영하되, <u>소방본부 및 소방서의 긴급구조지휘대는</u> 상시 구성·운영하여야 한다.

② 영 제65조 제3항의 규정에 의하여 긴급구조지휘대는 다음 각호의 기능을 수행한다.
  1. 통제단이 가동되기 전 재난초기시 현장지휘
  2. 주요 긴급구조지원기관과의 합동으로 현장지휘의 조정·통제
  3. 광범위한 지역에 걸친 재난발생시 전진지휘
  4. 화재 등 일상적 사고의 발생시 현장지휘

③ 영 제65조 제1항에 따라 긴급구조지휘대를 구성하는 사람은 통제단이 설치·운영되는 경우 다음 각 호의 구분에 따라 통제단의 해당부서에 배치된다. <개정 2020. 2. 21.>
  1. **신속기동요원** : <u>대응계획부</u>
  2. 자원지원요원 : 자원지원부
  3. **통신지휘요원** : <u>구조진압반</u>
  4. 안전담당요원 : 연락공보담당 또는 안전담당
  5. 경찰파견 연락관 : 현장통제반
  6. 응급의료파견 연락관 : 응급의료반

■ 긴급구조대응활동 및 현장지휘에 관한 규칙 [별표 5] 〈개정 2020. 2. 21.〉

긴급구조지휘대(제16조 제1항 관련)

1. 구성

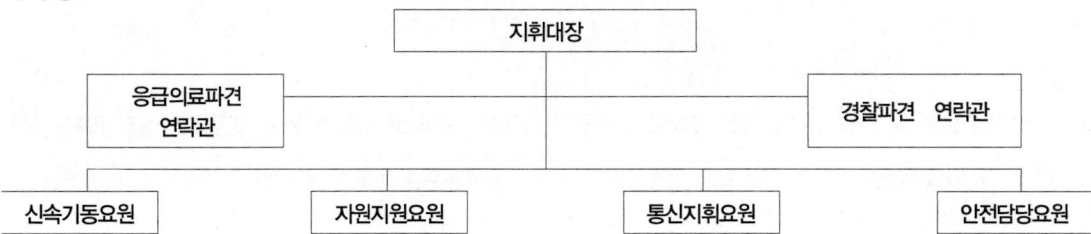

2. 임무

구분	주요 임무
지휘대장	가. 화재 등 재난사고의 발생 시 현장지휘·조정·통제 나. 통제단 가동 전 재난현장 지휘활동 등
응급의료파견 연락관	가. 재난현장 다수사상자 발생 시 재난의료체계 가동 요청 나. 사상자 관리 및 병원수용능력 파악 등 의료자원 관리 등
경찰파견 연락관	가. 재난현장 및 위험지역 출입통제 및 통행금지 나. 재난발생 지역 긴급교통로 확보 및 치안유지 활동 등
신속기동요원	가. 재난현장과 상황실(지휘부)간 실시간 정보지원체계 구축 나. 현장상황 파악 및 통제단 가동을 위한 상황판단 정보 제공 등
자원지원요원	가. 자원대기소, 자원집결지 선정 및 동원자원 관리 나. 긴급구조지원기관 및 응원협정체결기관 동원요청 등
통신지휘요원	가. 재난현장 통신지원체계 유지·관리 나. 지휘대장의 현장활동대원 무전지휘 운영 지원 등
안전담당요원	가. 현장활동 안전사고 방지대책 수립 및 이행 나. 재난현장 안전진단 및 안전조치 등

정답 ③

73

긴급구조대응활동 및 현장지휘에 관한 규칙상 재난유형별 긴급구조대응계획은 재난의 진행단계에 따라 조치하여야 하는 주요사항 등을 포함하여 작성하여야 한다. 위에서 언급한 재난유형에 포함되지 않는 것은?

① 홍수
② 가뭄
③ 폭설
④ 태풍

해설

제35조(재난유형별 긴급구조대응계획의 작성체계) 영 제63조 제1항 제3호의 규정에 의한 재난유형별 긴급구조대응계획은 다음의 재난유형별로 재난의 진행단계에 따라 조치하여야 하는 주요사항과 주민보호를 위한 대민정보사항을 포함하여 작성하여야 한다.
  1. 홍수
  2. 태풍
  3. 폭설
  4. 지진
  5. 시설물 등의 붕괴
  6. 가스 등의 붕괴
  7. 다중이용시설의 대형화재
  8. 유해화학물질(방사능을 포함한다)의 누출 및 확산

정답 ②

74

긴급구조대응활동 및 현장지휘에 관한 규칙상 사상자의 상태 분류와 응급환자 분류표의 색상 연결이 옳지 않은 것은?

① 사망 - 청색
② 긴급 - 적색
③ 응급 - 황색
④ 비응급 - 녹색

해설

정답 ① 흑색

75

긴급구조대응활동 및 현장지휘에 관한 규칙상 긴급구조활동 평가에 관한 내용으로 옳지 않은 것은?

① 긴급구조활동 평가항목에 긴급구조대응계획서의 이행실태가 포함된다.
② 민간전문가 2인 이상을 포함하여 5인 이상 7인 이하로 구성한다.
③ 평가단은 긴급구조대응계획에서 정하는 평가결과보고서를 지체 없이 제출하여야 한다.
④ 통제단장은 평가결과 우수 재난대응관리자 또는 종사자의 현황을 당해 긴급구조지원기관의 장에게 통보해야 한다.

해설

제38조(긴급구조활동 평가항목) ① 영 제62조 제3항의 규정에 의하여 통제단장은 다음 각호의 모든 사항을 포함하여 긴급구조활동을 평가하여야 한다.
1. 긴급구조활동에 참여한 인력 및 장비 운용
   가. 자원 동원현황
   나. 필요한 대응자원의 확보·관리 및 배분
2. 긴급구조대응계획서의 이행실태
   가. 지휘통제 및 비상경고체계
      (1) 작전 전략과 전술
      (2) 현장지휘소 운영
      (3) 현장통제대책
      (4) 긴급구조관련기관·단체간 상호협조
      (5) 통제·조정의 이행
      (6) 사전 경보전파 및 대피유도활동
   나. 대중정보 및 상황분석 체계
      (1) 대중매체와 주민들에 대한 재난정보 제공
      (2) 재난정보 제공에 따른 주민들의 대응행동
      (3) 통합작전계획의 수립을 위한 정보의 수집 및 분석
      (4) 긴급구조관련기관·단체의 정보 공유
      (5) 잘못 전달된 정보 및 유언비어의 시정
      (6) 대중매체와 주민의 불평
   다. 대피 및 대피소 운영체계
      (1) 대피를 위한 수송체계
      (2) 주민대피유도
      (3) 대피소 시설의 규모 및 편의성
      (4) 임시거주시설의 규모 및 편의성
      (5) 대피소 수용자들에 대한 음식·담요·전기공급 등 지원사항
   라. 현장통제 및 구조진압체계
      (1) 재난지역에 대한 경찰통제선 선정과 교통통제
      (2) 범죄발생 예방활동
      (3) 진압작전수행
      (4) 소방용수 등 자원공급
      (5) 탐색 및 구조활동
      (6) 「소방기본법」에 따른 자위소방대, 「의용소방대 설치 및 운영에 관한 법률」에 따른 의용소방대 및 「민방위기본법」에 따른 민방위대 등의 임무 수행

                (7) 긴급구조관련기관간 협조체제
            마. 응급의료체계
                (1) 환자분류체계
                (2) 현장응급처치
                (3) 환자 분산이송 및 병원선택
                (4) 의료자원 공급 및 의료기관간 협조체제
                (5) 현장 임시영안소의 설치·운영
                (6) 사상자 명단 관리 및 발표
            바. 긴급복구 및 긴급구조체계
                (1) 잔해물 제거 및 긴급구조활동 지원
                (2) 피해평가작업의 지원활동
                (3) 2차 피해방지 및 보호작업
                (4) 응급복구 및 피해조사의 시기
                (5) 구호기관의 지원활동
                (6) 상황 및 시기에 적합한 구호물자 제공
    3. 긴급구조요원의 전문성
            가. 경보접수 후 긴급조치
            나. 긴급구조관련기관·단체가 제공한 재난상황정보의 정확성
            다. 자원집결지와 자원대기소의 운영 및 자원통제
            라. 상황정보 및 자원정보와 작전계획의 연계
            마. 단위책임자들의 작전계획서 활용
            바. 대피명령의 시기
            사. 위험물질 누출 및 확산 통제
    4. 통합 현장대응을 위한 통신의 적절성
    가. 통신 시설·장비의 성능 및 작동
    나. 비상소집활동 및 책임자 등의 응소
    다. 대체 통신수단 확보
    5. 긴급구조교육수료자의 교육실적
    가. 긴급구조 업무담당자 및 관리자의 교육이수율
    나. 긴급구조 현장활동요원의 긴급구조교육과정 및 교육이수율
    다. 긴급구조관련기관별 자체교육 및 훈련 실석
    6. 그 밖에 긴급구조대응상의 개선을 요하는 사항
    가. 예방 가능하였던 사상자의 존재
    나. 수송수단의 확보
    다. 수송장비의 유지 및 수리작업
    라. 비상 및 임시수송로 확보
    마. 대응요원들의 불필요한 사상
    바. 대응자원의 분실
    사. 전문적 지식·기술·의학·법률 등에 관한 자문체계 운영
    아. 대응 및 긴급복구작업에 소요된 비용 근거자료 기록관리
    자. 통제단 운영에 대한 기록유지
    ② 그 밖에 평가기준에 관한 사항은 소방청장이 정한다.

제39조(긴급구조활동평가단의 구성) ①통제단장은 재난상황이 종료된 후 긴급구조활동의 평가를 위하여 긴급구조기관에 긴급구조활동평가단(이하 "평가단"이라 한다)을 구성하여야 한다.

② 평가단의 단장은 통제단장으로 하고, 단원은 다음 각호의 어느 하나에 해당하는 자와 <u>민간전문가 2인 이상을 포함하여 5인 이상 7인 이하로 구성한다.</u>
1. 통제단장
2. 통제단의 대응계획부장 또는 소속 반장
3. 자원지원부장 또는 소속 반장
4. 긴급구조지휘대장
5. 긴급복구부장 또는 소속 반장
6. 긴급구조활동에 참가한 기관·단체의 요원 또는 평가에 관한 전문지식과 경험이 풍부한 자중에서 통제단장이 필요하다고 인정하는 자

제42조(평가결과의 보고 및 통보) ① 평가단은 긴급구조대응계획에서 정하는 평가결과보고서를 지체 없이 제출하여야 하며, 시·군·구긴급구조통제단장은 시·도긴급구조통제단장 및 시장(「제주특별자치도 설치 및 국제자유도시 조성을 위한 특별법」 제17조 제1항에 따른 행정시장을 포함한다)·군수·구청장(자치구의 구청장을 말한다)에게, 시·도긴급구조통제단장은 소방청장 및 특별시장·광역시장·특별자치시장·도지사·특별자치도지사에게 각각 보고하거나 통보하여야 한다.
② 통제단장은 평가결과 시정을 요하거나 개선·보완할 사항이 있는 경우에는 그 사항을 평가종료 후 1월 이내에 해당 긴급구조지원기관의 장에게 통보하여야 한다.

제43조(평가결과의 조치) 긴급구조지원기관의 장은 통제단장으로부터 제42조 제2항의 규정에 의한 통보를 받은 경우에는 긴급구조세부대응계획의 수정, 긴급구조활동에 대한 제도 및 대응체제의 개선, 예산의 우선지원 등 필요한 대책을 강구하여야 한다.

제44조(평가결과의 통보 등) 통제단장은 평가결과 다음 사항을 당해 긴급구조지원기관의 장에게 통보할 수 있다.
1. 우수 재난대응관리자 또는 종사자의 현황
2. 재난대응을 하지 아니하거나 부적절하게 대응한 관리자 또는 종사자의 현황

정답 ④

3회 소방안전교육사(2018)

○ 제1과목: 소방학개론

01
다음에서 설명하는 소방조직의 원리로 옳은 것은?

> 각 부분이 공동목표를 달성하기 위해 행동을 통일하고 공동체의 노력으로 질서정연하게 배열하는 것

① 조정의 원리
② 명령통일의 원리
③ 통솔범위의 원리
④ 계층제의 원리

해설

행동을 통일하는 것은 조정의 원리이다.
통솔범위의 원리란 한 사람의 통솔자가 직접 감독할 수 있는 부하직원의 수를 말한다.

정답 ①

02
소방기본법령상 화재경계지구에 관한 설명으로 옳지 않은 것은?

① 목조건물이 밀집한 지역으로 화재가 발생할 우려가 높거나 화재가 발생하는 경우 그로 인하여 피해가 클 것으로 예상되는 화재경계지구로 지정할 수 있다.
② 소방청장이 화재경계지구로 지정할 필요가 있는 지역을 화재경계지구로 지정하지 아니하는 경우 해당 시·도지사는 소방청장에게 해당 지역의 화재경계지구 지정을 요청할 수 있다.
③ 소방본부장 또는 소방서장은 화재경계지구 안의 소방대상물의 위치·구조 및 설비 등에 대한 소방특별조사를 연 1회 이상 실시하여야 한다.
④ 소방본부장 또는 소방서장은 화재경계지구 안의 관계인에 대하여 필요한 훈련 및 교육을 연 1회 이상 실시할 수 있다.

해설

소방기본법 참조.

제13조(화재경계지구의 지정 등) ① 시·도지사는 다음 각 호의 어느 하나에 해당하는 지역 중 화재가 발생할 우려가 높거나 화재가 발생하는 경우 그로 인하여 피해가 클 것으로 예상되는 지역을 화재경계지구(火災警戒地區)로 지정할 수 있다.

1. 시장지역
2. 공장·창고가 밀집한 지역
3. 목조건물이 밀집한 지역
4. 위험물의 저장 및 처리 시설이 밀집한 지역
5. 석유화학제품을 생산하는 공장이 있는 지역
6. 「산업입지 및 개발에 관한 법률」 제2조 제8호에 따른 산업단지
7. 소방시설·소방용수시설 또는 소방출동로가 없는 지역
8. 그 밖에 제1호부터 제7호까지에 준하는 지역으로서 소방청장·소방본부장 또는 소방서장이 화재경계지구로 지정할 필요가 있다고 인정하는 지역

② 제1항에도 불구하고 시·도지사가 화재경계지구로 지정할 필요가 있는 지역을 화재경계지구로 지정하지 아니하는 경우 소방청장은 해당 시·도지사에게 해당 지역의 화재경계지구 지정을 요청할 수 있다.
③ 소방본부장이나 소방서장은 대통령령으로 정하는 바에 따라 제1항에 따른 화재경계지구 안의 소방대상물의 위치·구조 및 설비 등에 대하여 「화재예방, 소방시설 설치·유지 및 안전관리에 관한 법률」 제4조에 따른 소방특별조사를 하여야 한다.
④ 소방본부장이나 소방서장은 제3항에 따른 소방특별조사를 한 결과 화재의 예방과 경계를 위하여 필요하다고 인정할 때에는 관계인에게 소방용수시설, 소화기구, 그 밖에 소방에 필요한 설비의 설치를 명할 수 있다.
⑤ 소방본부장이나 소방서장은 화재경계지구 안의 관계인에 대하여 대통령령으로 정하는 바에 따라 소방에 필요한 훈련 및 교육을 실시할 수 있다.
⑥ 시·도지사는 대통령령으로 정하는 바에 따라 제1항에 따른 화재경계지구의 지정 현황, 제3항에 따른 소방특별조사의 결과, 제4항에 따른 소방설비 설치 명령 현황, 제5항에 따른 소방교육의 현황 등이 포함된 화재경계지구에서의 화재예방 및 경계에 필요한 자료를 매년 작성·관리하여야 한다.

영 제4조(화재경계지구의 관리) ① 삭제
② 소방본부장 또는 소방서장은 법 제13조 제3항에 따라 화재경계지구 안의 소방대상물의 위치·구조 및 설비 등에 대한 <u>소방특별조사를 연 1회 이상 실시하여야 한다.</u>
③ 소방본부장 또는 소방서장은 법 제13조 제5항에 따라 화재경계지구 안의 관계인에 대하여 소방상 필요한 <u>훈련 및 교육을 연 1회 이상 실시할 수 있다.</u>
④ 소방본부장 또는 소방서장은 제3항의 규정에 의한 소방상 필요한 <u>훈련 및 교육</u>을 실시하고자 하는 때에는 화재경계지구 안의 관계인에게 훈련 또는 교육 10일 전까지 그 사실을 통보하여야 한다.
⑤ 시·도지사는 법 제13조 제6항에 따라 다음 각 호의 사항을 행정안전부령으로 정하는 화재경계지구 관리대장에 작성하고 관리하여야 한다.
1. 화재경계지구의 지정 현황
2. 소방특별조사의 결과
3. 소방설비의 설치 명령 현황
4. 소방교육의 실시 현황
5. 소방훈련의 실시 현황
6. 그 밖에 화재예방 및 경계에 필요한 사항

정답 ②

03
소방기본법령상 소방안전교육사 배치 대상이 아닌 것은?

① 한국소방산업기술원
② 소방본부
③ 대한소방공제회
④ 소방청

해설

소방기본법 시행령 별표2의3 참조.

■ 소방기본법 시행령 [별표 2의2] 〈개정 2020. 3. 10.〉

소방안전교육사시험의 응시자격(제7조의2 관련)

1. 소방공무원으로서 다음 각 목의 어느 하나에 해당하는 사람
   가. 소방공무원으로 3년 이상 근무한 경력이 있는 사람
   나. 중앙소방학교 또는 지방소방학교에서 2주 이상의 소방안전교육사 관련 전문교육과정을 이수한 사람
2. 「초·중등교육법」 제21조에 따라 교원의 자격을 취득한 사람
3. 「유아교육법」 제22조에 따라 교원의 자격을 취득한 사람
4. 「영유아보육법」 제21조에 따라 어린이집의 원장 또는 보육교사의 자격을 취득한 사람(보육교사 자격을 취득한 사람은 보육교사 자격을 취득한 후 3년 이상의 보육업무 경력이 있는 사람만 해당한다)
5. 다음 각 목의 어느 하나에 해당하는 기관에서 소방안전교육 관련 교과목(응급구조학과, 교육학과 또는 제15조 제2호에 따라 소방청장이 정하여 고시하는 소방 관련 학과에 개설된 전공과목을 말한다)을 총 6학점 이상 이수한 사람
   가. 「고등교육법」 제2조 제1호부터 제6호까지의 규정의 어느 하나에 해당하는 학교
   나. 「학점인정 등에 관한 법률」 제3조에 따라 학습과정의 평가인정을 받은 교육훈련기관
6. 「국가기술자격법」 제2조 제3호에 따른 국가기술자격의 직무분야 중 안전관리 분야(국가기술자격의 직무분야 및 국가기술자격의 종목 중 중직무분야의 안전관리를 말한다. 이하 같다)의 기술사 자격을 취득한 사람
7. 「화재예방, 소방시설 설치·유지 및 안전관리에 관한 법률」 제26조에 따른 소방시설관리사 자격을 취득한 사람
8. 「국가기술자격법」 제2조 제3호에 따른 국가기술자격의 직무분야 중 안전관리 분야의 기사 자격을 취득한 후 안전관리 분야에 1년 이상 종사한 사람
9. 「국가기술자격법」 제2조 제3호에 따른 국가기술자격의 직무분야 중 안전관리 분야의 산업기사 자격을 취득한 후 안전관리 분야에 3년 이상 종사한 사람
10. 「의료법」 제7조에 따라 간호사 면허를 취득한 후 간호업무 분야에 1년 이상 종사한 사람
11. 「응급의료에 관한 법률」 제36조 제2항에 따라 1급 응급구조사 자격을 취득한 후 응급의료 업무 분야에 1년 이상 종사한 사람
12. 「응급의료에 관한 법률」 제36조 제3항에 따라 2급 응급구조사 자격을 취득한 후 응급의료 업무 분야에 3년 이상 종사한 사람
13. 「화재예방, 소방시설 설치·유지 및 안전관리에 관한 법률 시행령」 제23조 제1항 각 호의 어느 하나에 해당하는 사람
14. 「화재예방, 소방시설 설치·유지 및 안전관리에 관한 법률 시행령」 제23조 제2항 각 호의 어느 하나에 해당하는 자격을 갖춘 후 소방안전관리대상물의 소방안전관리에 관한 실무경력이 1년 이상 있는 사람
15. 「화재예방, 소방시설 설치·유지 및 안전관리에 관한 법률 시행령」 제23조 제3항 각 호의 어느 하나에 해당하는 자격을 갖춘 후 소방안전관리대상물의 소방안전관리에 관한 실무경력이 3년 이상 있는 사람
16. 「의용소방대 설치 및 운영에 관한 법률」 제3조에 따라 의용소방대원으로 임명된 후 5년 이상 의용소방대 활동을 한 경력이 있는 사람

■ 소방기본법 시행령 [별표 2의3]

소방안전교육사의 배치대상별 배치기준(제7조의11관련)

배치대상	배치기준(단위 : 명)	비고
1. 소방청	2 이상	
2. 소방본부	2 이상	
3. 소방서	1 이상	
4. 한국소방안전협회	본회 : 2 이상 시·도지부 : 1 이상	
5. 한국소방산업기술원	2 이상	

정답 ③

04

소방기본법령상 소방신호의 종류로 옳지 않은 것은?

① 경계신호
② 발화신호
③ 훈련신호
④ 출동신호

해설

소방기본법 시행규칙 참조.

제10조(소방신호의 종류 및 방법) ① 법 제18조의 규정에 의한 소방신호의 종류는 다음 각호와 같다.
  1. 경계신호 : 화재예방상 필요하다고 인정되거나 법 제14조의 규정에 의한 화재위험경보시 발령
  2. 발화신호 : 화재가 발생한 때 발령
  3. 해제신호 : 소화활동이 필요없다고 인정되는 때 발령
  4. 훈련신호 : 훈련상 필요하다고 인정되는 때 발령
② 제1항의 규정에 의한 소방신호의 종류별 소방신호의 방법은 별표 4와 같다.

정답 ④

05
분해 폭발을 일으키는 가스로 옳은 것을 모두 고른 것은?

> ⓐ 아세틸렌
> ⓑ 에틸렌
> ⓒ 부탄
> ⓓ 수소
> ⓔ 산화에틸렌
> ⓕ 메탄

① ⓑⓓ
② ⓐⓑⓔ
③ ⓒⓓⓕ
④ ⓐⓒⓔⓕ

해설

분해폭발을 일으키는 가스는 ~틸렌!
산화에틸렌, 아세틸렌, 에틸렌, 메틸아세틸렌, 모노비닐아세틸렌, 프로파디엔, 이산화염소, 히드라진, 오존, 아산화질소, 산화질소 등이 있다. 산소가 없어도 폭발이 일어나며, 저압의 가스에서도 발생이 가능하다.

정답 ②

06 ★
메탄 1몰(mol)이 완전 연소될 경우 화학양론조성비는 약 몇 %인가? (단, 공기 중 산소 농도는 21 vol%이다)

① 9.5
② 17.4
③ 28.5
④ 34.7

해설

화학양론 화학양론(化學量論, stoichiometry)은 화학반응에서 양적 관계에 관한 이론이다.

정답 ①

07 ★

표준상태(0℃, 1기압)에서 프로판 2㎥을 연소시키기 위해 필요한 이론산소량(㎥)과 이론공기량(㎥)은? (단, 공기 중 산소는 21 vol%이다)

① 이론산소량: 5, 이론공기량: 23.81
② 이론산소량: 10, 이론공기량: 47.62
③ 이론산소량: 5, 이론공기량: 47.62
④ 이론산소량: 10, 이론공기량: 23.81

해설

정답 ②

08

아크가 생길 수 있는 접점, 스위치, 개폐기 등에 설치되는 것으로 용기 내에 폭발성가스가 침입하여 폭발하여도 폭발압력에 견디는 방폭구조는?

① 유입방폭구조
② 내압방폭구조
③ 압력방폭구조
④ 본질안전방폭구조

해설

○ **(용어의 정의)** 이 편에서 사용되는 용어의 정의는 다음과 같다.
1. "내압방폭구조"라 함은 용기내부에서 폭발성가스 또는 증기가 폭발하였을 때 용기가 그 압력에 견디며 또한 접합면, 개구부 등을 통해서 외부의 폭발성 가스·증기에 인화되지 않도록 한 구조를 말한다.
2. "압력방폭구조"라 함은 용기내부에 보호가스(신선한 공기 또는 불연성가스)를 압입하여 내부압력을 유지하므로써 폭발성 가스 또는 증기가 용기 내부로 유입하지 않도록 된 구조를 말한다.
3. "안전증방폭구조"라 함은 정상운전 중에 폭발성 가스 또는 증기에 점화원이 될 전기불꽃, 아크 또는 고온 부분 등의 발생을 방지하기 위하여 기계적, 전기적 구조상 또는 온도상승에 대해서 특히 안전도를 증가시킨 구조를 말한다.
4. "유입방폭구조"라 함은 전기불꽃, 아크 또는 고온이 발생하는 부분을 기름속에 넣고, 기름면 위에 존재하는 폭발성가스 또는 증기에 인화되지 않도록 한 구조를 말한다.
5. "본질안전방폭구조"라 함은 정상시 및 사고시(단선, 단락, 지락 등)에 발생하는 전기불꽃, 아크 또는 고온에 의하여 폭발성 가스 또는 증기에 점화되지 않는 것이 점화시험, 기타에 의하여 확인된 구조를 말한다.
6. "비점화방폭구조"라 함은 정상 동작상태에서는 주변의 폭발성 가스 또는 증기에 점화시키지 않고, 점화시킬 수 있는 고장이 유발되지 않도록 한 구조를 말한다.
7. "몰드방폭구조"라 함은 폭발성 가스 또는 증기에 점화시킬 수 있는 전기불꽃이나 고온 발생부분을 콤파운드로 밀폐시킨 구조를 말한다.
8. "충전(充塡)방폭구조"라 함은 점화원이 될수 있는 전기불꽃, 아크 또는 고온부분을 용기 내부의 적정한 위치에 고정시키고 그 주위를 충전물질로 충전하여 폭발성 가스 및 증기의 유입 또는 점화를 어렵게 하고 화염의 전파를 방지하여 외부의 폭발성 가스 또는 증기에 인화되지 않도록 한 구조를 말한다.

9. "특수방폭구조"라 함은 제1호 내지 제8호 구조 이외의 방폭구조로서 폭발성 가스 또는 증기에 점화를 또는 위험분위기로 인화를 방지할 수 있는 것이 시험, 기타에 의하여 확인된 구조를 말한다.
10. "특수방진방폭구조"라 함은 전폐구조로서 틈새깊이를 일정치 이상으로 하거나 또는 접합면에 일정치 이상의 깊이가 있는 패킹을 사용하여 분진이 용기내부로 침입하지 않도록 한 구조를 말한다.
11. "보통방진방폭구조"라 함은 전폐구조로서 틈새깊이를 일정치 이상으로 하거나 또는 접합면에 패킹을 사용하여 분진이 용기내부로 침입하기 어렵게 한 구조를 말한다.
12. "방진특수방폭구조"라 함은 제10호 내지 제11호 구조 이외의 방폭구조로서 방진방폭성능을 시험, 기타에 의하여 확인된 구조를 말한다.
13. "방폭지역"이라 함은 인화성 또는 가연성의 가스나 증기 및 분진에 의하여 화재, 폭발을 발생시킬 수 있는 농도로 대기 중에 존재하거나 존재할 가능성이 있는 장소를 말한다.
14. "시험가스"라 함은 방폭기기의 시험에 사용하기 위하여 조성된 혼합가스를 말한다.
15. "발화온도"라 함은 공기와 증기와의 혼합가스에 점화 가능한 가열된 표면 온도 중 최저의 값을 말한다.

정답 ②

유제1 〈보기〉에서 설명하는 방폭기기는?

<보기>
○ 폭발 화염이 외부로 노출되지 않아야 함
○ 폭발 시 외함의 표면온도의 상승으로 인해 주변의 가연성 가스가 점화되지 않아야 함
○ 내부에서 폭발할 경우 그 압력을 견뎌야 함

① 내압 방폭
② 유입 방폭
③ 충전 방폭
④ 보통방진 방폭

해설

내압방폭과 압력방폭을 비교할 것!

정답 ①

유제2 다음에서 설명하는 방폭구조는?

점화원이 될 우려가 있는 부분을 용기 안에 넣고 보호기체(불활성)를 용기 안에 압입해서 폭발성 가스가 침입하는 것을 방지하도록 되어 있는 구조

① 안전증 방폭구조
② 유입 방폭구조
③ 본질안전 방폭구조
④ 압력 방폭구조

> **해설**

○ **전기설비의 방폭**
방폭전기 설비는 물적 조건인 폭발성 분위기가 생성되는 확률과 에너지 조건인 전기설비가 점화원이 되는 확률과의 곱이 0이 되도록 하는 것을 말한다.

즉, 폭발조건인 물적 조건과 에너지 조건을 방지하는 것으로 물적 조건인 폭발성 분위기가 생성되는 것을 방지하는 것과 에너지 조건인 전기설비가 점화원이 되는 것을 방지하는 것이 있으며 이 둘을 만족시키지 못할 경우 전기설비를 방폭화하는 것이다.

1) 방폭대책

점화원의 실질적인 격리	내압, 유입, 압력, 몰드, 충전 방폭구조
전기기기의 안전도 증가	안전증, 비점화 방폭구조
점화능력의 본질적인 억제	본질안전 방폭구조

* 본질안전 방폭은 0종 장소, 1종 장소, 2종 장소에서 모두 가능하다.
나머지는 0종 장소가 아닌 1종, 2종 장소에서 가능.

2) 방폭지역 구분

0종 장소	위험 분위기가 보통상태에서 계속 발생하거나 발생할 우려가 있는 장소
1종 장소	보통 장소에서 위험분위기가 발생할 우려가 있는 장소
2종 장소	이상 상태(통상적인 유지 보수를 벗어난 상태)에서 위험 분위기가 단시간 존재할 수 있는 장소

3) 방폭구조에 따른 종류
   ㉠ 내압방폭구조(d)
      점화원이 될 우려가 있는 부분을 전폐구조에 넣고 폭발성 가스가 침입하여 폭할하여도 용기는 그 압력에 견디고 접합면, 개구부 등을 통해 외부의 폭발성 가스를 점화시키지 않는 구조
   ㉡ 유입방폭구조(o)
      점화원 부분을 유중에 넣어 유면상부의 폭발성 가스를 점화시키지 않는 구조
   ㉢ 압력방폭구조(p)
      점화원이 될 우려가 있는 부분을 용기 내에 넣고 공기 또는 불활성 가스로 내부가 (+)압력이 되도록 유지하여 외부의 폭발성 가스가 침입하지 않도록 하는 구조
   ㉣ 안전증방폭구조(e)
      정상 운전 중에 점화원이 될 전기불꽃 등에 대하여 전기적·기계적으로 안전도를 증가시킨 구조
   ㉤ 본질안전방폭구조(ia, ib)
      정상상태는 물론 사고 시 이상상태에서 단락, 단선 시 전기불꽃이 발생하여도 폭발성 가스를 점화시키지 않는 구조

정답 ④

9
가연성가스의 연소범위가 넓은 순서대로 옳게 나열한 것은?

① 에탄 > 프로판 > 수소 > 아세틸렌
② 프로판 > 에탄 > 아세틸렌 > 수소
③ 아세틸렌 > 수소 > 에탄 > 프로판
④ 수소 > 아세틸렌 > 프로판 > 에탄

해설

가스	폭발범위(하한계~상한계)
메탄	5~15
부탄	1.8~8.4
프로판	2.1~9.5
에탄	3~12.5
에틸렌	2.7~36
아세틸렌	2.5~81
일산화탄소	12.5~74
암모니아	15~28
수소	4~75

정답 ③

10 ★
메탄과 부탄이 2:5의 부피비율로 혼합되어 있을 때, Le Chaterlier의 법칙을 이용하여 계산한 혼합가스의 연소범위 하한계(vol%)는? (단, 메탄과 부탄의 연소범위의 하한계는 각각 5 vol%, 1.8 vol%이다)

① 1.2
② 1.6
③ 2.2
④ 3.2

해설

정답 ④

11 ★

H건물 내 화재 발생으로 인해 면적 30㎡인 벽면의 온도가 상승하여 60℃에 도달하였을 때, 이 벽면으로부터 전달되는 복사 열전달량은 약 몇 W인가? (단, 벽면은 완전 흑체로 가정하고, Stefan-Boltzmann 상수는 5.67×10^{-8} W/㎡·K^4 이다)

① 5,229
② 9,448
③ 10,458
④ 20,916

해설

정답 ④

12 ★

다음 가연물 중 위험도가 가장 높은 물질과 가장 낮은 물질로 옳게 나열한 것은? [단, 위험도 = (연소범위 상한계-연소범위 하한계) ÷ (연소범위 하한계)]

| ㉠ 산화에틸렌 |
| ㉡ 이황화탄소 |
| ㉢ 메탄 |
| ㉣ 휘발유 |

① ㉠㉢
② ㉠㉣
③ ㉡㉢
④ ㉡㉣

해설

○ **연소범위**

산화에틸렌	3~80
이황화탄소	1.2~44
메탄	5~15
휘발유	1.4~7.6

○ 위험도

산화에틸렌	약 26
이황화탄소	약 36
메탄	2
휘발유	약 4.4

정답 ③

13 ★
Burgess-Wheeler 식을 이용하여 계산한 벤젠의 연소열(kcal/mol)은? (단, 벤젠의 연소범위 하한계는 1.4 vol%이다)

① 124
② 250
③ 484
④ 750

해설

(ΔHc)×(LEL)=1,050
연소열 × 하한계 = 1,050

정답 ④

14 ★
점화원의 종류 중 도체로부터의 방전에너지(E)를 구하는 공식으로 옳지 않은 것은? (단, C는 정전용량, V는 전압, Q는 전하량이다)

① $E = \dfrac{1}{2}CV^2$

② $E = \dfrac{1}{2}QV$

③ $E = \dfrac{1}{2}\dfrac{Q^2}{C}$

④ $E = \dfrac{1}{2}\dfrac{C^2}{V}$

> 해설
>
> E =
> 분자: CV²
> 분모: 2
> V = Q/C이므로 대입하면 식을 변형할 수 있다.

정답 ④

15
표준상태(0℃, 1기압)에서 탄화수소 화합물의 완전 연소반응식으로 옳은 것은?

① $CH_4 + 2O_2 \rightarrow CO_2 + 2H_2O$
② $C_2H_6 + 5O_2 \rightarrow 2CO_2 + 5H_2O$
③ $C_3H_8 + 6O_2 \rightarrow 3CO_2 + 4H_2O$
④ $C_4H_{10} + 7O_2 \rightarrow 4CO_2 + 5H_2O$

> 해설
>
> 단순한 산수문제이다. 총 원자개수를 따지면 된다.
> 메탄, 에탄, 프로판, 부탄은 탄소 개수가 각각 1개, 2개, 3개, 4개인 알케인 계열을 의미한다. 메탄(CH_4), 에탄(C_2H_6), 프로판(C_3H_8), 부탄(C_4H_{10})!
> ② $2C_2H_6 + 7O_2 \rightarrow 4CO_2 + 6H_2O$
> ③ $C_3H_8 + 5O_2 \rightarrow 3CO_2 + 4H_2O$
> ④ $2C_4H_{10} + 13O_2 \rightarrow 8CO_2 + 10H_2O$

정답 ①

16
구획된 건물화재의 현상에 관한 설명으로 옳지 않은 것은?

① 연료지배형 화재는 화재실 내부에 있는 가연물의 양에 의존하는 화재 현상이다.
② 환기지배형 화재는 화재실 유입되는 환기량에 의존하는 화재 현상이다.
③ 플래시오버 이후에는 화재실 내의 공기량이 부족하여 개구부를 통해 유입되는 환기량에 영향을 받는다.
④ 환기요소(환기계수)는 개구부의 면적이 비례하고, 개구부의 높이에 반비례한다.

> 해설

○ 화재가혹도 = 최고온도 × 지속시간
  * 최고온도: 연료의 양, 비표면적, 공기속도, 단열재
  * 지속시간: 화재하중, 환기요소
○ 구획실 화재에서 가연물의 연소속도
  1) 개구부가 <u>작은</u> 경우
     공기공급량 부족 → 연소속도가 환기량에 지배됨 → 환기지배형 화재
  2) 개구부가 <u>매우 큰</u> 경우
     공기공급량 충분 → 연소속도가 연료특성에 지배됨 → 연료지배형 화재
○ 자연환기에 의하여 화재실로 공급되는 공기량은 개구부의 면적 그리고 높이의 제곱근에 비례하여 증가하며, 같은 면적이라면 길이방향으로 긴 개구부가 공급량이 크다.

> ○ **읽기자료: 환기지배형화재와 연료지배형 화재**
> 1) 환기지배형화재
>   밀폐된 실내에서 내장재나 가구가 탈 경우에는 실내의 산소농도가 한계산소량 이하로 되면 타다 말고 꺼진다. 그러나 개구부가 있으면 그곳을 통해서 공기가 공급되기 때문에 계속 탄다. 이런 경우 가연물의 연소속도를 좌우하는 것은 실내 환기 이므로 이를 환기재배 화재 (ventilation controlled fire) 라고 한다.
> 2) 연료지배형화재
>   개구부가 더욱더 커지면 공기 공급은 환기여하에 관계없이 충분하게 되며 이때 가연물의 연소속도는 연료특성에 의해서 지배되고 이 경우를 연료지배 화재 (fuel controlled fire) 라고 한다.

정답 ④

17

다음 내용이 설명하는 것으로 옳은 것은?

> 화재가 발생하여 가연성 물질에서 발생된 가연성 증기가 천장 부근에 축적되고, 이 축적된 가연성 증기가 인화전에 도달하여 전체가 연소하기 시작하면 불덩어리가 천장을 따라 굴러다니는 것처럼 뿜어져 나오는 현상

① 롤오버(roll over)
② 후로스오버(froth over)
③ 슬롭오버(slop over)
④ 보일오버(boil over)

> 해설

정답 ①

18
다음 가연물 중 연소형태가 다른 것은?

① 요오드
② 파라핀
③ 장뇌
④ 목탄

해설

○ 표면연소: 표면 연소란 연소의 한 형태로, 무염연소라고도 부른다. 불꽃이 없는 것이 특징으로 무염염소라고도 한다. 숯, 코크스, 목탄, 금속분(마그네슘) 등이다.

표면연소	증발연소
코크스, 목탄(숯), 금속분 등	장뇌, 요오드, (고체)파라핀, 나프탈렌

정답 ④

19
제3종 분말소화약제의 열분해 반응으로 생성되는 물질로 옳지 않은 것은?

① NH_3
② CO_2
③ H_2O
④ HPO_3

해설

제3종 분말소화약제의 주성분은 알칼리성의 제1인산암모늄($NH_4H_2PO_4$)이다.

○ 열분해 반응식은 다음과 같다.
190 °C에서 $NH_4H_2PO_4 \rightarrow H_3PO_4$ (오르쏘인산) + NH_3
215 °C에서 $2H_3PO_4 \rightarrow H_4P_2O_7$ (피로인산) + H_2O
300 °C이상에서 $H_4P_2O_7 \rightarrow 2HPO_3$ (메타인산) + H_2O
250 °C이상에서 $2HPO_3 \rightarrow P_2O_5$ (오산화인) + H_2O

정답 ②

20

불활성가스 청정소화약제를 구성하는 기본성분에 해당되는 물질로 옳지 않은 것은?

① 네온
② 헬륨
③ 브롬
④ 아르곤

해설

제3조(정의) 이 기준에서 사용하는 용어의 정의는 다음과 같다.
1. "할로겐화합물 및 불활성기체소화약제"란 할로겐화합물(할론 1301, 할론 2402, 할론 1211 제외) 및 불활성기체로서 전기적으로 비전도성이며 휘발성이 있거나 증발 후 잔여물을 남기지 않는 소화약제를 말한다.
2. "할로겐화합물소화약제"란 불소(플루오르), 염소, 브롬 또는 요오드 중 하나 이상의 원소를 포함하고 있는 유기화합물을 기본성분으로 하는 소화약제를 말한다.
☞ 할로겐화합물 소화약제는 지방족 탄화수소인 메탄, 에탄 등에서 분자 내의 수소 일부 또는 전부가 할로겐족 원소(F, Cl, Br, I)로 치환된 화합물을 말한다.
3. "불활성기체소화약제"란 헬륨, 네온, 아르곤 또는 질소가스 중 하나 이상의 원소를 기본성분으로 하는 소화약제를 말한다.

정답 ③

21

화재 시 발생되는 연소가스에 관한 설명으로 옳지 않은 것은?

① 'HCN'은 청산가스라고도 하며 주로 수지류, 모직물 및 견직물이 탈 때 발생하는 맹독성 가스이다.
② 'CH₂CHCHO'는 석유제품 및 유지류 등이 탈 때 생성되는 맹독성 가스이다.
③ 'SO₂'는 질산셀룰로오스 또는 질산암모늄과 같은 질산염 계통의 무기물질이 탈 때 발생된다.
④ 'HCl'은 PVC와 같은 수지류가 탈 때 주로 생성되며, 금속에 대한 부식성이 강하다.

해설

석유제품이나 유지 등이 연소할 때 생기는 아크로레인(CH_2CHCHO)이 발생한다.
아산화질소 일산화이질소(N_2O)는 질산암모늄이 탈 때 발생한다.
아황산가스(SO_2)는 고무 등 유황함유물질이 탈 때 발생한다.
염화수소(HCl)는 상온, 상압에서 무색의 유독한 기체이다. 염화 수소의 분자식 HCl은 흔히 염산을 가리키기도 한다.

정답 ③

22

건축물의 방화계획 중 공간적 대응에 관한 설명으로 옳은 것은?

① 대항성은 건물의 내화성능, 방연성능, 조기소화대응 등 화재에 저항하는 능력이다.
② 도피성은 건물의 불연화, 난연화, 소방 훈련 등 사전예방활동과 관계되는 능력이다.
③ 회피성은 화재 시 피난할 수 있는 공간 확보 등에 대한 사항이다.
④ 설비성은 방화문, 방화셔터, 자동화재탐지설비, 스프링클러 등과 같은 설비시스템으로의 대응이다.

> **해설**
>
> ○ 공간적 대응이란 재해가 발생한 공간에서 안전한 공간으로 벗어나기 위한 대응방법이다.
> 1) 대항성
>   건물의 내화성능, 방화성능, 방화구획성능, 화재방어 대응성, 초기소화대응력 등 화재사상과 대항하여 저항하는 성능 또는 항력을 말한다.
> 2) 회피성
>   건물의 난연화, 불연화, 내장재 제한, 구획의 세분화, 방화훈련, 불조심 등 방화유발과 확대 등을 저감하고자 하는 예방적 조치 또는 상황을 말한다.
> 3) 도피성
>   화재 시 안전하게 도피 또는 피난할 수 있는 공간성과 시스템 등을 말한다.
>
> ○ 설비적 대응이란 적당한 설비로써 공간적 대응을 보조하는 것을 말한다.
> 1) 대항성
>   제연설비, 방화문, 방화셔터, 자동화재탐지설비, 자동소화설비 등
> 2) 회피성
>   스프링클러설비, 수막설비 등
> 3) 도피성
>   유도등, 피난기구 등

정답 ①

23

할로겐화합물 청정소화약제의 종류로 옳지 않은 것은?

① HFC-227ea
② IG-541
③ FC-3-1-10
④ FK-5-1-12

> 해설

할로겐화합물과 불연성·불활성기체소화약제를 구분하는 문제이다.
불연성·불활성기체소화약제 IG-541(N_2 : 52%, Ar: 40%, CO_2 :8%)
할로겐화합물은 할로겐족 원소(F, Cl, Br, I)를 기억해야 하다.

정답 ②

유제1 다음 중 할로겐화합물 청정소화약제에 관한 내용으로 틀린 것은?

① 할로겐화합물 청정소화약제는 전기적으로 비전도성이므로 변전실화재에 적합하다.
② 할로겐화합물 소화약제보다 청정소화약제가 환경오염이 적다.
③ 상품명이 이너젠가스인 IG-541은 질소, 아르곤, 이산화탄소로 이루어져 있다.
④ 할로겐화합물 청정소화약제는 불소, 탄소, 질소, 헬륨, 아르곤 중 하나 이상의 유기화합물로 이루어져 있다.

> 해설

1. "청정소화약제"라 함은 할로겐화합물(할론 1301, 할론 2402, 할론 1211 제외) 및 불활성 기체로서 전기적으로 비전도성이며 휘발성이 있거나 증발 후 잔여물을 남기지 않는 소화약제를 말한다.
2. "할로겐화합물 청정소화약제"라 함은 불소, 염소, 브롬 또는 요오드 중 하나 이상의 원소를 포함하고 있는 유기화합물을 기본성분으로 하는 소화약제를 말한다.
3. "불황성가스 청정소화약제"라 함은 헬륨, 네온, 아르곤 또는 질소가스 중 하나 이상의 원소를 기본성분으로 하는 소화약제를 말한다.

정답 ④

유제2 다음 청정소화약제 중 주성분이 Ar에 해당하는 것은?

① IG - 100
② IG - 55
③ IG - 541
④ IG - 01

> 해설

■ 불활성청정소화약제 종류

종류	성분
"IG - 01"	Ar
"IG - 100"	N2
"IG - 541"	N2 : 50%, Ar : 40%, CO2 : 10%
"IG - 55"	N2 : 50%, Ar : 50%

정답 ④

| 유제3 | 청정소화약제에 관하여 옳지 않은 것은?

① 청정소화약제는 오존층을 보호할 수 있는 소화약제이다.
② 휘발성이 있거나 증발 후 대기 중 잔여물을 남기지 않는 소화약제이다.
③ 오존파괴지수(ODP)와 지구온난화지수(GWP)가 0에 가깝다.
④ 할로겐화합물 소화약제를 포함한 할로겐화합물 및 불활성기체로 이루어진 약제이다.

해설

청정소화약제라 함은 할로겐화합물(<u>할론 1301, 할론 2402, 할론 1211 제외</u>) 및 불활성 기체로서 전기적으로 비전도성이며 휘발성이 있거나 증발 후 잔여물을 남기지 않는 소화약제를 말한다.

정답 ④

24

분말소화약제의 종류에 따른 착색 및 적응화재에 관한 설명으로 옳지 않은 것은?

① $NaHCO_3$ - 백색 - B급·C급 화재
② $KHCO_3$ - 담회색 - B급·C급 화재
③ $NH_4H_2PO_4$ - 담홍색 - A급·B급·C급 화재
④ $NaHCO_3+(NH_2)_2CO$ - 황색-B급·C급 화재

해설

$KHCO_3+(NH_2)_2CO$ - 회색-B급·C급 화재
4종 분말소화약제는 제2종 분말을 개량한 것으로 탄산수소칼륨($KHCO_3$)과 요소[$(NH_2)_2CO$]와의 반응물($KC_2N_2H_3O_3$)을 주성분으로 하며, 약제는 회색으로 착색되어 있다.
☞ 암기법: 나,가,암,가요(백,담회, 담홍,회색)

종별	주성분	분자식	색상	적응화재
제1종 분말	탄산수소나트륨 (Sodium bicarbonate)	$NaHCO_3$	백색	B급, C급
제2종 분말	탄산수소칼륨 (Potassium bicarbonate)	$KHCO_3$	담회색	B급, C급
제3종 분말	제1인산암모늄 (Monoammonium phosphate)	$NH_4H_2PO_4$	담홍색 (또는 황색)	A급, B급, C급
제4종 분말	탄산수소칼륨과 요소와의 반응 (Urea-based potassium bicarbonate)	$KC_2N_2H_3O_3$	회색	B급, C급

정답 ④

유제1 다음의 분말소화약제 중 제1종 분말 소화약제의 주성분은?

① 제1인산암모늄
② 탄산수소칼륨과 요소
③ 중탄산나트륨
④ 중탄산칼륨

해설

정답 ③

유제2 다음 중 부촉매소화효과, 질식 및 냉각소화효과와 비누화현상이 나타나는 분말소화약제는?

① 1종 분말소화약제
② 2종 분말소화약제
③ 3종 분말소화약제
④ 4종 분말소화약제

해설

■ 분말 소화약제의 종류와 특성 정리

1종	중탄산나트륨= 탄산수소나트륨 백색 질식, 냉각, 부촉매효과 B급, C급 화재에 적합 주방에서의 식용유 화재에 적합(☞비누화 반응)
2종	중탄산칼륨= 탄산수소칼륨 담회색 질식, 냉각, 부촉매효과 B급, C급 화재에 적합 칼륨이 나트륨보다 흡습성이 강하고 고체화되기 쉬워 1종 보다 소화효과 좋다
3종	제1인산암모늄 담홍색 질식, 냉각, 부촉매효과 A급, B급, C급 화재에 적합 1종, 2종보다 소화효과가 20~30% 좋다
4종	중탄산칼륨+요소 회색 질식, 냉각, 부촉매효과 소화성능이 가장 좋다. 그러나 가격이 비싸 잘 유통되지는 못한다.

종류	내용
1종	중탄산나트륨= 탄산수소나트륨 백색 질식, 냉각, 부촉매효과 B급, C급 화재에 적합 주방에서의 식용유 화재에 적합 ☞( )
2종	중탄산칼륨= 탄산수소칼륨 ( ) 질식, 냉각, 부촉매효과 B급, C급 화재에 적합 칼륨이 나트륨보다 흡습성이 강하고 고체화되기 쉬워 1종 보다 소화효과 좋다
3종	( ) 담홍색 질식, 냉각, 부촉매효과 ( ) 화재에 적합 1종, 2종보다 소화효과가 20~30% 좋다
4종	중탄산칼륨+요소 ( ) 질식, 냉각, 부촉매효과 소화성능이 가장 좋다. 그러나 가격이 비싸 잘 유통되지는 못한다.

정답 ①

25

소화약제에 관한 설명으로 옳은 것은?

① 물소화약제는 상태변화가 없고 온도변화가 있는 잠열과, 상태변화가 있고 온도변화가 없는 현열의 작용에 의한 냉각 소화원리를 갖는다.
② 이산화탄소 소화약제는 저장용기 내에서 기체 상태로 저장되어 있다가 외부로 방출되어 주로 질식, 억제 소화효과를 나타낸다.
③ 제2종 분말소화약제는 탄산수소나트륨이 주성분이다.
④ 청정소화약제는 할론 1301, 할론 2402, 할론 1211을 제외한 할로겐화합물 및 불활성기체로서 전기적으로 비전도성이며 휘발성이 있거나 증발 후 잔여물을 남기지 않는 소화약제를 말한다.

해설

이산화탄소를 소화약제로 사용한다. 고압가스용기 내에 압축되어 있는 이산화탄소 소화약제는 액화상태로 저장되어 있다가 가스 상태로 방사된다.

잠열	현열
물질의 상태변화에 필요한 열량 예) 0℃얼음이 0℃의 물로 변할 때	물질의 온도변화에 필요한 열량 예) 0℃물이 100℃로 물로 변화할 때

정답 ④

○ 제2과목: 구급 및 응급처치론

26
감염방지를 위해 손 씻기와 마스크를 착용하였다면 매슬로우(Maslow) 기본 욕구의 어느 단계에 해당되는가?

① 생리적 욕구
② 안정과 안전의 욕구
③ 사랑과 소속의 욕구
④ 자아존중의 욕구

해설

정답 ②

27
천식 환자의 날숨(expiration) 때, 들을 수 있는 깊고 높은 휘파람 부는 듯한 호흡음은?

① 거품소리(rale)
② 그렁거림(stridor)
③ 쌕쌕거림(wheezing)
④ 가슴막 마찰음(pleural friction rub)

해설

마른 거품소리(rale)	기관지관이 수축되었을 때 들을 수 있는 숨소리로 끈끈한 점액질이 기관지관을 좁게 만들어서 발생합니다.
호기성 천명음(wheezing)	날숨쌕쌕거림. 좁아진 기도를 공기가 흐르며 생기는 연속적인 소리('삑' 또는 '휘~')
협착음(그렁거림, stridor)	상부기도 폐색 시 천명이 흡기 시에 오히려 크게 들리는 것으로 고음의 거친 소리.
가슴막 마찰음(pleural friction rub)	늑막과 흉벽이 닿아서 서로 마찰되며 나는 소리로, 흡기와 호기 시에 모두 들린다. (기침에 의해 변하지 않음)

정답 ③

28
혈압을 조절하는 생리적 기전에 관한 설명으로 옳은 것은?

① 세동맥이 수축하면 혈압이 낮아진다.
② 심박출량이 감소하면 혈압이 높아진다.
③ 혈액의 점도가 증가하면 혈압이 낮아진다.
④ 혈관의 탄력성이 떨어지면 혈압이 높아진다.

해설

① 세동맥이 수축하면 혈압이 높아진다.
② 심박출량이 증가하면 혈압이 높아진다.
③ 혈액의 점도가 증가하면 혈압이 높아진다.

정답 ④

29
외과적 무균술의 기본원리에 관한 설명으로 옳은 것을 모두 고른 것은?

> ㉠ 멸균통의 뚜껑은 안쪽이 아래를 향하도록 든다.
> ㉡ 젖은 전달집게의 끝을 위로 향하도록 든다.
> ㉢ 멸균물품을 열 때 포장의 첫 맨 끝을 사용자의 반대쪽(먼 쪽)으로 펼친다.
> ㉣ 손을 팔꿈치보다 낮게 하고 물이 아래쪽으로 흐르도록 손을 씻는다.

① ㉠㉡
② ㉠㉢
③ ㉡㉣
④ ㉢㉣

해설

외과적 무균술의 경우 용기 뚜껑은 멸균된 내면이 아래로 향하게 든다. 용기 뚜껑을 멸균되어 있지 않은 표면에 놓을 때는 뒤집어 놓는다.
멸균물품을 열 때 포장의 첫 맨 끝을 사용자의 반대쪽(먼 쪽)으로 펼친다.

> ○ 읽기자료: 내과적 무균술(소독)과 외과적 무균술(멸균)
> 1. '내과적 무균술'이란 미생물의 수를 줄이는 것, 다른 곳으로 미생물이 전파되는 것을 막는 것을 의미한다.
>   1) 격리: 질병전파를 예방하기 위하여 감염원을 격리하는 것을 말한다.
>   2) 역격리(보호적 격리): 감염에 민감한 사람을 위해 주위 환경을 무균적으로 것이 필요시
>   예) 조산아, 화상 환자, 백혈병환자, 항암치료환자, 에이즈환자 등
>   3) 내과적 무균술이 필요한 경우: 관장, 위·장관 내시경 삽입, 위관튜브 삽입, 장루주머니 교환

2. '외과적 무균술'이란 아포를 포함한 일반 미생물 및 병원미생물을 포함한 생명 있는 모든 유기체를 제거하는 것을 의미한다.
외과적 무균술이 필요한 경우로는 피부를 절개한 경우, 화상 또는 궤양 등 피부질환 있는 경우, 방광과 같은 멸균 부위로 간주되는 체강내로 카테터(관) 삽입이나 외과적 기구를 삽입하는 경우 등이다.

내과적 무균술(소독)	외과적 무균술 (멸균)
손끝이 항상 아래로 하며 물과 비누사용. 수직 동작으로 1~2분간.	1) 손끝이 항상 위로 향하도록 하며 비누로 씻은 후 소독제로 씻는다. 2) 젖은 전달집게의 끝은 항상 아래로 향하게 둔다.

정답 ②

30

열이 있는 환자의 일반적인 관리방법으로 옳지 않은 것은?

① 활동량을 증가시킨다.
② 수분과 전해질의 균형을 유지한다.
③ 옷이나 침구가 젖어 있다면 갈아준다.
④ 오한기에는 가벼운 이불이나 담요를 덮어준다.

해설

열이 있을 때는 활동량을 감소해야 한다.

정답 ①

31

입안에 있는 이물질을 흡인하는 방법으로 옳지 않은 것은?

① 흡인은 15초 이내로 한다.
② 흡인 후 카테터에 생리식염수를 통과시킨다.
③ 성인의 흡인 시 압력은 300 mmHg 이상이 적당하다.
④ 구토반사와 의식이 있는 환자는 머리를 옆으로 돌린 반앉은자세를 취한다.

해설

흡인 시 압력은 성인은 110-150mmHg, 아동은 95-100mmHg로 하며, 흡인을 한 카테터는 무균용기에 있는 생리식염수를 다시 통과시킨다.

정답 ③

32
급성통증이 있을 때 나타날 수 있는 부교감신경 반응으로 옳은 것은?

① 발한
② 구토
③ 혈압 상승
④ 동공 확대

해설

급성통증과 만성통증의 차이점을 살펴보면, 우선 급성통증은 치료에 반응이 좋으며 신체보호 작용이 있는 반면 만성통증은 치료에 반응이 적으며 삶의 질을 떨어뜨리는 부정 적 영향을 가지고 있다. 급성통증의 경우 오심(구역)과 구토가 발생한다.

정답 ②

33
환자에게 눈을 감도록 한 다음 코를 한 쪽씩 막고 물체의 냄새를 구별할 수 있는지 알아보고 있다. 어느 뇌신경의 이상을 검사하는 것인가?

① 제1뇌신경
② 제3뇌신경
③ 제5뇌신경
④ 제7뇌신경

해설

○ 뇌신경 12개 중에서

후각신경	제1뇌신경
시각신경	제2뇌신경
눈돌림신경	제3뇌신경
얼굴신경(안면근육의 운동과 혀의 미각)	제7뇌신경
속귀신경(청각과 평형감각)	제8뇌신경
혀인두신경(혀의 미각과 인두촉각 신경)	제9뇌신경

정답 ①

34
당뇨환자에게서 저혈당증이 발생하는 원인으로 옳지 않은 것은?

① 심하게 구토를 한 경우
② 체내 탄수화물이 고갈된 경우
③ 운동을 많이 한 경우
④ 체내 인슐린이 부족한 경우

해설

식사를 거른 경우, 심한 운동을 한 경우, 당뇨환자의 체내에 인슐린이 과다한 경우 저혈당증이 올 수 있다.
저혈당의 문제는 인슐린 수치가 너무 높고, 혈당이 너무 낮다는 것이다.
설탕과 과식의 경우에 인슐린과다증을, 인슐린과다증은 저혈당을, 저혈당은 뇌와 신경에 가장 큰 영향을 미친다. 인슐린의 당뇨병 치료로 나타날 수 있는 가장 흔한 부작용은 바로 저혈당증이다.

정답 ④

35
호흡곤란을 호소하는 환자에게 분당 10L의 유량으로 산소를 투여하려고 한다. 휴대형 산소통(D형)의 유량계가 1,800psi를 나타내고 있다면 산소를 안전하게 투여할 수 있는 최대 시간은? (단, 산소통(D형) 상수 0.16, 안전잔류량 200psi로 한다)

① 15분
② 25분
③ 35분
④ 45분

해설

산소통 사용 가능 시간
○ 분자: (산소통 유량계 - 안전잔류량) × 산소통 상수
○ 분모: 분당 유량(L/min)
계산하면 25.6분이므로 최대 25분을 사용할 수 있다.

정답 ②

36
손상 부위의 고정과 통증 감소를 위하여 견인부목 적용을 고려해야 하는 경우는?

① 넙다리뼈 몸통 골절
② 골반뼈 골절
③ 정강뼈의 1/3 아래 골절
④ 무릎뼈 골절

해설

넙다리뼈(무릎 위, '대퇴골'이라고도 함) 몸통 골절 시 견인부목을 적용한다. 견인부목을 대퇴골 견인부목이라고도 한다. 그러나 정강뼈의 1/3 아래 골절, 골반뼈 골절, 심각한 슬관절(무릎관절) 부상에는 견인부목을 하지 말아야 한다.

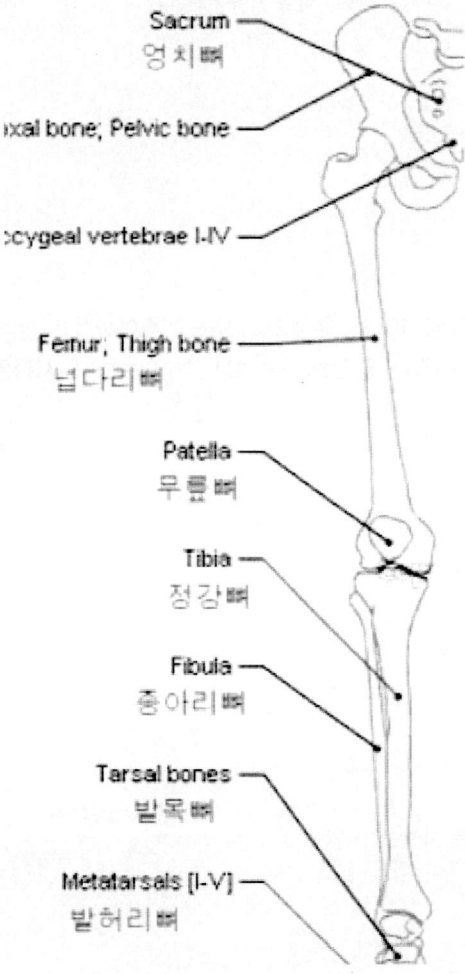

정답 ①

37

호흡이 없는 환자에게 구조자가 1회당 600ml 정도의 호흡량으로 인공호흡을 실시할 경우 나타나는 효과로 옳은 것은?

① 동맥혈 산소포화도를 45~65%로 유지할 수 있다.
② 21% 정도의 산소를 지속적으로 공급할 수 있다.
③ 동맥혈 산소분압을 75mmHg 이상 유지할 수 있다.
④ 동맥혈 이산화탄소분압을 45mmHg 이상 높일 수 있다.

해설

대기의 산소 비중은 21%이다. 그러나 내쉬는 공기(인공호흡 중 환자에게 주입하는 공기)에도 산소가 17~18% 존재하므로 인공호흡으로도 필요한 산소를 공급할 수 있는 것이다. 인공호흡을 실시할 경우 정상범위는 아니지만 산소분압 75 mmHg 이상 유지할 수 있다.

구조자는 성인 환자에게 약 500~600 ml의 일회 호흡량을 제공한다.
산소 분압은 혈액에 용해된 산소의 압력으로 산소화 상태를 나타낸다. 산소 분압의 정상 참고범위는 80~ 110mmHg이다.
산소포화도(%)는 얼마나 많은 산소가 헤모글로빈에 결합하는지를 의미한다.
산소포화도의 정상수치는 95% 이상이며, 95% 이하는 저산소증 주의 상태, 90% 이하는 저산소증으로 호흡이 곤란해지는 위급한 상태가 된다.
이산화탄소 분압의 정상 참고범위는 35~45mmHg이다.

정답 ③

38

이물질에 의해 기도가 막힌 환자가 의식이 없는 상태로 발견되었다. 우선적으로 취해야 할 조치는?

① 100% 산소를 투여한다.
② 기관 내 삽입을 실시한다.
③ 하임리히(Heimlich)법을 실시한다.
④ 가슴압박을 실시한다.

해설

환자가 의식이 없는 상태라면 바로 심폐소생술을 하여야하므로 가슴압박을 실시한다.

정답 ④

39

심정지 리듬 중 맥박 촉지를 한 후 즉시 제세동을 해야 하는 경우는?

① 무수축
② 심실세동
③ 무맥성 전기활동
④ 무맥성 심실빈맥

> 해설

심실세동(心室細動, Ventricular fibrillation)은 심장이 제대로 수축하지 못해 혈액을 전신으로 보내지 못하는 현상을 말한다. 심실이 미약하게 움직인다는 뜻이다.
무맥성 심실빈맥이란 맥박 없는 심실빈맥을 말한다.

전기충격 가능	전기충격 불가
심실세동, 무맥성 심실빈맥	무수축, 무맥성 전기활동

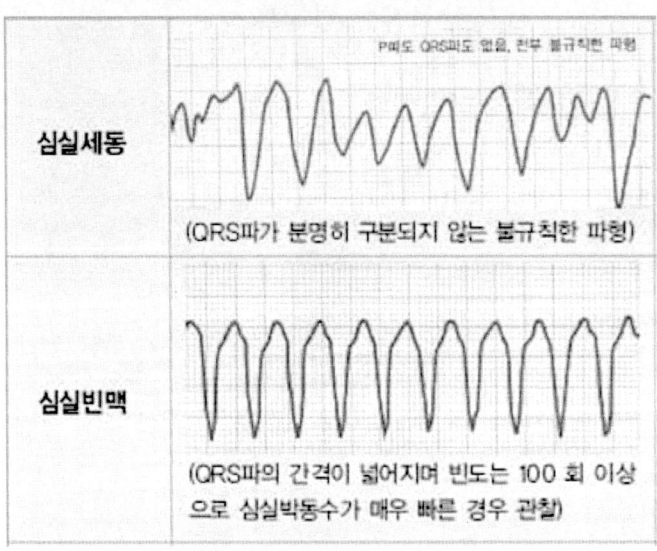

정답 ②, ④

40

일반인이 실시하는 성인심폐소생술 순서로 옳은 것은?

① 반응확인 - 119신고 - 호흡확인 - 가슴압박 - 기도유지 - 인공호흡
② 반응확인 - 가슴압박 - 119신고 - 호흡확인 - 기도유지 - 인공호흡
③ 반응확인 - 119신고 - 호흡확인 - 기도유지 - 인공호흡 - 가슴압박
④ 반응확인 - 기도유지 - 호흡확인 - 기도유지 - 인공호흡 - 119신고

해설

정답 ①

41

맥박이 촉지되지 않는 환자의 심장 리듬이다. 제세동이 필요한 리듬은?

①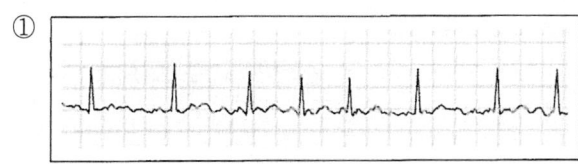

②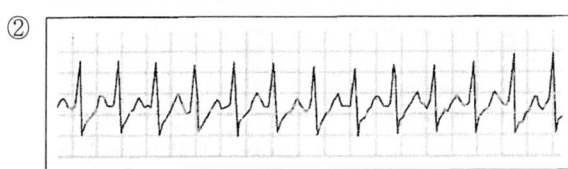

③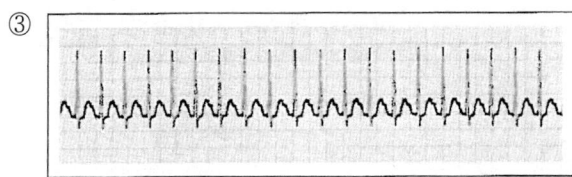

④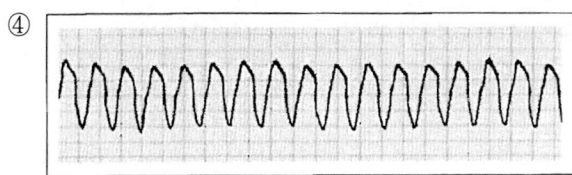

해설

전기충격 가능	전기충격 불가
심실세동, 무맥성 심실빈맥	무수축, 무맥성 전기활동

정답 ④

42

의료종사가가 5세 남아에게 실시하는 심폐소생술 방법으로 옳지 않은 것은?

① 압박위치는 복장뼈의 중간부위이다.
② 맥박은 목동맥 또는 넙다리동맥에서 확인한다.
③ 가슴압박의 깊이는 가슴두께의 1/3 정도이다.
④ 압박속도는 분당 100~120회로 한다.

해설

압박위치는 복장뼈 아래 1/2지점에 손꿈치를 위치시키고 팔전체가 구부러지지 않게 수직으로 압박한다.
- 성인 - 흉골(복장뼈, 가슴뼈)을 반으로 나눌 때 아래쪽
- 소아 - 연령에 따라 흉골(복장뼈, 가슴뼈)크기가 다르지만 흉골의 아래쪽 1/2지점
- 유아 - 유두사이의 가상선과 흉골이 만나는 지점의 직하부

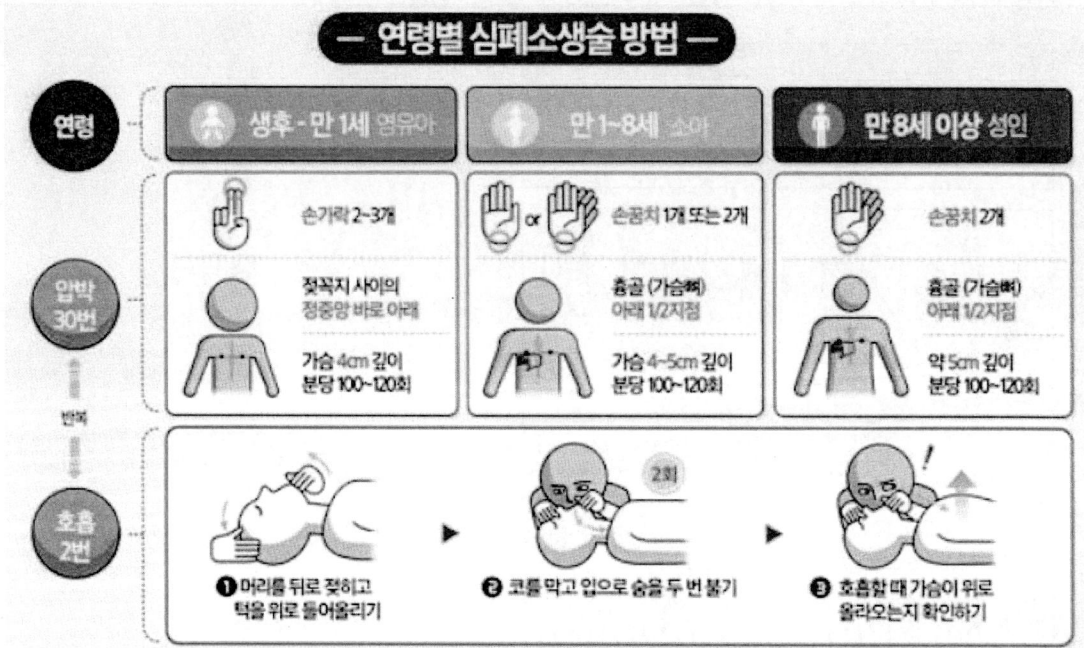

정답 ①

43

심정지 환자의 관상동맥 관류압을 확인하는 계산방법으로 옳은 것은?

① 좌심실압과 우심실압을 더한 값
② 좌심실압에서 우심실압을 뺀 값
③ 대동맥 이완기압과 우심방 이완기압을 더한 값
④ 대동맥 이완기압에서 우심방 이완기압을 뺀 값

해설

2014년 기출문제와 동일.

정답 ④

2014 기출 심폐소생술 중 관상동맥(심장동맥) 관류압을 적절하게 유지하려면 대동맥 이완기압은 최소 얼마 이상으로 유지하여야 하는가? (단, 우심방의 이완기압은 10 mmHg 이다)

① 0 mmHg
② 10 mmHg
③ 20 mmHg
④ 30 mmHg

해설

○ 관상동맥관류압: 대동맥 이완기압에서 우심방 이완기압을 빼면 관상동맥 관류압이 나온다.(20mmHg이상 유지되어야 한다.)
  관상동맥관류압(20) = 대동맥 이완기압 - 우심방 이완기압
○ 뇌관류압: 내경동맥압에서 내경정맥압을 빼면 뇌관류압이 나온다.(30mmHg 이상 유지되어야 한다.)
  뇌관류압 = 내경동맥압 - 내경정맥압

정답 ④

44

공업용 페놀에 접촉되어 발생한 피부손상 부위의 응급처치로 옳은 것은?

① 마른 석회를 뿌려준다.
② 알코올로 제거한 후 물로 씻어낸다.
③ 중화제를 뿌려준다.
④ 마른 거즈로 덮는다.

해설

공업용 페놀은 도장(도료) 작업에서 접촉될 수 있는데 즉시 알코올로 제거 후 미온수로 최소 10분 이상 씻어야 한다.

정답 ②

45

다음 환자에게 파크랜드법을 적용할 경우 첫 2시간 동안 투여해야 할 수액량(mL)은? (단, 첫 8시간 동안 시간당 투여량은 동일하다)

- 체중 70kg
- 나이: 45세
- 1도 화상: 10%
- 2도 화상: 30%

① 525
② 700
③ 1,050
④ 1,400

해설

앞의 기출에서 설명을 충분히 하였다. 직접 풀어보길 바란다.

정답 ③

46

진드기에 물려 붓고 가려울 때의 처치방법으로 옳지 않은 것은?

① 비눗물로 씻는다.
② 얼음찜질을 해준다.
③ 칼라민 로션을 바른다.
④ 식초나 레몬주스를 바른다.

해설

칼라민 로션은 피부에 가려움이 생겼을 때 잠재워준다. 특히 진물이나 분비물을 흡수해 아기들의 기저귀 발진을 잠재우는 데 탁월하다.
산화철은 분홍색을 내는 성분이고, 산화아연은 자외선 차단제에 자주 쓰이는 성분이다. 산화아연은 칼라민 로션의 대부분을 차지하고 있고, 소염, 피부 보호 작용을 하여 피부가 약한 사람이나 여드름 피부, 볕에 탄 후의 피부의 손질용으로 적합한 성분이다.
진드기가 아닌 말벌 등의 벌독은 알칼리성이므로 식초나 레몬주스를 발라주는 것도 도움이 된다.

정답 ④

47

여름철 공사장에서 작업자가 건조한 피부, 고체온 상태로 쓰러졌다. 빠른 호흡과 경련을 보이는 이 환자에 대한 응급처치로 옳지 않은 것은?

① 많은 물을 빨리 먹인다.
② 기도, 호흡, 순환을 유지한다.
③ 그늘이나 냉방 장소로 옮긴다.
④ 신속하게 병원으로 이송한다.

해설

심부 체온이란 피부와 같은 말초 체온과 반대되는 의미로 우리 몸 안쪽의 깊숙한 곳의 체온을 말한다. 열사병의 경우 우선 환자의 옷을 벗기고, 찬물로 온몸을 적시거나, 얼음·알코올 마사지를 해 체온을 낮추는 게 우선이다.

일사병	열사병
고온의 환경에 노출되어 심부 신체의 온도가 37℃에서 40℃ 사이로 상승하여 적절한 심박출을 유지할 수 없으나 중추신경계의 이상은 없는 상태이다. 약간의 현기증, 정신혼란, 두통, 구토 등을 수반하며 일사병이 계속 지속되면 열사병으로 발전할 수 있다.	과도한 고온 환경에 노출되거나 더운 환경에서 작업이나 운동 등을 시행하면서 신체의 열 발산이 원활하게 이루어지지 않아 고체온 상태가 되면서 발생하는 신체이상이다. 체온은 40℃ 이상으로 올라가며 맥박이 빨라지고 혈압은 낮아진다. 피부는 뜨겁고 건조하여 땀이 나지 않는다.

정답 ①

48

인슐린 저하로 나타날 수 있는 임상증상과 징후를 모두 고른 것은?

> ㉠ 혈중 포도당 증가
> ㉡ 케톤성 산증
> ㉢ 안구 돌출증

① ㉠
② ㉠㉡
③ ㉠㉢
④ ㉡㉢

해설

포도당이 에너지로 쓰이려면 세포 안으로 들어가야 하는데, 인슐린은 마치 열쇠처럼 세포를 열어서 포도당을 세포 안으로 들여보내는 역할을 한다.
제1형 당뇨병은 충분한 인슐린을 만들어내지 못하는 것에 기인한다. '인슐린의존당뇨병' 또는 '연소성 당뇨병'이라고도 한다. 원인은 밝혀지지 않았다. 제2형 당뇨병은 세포가 인슐린에 적절하게 반응하지 못하는 인슐린저항으로 시작된다.
갑상선기능 항진증을 앓고 있는 환자의 약 20%이상이 안구가 돌출되는 '갑상선안병증'이 동반되는 것으로 알려져 있다.

○ 읽기자료: 인슐린과 당뇨병

몸속의 모든 세포는 살아가기 위해 에너지를 필요로 합니다. 이러한 에너지는 사람이 섭취하는 음식이 지방과 당(포도당)으로 변환되어 공급됩니다. 이 포도당은 정상 혈액의 구성 물질로써 혈류를 따라 체내를 이동합니다. 각각의 세포는 혈류로부터 포도당을 취해 에너지로 이용하게 되는데, 이와 같이 세포가 혈중 포도당을 취하는데 필요한 물질이 '인슐린'이라 불리는 단백 물질입니다.

인슐린은 췌장의 베타 세포에서 생산됩니다. 췌장은 위장 옆에 위치한 장기입니다.

<u>인슐린이 불충분할 경우, 체내 세포는 혈류 중 포도당을 이용할 방법이 없게 되므로, 혈당수치는 상승하는 반면 세포는 '굶주리게'</u> 됩니다.

이때 뇌는 세포 내 에너지 부족에 반응해 식사를 더 섭취하도록 하는 신호를 보내는 한편, 체내 다른 세포의 경우 지방과 근육 단백질을 분해해 에너지를 얻으려 합니다. 동시에 간에서 근육 단백질이 포도당으로 변환되며, 악순환이 발생합니다. 포도당은 더 많이 생산되나 이러한 포도당을 세포 내로 들어가게 하는 인슐린이 부족하므로, 포도당에서 에너지가 만들어지지 않습니다.

혈당의 양이 많아지면 소변으로 '유출'되는데, 정상인의 소변 중에는 당이 검출되지 않습니다. 당뇨병 환자의 경우, 소변 중의 당이(마른 스펀지가 물을 흡수하는 것처럼) 물을 끌어들입니다. 이처럼 흡수된 물의 양이 많아지므로 소변량도 많아지며, 소변 횟수가 증가하므로 구갈이 심해지고 물을 과도하게 마시게 됩니다.

인슐린 결핍 시 발생하는 이와 같은 반응들이 당뇨병 환자의 전형적인4가지 증세(공복감, 식욕 증가에도 불구하고 체중이 감소, 물의 과도한 섭취, 잦은 소변)를 야기합니다.

사람의 몸은 음식을 섭취하여 세포 안에 들어온 포도당의 양에 따라 췌장에서 적당한 인슐린을 자동적으로 생성하도록 되어 있습니다. 그러나 소아당뇨병(제1형 당뇨병) 있는 사람들은 췌장에 있는 인슐린을 생성하는 세포가 파괴되어 인슐린을 제대로 생성하지 못합니다.

이렇게 되면 포도당이 세포 내로 들어가지 못하고 혈액 내에 축적되어 고혈당 상태가 되어 에너지를 만들어 낼 수 없게 됩니다. 혈액 내의 포도당의 수치가 어떤 기준 이상이 되면 과도한 포도당은 신장을 통해 소변으로 나오게 되는데 이를 당뇨(소변으로 당이 나온다)라고 하는 것입니다.

이와 같이 췌장에서 인슐린이 만들어지지 않아 당뇨병이 생기는 경우를 제1형 당뇨병(소아당뇨병, 인슐린 의존성 당뇨병)이라고 합니다.

○ 원인

소아에서 주로 발생하는 제1형 당뇨병의 유전성은 제2형 당뇨병에 비하면 아주 적은 정도이기는 하나 유전적 요인이 관여합니다. 제1형 당뇨병의 유전적 소인을 가진 사람에게 어떤 환경적인 요인(바이러스 감염, 스트레스 등)이 가해지면 자신의 췌장에서 인슐린을 만들어내는 베타세포를 남으로 인식하고 파괴하기 시작하는데, 이를 자가면역반응이라고 합니다. 이처럼 제1형 당뇨병은 유전적인 소인과 함께 환경적 요인과 면역학적 요인이 함께 작용하여 발생합니다.

○ 증상

가장 초기에 나타나는 증상은 다뇨인데, 이는 혈당이 180mg/dl를 넘는 경우에 당분이 몸 속으로 재흡수되지 못하고 소변으로 배설되어 생기는 증상입니다.

일반적으로 혈당이 높을수록 소변량이 많아지게 되는데, 소변량이 많아지면 우리 몸은 수분이 부족하다고 느껴 갈증이 생기고 물을 많이 마시게 됩니다.

또한 음식을 먹어도 몸 안에서 당분이 에너지원으로 이용되지 못하고 빠져 나가기 때문에 피로감을 느끼고 체중이 줄며, 자꾸 음식을 찾게 되는데(다식), 소아에서는 오히려 다식이 아닌 식욕부진이 생기는 경우도 있습니다.

<u>구토, 복통, 탈수 등이 동반된 상태를 당뇨병성 케톤산증이라고 부르며, 심하면 의식장애도 올 수 있습니다.</u> 이런 증상이 있을 때는 신속히 병원을 방문해 치료를 받아야 합니다.

○ 진단

진단을 위해 혈액 채취를 통한 혈당 검사를 시행합니다. 다음, 다뇨, 체중 감소 등의 증상이 있으면서 하루 중 어느 때라도 혈당이 200mg/dl 이상인 경우, 공복 혈당이 126mg/dl 이상인 경우, 경구 당부하 검사 후 2시간째 혈당이 200mg/dl 이상이면 당뇨병으로 진단하게 됩니다.

○ **치료**
당뇨병은 진단 후 일시적인 치료로 모든 치료가 끝나는 것이 아니라 지속적인 조절을 통한 관리가 중요한 질병입니다. 소아당뇨병도 성인형 당뇨병(제2형 당뇨병)과 마찬가지로 식사 및 운동요법을 해야 하며, 반드시 적절한 인슐린 치료를 함께 시행받아야 합니다.
소아당뇨병에서도 식사요법은 매우 중요한데, 자라나는 아이들의 경우 무조건 음식을 제한해서는 안 되며 나이에 맞는 성장과 발달이 이루어질 수 있는 적절한 양의 음식을 골고루 섭취하도록 해야 합니다.
당뇨병이 있더라도 당뇨병이 없는 아이들과 영양요구량은 같으므로 식사계획은 개인 및 가족의 음식 선호도와 식사습관, 체중, 활동량 및 인슐린 치료 방법 등을 고려해 정하되 혈당을 급격히 올리는 음식(주로 간식류)을 너무 많이 먹지 않도록 주의해야 합니다.
운동은 혈당을 조절하는 데 도움을 줄 뿐 아니라 체력과 심폐기능도 좋게 하고 유연성을 높이며 스트레스를 줄이는 데도 도움을 줍니다. 운동을 할 때는 본인이 좋아하고 꾸준히 할 수 있는 운동을 택하되 본인의 몸 상태를 고려해 운동의 종류와 강도를 정해야 합니다.
인슐린을 사용하는 경우 운동 후 저혈당에 유의해야 하며 운동 전후로 혈당을 측정하고 저혈당에 대비한 음식을 미리 준비해 놓은 후에 운동을 하는 것이 좋습니다.

○ **경과**
당뇨병성 케톤산증, 고삼투압성 비케톤성 혼수, 유산산증, 저혈당등의 급성 대사성 합병증과 만성적으로 초래되는 혈관 관련 및 복합적인 합병증들이 있습니다. 만성 합병증으로는 대혈관질환(동맥경화증-관상동맥질환 및 심근병증, 뇌혈관질환, 기타 말초혈관질환)과 미세혈관질환(망막병증, 신장병증, 신경병증) 및 복합적 합병증(감염, 피부병변, 당뇨병성 족부병변)이 있습니다.

정답 ②

49
승용차가 빗길에 미끄러져 중앙분리대에 부딪히면서 운전자가 다쳤다. 손상기전으로 옳지 않은 것은?
① 중력
② 관성
③ 운동에너지
④ 에너지 보존

해설

○ 읽기자료: 차량 충돌
 1) 관성의 법칙(운동 제1법칙)
  외부로부터 어떠한 외력이 작용하지 않는 한 정지된 물체는 계속하여 정지 상태를 유지하고, 움직이는 물체는 계속하여 운동을 유지하려고 하는 운동의 성질이다. 예를 들어 차가 정지 상태에서 급출발할 때 차내 승차자의 신체가 순간적으로 뒤로 제쳐 지는 경우나 주행 중 급제동할 때 차내 승차자의 신체가 전방으로 쏠리는 현상은 모두 관성(inertia)의 영향을 받기 때문이다.

2) 가속도의 법칙(운동 제2법칙)
   어떤 물체에 힘(F)이 작용하면 힘으로 방향으로 가속도(a)가 생기고 이때 가속도의 크기는 힘에 비례하고 물체의 질량(m)에 반비례한다. 가속도의 법칙을 운동방정식으로 나타내면 아래와 같다.
   F = m · a
3) 작용과 반작용의 법칙(운동 제3법칙)
   어떤 물체에 힘이 작용할 때에는 반드시 힘의 크기가 같고 방향이 반대인 힘이 동시에 존재하게 되는데 이와 같은 힘의 관계를 작용·반작용의 법칙이라고 한다. 충돌하는 양차 사이에서 발생하는 충격력(F)은 뉴턴의 운동 제3법칙에 의해 F1 = F2 이므로 충돌에 의해 발생하는 충격가속도(a)의 크기는 질량(m)의 역비례 관계가 된다. 따라서 질량이 다른 소형차와 대형차가 충돌하는 경우 양차에 발생하는 충격력의 크기는 동일하지만 상대적으로 질량이 작은 소형차에는 더 큰 충격가속도가 발생하게 된다.
4) 에너지보존 법칙
   에너지(energy)란 일(work)을 할 수 있는 능력으로 에너지의 형태는 기계일, 운동에너지, 위치에너지, 마찰일, 변형에너지 등으로 구분할 수 있는데 물체가 운동할 때 에너지의 형태를 바꾸어도 전체에너지의 크기는 양적으로 변하지 않는다. 이것을 에너지보존법칙이라고 한다. 간단한 예를 들어 일정한 주행속도로 달리고 있는 자동차가 급제동하여 정지하였다고 가정할 때 주행하는 자동차가 가지고 있던 운동에너지는 급제동에 의해 타이어와 노면사이의 마찰일(에너지)로 모두 변환되었다고 볼 수 있다.
5) 충격량(impulse)
   <u>충돌할 때 발생하는 충격력의 크기로서 충격량은 물체에 작용한 힘(F)과 시간(t)의 곱으로 표현되는 물리량이다.</u> 뉴턴의 운동 제2법칙(가속도의 법칙)에 의하여 F=ma이고, 가속도(a)는 단위 시간에 속도변화량이므로 결국 충격량의 크기는 운동량의 변화량(ΔP=mΔV)과 같다.

정답 ①

50

과다호흡증후군을 보이는 수험생에게 필요한 응급처치로 옳지 않은 것은? (단, 다른 질환은 없다)

① 천천히 숨을 쉬도록 해 호흡을 고르게 해준다.
② 고농도의 산소를 투여한다.
③ 스트레스 요인과 격리시킨다.
④ 조이는 옷을 편안하게 해 준다.

해설

과다호흡증후군의 경우 저농도의 이산화탄소를 흡입한다. 호흡곤란의 경우 고농도의 산소를 공급한다.

> ○ 읽기자료: 과다호흡증후군
> 과호흡 증후군은 어떠한 이유에서든 과도한 호흡으로 인해 이산화탄소가 과다하게 배출되어 발생하는 질환을 의미합니다. 우리 몸은 정상적인 호흡을 통해 산소를 받아들이고 이산화탄소를 배출시킵니다. 그 결과 동맥혈(동맥 속의 혈액)의 이산화탄소 농도는 35~45mmHg 범위에서 유지됩니다. 동맥혈의 이산화탄소 농도가 정상 범위 아래로 떨어져서 호흡 곤란, 어지럼증, 저리고 마비되는 느낌, 실신 등의 증상이 나타납니다. 주로 젊은 여성에게서 잘 발생합니다.

과호흡 증후군의 치료 방법은 다음과 같습니다.
1) 봉투를 이용한 호흡법
    - 가장 많이 이용되는 방법으로, 환자 자신의 숨으로 호흡하는 방법입니다.
    - 공기로 봉투를 부풀려 그 안의 공기를 호흡합니다.
    - <u>공기 안의 이산화탄소를 흡입하게 되므로 폐포 공기의 이산화탄소 농도가 상승하여 pH가 정상화되고 호흡성 알칼리증에 의한 증상이 감소합니다.</u>
2) 환자에게 이 증상이 과환기로 인해 체내에서 이산화탄소 가스가 배설되어 나타났다는 것을 충분히, 침착하게 설명합니다.
3) 환자에게 호흡을 참으면 증상이 완화된다는 것을 설명하여 실천할 수 있도록 합니다.
4) 불안감과 공포감, 정신적 스트레스를 제거합니다.
5) 필요시 항불안제를 투여할 수 있습니다.
6) 재발하는 경우가 많으므로, 재발할 것 같은 느낌이 들면 스스로 의식적으로 호흡을 조절합니다. 심리적 안정을 취해야 합니다.

정답 ②

○ 제3과목: 재난관리론

51
다음은 페탁(W. J. Petak)의 재난관리 4단계 모형을 나타낸 것이다. 단계별로 바르게 나열된 것은?

> ㉠ 재난의 복구
> ㉡ 재난의 대응
> ㉢ 재난의 대비와 계획
> ㉣ 재난의 완화와 예방

① ㉠㉡㉢㉣
② ㉠㉢㉡㉣
③ ㉡㉢㉠㉣
④ ㉣㉢㉡㉠

해설

정답 ④

52
재난을 유사전쟁모형, 사회적 취약성 모형, 불확실성 모형으로 분류한 학자는?

① 길버트(Gilbert)
② 존스(Jones)
③ 아네스(Anesth)
④ 콤포트(Comport)

해설

길버트(Gilbert)는 재난에 대한 접근을 시대적으로 구분하여 유사전쟁모형, 사회 취약성 모형, 불확실성 모형 등으로 구분한다. 콤포트(Comfort, 1988)는 재난의 속성을 상호작용성, 불확실성, 복잡성으로 구분하였다. 터너(Tuner)는 이 세 가지에 재난의 비가시적인 특성을 나타내는 누적성을 추가하였다.

정답 ①

53
재난관리 단계 중 대비단계에 해당하는 내용으로 옳은 것을 모두 고른 것은?

> ㉠ 위험지도 제작
> ㉡ 토지사용규제 및 관리
> ㉢ 대응요원의 교육훈련
> ㉣ 대응조직(기구) 구성 및 관리
> ㉤ 정보시스템 구축

① ㉠㉢㉣
② ㉡㉢㉤
③ ㉡㉣㉤
④ ㉢㉣㉤

해설

○ 페탁의 재난관리 단계
- 1단계(예방단계) - 예방완화, 재난발생 전 위험성 분석 및 위험 지도 작성, 건축법 정비 제정, 재해 보험, 토지 이용관리, 안전관련법 제정, 조세 유도 등
- 2단계(대비단계, 재난 발생 전) - 재난대응 계획, 비상경보체계 구축, 통합대응체계 구축, 비상통신망 구축, 대응자원 준비, 교육훈련 및 연습
- 3단계(대응단계, 재난 발생 후) - 재난대응 적용, 재해진압, 구조구난 응급의료체계 운영, 대책본부 가동, 환자 수용, 간호, 보호 및 후송.
- 4단계(복구단계, 재난 발생 후) - 잔해물 제거, 전염 예방, 이재민 지원, 임시 거주지 마련, 시설복구 등

정답 ④

54
우리나라의 기상특보 발표기준으로 옳지 않은 것은?

① 호우주의보: 3시간 강우량이 60mm 이상 예상되거나 12시간 강우량이 110mm 이상 예상될 때
② 폭염경보: 일최고기온이 33℃ 이상인 상태가 2일 이상 지속될 것으로 예상될 때
③ 강풍경보: 육상에서 풍속 21m/s 이상 또는 순간풍속 26m/s 이상이 예상될 때. 다만, 산지는 풍속 24m/s 이상 또는 순간풍속 30m/s 이상이 예상될 때
④ 풍랑주의보: 해상에서 풍속 14m/s 이상이 3시간 이상 지속되거나 유의파고가 3m 이상이 예상될 때

해설

○ 기상특보 발표기준

종류	주의보	경보
강풍	육상에서 풍속 14㎧ 이상 또는 순간풍속 20㎧ 이상이 예상될 때. 다만, 산지는 풍속 17㎧ 이상 또는 순간풍속 25㎧ 이상이 예상될 때	육상에서 풍속 21㎧ 이상 또는 순간풍속 26㎧ 이상이 예상될 때. 다만, 산지는 풍속 24㎧ 이상 또는 순간풍속 30㎧ 이상이 예상될 때
풍랑	해상에서 풍속 14㎧ 이상이 3시간 이상 지속되거나 유의파고가 3m 이상이 예상될 때	해상에서 풍속 21㎧ 이상이 3시간 이상 지속되거나 유의파고가 5m 이상이 예상될 때
호우	3시간 강우량이 60mm 이상 예상되거나 12시간 강우량이 110mm 이상 예상될 때	3시간 강우량이 90mm 이상 예상되거나 12시간 강우량이 180mm 이상 예상될 때
대설	24시간 신적설이 5cm 이상 예상될 때	24시간 신적설이 20cm 이상 예상될 때. 다만, 산지는 24시간 신적설이 30cm 이상 예상될 때
건조	실효습도 35% 이하가 2일 이상 지속될 것으로 예상될 때	실효습도 25% 이하가 2일 이상 지속될 것으로 예상될 때
폭풍해일	천문조, 폭풍, 저기압 등의 복합적인 영향으로 해수면이 상승하여 발효기준 값 이상이 예상될 때. 다만, 발효기준 값은 지역별로 별도지정	천문조, 폭풍, 저기압 등의 복합적인 영향으로 해수면이 상승하여 발효기준 값 이상이 예상될 때. 다만, 발효기준 값은 지역별로 별도지정
한파	10월~4월 사이의 기간에 다음 중 어느 하나에 해당하는 경우 ① 아침 최저기온이 전날보다 10℃ 이상 하강하여 3℃ 이하이고 평년값보다 3℃가 낮을 것으로 예상될 때 ② 아침 최저기온이 −12℃ 이하가 2일 이상 지속될 것으로 예상될 때 ③ 급격한 저온현상으로 중대한 피해가 예상될 때	10월~4월 사이의 기간에 다음 중 어느 하나에 해당하는 경우 ① 아침 최저기온이 전날보다 15℃ 이상 하강하여 3℃ 이하이고 평년값보다 3℃가 낮을 것으로 예상될 때 ② 아침 최저기온이 −15℃ 이하가 2일 이상 지속될 것으로 예상될 때 ③ 급격한 저온현상으로 광범위한 지역에서 중대한 피해가 예상될 때
태풍	태풍으로 인하여 강풍, 풍랑, 호우, 폭풍해일 현상 등이 주의보 기준에 도달할 것으로 예상될 때	태풍으로 인하여 다음 중 어느 하나에 해당하는 경우 ① 강풍(또는 풍랑) 경보 기준에 도달할 것으로 예상될 때 ② 총 강우량이 200mm 이상 예상될 때 ③ 폭풍해일 경보 기준에 도달할 것으로 예상될 때
황사	−	황사로 인해 1시간 평균 미세먼지(PM10) 농도 800㎍/㎥ 이상이 2시간 이상 지속될 것으로 예상될 때
폭염	일최고기온이 33℃ 이상인 상태가 2일 이상 지속될 것으로 예상될 때	일최고기온이 35℃ 이상인 상태가 2일 이상 지속될 것으로 예상될 때
지진해일	규모 6.0 이상의 해저지진이 발생하여 우리나라 해안가에 지진해일 높이 0.5m 이상 1.0m 미만의 지진해일 내습이 예상되는 경우	규모 6.0 이상의 해저지진이 발생하여 우리나라 해안가에 지진해일 높이 1.0m 이상의 지진해일 내습이 예상되는 경우
화산재	우리나라에 화산재로 인한 피해가 예상되는 경우	우리나라에 화산재로 인한 심각한 피해가 예상되는 경우

정답 ②

55
2003년 제주도에서 관측된 최대순간풍속이 60m/s로 기록된 태풍은?

① 사라
② 셀마
③ 루사
④ 매미

해설

연도	태풍
1959년	사라
1987년	셀마
2002년	루사
2003년	매미

정답 ④

56
태풍 내습 시 재난관리 단계 중 대응단계에서 하여야 할 업무가 아닌 것은?

① 태풍 진로에 따라 재난 대응계획을 시행한다.
② 재난상황을 신속히 전파시키고 구조 요원을 긴급히 현장에 출동시킨다.
③ 중앙합동조사단을 편성하고 운영하여 피해를 조사하고 복구한다.
④ 긴급구조기관 및 자원봉사자에게 임무를 부여하고, 현장통제 및 질서유지를 담당한다.

해설

중앙합동조사단을 편성하고 운영하여 피해를 조사하고 복구하는 것은 복구단계이다.

정답 ③

57

재난 및 안전관리 기본법령상 재난피해자에 대한 상담활동 지원계획을 수립·시행 시 포함해야 할 내용으로 옳지 않은 것은?

① 상담 활동 지원을 위한 교육·연구 및 홍보
② 재난 및 피해 유형별 상담 활동의 세부 지원방안
③ 정신건강증진시설의 설립
④ 심리회복 전문가 인력 확보 및 유관기관과의 협업체계 구축

> **해설**

재난 및 안전관리기본법 시행령 제73조의 2 참조

영 제73조의2(재난피해자에 대한 상담 활동 지원 절차) ① 행정안전부장관 또는 지방자치단체의 장은 법 제66조 제5항에 따라 재난으로 피해를 입은 사람에 대하여 심리적 안정과 사회 적응(이하 "심리회복"이라 한다)을 위한 상담 활동을 체계적으로 지원하기 위하여 다음 각 호의 사항을 포함하는 상담활동지원계획을 수립·시행하여야 한다.
1. 재난 및 피해 유형별 상담 활동의 세부 지원방안
2. 상담 활동 지원에 필요한 재원의 확보
3. 심리회복 전문가 인력 확보 및 유관기관과의 협업체계 구축
4. 「정신건강증진 및 정신질환자 복지서비스 지원에 관한 법률」 제3조 제4호에 따른 정신건강증진시설과의 진료 연계
5. 상담 활동 지원을 위한 교육·연구 및 홍보
6. 그밖에 재난으로 피해를 입은 사람에 대하여 심리회복을 위한 상담 활동 지원에 필요하다고 행정안전부장관 또는 지방자치단체의 장이 필요하다고 인정하는 사항

② 행정안전부장관과 지방자치단체의 장은 다음 각 호의 어느 하나에 해당하는 지역에 대하여는 법 제66조 제5항에 따른 상담 활동 지원을 우선적으로 실시할 수 있다.
1. 법 제60조 제2항에 따라 특별재난지역으로 선포된 지역
2. 제13조 각 호의 어느 하나에 해당하는 재난이 발생한 지역

정답 ③

58

재난 및 안전관리 기본법상 자연재난에 해당하는 것은?

① 소행성 추락
② 화생방 사고
③ 항공사고
④ 환경오염사고

> 해설

제3조(정의) 이 법에서 사용하는 용어의 뜻은 다음과 같다.
1. "재난"이란 국민의 생명·신체·재산과 국가에 피해를 주거나 줄 수 있는 것으로서 다음 각 목의 것을 말한다.
   가. 자연재난: 태풍, 홍수, 호우(豪雨), 강풍, 풍랑, 해일(海溢), 대설, 한파, 낙뢰, 가뭄, 폭염, 지진, 황사(黃砂), 조류(藻類) 대발생, 조수(潮水), 화산활동, 소행성·유성체 등 자연우주물체의 추락·충돌, 그 밖에 이에 준하는 자연현상으로 인하여 발생하는 재해
   나. 사회재난: 화재·붕괴·폭발·교통사고(항공사고 및 해상사고를 포함한다)·화생방사고·환경오염사고 등으로 인하여 발생하는 대통령령으로 정하는 규모 이상의 피해와 국가핵심기반의 마비, 「감염병의 예방 및 관리에 관한 법률」에 따른 감염병 또는 「가축전염병예방법」에 따른 가축전염병의 확산, 「미세먼지 저감 및 관리에 관한 특별법」에 따른 미세먼지 등으로 인한 피해

정답 ①

59

재난 및 안전관리 기본법령상 다중이용시설 등의 소유자·관리자 및 점유자가 위기상황 매뉴얼을 작성·관리하지 않은 경우 위반행위의 횟수에 따른 과태료 부과기준으로 옳지 않은 것은?

① 1회: 30만원
② 2회: 50만원
③ 3회: 100만원
④ 4회: 200만원

> 해설

시행령 별표5 참조

■ 재난 및 안전관리 기본법 시행령 [별표 5]

과태료의 부과기준(제89조 관련)

1. 일반기준
   가. 위반행위의 횟수에 따른 과태료의 가중된 부과기준은 최근 3년간 같은 위반행위로 과태료 부과처분을 받은 경우에 적용한다. 이 경우 기간의 계산은 위반행위에 대하여 과태료 부과처분을 받은 날과 그 처분 후 다시 같은 위반행위를 하여 적발된 날을 기준으로 한다.
   나. 가목에 따라 가중된 부과처분을 하는 경우 가중처분의 적용 차수는 그 위반행위 전 부과처분 차수(가목에 따른 기간 내에 과태료 부과처분이 둘 이상 있었던 경우에는 높은 차수를 말한다)의 다음 차수로 한다.
   다. 부과권자는 위반행위자가 다음의 어느 하나에 해당하는 경우에는 제2호의 개별기준에 따른 과태료 금액의 2분의 1 범위에서 그 금액을 줄여 부과할 수 있다. 다만, 과태료를 체납하고 있는 위반행위자에 대해서는 그렇지 않다.
      1) 위반행위자가 「질서위반행위규제법 시행령」 제2조의2 제1항 각 호의 어느 하나에 해당하는 경우
      2) 위반행위가 사소한 부주의나 오류로 인한 것으로 인정되는 경우
      3) 위반행위자가 위반행위로 인한 결과를 시정하거나 해소한 경우
      4) 그 밖에 위반행위의 정도, 위반행위의 동기와 그 결과 등을 고려하여 과태료를 줄일 필요가 있다고 인정되는 경우

라. 부과권자는 위반행위자가 다음의 어느 하나에 해당하는 경우에는 제2호에 따른 과태료 금액의 2분의 1 범위에서 그 금액을 늘릴 수 있다. 다만, 늘리는 경우에도 법 제82조 제1항 및 제2항에 따른 과태료 금액의 상한을 넘을 수 없다.
  1) 위반의 내용·정도가 중대하여 이용자 등에게 미치는 피해가 크다고 인정되는 경우
  2) 법 위반상태의 기간이 3개월 이상인 경우
  3) 그 밖에 위반행위의 정도, 위반행위의 동기와 그 결과 등을 고려하여 가중할 필요가 있다고 인정되는 경우

2. 개별기준

위반행위	근거 법조문	과태료 금액(단위: 만원)		
		1회 위반	2회 위반	3회 이상 위반
가. 다중이용시설 등의 소유자·관리자 또는 점유자가 법 제34조의6 제1항 본문에 따른 위기상황 매뉴얼을 작성·관리하지 않은 경우	법 제82조 제1항 제1호	30	50	100
나. 다중이용시설 등의 소유자·관리자 또는 점유자가 법 제34조의6 제2항 본문에 따른 훈련을 주기적으로 실시하지 않은 경우	법 제82조 제1항 제1호의2	30	50	100
다. 다중이용시설 등의 소유자·관리자 또는 점유자가 법 제34조의6 제3항에 따른 개선명령을 이행하지 않은 경우	법 제82조 제1항 제1호의3	50	100	200
라. 법 제40조 제1항에 따른 대피명령을 따르지 않거나 방해한 경우	법 제82조 제1항 제2호			
1) 대피명령을 따르지 않은 경우		30	50	100
2) 대피명령을 방해한 경우		50	100	200
마. 법 제41조 제1항 제2호에 따른 대피 또는 퇴거명령을 따르지 않거나 방해한 경우	법 제82조 제1항 제3호			
1) 위험구역 내에서 대피명령을 따르지 않은 경우		30	50	100
2) 위험구역 내에서 퇴거명령을 따르지 않은 경우		50	100	150
3) 위험구역 내에서 대피 또는 퇴거 명령을 방해한 경우		50	100	200
바. 법 제76조 제2항을 위반하여 보험등에 가입하지 않은 경우	법 제82조 제2항			
1) 가입하지 않은 기간이 30일 이하인 경우			30	
2) 가입하지 않은 기간이 30일 초과 60일 이하인 경우		30만원에 31일째부터 계산하여 1일마다 3만원을 더한 금액		
3) 가입하지 않은 기간이 60일 초과인 경우		120만원에 61일째부터 계산하여 1일마다 6만원을 더한 금액. 다만, 과태료의 총액은 300만원을 넘지 못한다.		

정답 ④

60

재난 및 안전관리 기본법상 재난정보의 수집·전파, 상황관리, 재난발생 시 초동조치 및 지휘 등의 업무를 수행하기 위하여 설치하는 것은?

① 재난안전대책본부
② 재난안전상황실
③ 사고수습본부
④ 긴급구조통제단

해설

법 제18조(재난안전상황실) ① 행정안전부장관, 시·도지사 및 시장·군수·구청장은 재난정보의 수집·전파, 상황관리, 재난발생 시 초동조치 및 지휘 등의 업무를 수행하기 위하여 다음 각 호의 구분에 따른 상시 재난안전상황실을 설치·운영하여야 한다.
  1. 행정안전부장관: 중앙재난안전상황실
  2. 시·도지사 및 시장·군수·구청장: 시·도별 및 시·군·구별 재난안전상황실
② 삭제
③ 중앙행정기관의 장은 소관 업무분야의 재난상황을 관리하기 위하여 재난안전상황실을 설치·운영하거나 재난상황을 관리할 수 있는 체계를 갖추어야 한다.
④ 제3조 제5호 나목에 따른 재난관리책임기관의 장은 재난에 관한 상황관리를 위하여 재난안전상황실을 설치·운영할 수 있다.
⑤ 제1항 제2호, 제3항 및 제4항에 따른 재난안전상황실은 제1항 제1호에 따른 중앙재난안전상황실 및 다른 기관의 재난안전상황실과 유기적인 협조체제를 유지하고, 재난관리정보를 공유하여야 한다.

정답 ②

61

재난 및 안전관리 기본법령상 안전관리계획의 작성에 대한 설명이다. ( ) 안에 들어갈 내용으로 옳은 것은?

> 시·도지사는 전년도 (㉠)까지, 시장·군수·구청장은 해당 연도 (㉡)까지 소관 안전관리계획을 확정하여야 한다.

	㉠	㉡
①	12월 31일	2월 말일
②	10월 31일	1월 말일
③	12월 31일	1월 말일
④	10월 31일	2월 말일

해설

제29조(시·도안전관리계획 및 시·군·구안전관리계획의 작성) ① 법 제24조 제3항에 따른 시·도안전관리계획과 법 제25조 제3항에 따른 시·군·구안전관리계획은 법 제22조 제8항 각 호의 대책을 포함하여 작성하여야 한다.

② 시·도지사 및 시장·군수·구청장은 소관 안전관리계획에 대하여 실무위원회의 사전검토 및 심의를 거칠 수 있다.
③ 시·도지사는 전년도 12월 31일까지, 시장·군수·구청장은 해당 연도 2월 말일까지 소관 안전관리계획을 확정하여야 한다.
④ 법 제24조 제2항 및 제25조 제2항에 따라 재난관리책임기관의 장이 작성하는 그 소관 안전관리업무에 관한 계획에는 다음 각 호의 사항이 포함되어야 한다.
 1. 소관 재난 및 안전관리에 관한 기본방향
 2. 재난별 대응 시 관계 기관 간의 상호 협력 및 조치에 관한 사항
 3. 소관 재난 및 안전관리를 위한 사업계획에 관한 사항
 4. 그 밖에 재난 및 안전관리에 필요한 사항

제4장 재난의 예방

제29조의2(재난 사전 방지조치) ① 행정안전부장관은 법 제25조의2 제1항에 따라 재난 발생을 사전에 방지하기 위하여 다음 각 호의 사항이 포함된 재난발생 징후 정보(이하 "재난징후정보"라 한다)를 수집·분석하여 관계 재난관리책임기관의 장에게 미리 필요한 조치를 하도록 요청할 수 있다.
 1. 재난 발생 징후가 포착된 위치
 2. 위험요인 발생 원인 및 상황
 3. 위험요인 제거 및 조치 사항
 4. 그 밖에 재난 발생의 사전 방지를 위하여 필요한 사항
② 행정안전부장관은 재난징후정보의 효율적 조사·분석 및 관리를 위하여 재난징후정보 관리시스템을 운영할 수 있다.

제29조의3(기능연속성계획의 수립 등) ① 행정안전부장관은 법 제25조의2 제5항에 따른 재난상황에서 각 재난관리책임기관의 핵심기능을 유지하는 데 필요한 계획(이하 "기능연속성계획"이라 한다)의 수립을 위한 지침을 작성하여 재난관리책임기관의 장에게 통보하여야 한다.
② 제1항에 따라 기능연속성계획의 수립을 위한 지침을 통보받은 관계 중앙행정기관의 장 및 시·도지사는 소관 업무 또는 관할 지역의 특수성을 반영한 지침을 작성하여 관계 재난관리책임기관의 장 및 관할 지역의 재난관리책임기관의 장에게 각각 통보할 수 있다.
③ 기능연속성계획에는 다음 각 호의 사항이 포함되어야 한다.
 1. 재난관리책임기관의 핵심기능의 선정과 우선순위에 관한 사항
 2. 재난상황에서 핵심기능을 유지하기 위한 의사결정권자 지정 및 그 권한의 대행에 관한 사항
 3. 핵심기능의 유지를 위한 대체시설, 장비 등의 확보에 관한 사항
 4. 재난상황에서의 소속 직원의 활동계획 등 기능연속성계획의 구체적인 시행절차에 관한 사항
 5. 소속 직원 등에 대한 기능연속성계획의 교육·훈련에 관한 사항
 6. 그 밖에 재난관리책임기관의 장이 재난상황에서 해당 기관의 핵심기능을 유지하는 데 필요하다고 인정하는 사항
④ 재난관리책임기관의 장은 기능연속성계획을 수립하거나 변경한 경우에는 수립 또는 변경 후 1개월 이내에 행정안전부장관에게 통보하여야 한다. 이 경우 시장·군수·구청장은 시·도지사를 거쳐 통보하고, 별표 1의2에 따른 재난관리책임기관의 장은 관계 중앙행정기관의 장 또는 시·도지사를 거쳐 통보한다.
⑤ 행정안전부장관은 법 제25조의2 제6항에 따라 기능연속성계획의 이행실태를 확인·점검(이하 이 조에서 "이행실태점검"이라 한다)하는 경우에는 재난관리책임기관의 장에게 미리 이행실태점검 계획을 통보하여야 한다.
⑥ 행정안전부장관은 별표 1의2에 따른 재난관리책임기관에 대하여 이행실태점검을 하는 경우에는 관계 중앙행정기관의 장 또는 소관 지방자치단체의 장과 합동으로, 시·군·구에 대하여 이행실태점검을 하는 경우에는 시·도지사와 합동으로 점검할 수 있다.
⑦ 행정안전부장관은 이행실태점검 결과 시정 또는 보완 등이 필요한 사항에 대하여 해당 재난관리책임기관의 장에게 시정 또는 보완 등을 요청할 수 있고, 시정 또는 보완 등을 요청한 사항이 적정하게 반영되었는지 여부를 법 제33조의2에 따른 재난관리체계 등에 대한 평가에 반영할 수 있다.
⑧ 제1항부터 제7항까지에서 규정한 사항 외에 기능연속성계획의 수립 및 이행실태점검에 필요한 사항은 행정안전부장관이 정한다.

정답 ①

62

재난 및 안전관리 기본법상 재난이 발생하였을 때 지역통제단장이 하여야 하는 응급조치에 해당하는 것은?

① 진화
② 수방
③ 지진방재
④ 급수 수단의 확보

해설

제37조(응급조치) ① 제50조 제2항에 따른 시·도긴급구조통제단 및 시·군·구긴급구조통제단의 단장(이하 "지역통제단장"이라 한다)과 시장·군수·구청장은 재난이 발생할 우려가 있거나 재난이 발생하였을 때에는 즉시 관계 법령이나 재난대응활동계획 및 위기관리 매뉴얼에서 정하는 바에 따라 수방(水防)·진화·구조 및 구난(救難), 그밖에 재난 발생을 예방하거나 피해를 줄이기 위하여 필요한 다음 각 호의 응급조치를 하여야 한다. 다만, 지역통제단장의 경우에는 제2호 중 진화에 관한 응급조치와 제4호 및 제6호의 응급조치만 하여야 한다.
1. 경보의 발령 또는 전달이나 피난의 권고 또는 지시
1의2. 제31조에 따른 안전조치
2. 진화·수방·지진방재, 그 밖의 응급조치와 구호
3. 피해시설의 응급복구 및 방역과 방범, 그 밖의 질서 유지
4. 긴급수송 및 구조 수단의 확보
5. 급수 수단의 확보, 긴급피난처 및 구호품의 확보
6. 현장지휘통신체계의 확보
7. 그밖에 재난 발생을 예방하거나 줄이기 위하여 필요한 사항으로서 대통령령으로 정하는 사항
② 시·군·구의 관할 구역에 소재하는 재난관리책임기관의 장은 시장·군수·구청장이나 지역통제단장이 요청하면 관계 법령이나 시·군·구안전관리계획에서 정하는 바에 따라 시장·군수·구청장이나 지역통제단장의 지휘 또는 조정 하에 그 소관 업무에 관계되는 응급조치를 실시하거나 시장·군수·구청장이나 지역통제단장이 실시하는 응급조치에 협력하여야 한다.

정답 ③

63

재난 및 안전관리 기본법령상 안전점검의 날과 방재의 날에 대한 설명이다. ( ) 안에 들어갈 내용으로 옳은 것은?

> 재난관리책임기관은 재난취약시설에 대한 일제점검, 안전의식 고취 등 안전 관련 행사를 매월 (㉠)에 실시하고, 자연재난에 대한 주민의 방재의식을 고취하기 위하여 재난에 대한 교육·홍보 등의 관련 행사를 매월 (㉡)에 실시한다.

	㉠	㉡
①	4일	4월 16일
②	4일	5월 25일
③	16일	6월 25일
④	16일	7월 25일

> **해설**

제73조의6(안전점검의 날 등) ① 법 제66조의7에 따른 안전점검의 날은 매월 4일로 하고, 방재의 날은 매년 5월 25일로 한다.
② 재난관리책임기관은 안전점검의 날에는 재난취약시설에 대한 일제점검, 안전의식 고취 등 안전 관련 행사를 실시하고, 방재의 날에는 자연재난에 대한 주민의 방재의식을 고취하기 위하여 재난에 대한 교육·홍보 등의 관련 행사를 실시한다.
③ 제2항에서 규정한 사항 외에 안전점검의 날 및 방재의 날 행사 등에 필요한 사항은 행정안전부장관이 각각 정한다.

정답 ②

64

재난 및 안전관리 기본법령상 특정관리대상지역에 대한 등급별 정기안전점검 실시 기준으로 옳지 않은 것은?

① B등급: 연 1회 이상
② C등급: 반기별 1회 이상
③ D등급: 월 1회 이상
④ E등급: 월 2회 이상

> **해설**

영 제34조의2(특정관리대상지역의 안전등급 및 안전점검 등) ① 재난관리책임기관의 장은 제31조 제2항에 따라 지정된 특정관리대상지역을 제32조 제1항에 따른 특정관리대상지역의 지정·관리 등에 관한 지침에서 정하는 안전등급의 평가 기준에 따라 다음 각 호의 어느 하나에 해당하는 등급으로 구분하여 관리하여야 한다.
 1. A등급: 안전도가 우수한 경우
 2. B등급: 안전도가 양호한 경우
 3. C등급: 안전도가 보통인 경우
 4. D등급: 안전도가 미흡한 경우
 5. E등급: 안전도가 불량한 경우
② 재난관리책임기관의 장은 D등급 또는 E등급에 해당하거나 D등급 또는 E등급에서 상위 등급으로 조정되는 특정관리대상지역에 관한 다음 각 호의 사항을 해당 기관에서 발행하거나 관리하는 공보 또는 홈페이지 등에 공고하고, 이를 행정안전부장관에게 통보하여야 한다. D등급 또는 E등급에 해당하는 특정관리대상지역의 지정이 해제되는 경우에도 또한 같다.
 1. 특정관리대상지역의 명칭 및 위치
 2. 특정관리대상지역의 관계인의 인적사항
 3. 해당 등급의 평가 사유(D등급 또는 E등급에 해당하는 특정관리대상지역의 지정이 해제되는 경우에는 그 사유를 말한다)
③ 재난관리책임기관의 장은 다음 각 호의 구분에 따라 특정관리대상지역에 대한 안전점검을 실시하여야 한다.
 1. 정기안전점검
  가. A등급, B등급 또는 C등급에 해당하는 특정관리대상지역: 반기별 1회 이상
  나. D등급에 해당하는 특정관리대상지역: 월 1회 이상
  다. E등급에 해당하는 특정관리대상지역: 월 2회 이상

    2. 수시안전점검: 재난관리책임기관의 장이 필요하다고 인정하는 경우
④ 행정안전부장관은 특정관리대상지역을 체계적으로 관리하기 위하여 정보화시스템을 구축·운영할 수 있다.
⑤ 재난관리책임기관의 장은 제4항에 따라 운영되는 정보화시스템을 이용하여 특정관리대상지역을 관리하여야 한다.

정답 ①

65
자연재해대책법령상 재해 유형에 따른 단계별 행동요령에 포함되어야 할 세부사항으로 옳은 것은?

① 예방단계: 재해가 예상되거나 발생한 경우 비상근무계획에 관한 사항
② 대응단계: 통신·전력·가스·수도 등 국민생활에 필수적인 시설의 응급복구에 관한 사항
③ 복구단계: 유관기관 및 방송사에 대한 상황 전파 및 방송 요청에 관한 사항
④ 대비단계: 방재물자·동원장비의 확보·지정 및 관리에 관한 사항

해설

제14조(재해 유형별 행동 요령에 포함되어야 할 세부 사항) ① 영 제33조 제1항 제1호 및 같은 조 제2항에 따라 단계별 행동 요령에 포함되어야 할 세부 사항은 다음 각 호와 같다.
  1. **예방단계**
      가. 자연재해위험개선지구·재난취약시설 등의 점검·정비 및 관리에 관한 사항
      나. 방재물자·동원장비의 확보·지정 및 관리에 관한 사항
      다. 유관기관 및 민간단체와의 협조·지원에 관한 사항
      라. 그밖에 행정안전부장관이 필요하다고 인정하는 사항
  2. **대비단계**
      가. 재해가 예상되거나 발생한 경우 비상근무계획에 관한 사항
      나. 피해 발생이 우려되는 시설의 점검·관리에 관한 사항
      다. 유관기관 및 방송사에 대한 상황 전파 및 방송 요청에 관한 사항
      라. 그밖에 행정안전부상관이 필요하다고 인정하는 사항
  3. **대응단계**
      가. 재난정보의 수집 및 전달체계에 관한 사항
      나. 통신·전력·가스·수도 등 국민생활에 필수적인 시설의 응급복구에 관한 사항
      다. 부상자 치료대책에 관한 사항
      라. 그밖에 행정안전부장관이 필요하다고 인정하는 사항
  4. **복구단계**
      가. 방역 등 보건위생 및 쓰레기 처리에 관한 사항
      나. 이재민 수용시설의 운영 등에 관한 사항
      다. 복구를 위한 민간단체 및 지역 군부대의 인력·장비의 동원에 관한 사항
      라. 그밖에 행정안전부장관이 필요하다고 인정하는 사항
② 영 제33조 제1항 제2호 및 같은 조 제2항에 따라 업무 유형별 행동 요령에 포함되어야 할 세부 사항은 다음 각 호와 같다.
  1. 대규모 건설공사장 및 농림·축산 시설의 점검·관리에 관한 사항
  2. 유관기관 및 민간단체와의 협조체제 구축에 관한 사항
  3. 응급진료·구호 및 이재민 보호대책에 관한 사항

4. 재난 상황 및 국민 행동 요령 홍보대책에 관한 사항
5. 그밖에 행정안전부장관이 필요하다고 인정하는 사항

③ 영 제33조 제1항 제3호 및 같은 조 제2항에 따라 담당자별 행동 요령에 포함되어야 할 세부 사항은 다음 각 호와 같다.
 1. 비상근무 실무반별 재난의 대비·대응·복구 등 업무 수행에 관한 사항
 2. 제1호에 따른 업무의 조정에 관한 사항
 3. 그 밖에 행정안전부장관이 필요하다고 인정하는 사항

④ 영 제33조 제1항 제4호 및 같은 조 제2항에 따라 주민 행동 요령에 포함되어야 할 세부 사항은 다음 각 호와 같다.
 1. 도시지역 주민의 실내·실외 전기수리 금지 및 낙하위험 시설물 제거에 관한 사항
 2. 농어촌지역 주민의 농작물 보호조치 및 선박 안전조치에 관한 사항
 3. 산간지역 주민의 산사태 위험지구 접근 금지 및 산간계곡으로부터의 대피에 관한 사항
 4. 그밖에 행정안전부장관이 필요하다고 인정하는 사항

⑤ 영 제33조 제1항 제5호 및 같은 조 제2항에 따라 실과(室課)별 행동 요령에 포함되어야 할 세부 사항은 다음 각 호와 같다.
 1. 실과별 소관 시설물의 사전 점검 및 정비에 관한 사항
 2. 실과별 재해복구 활동의 지원에 관한 사항
 3. 그밖에 행정안전부장관이 필요하다고 인정하는 사항

정답 ②

66

자연재해대책법령상 우수유출저감시설 사업계획에 포함되는 내용으로 옳지 않은 것은?

① 우수유출저감 사업의 우선순위
② 다른 사업과의 중복 또는 연계성 여부
③ 투자우선순위 등 국토교통부장관이 정하는 사항
④ 재원 확보 방안

해설

제16조(우수유출저감시설 사업계획의 수립) ① 법 제19조의2 제1항에 따른 우수유출저감시설 사업계획(이하 이 조에서 "사업계획"이라 한다)에는 다음 각 호의 사항이 포함되어야 한다.
 1. 우수유출저감시설 사업의 우선순위
 2. 다른 사업과의 중복 또는 연계성 여부
 3. 재원 확보 방안
 4. 지역주민의 의견 수렴 결과
 5. 그밖에 투자우선순위 등 행정안전부장관이 정하는 사항

② 특별시장·광역시장·특별자치시장 및 시장·군수는 다음 연도의 사업계획을 매년 4월 30일까지 행정안전부장관에게 제출하여야 한다.
③ 사업계획의 수립에 필요한 세부적인 사항은 행정안전부장관이 정한다.

정답 ③

67

자연재해대책법령상 재해지도의 정의로 옳은 것은?

① 지역별로 풍수해의 예방 및 저감을 위하여 특별시장 및 시장·군수가 지역안전도에 대한 진단 등을 거쳐 수립한 종합계획을 말한다.
② 풍수해로 인한 침수흔적, 침수예상 및 재해정보 등을 표시한 도면을 말한다.
③ 풍수해로 인한 침수기록을 표시한 도면을 말한다.
④ 태풍, 홍수, 호우, 강풍, 풍랑, 해일, 조수, 대설 그밖에 이에 준하는 자연현상으로 인하여 발생하는 재해를 말한다.

해설

제2조(정의) 이 법에서 사용하는 용어의 뜻은 다음과 같다.

1. "재해"란 「재난 및 안전관리 기본법」(이하 "기본법"이라 한다) 제3조 제1호에 따른 재난으로 인하여 발생하는 피해를 말한다.
2. "자연재해"란 기본법 제3조 제1호 가목에 따른 자연재난(이하 "자연재난"이라 한다)으로 인하여 발생하는 피해를 말한다.
3. "풍수해"(風水害)란 태풍, 홍수, 호우, 강풍, 풍랑, 해일, 조수, 대설, 그 밖에 이에 준하는 자연현상으로 인하여 발생하는 재해를 말한다.
4. "재해영향성검토"란 자연재해에 영향을 미치는 행정계획으로 인한 재해 유발 요인을 예측·분석하고 이에 대한 대책을 마련하는 것을 말한다.
5. "재해영향평가"란 자연재해에 영향을 미치는 개발사업으로 인한 재해 유발 요인을 조사·예측·평가하고 이에 대한 대책을 마련하는 것을 말한다.
6. "자연재해저감 종합계획"이란 지역별로 자연재해의 예방 및 저감(低減)을 위하여 특별시장·광역시장·특별자치시장·도지사·특별자치도지사(이하 "시·도지사"라 한다) 및 시장·군수가 지역안전도에 대한 진단 등을 거쳐 수립한 종합계획을 말한다.
7. "우수유출저감시설"이란 우수(雨水)의 직접적인 유출을 억제하기 위하여 인위적으로 우수를 지하로 스며들게 하거나 지하에 가두어 두는 시설을 말한다.
8. "수방기준"(水防基準)이란 풍수해로부터 시설물의 수해 내구성(耐久性)을 강화하고 지하 공간의 침수를 방지하기 위하여 관계 중앙행정기관의 장 또는 행정안전부장관이 정하는 기준을 말한다.
9. "침수흔적도"란 풍수해로 인한 침수 기록을 표시한 도면을 말한다.
10. "재해복구보조금"이란 중앙행정기관이 재해복구사업을 위하여 특별시·광역시·특별자치시·도·특별자치도(이하 "시·도"라 한다) 및 시·군·구(자치구를 말한다. 이하 같다)에 지원하는 보조금을 말한다.
11. 삭제
12. "지구단위 홍수방어기준"이란 상습침수지역이나 재해위험도가 높은 지역에 대하여 침수 피해를 방지하기 위하여 행정안전부장관이 정한 기준을 말한다.
13. "재해지도"란 풍수해로 인한 침수 흔적, 침수 예상 및 재해정보 등을 표시한 도면을 말한다.
14. "방재관리대책대행자"란 재해영향성검토 등 방재관리대책에 관한 업무를 전문적으로 대행하기 위하여 제38조 제2항에 따라 행정안전부장관에게 등록한 자를 말한다.
15. "지역안전도 진단"이란 자연재해 위험에 대하여 지역별로 안전도를 진단하는 것을 말한다.
16. "방재기술"이란 자연재해의 예방·대비·대응·복구 및 기후변화에 신속하고 효율적인 대처를 통하여 인명과 재산 피해를 최소화시킬 수 있는 자연재해에 대한 예측·규명·저감·정보화 및 방재 관련 제품생산·제도·정책 등에 관한 모든 기술을 말한다.
17. "방재산업"이란 방재시설의 설계·시공·제작·관리, 방재제품의 생산·유통, 이와 관련된 서비스의 제공, 그밖에 자연재해의 예방·대비·대응·복구 및 기후변화 적응과 관련된 산업을 말한다.

정답 ②

68

자연재해대책법상 자연재해복구에 관한 연차보고서에 포함되어야 할 내용을 모두 고른 것은?

- ㉠ 피해 현황 및 복구 개요
- ㉡ 부처별·사업별 예산집행 내역
- ㉢ 재해복구사업 추진관리에 필요한 사항
- ㉣ 사유시설 복구추진 현황

① ㉠㉡
② ㉡㉢
③ ㉠㉡㉢
④ ㉠㉡㉢㉣

해설

법 제55조의2(자연재해복구에 관한 연차보고) ① 정부는 제55조에 따른 보고내용을 토대로 자연재해에 관한 연차보고서(이하 "연차보고서"라 한다)를 매년 작성하여 다음 연도 정기국회 전까지 국회에 제출하여야 한다.
② 연차보고서에는 다음 각 호의 내용이 포함되어야 한다.
　1. 피해 현황 및 복구 개요
　2. 사유시설 복구추진 현황
　3. 공공시설 복구추진 현황
　4. 재해복구사업 추진관리에 필요한 사항
　5. 부처별·사업별 예산집행내역(지방자치단체의 실집행내역을 포함한다)
　6. 그밖에 대통령령으로 정하는 사항
③ 연차보고서를 작성하기 위하여 관계 중앙행정기관의 장 및 재난관리책임기관의 장은 제2항의 내용을 분기별로 점검하고 그 결과를 중앙대책본부장에게 통보하여야 한다.

영 제41조의3(자연재해복구에 관한 연차보고서 작성 등) ① 법 제55조의2 제2항 제6호에서 "대통령령으로 정하는 사항"이란 다음 각 호의 사항을 말한다.
　1. 기본법 제36조에 따라 재난사태가 선포된 지역의 응급조치 현황
　2. 기본법 제60조 제2항에 따라 특별재난지역으로 선포된 지역의 지원 현황
② 중앙대책본부장은 법 제55조의2 제1항에 따른 자연재해에 관한 연차보고서를 작성하기 위하여 필요한 경우에는 관계 중앙행정기관의 장 및 재난관리책임기관의 장에게 자료 제출을 요청할 수 있다. 이 경우 관계 중앙행정기관의 장 및 재난관리책임기관의 장은 특별한 사유가 없으면 요청에 따라야 한다.

정답 ④

69

자연재해대책법상 수해 내구성 강화를 위하여 수방기준을 정하여야 하는 시설물이 아닌 것은?

① 「하천법」 제2조 제3호에 따른 하천시설
② 「댐건설 및 주변지역지원 등에 관한 법률」 제2조 제1호에 따른 댐
③ 「사방사업법」 제2조 제3호에 따른 농업생산기반시설
④ 「국토의 계획 및 이용에 관한 법률」 제2조 제6호에 따른 기반시설

> 해설

제17조(수방기준의 제정·운영) ① 수방기준 중 시설물의 수해 내구성을 강화하기 위한 수방기준은 관계 중앙행정기관의 장이 정하고, 지하 공간의 침수를 방지하기 위한 수방기준은 행정안전부장관이 관계 중앙행정기관의 장과 협의하여 정한다.

② 제1항에 따라 수방기준을 정하여야 하는 시설물 및 지하 공간(이하 "수방기준제정대상"이라 한다)은 다음 각 호의 시설 중에서 대통령령으로 정한다.
1. 시설물
   가. 「소하천정비법」 제2조 제3호에 따른 소하천부속물
   나. 「하천법」 제2조 제3호에 따른 하천시설
   다. 「국토의 계획 및 이용에 관한 법률」 제2조 제6호에 따른 기반시설
   라. 「하수도법」 제2조 제3호에 따른 하수도
   마. 「농어촌정비법」 제2조 제6호에 따른 농업생산기반시설
   바. 「사방사업법」 제2조 제3호에 따른 사방시설
   사. 「댐건설 및 주변지역지원 등에 관한 법률」 제2조 제1호에 따른 댐
   아. 「도로법」 제2조 제1호에 따른 도로
   자. 「항만법」 제2조 제5호에 따른 항만시설
2. 지하 공간
   가. 「국토의 계획 및 이용에 관한 법률」 제2조 제6호 및 제9호에 따른 기반시설 및 공동구(共同溝)
   나. 「시설물의 안전 및 유지관리에 관한 특별법」 제2조 제1호에 따른 시설물
   다. 「대도시권 광역교통관리에 관한 특별법」 제2조 제2호 나목에 따른 광역철도
   라. 「건축법」 제2조 제1항 제2호에 따른 건축물

③ 수방기준제정대상을 설치하는 자는 그 시설물을 설계하거나 시공할 때에는 제1항에 따른 수방기준을 적용하여야 한다.

④ 지방자치단체의 장은 수방기준제정대상의 준공검사 또는 사용승인을 할 때에는 행정안전부장관이 정하는 바에 따라 수방기준 적용 여부를 확인하고, 수방기준을 충족하였으면 준공검사 또는 사용승인을 하여야 한다.

정답 ③

70

긴급구조대응활동 및 현장지휘에 관한 규칙상 통제단장이 설치·운영할 수 있는 것으로 옳지 않은 것은?

① 현장응급의료소
② 임시영안소
③ 홍수통제소
④ 자원대기소

> 해설

○ **자연재해대책법**
제22조(홍수통제소의 협조) 홍수통제소의 장은 홍수의 예보·경보, 각종 수문 관측 및 수문정보 등에 관한 사항에 대하여 행정안전부장관 및 지방자치단체의 장과 협조하여야 한다.

○ **긴급구조 현장지휘규칙**

제19조(자원대기소의 설치·운영) ① 현장지휘관은 재난현장에서의 체계적인 자원관리를 위하여 자원대기소를 설치·운영할 수 있다.
② 제1항의 규정에 의한 자원대기소는 현장지휘소 인근에 위치하여 재난현장에 자원을 효율적으로 배치·대기하기 용이한 장소이어야 한다.
③ 긴급구조지원기관 및 자원봉사단체는 자원집결지를 거치지 아니하고 재난현장에 도착한 경우에는 자원대기소의 장에게 그 사실을 통보 또는 보고하고 자원대기소의 장의 배치지시가 있을 때까지 자원대기소에 대기하여야 한다.
④ 자원대기소는 붕괴사고·대형화재 등 좁은지역에서 발생하는 재난의 경우에는 제18조의 규정에 의한 자원집결지의 기능을 동시에 수행할 수 있다.
⑤ 현장지휘관은 자원대기소에 모인 인적자원을 배치·대기·교대조로 분류하여 관리하여야 한다.
⑥ 그 밖에 자원대기소의 설치·운영에 필요한 세부사항은 긴급구조대응계획이 정하는 바에 의한다.

제5장 현장응급의료소의 설치·운영

제20조(현장응급의료소의 설치 등) ① 통제단장은 재난현장에 출동한 응급의료관련자원을 총괄·지휘·조정·통제하고, 사상자를 분류·처치 또는 이송하기 위하여 사상자의 수에 따라 재난현장에 적정한 현장응급의료소(이하 "의료소"라 한다)를 설치·운영하여야 한다.
② 통제단장은 법 제49조 제3항 및 제50조 제3항에 따라 「의료법」 제3조 제2항에 따른 종합병원과 「응급의료에 관한 법률」 제2조 제5호에 따른 응급의료기관에 응급의료기구의 지원과 의료인 등의 파견을 요청할 수 있다.
③ 통제단장은 법 제16조 제2항에 따른 지역대책본부장으로부터 의료소의 설치에 필요한 인력·시설·물품 및 장비 등을 지원받아 구급차의 접근이 용이하고 유독가스 등으로부터 안전한 장소에 의료소를 설치하여야 한다.
④ 의료소에는 소장 1명과 분류반·응급처치반 및 이송반을 둔다.
⑤ 의료소의 소장(이하 "의료소장"이라 한다)은 의료소가 설치된 지역을 관할하는 보건소장이 된다. 다만, 관할 보건소장이 재난현장에 도착하기 전에는 다음 각 호의 어느 하나에 해당하는 사람 중에서 긴급구조대응계획이 정하는 사람이 의료소장의 업무를 대행할 수 있다.
　1. 「응급의료에 관한 법률」 제26조에 따른 권역응급의료센터의 장
　2. 「응급의료에 관한 법률」 제27조 제1항에 따른 응급의료지원센터의 장
　3. 「응급의료에 관한 법률」 제30조에 따른 지역응급의료센터의 장
　4. 소방관서에 소속된 공중보건의
⑥ 의료소장은 통제단장의 지휘를 받아 응급의료자원의 관리, 사상자의 분류·응급처치·이송 및 사상자 현황파악·보고 등 의료소의 운영 전반을 지휘·감독한다.
⑦ 분류반·응급처치반 및 이송반에는 반장을 두되, 반장은 의료소 요원중에서 의료소장이 임명한다.
⑧ 의료소장 및 제7항에 따른 각 반의 반원은 별표 6의2에 따른 복장을 착용하여야 한다.
⑨ 의료소에는 응급의학 전문의를 포함한 의사 3명, 간호사 또는 1급응급구조사 4명 및 지원요원 1명 이상으로 편성한다. 다만, 통제단장은 필요한 의료인 등의 수를 조정하여 편성하도록 요청할 수 있다.
⑩ 소방공무원은 제5항에도 불구하고 의료소장이 재난현장에 도착하여 의료소를 운영하기 전까지 임시의료소를 운영할 수 있다.
⑪ 제1항부터 제10항까지에서 규정한 사항 외에 의료소의 설치 등에 관한 세부사항은 제10조에 따른 재난현장 표준작전절차 및 긴급구조대응계획이 정하는 바에 따른다.

제20조의2(임시영안소의 설치 등) ① 통제단장은 사망자가 발생한 재난의 경우에 사망자를 의료기관에 이송하기 전에 임시로 안치하기 위하여 의료소에 임시영안소를 설치·운영할 수 있다.
② 임시영안소에는 통제선을 설치하고 출입을 통제하기 위한 운영인력을 배치하여야 한다.

정답 ③

71

긴급구조대응활동 및 현장지휘에 관한 규칙상 긴급구조활동에 대한 평가에 관한 내용으로 옳은 것은?

① 긴급구조활동평가단은 민간전문가 1인, 통제단장 4인으로 구성하였다.
② 통제단장은 자원동원현황을 통하여 긴급구조대응계획서의 이행실태를 평가하였다.
③ 통제단장은 재난상황이 발생하는 즉시 긴급구조활동평가단을 구성하였다.
④ 통제단장은 평가결과 개선 사항을 평가 종료 후 1월 이내에 긴급구조지원기관의 장에게 통보하였다.

해설

제8장 긴급구조활동에 대한 평가

제38조(긴급구조활동 평가항목) ①영 제62조 제3항의 규정에 의하여 통제단장은 다음 각호의 모든 사항을 포함하여 긴급구조활동을 평가하여야 한다.

1. 긴급구조활동에 참여한 인력 및 장비 운용
   가. 자원 동원현황
   나. 필요한 대응자원의 확보·관리 및 배분
2. 긴급구조대응계획서의 이행실태
   가. 지휘통제 및 비상경고체계
      (1) 작전 전략과 전술
      (2) 현장지휘소 운영
      (3) 현장통제대책
      (4) 긴급구조관련기관·단체간 상호협조
      (5) 통제·조정의 이행
      (6) 사전 경보전파 및 대피유도활동
   나. 대중정보 및 상황분석 체계
      (1) 대중매체와 주민들에 대한 재난정보 제공
      (2) 재난정보 제공에 따른 주민들의 대응행동
      (3) 통합작전계획의 수립을 위한 정보의 수집 및 분석
      (4) 긴급구조관련기관·단체의 정보 공유
      (5) 잘못 전달된 정보 및 유언비어의 시정
      (6) 대중매체와 주민의 불평
   다. 대피 및 대피소 운영체계
      (1) 대피를 위한 수송체계
      (2) 주민대피유도
      (3) 대피소 시설의 규모 및 편의성
      (4) 임시거주시설의 규모 및 편의성
      (5) 대피소 수용자들에 대한 음식·담요·전기공급 등 지원사항
   라. 현장통제 및 구조진압체계
      (1) 재난지역에 대한 경찰통제선 선정과 교통통제
      (2) 범죄발생 예방활동
      (3) 진압작전수행
      (4) 소방용수 등 자원공급
      (5) 탐색 및 구조활동

(6) 「소방기본법」에 따른 자위소방대, 「의용소방대 설치 및 운영에 관한 법률」에 따른 의용소방대 및 「민방위기본법」에 따른 민방위대 등의 임무 수행
(7) 긴급구조관련기관간 협조체제

마. 응급의료체계
(1) 환자분류체계
(2) 현장응급처치
(3) 환자 분산이송 및 병원선택
(4) 의료자원 공급 및 의료기관간 협조체제
(5) 현장 임시영안소의 설치·운영
(6) 사상자 명단 관리 및 발표

바. 긴급복구 및 긴급구조체계
(1) 잔해물 제거 및 긴급구조활동 지원
(2) 피해평가작업의 지원활동
(3) 2차 피해방지 및 보호작업
(4) 응급복구 및 피해조사의 시기
(5) 구호기관의 지원활동
(6) 상황 및 시기에 적합한 구호물자 제공

3. 긴급구조요원의 전문성
가. 경보접수 후 긴급조치
나. 긴급구조관련기관·단체가 제공한 재난상황정보의 정확성
다. 자원집결지와 자원대기소의 운영 및 자원통제
라. 상황정보 및 자원정보와 작전계획의 연계
마. 단위책임자들의 작전계획서 활용
바. 대피명령의 시기
사. 위험물질 누출 및 확산 통제

4. 통합 현장대응을 위한 통신의 적절성
가. 통신 시설·장비의 성능 및 작동
나. 비상소집활동 및 책임자 등의 응소
다. 대체 통신수단 확보

5. 긴급구조교육수료자의 교육실적
가. 긴급구조 업무담당자 및 관리자의 교육이수율
나. 긴급구조 현장활동요원의 긴급구조교육과정 및 교육이수율
다. 긴급구조관련기관별 자체교육 및 훈련 실적

6. 그밖에 긴급구조대응상의 개선을 요하는 사항
가. 예방 가능하였던 사상자의 존재
나. 수송수단의 확보
다. 수송장비의 유지 및 수리작업
라. 비상 및 임시수송로 확보
마. 대응요원들의 불필요한 사상
바. 대응자원의 분실
사. 전문적 지식·기술·의학·법률 등에 관한 자문체계 운영
아. 대응 및 긴급복구작업에 소요된 비용 근거자료 기록관리
자. 통제단 운영에 대한 기록유지

② 그 밖에 평가기준에 관한 사항은 소방청장이 정한다.

제39조(긴급구조활동평가단의 구성) ① 통제단장은 재난상황이 종료된 후 긴급구조활동의 평가를 위하여 긴급구조기관에 긴급구조활동평가단(이하 "평가단"이라 한다)을 구성하여야 한다.
② 평가단의 단장은 통제단장으로 하고, 단원은 다음 각호의 어느 하나에 해당하는 자와 민간전문가 2인 이상을 포함하여 5인 이상 7인 이하로 구성한다.
  1. 통제단장
  2. 통제단의 대응계획부장 또는 소속 반장
  3. 자원지원부장 또는 소속 반장
  4. 긴급구조지휘대장
  5. 긴급복구부장 또는 소속 반장
  6. 긴급구조활동에 참가한 기관·단체의 요원 또는 평가에 관한 전문지식과 경험이 풍부한 자중에서 통제단장이 필요하다고 인정하는 자

제42조(평가결과의 보고 및 통보) ① 평가단은 긴급구조대응계획에서 정하는 평가결과보고서를 지체 없이 제출하여야 하며, 시·군·구긴급구조통제단장은 시·도긴급구조통제단장 및 시장(「제주특별자치도 설치 및 국제자유도시 조성을 위한 특별법」 제17조 제1항에 따른 행정시장을 포함한다)·군수·구청장(자치구의 구청장을 말한다)에게, 시·도긴급구조통제단장은 소방청장 및 특별시장·광역시장·특별자치시장·도지사·특별자치도지사에게 각각 보고하거나 통보하여야 한다.
② 통제단장은 평가결과 시정을 요하거나 개선·보완할 사항이 있는 경우에는 그 사항을 평가종료 후 1월 이내에 해당 긴급구조지원기관의 장에게 통보하여야 한다.

72

다음과 같이 발생한 재난상황에서 긴급구조대응활동 및 현장지휘에 관한 규칙상 통제단의 운영기준에 해당하는 것은?

> 포항시에 지진이 발생하여 포항시 긴급구조통제단을 전면적으로 운영하고, 경상북도 긴급구조통제단도 전면적으로 운영하였다.

① 대응 1단계
② 대응 2단계
③ 대응 3단계
④ 대응 4단계

해설

제15조(통제단의 운영기준) 영 제55조 제4항 및 영 제57조의 규정에 의하여 통제단은 다음과 같이 구분하여 운영되어야 한다.
  1. 대비단계 : 재난이 발생하지 아니한 상황에서 긴급구조대응계획의 운용연습과 재난대비훈련을 실시하는 단계로서 법 제55조 제2항의 규정에 의한 긴급구조지휘대만 상시 운영한다.
  2. 대응1단계 : 일상적으로 발생되는 소규모 사고가 발생한 상황에서 긴급구조지휘대가 현장지휘기능을 수행한다. 다만, 시·군·구긴급구조통제단은 필요에 따라 부분적으로 운영할 수 있다.
  3. 대응2단계 : 2 이상의 시·군·구에 걸쳐 재난이 발생한 상황이나 하나의 시·군·구에 재난이 발생하였으나 당해 지역의 시·군·구긴급구조통제단의 대응능력을 초과한 상황에서 해당 시·군·구긴급구조통제단을 전면적으로 운영하고 시·도긴급구조통제단을 필요에 따라 부분 또는 전면적으로 운영한다.

4. 대응3단계 : 2 이상의 시·도에 걸쳐 재난이 발생한 상황이나 하나의 시·군·구 또는 시·도에서 재난이 발생하였으나 시·도 통제단이 대응할 수 없는 상황에서 해당 시·도긴급구조통제단을 전면적으로 운영하고 **중앙통제단은 필요에 따라 부분 또는 전면적으로 운영**한다.

정답 ②

73
긴급구조대응활동 및 현장지휘에 관한 규칙상 긴급구조 대비체제의 구축에 관한 설명으로 옳지 않은 것은?

① 종합상황실 상황근무자로서 재난을 최초로 접수한 자는 즉시 긴급구조기관에 긴급구조활동에 필요한 출동을 지령하여야 한다.
② 현장지휘관은 재난이 발생한 경우에 재난의 종류·규모 등을 통제단장에게 보고하여야 한다.
③ 긴급구조기관의 장은 자원지원수용체제를 재난의 발생 단계별로 수립하여야 한다.
④ 통합지휘조정통제센터는 상시 운영체제를 갖추어야 한다.

해설

제2장 **긴급구조 대비체제의 구축**

제3조(재난의 최초접수자의 임무) 법 제19조의 규정에 의한 종합상황실에 근무하는 상황근무자로서 재난을 최초로 접수한 자는 즉시 긴급구조기관에 긴급구조활동에 필요한 출동을 지령하고, 즉시 재난발생상황을 통제단장에게 보고함과 동시에 긴급구조관련기관에 통보하여야 한다. 다만, 재난의 규모 등을 판단하여 종합상황실을 설치한 기관에서 자체대응이 가능하거나 소규모 재난인 경우에는 긴급구조관련기관에의 통보를 늦추거나 하지 아니할 수 있다.

제4조(현장지휘관 등의 임무) ① 제2조 제4호 다목의 규정에 의한 현장지휘관은 재난이 발생한 경우에 재난의 종류·규모 등을 통제단장에게 보고하여야 한다. 이 경우 보고를 받은 통제단장은 통제단의 설치·운영과 지원출동여부를 결정하여야 한다.
② 제1항의 규정에 의한 현장지휘관은 재난현장 조치상황과 재난현장지원에 필요한 사항 등을 수시로 통제단장에게 보고하여야 한다.
③ 시·군·구긴급구조통제단장 또는 시·도긴급구조통제단장은 제2항의 규정에 의하여 보고를 받은 경우에는 상급기관의 지원이 필요한 때에는 시·군·구긴급구조통제단장은 시·도긴급구조통제단장에게, 시·도긴급구조통제단장은 중앙통제단장에게 각각 보고하여 시·도 또는 중앙의 긴급구조지원활동이 신속히 이루어질 수 있도록 하여야 한다.

제7조(통합지휘조정통제센터의 구성 및 기능) ① 제6조 제5호의 규정에 의한 통합지휘조정통제센터(이하 이 조에서 "통제센터"라 한다)는 상시 운영체제를 갖추어야 한다.
② 통제센터의 운영요원은 법 제52조 제6항 후단의 규정에 의한 연락관중 통신업무를 담당하는 연락관으로 구성·운영한다.
③ 통제센터의 기능은 다음과 같다.
    1. 재난신고 접수에 따라 긴급구조관련기관 소속 자원의 출동지시
    2. 긴급구조관련기관간의 상호연락 및 협조체제의 유지
    3. 긴급구조대응계획에 의한 비상지원임무
    4. 긴급구조관련기관의 지휘본부 상호간 통합대응을 위한 통신연락 등에 관한 사항
④ 그 밖에 통제센터의 구성 및 운영에 관한 세부사항은 긴급구조대응계획이 정하는 바에 의한다.

제8조(자원지원수용체제의 수립) ① 긴급구조기관의 장은 긴급구조관련기관과 협의하여 제6조 제7호의 규정에 의한 자원지원수용체제를 재난의 유형별로 수립하되, 다음 각호의 모든 내용을 포함하여야 한다.
1. 긴급구조관련기관의 명칭·위치와 기관장 또는 대표자의 성명
2. 협조 담당부서 및 담당자의 긴급연락망
3. 전문인력과 장비의 배치계획 및 담당업무
4. 전문인력에 대한 국가기술자격 그 밖에 이에 준하는 자격보유현황의 파악 및 관리
5. 현장지휘자 및 연락관의 지정

② 긴급구조기관의 장은 자원지원수용체제의 원활한 운영을 위하여 재난이 발생하는 경우 필요한 전문지식과 기술에 대한 자문을 얻거나 중장비 운전원 및 용접공 등 특수기능인력을 민간으로부터 지원받기 위한 응원협정을 체결하고 그 협정의 내용을 수시로 점검하여야 한다.

정답 ③

74

긴급구조대응활동 및 현장지휘에 관한 규칙상 응급처치반의 임무에 관한 내용으로 옳지 않은 것은?

① 응급처치반은 분류반이 인계한 긴급·응급환자에 대한 응급처치를 담당한다.
② 응급처치반장은 우선순위를 정하여 응급·비응급환자에 대한 응급처치를 실시하여야 한다.
③ 응급처치반은 응급처치에 필요한 기구 및 장비를 갖추어야 한다.
④ 응급처치반은 인계받은 긴급·응급환자의 응급처치상황을 중증도 분류표에 기록하여 긴급·응급환자와 함께 신속히 이송반에 인계한다.

해설

제23조(응급처치반의 임무) ① 제20조 제4항의 규정에 의한 응급처치반은 분류반이 인계한 긴급·응급환자에 대한 응급처치를 담당한다. 이 경우 긴급·응급환자를 이동시키지 아니하고 응급처치반 요원이 이동하면서 응급처치를 할 수 있다.
② 응급처치반장은 우선순위를 정하여 긴급·응급환자에 대한 응급처치를 실시하고 현장에서의 수술 등을 위하여 의료인 등이 추가로 요구되는 경우에는 의료소장에게 지원을 요청한다.
③ 응급처치반은 응급처치에 필요한 기구 및 장비를 갖추어야 한다. 다만, 응급처치에 필요한 기구 및 장비를 탑재한 구급차를 현장에 배치한 경우에는 응급처치기구 및 장비의 일부를 비치하지 아니할 수 있다.
④ 응급처치반은 제22조 제4항 본문에 따라 인계받은 긴급·응급환자의 응급처치사항을 제22조 제3항에 따라 부착된 중증도 분류표에 기록하여 긴급·응급환자와 함께 신속히 이송반에게 인계한다.

정답 ②

75

긴급구조대응활동 및 현장지휘에 관한 규칙상 지역통제단의 구성에서 현장지휘대에 해당하는 조직은?

① 응급의료반
② 상황보고반
③ 구조지원반
④ 오염통제반

해설

별표4 참조.

■ 긴급구조대응활동 및 현장지휘에 관한 규칙 [별표 4]
지역통제단의 구성(제13조 제1항관련)
1. 지역통제단 조직도

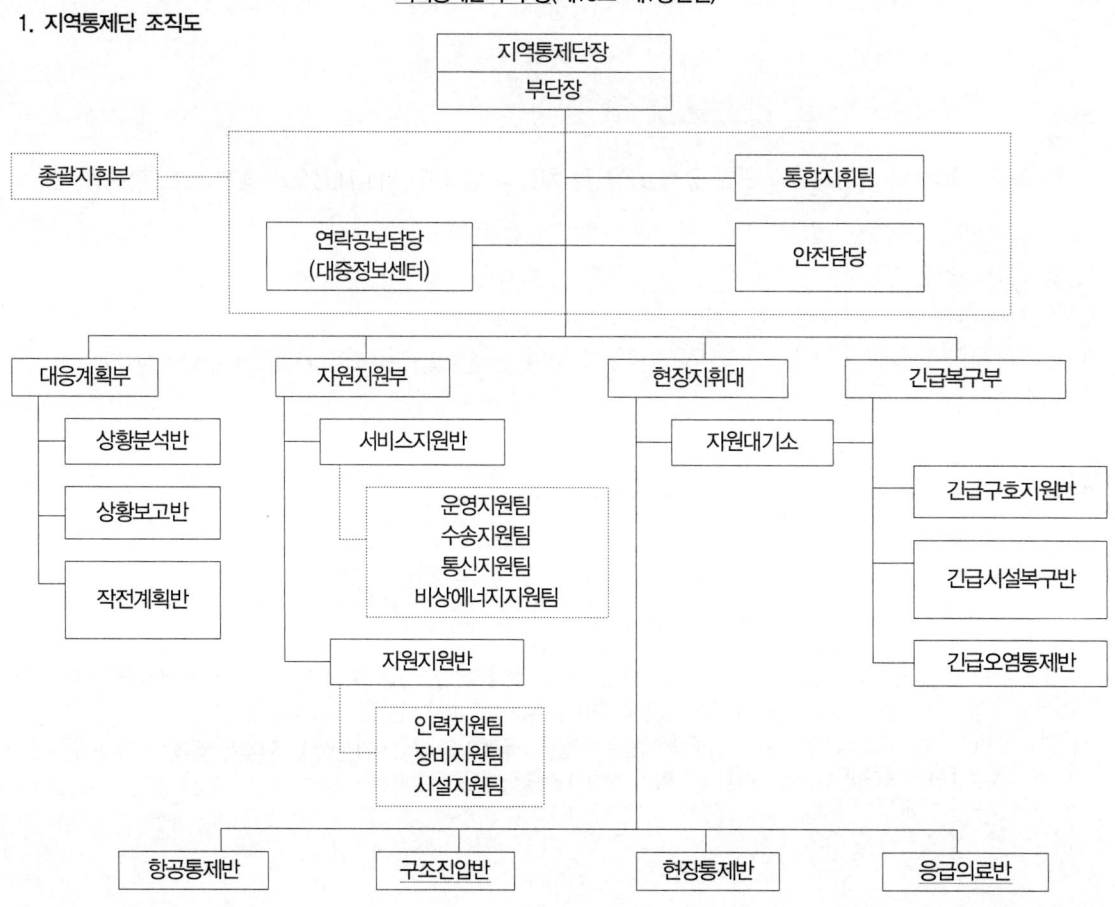

정답 ①

4회 소방안전교육사(2019)

○ 제1과목: 소방학개론

01
중앙소방행정조직에 해당하지 않는 것은?

① 소방청
② 중앙소방학교
③ 중앙119구조본부
④ 소방본부

해설

○ 중앙소방행정조직
소방청, 소방청 소속기관(3)-국립소방연구원, 중앙119구조본부, 중앙소방학교

정답 ④

02
소방기본법령상 소방신호의 종류 및 방법에 관한 내용으로 옳지 않은 것은?

① 발화신호의 싸이렌신호는 5초 간격을 두고 1분씩 3회이다.
② 해제신호의 타종신호는 상당한 간격을 두고 1타씩 반복한다.
③ 훈련신호의 싸이렌신호는 10초 간격을 두고 1분씩 3회이다.
④ 경계신호의 타종신호는 1타와 연2타를 반복한다.

해설

소방기본법 시행규칙 별표4 참조.

■ 소방기본법 시행규칙 [별표 4]

소방신호의 방법(제10조 제2항관련)

종별 \ 신호방법	타종신호	싸이렌신호	그밖의 신호
경계신호	1타와 연2타를 반복	5초 간격을 두고 30초씩 3회	"통풍대" 적색/백색 "게시판" 화재경보발령중
발화신호	난타	5초 간격을 두고 5초씩 3회	
해제신호	상당한 간격을 두고 1타씩 반복	1분간 1회	"기" 적색/백색
훈련신호	연3타반복	10초 간격을 두고 1분씩 3회	

비고
1. 소방신호의 방법은 그 전부 또는 일부를 함께 사용할 수 있다.
2. 게시판을 철거하거나 통풍대 또는 기를 내리는 것으로 소방활동이 해제되었음을 알린다.
3. 소방대의 비상소집을 하는 경우에는 훈련신호를 사용할 수 있다.

정답 ①

연습문제

종별 \ 신호방법	타종신호	싸이렌신호
경계신호	1타와 연2타를 반복	5초 간격을 두고 30초씩 3회
발화신호	난타	5초 간격을 두고 5초씩 3회
해제신호	상당한 간격을 두고 1타씩 반복	1분간 1회
훈련신호	연3타반복	10초 간격을 두고 1분씩 3회

03
우리나라 소방의 역사를 발생 순서대로 옳게 나열한 것은?

> ㉠ 소방공무원법 제정
> ㉡ 소방청 개청
> ㉢ 위험물안전관리법 제정

① ㉠-㉡-㉢
② ㉠-㉢-㉡
③ ㉡-㉢-㉠
④ ㉢-㉠-㉡

해설

㉠ 소방공무원법 제정(1977)
㉡ 소방청 개청(2017) * 소방방재청(2004, 노무현 정부)
㉢ 위험물안전관리법 제정(2004)

> ○ 읽기자료: 소방공무원 신분의 변천 연혁
>
> 1949년 8월 12일 국가공무원법(법률 제 44호)의 제정공포로 일반직의 국가공무원의 신분으로 배속됨.
> 1969년 1월 7일 경찰공무원법(법률 제 2077호)이 제정 공포되면서 별정직의 경찰공무원의 신분으로 변천.
> 1973년 2월 8일 지방소방공무원법(법률 제2502호)이 제정되어 국가 공무원은 경찰공무원으로 지방공무원은 소방공무원으로 임용권자에 따라 신분이 이원화 되었으며 1977년 12월 31일부로 소방공무원법(법률 제3042호)이 제정공포되어 1978년 3월 1일부터 시행됨에 따라 국가 공무원, 지방공무원 모두 소방공무원으로 신분단일화, 1983년 1월 1일부터 소방공무원법이 개정되어 별정직의 소방공무원이 특정직의 소방공무원으로 신분변환.
> 1992년 1월 1일부터 지방자치법, 소방법개정으로 국가와 지방자치사무로 이원화되어 있던 소방사무를 광역자치단체의 사무로 일원화(1992년 4월 10일 도소방본부 발족).
> 1995년 1월 국가직, 시·도 지방직으로 전환.
>
> ○ 소방공무원 법 개정 및 변천
> 제정의 의의
> 건국 이래 소방공무원은 독립된 신분법을 가지 못하고 타 공무원의 신분법에 규율되어 독립된 신분법을 갖는 것이 전 소방공무원의 염원이었다. 그러던 중 소방사무가 국가사무에서 지방자치단체의 사무로 이양되는 추세에 따라 지방공무원법이 처음으로 개정되었으나 국가 소방공무원의 잔존이 필요함으로 국가소방공무원의 신분을 규율하는 신분법의 제정도 요구되었으며 특히 종래 경찰에서 관장하던 소방사무가 민방위체제로 이관됨에 따라 소방업무는 독립하였으나 소방공무원의 신분은 경찰공무원법을 그대로 적용하게 됨으로써 기구와 신분이 이원화 되어있어 법 운영상 불합리하였다. 이러한 모순점을 배제코자 <u>1977년 12월 31일 법률 제 3042호로 "소방공무원법"</u>이 제정·공포되어 1978년 3월 1일부터 시행되었으니 그 제정의 의의를 살펴보면 다음과 같다.
>
> 첫째 : 독자적인 신분법을 가진 것이다.
> 소방공무원만을 규율하는 독자적인 신분법을 가질 수 있게 되어 소방제도와 소방업무의 특수성에 맞추어 소방공무원의 신분제도를 운영할 수 있게 된 것이다.
>
> 둘째 : 단일신분법을 가진 것이다.
> 공무원의 신분제도는 그 고용주체에 따라서 국가공무원과 지방공무원으로 나누어져 있고 신분법도 각각 분리되어 있다.

소방공무원의 신분도 국가 소방공무원과 지방소방공무원으로 분리된 시점에서 그 신분을 단일법으로 규율하였다는 것은 입법 기술면에서나 법의 능률적 운영 면에서 소방공무원법 만이 지니는 특징으로써 큰 의의를 갖는 것이다.

○ **읽기자료: 소방공무원 국가직 전환**

전국의 모든 소방공무원이 2020년 4월 국가직으로 전환된다. 1973년 2월 지방소방공무원법 제정 이후 국가직과 지방직으로 나눠져 있던 소방공무원의 신분이 47년 만에 국가직으로 통합되는 것이다. 소방공무원에 대한 처우와 근무 여건이 나아지고 국가적인 재난 발생 시 보다 신속한 대응이 가능해질 것으로 보인다.

국회는 소방공무원법과 소방기본법, 지방공무원법 등 소방공무원을 국가직화하는 것과 관련된 6개 법안을 통과시켰다. 2019년 현재 전체 소방공무원은 5만4875명인데 이 중 지방직은 5만4188명(98.7%)이다. 국가직(687명)은 소방청과 중앙119구조본부, 중앙소방학교 등에만 있다. 소방청이 2020년 3월까지 하위 법령을 정비하면 4월 1일부터 모든 소방공무원은 국가직으로 전환된다.

소방공무원이 국가직으로 바뀌면 이들의 처우가 개선되고, 지방자치단체의 재정 여건에 따른 소방 및 구조 역량 차이가 줄어들 것으로 보인다. 그동안 각 시도의 재정 형편에 따라 소방공무원의 임금과 보유 소방장비 등에서 차이가 났다. 2017년 12월 발생한 '충북 제천 스포츠센터 화재'로 29명이 목숨을 잃었는데 당시 충북도는 소방공무원 확보율이 전국 최저인 49.6%로 전국 평균(66.8%)과 차이가 컸다. 당시 인구 13만 명의 제천에 소방 사다리차가 1대뿐이었다는 사실이 알려지면서 지역 간 격차가 재난 대응 역량 차이로 이어진다는 지적이 제기됐었다.

소방청은 소방공무원 국가직화를 앞두고, 실질적 이행을 위한 36개 하위법령에 대한 제·개정 절차가 마무리됐다고 밝혔다.

소방공무원 신분 국가직 전환을 위한 법률은 <u>소방공무원법, 소방기본법, 지방공무원법, 지방자치단체에 두는 국가공무원의 정원에 관한 법률, 지방교부세법, 소방재정지원 및 시도 소방특별회계 설치법</u> 등 모두 6개에 달한다.

이 법률의 시행을 위해서는 하위법령들의 제·개정이 필요했는데, 대통령령 29개, 행정안전부령 7개이다.

이들 하위법령 중 소방공무원임용령은 시·도 소속 소방공무원의 임용권을 시·도지사에게 위임했고, 소방공무원의 임용, 인사교류, 교육 등 인사 관련 사항을 시·도와 협의하기 위해 소방공무원 인사협의회를 운영할 수 있도록 규정하고 있다.

또 지방자치단체에 두는 소방공무원의 정원에 관한 규정 및 시행규칙을 제정돼 시·도 소속 소방공무원의 정원을 규정했다.

소방청장이 매년 시·도별 정원 수요를 파악해서 행안부 장관에게 정원의 조정을 요구할 수 있는 조항도 들어 있다.

특히 지방교부세법 시행령 및 소방안전교부세 교부기준 등에 관한 규칙 개정돼 소방안전교부세 대상사업에 '소방인력 운용'을 추가해서 소방안전교부세를 소방공무원 인건비로 사용할 수 있게 됐다.

다만, 소방재정지원 및 시·도 소방특별회계 설치법 시행령은 소방재정지원 및 시·도 소방특별회계 설치법이 오는 2021년 1월 시행되는 점을 감안해서 올해 6월까지 제정하기로 했다.

정답 ②

04

가연성 물질의 구비 조건으로 옳지 않은 것은?

① 산소나 염소 등과 친화력이 클 것
② 산화되기 쉽고 반응열이 클 것
③ 표면적이 적을 것
④ 연쇄반응을 수반할 것

해설

가연물의 대부분은 유기화합물이다. 가연성 물질의 구비조건으로는 지연성 가스 또는 조연성 가스인 산소, 염소 등과 친화력이 클 것, 산화되기 쉽고 반응열이 클 것, 표면적이 넓을 것, 연쇄반응을 수반할 것 등이 있다.

정답 ③

05

1기압, 상온에서 인화점이 가장 낮은 물질은?

① 메틸알코올
② 아세톤
③ 등유
④ 에틸에테르

해설

○ 읽기자료: 산소 또는 산소를 포함하는 물질과 작용하는 인화점이 낮고 연소하기 쉬운 물질.
1) 에틸에테르, 가솔린, 아세트알데히드, 산화프로필렌, 이황화탄소 기타 인화점이 -30℃ 미만의 물질.
2) 노르말 핵산, 산화에틸렌, 아세톤, 벤진, 메틸에틸케톤 기타 인화점이 -30℃ 이상 0℃미만의 물질.
3) 메틸알코올, 에틸알코올, 크실렌 아세트산아밀 기타 0℃ 이상 30℃ 미만의 물질.
4) 등유, 경유, 테르핀유 등 인화점 30℃ 이상.

정답 ④

06

자연발화에 관한 설명으로 옳은 것을 모두 고른 것은?

> ㉠ 열전도율이 작을수록 자연발화가 쉽다.
> ㉡ 열축적이 용이할수록 자연발화가 쉽다.
> ㉢ 통풍이 원활할수록 자연발화가 쉽다.
> ㉣ 발열량이 큰 물질의 경우 자연발화가 쉽다.

① ㉠㉡
② ㉢㉣
③ ㉠㉡㉢
④ ㉠㉡㉣

해설

○ 자연발화: 물질이 공기 중에서 발화온도보다 상당히 낮은 온도(상온)에서 자연히 발열하고 그 열이 장기간 축적되어서 발화점에 도달하여 결국에는 연소하기 이르는 현상이다. 자연발화를 일으키는 원인에는 물질의 산화열, 분해열, 흡착열, 중합열, 발효열 등이 있다. 자연히 발열하는 조건에는 화학반응, 특히 공기중의 산소와의 반응이나 물질 자체의 분해, 기타 발열이 수반되는 것이며, 소위 "화학반응에서 발열"등이 있다.
○ 자연발화조건
  • 통풍이 잘 되지 않으면 열축적이 용이하여 자연발화하기 쉽다.
  • 열전도율이 작을수록 자연발화가 쉽다.

정답 ④

07

다음 현상의 원인으로 옳지 않은 것은?

> 기체연료를 연소시킬 때 발생하는 이상연소 현상으로 불꽃이 연소기 내로 전파되어 연소하는 현상

① 혼합가스의 압력이 비정상적으로 낮을 때
② 혼합가스의 양이 너무 적을 때
③ 연소속도보다 혼합가스의 분출속도가 빠를 때
④ 노즐의 부식 등으로 분출 구멍이 커진 경우

해설

> ○ 읽기자료: 역화(back fire, flash back)
> 1. **역화**: 불꽃이 연소기 내로 전파되어 연소하는 현상으로 가스의 분출속도보다 **연소속도가 클 때 발생**한다.
> 2. 역화 원인:
>   1) 가스압력이 비정상적으로 낮거나 노즐 또는 콕이 막혀 가스량이 정상 때 보다 적을 때
>   2) 혼합기체의 양이 너무 적을 때
>   3) 버너가 오래되어 노즐 부식으로 분출구멍이 막힌 경우
>   4) 연소속도보다 가스분출속도가 작을 때
>   5) 버너부분이 고온으로 되어 그것을 통과하는 가스의 온도가 상승하여 연소속도가 빨라질 때

> ○ 읽기자료: 리프트(lift, 선화)
> 1. **리프트**: **연소기의 분출속도가** 연소속도보다 커서 불꽃이 노즐에서 떨어진 공간에서 연소하는 이상 현상.
> 2. 원인 :
>   1) 가스압의 과대로 가스가 지나치게 토출하는 경우
>   2) 1차 공기량이 너무 많아 혼합 가스량이 많아지는 경우
>   3) 연소기 노즐의 부식으로 노즐구멍이 막혀 분출구멍이 적어져서 압력증가로 분출속도가 빨라지는 경우.

역화	선화
연소속도가 클 때	연소기의 분출속도가 클 때

정답 ③

08

부탄 40vol%(폭발하한계 1.8vol%), 아세틸렌 30vol% (폭발하한계 2.5vol%), 프로판 30vol%(폭발하한계 2.1vol%)일 때, 혼합가스의 폭발 하한값은?

① 2.06
② 2.13
③ 2.50
④ 4.12

해설

정답 ①

09
건축물 피난계획 수립의 원칙으로 옳지 않은 것은?

① 피난경로는 정전 시에도 피난방향을 식별할 수 있도록 한다.
② 피난경로는 간단명료해야 한다.
③ 피난수단은 원시적 방법보다 기계적, 전기적인 방법을 우선으로 한다.
④ 양방향 피난로를 상시 확보해야 한다.

> **해설**
>
> 피난수단은 기계적, 전기적인 방법보다 원시적 방법을 우선으로 한다.
>
> ○ **건축물의 피난계획**
> 1) 피난동선은 수평동선과 수직동선으로 구분하여 계획한다.
> 2) 피난동선은 단순하고 간단명료하여야 한다.
> 3) 피난동선은 가급적 두 방향 이상을 확보한다.
> 4) 피난수단은 원시적인 방법을 따르는 것을 원칙으로 한다. 엘리베이터 등과 같은 전기장치에 의한 설비는 부적당하다.
> 5) 피난대책은 fool proof와 fail safe의 원칙을 중시하여야 한다.
> 6) 피난동선은 최단거리로 설계하고 중단에는 안전공간이 확보되어야 한다.
> 7) 피난구는 항상 사용할 수 있도록 잠금장치를 해제하여 둔다.
>   피난로 선정방법으로는 X, Y, T, I, Z형이 피난에 용이하지만 H형이나 Core형의 경우에는 피난자들의 집중으로 인해 패닉현상이 일어날 우려가 있다.
>
> ○ **재해 시 인간의 행동특성**
> 1) 귀소본능: 위급 시에는 잘 아는 길 또는 왔던 길로 되돌아가려는 본능 특성.
> 2) 퇴피본능: 위험성으로부터 무의식적으로 멀어지려는 본능 특성
> 3) 지광본능: 위급상황에 닥쳤을 때 밝은 곳으로 가려고 하는 본능 특성
> 4) 추종본능: 최초의 행동 개시자를 따라 움직이려는 군중 심리 특성
> 5) 좌회본능: 위급 시에 좌측방향으로 향하려는 본능 특성
>
> 정답 ③

10
다음은 중성대에 관한 설명이다. ( ) 안에 알맞은 용어를 순서대로 옳게 나열한 것은?

> 구획실 내에서 화재가 발생하면 고온연기는 (㉠)에 의해 실의 천장부터 축적되면서 압력을 변화시킨다. 고온연기의 상승으로 상부는 (㉡)이 형성되고, 하부에는 (㉢)이 형성되어 외부로부터 신선한 공기가 유입된다.

① ㉠: 부력, ㉡: 양압, ㉢: 음압
② ㉠: 부력, ㉡: 음압, ㉢: 양압
③ ㉠: 응력, ㉡: 양압, ㉢: 음압
④ ㉠: 응력, ㉡: 음압, ㉢: 양압

해설

양압과 음압은 중성대에서 멀어질수록 압력이 커진다.

우선 화재(연소)는 원초적으로 공기에 의존하는 연쇄반응이다. 화세가 클수록 더 많은 공기가 필요하고 연기의 온도가 올라갈수록 높은 부력을 띤다. 천장에 도달할 때까지 수직으로 흐른 후 수평으로 배기구를 향해 이동하는데 이는 열역학 제2법칙과 연관된다.

건물화재가 발생하면 연소열에 의한 온도가 상승함으로서 부력에 의해 실의 천정 쪽으로 고온기체가 축적되고 온도가 높아져 기체가 팽창하여 실내외의 압력이 달라지는데 대체적으로 실의 상부는 실외보다 압력이 높고 하부는 압력이 낮다. 따라서 그사이 어느 지점에 실내외의 정압이 같아지는 경계면(0포인트)이 형성되는데 그 면을 중성대(neutral plane)라고 한다. 그러므로 중성대의 위쪽은 실내 정압이 실외보다 높아 실내에서 기체가 외부로 유출되고 중성대 아래쪽에는 실외에서 기체가 유입되며, 중성대의 상부는 열과 연기로부터 생존할 수 없는 지역이고 중성대의 하층부는 신선한 공기에 의해 생존할 수 있는 지역이 된다.

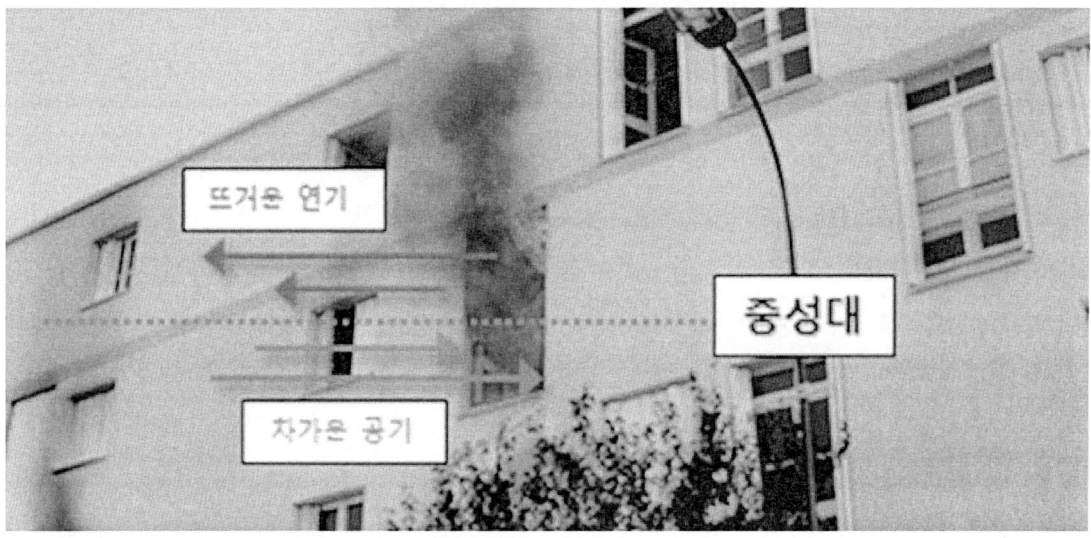

* 열역학제2법칙: 열역학적 현상이 진행하는 방향에 관한 법칙이다.
  예) 물은 높은 곳에서 낮은 곳으로, 열은 높은 온도에서 낮은 온도로 전달.
  예) 압력이 높은 곳에서 낮은 곳으로 기체 팽창은 하지만, 그 반대 현상은 없음.
  예) 시간은 흘러만 가고, 되돌아갈 수 없음.

정답 ①

11

내화건축물 화재의 진행과정을 순서대로 옳게 나열한 것은?

① 발화-종기-최성기-성장기
② 발화-성장기-최성기-종기
③ 발화-최성기-성장기-종기
④ 발화-최성기-종기-성장기

해설

정답 ②

12
분진폭발의 위험성이 가장 낮은 것은?

① 알루미늄분
② 생석회분
③ 석탄분
④ 마그네슘분

해설

분진폭발을 일으키지 않는 물질로는 탄산칼슘($CaCO_3$), [생석회(CaO)=산화칼슘], 석회석, 시멘트, [소석회($Ca(OH)_2$)=수산화칼슘]
☞ 암기법: 분진은 탄생석의 시소

정답 ②

13
다음에서 설명하는 현상은?

> 밀폐된 공간에서 화재가 발생하면 공기의 공급이 어렵게 되어 연소현상이 원활하지 못하게 된다. 이 때 문을 열거나 공기를 공급하게 되면 실내에 축적되어 있던 가연성 가스가 폭발적으로 연소한다.

① 백드래프트(back draft)
② 플래시오버(flash over)
③ 롤오버(roll over)
④ 파이어볼(fire ball)

해설

정답 ① 역화

14
화재의 소실정도에 관한 설명으로 옳지 않은 것은?

① 전소 화재는 전체의 70% 이상이 소실되거나 그 미만이라도 잔존부분을 보수하여 재사용이 가능한 것
② 반소 화재는 전체의 30% 이상 70% 미만이 소실된 것
③ 부분소 화재는 전소, 반소화재에 해당되지 않는 것
④ 즉소 화재는 화재발생 즉시 소화된 화재로 인명피해가 없고 피해액도 경미한 것

해설

정답 ①

| 유제 | 건물 화재 시 전체의 30% 이상 70% 미만이 소손된 경우 분류되는 화재의 종류는?

① 전소 화재
② 부분소 화재
③ 즉소 화재
④ 반소 화재

해설

○ 화재의 소실정도
화재소실정도는 3종류로 구분하며 전소는 건물의 70%이상(입체면적에 대한 비율을 말한다. 이하 같다)이 소실되었거나 또는 그 미만이라도 잔존부분이 보수를 하여도 재사용이 불가능한 것이며, 반소는 건물의 30%이상 70%미만이 소실된 것, 부분소는 전소, 반소화재에 해당되지 아니하는 것을 말한다.

정답 ④

15

폭굉(detonation)에 관한 설명으로 옳지 않은 것은?

① 폭굉파는 1,000~3,500 m/s 정도로 빠르다.
② 온도상승은 충격파의 압력에 비례한다.
③ 화염전파속도가 음속보다 느리다.
④ 폭굉파를 형성하여 물리적인 충격에 의한 피해가 크다.

해설

○ 읽기자료: 폭연과 폭굉
화재란 사람의 의도에 의해서 발생하는 정상연소반응이지만, 폭발이란 그 연소반응이 급격히 진행되어 열과 빛을 발하는 것 이외에 폭음과 충격압력(충격파)이 발생하여 순간적으로 반응이 진행되는 비정상연소반응을 말한다. 화재와 폭발을 구별하는 주된 차이점은 에너지 방출속도의 차이라 할 수 있다. 화재는 에너지를 느리게 방출하지만 폭발은 에너지를 일반적으로 마이크로초 차원으로 빠르게 방출한다.

폭발은 화재에 비해 연소속도와 화염전파속도가 매우 빠른 비정상연소의 형태이다. 폭발에는 충격파의 전파속도에 따라 폭연과 폭굉으로 구분한다. 즉, 충격파가 미반응 매질속으로 음속보다 느리게 이동하는 것을 폭연, 음속보다 빠르게 이동하는 것을 폭굉이라 한다. 폭발에서의 압력은 폭연의 경우 충격파의 압력이 수 기압 정도이나, 폭굉의 경우는 압력상승이 폭연의 경우보다 10배 정도 또는 그 이상이다.
정상연소시의 폭연의 연소속도는 0.1m/s~10m/s인데 비해, 폭굉시 연소속도는 1,000 ~ 3,500m/s 정도로 매우 빠르게 나타난다.

구분	폭연(Deflagration)	폭굉(Detonation)
전파속도	음속이하	음속이상
전파에 필요한 에너지	전도, 대류, 복사	충격에너지
폭발압력	초기압력의 10배 이하	초기압력의 10배 이상(충격파)
충격파발생	충격파 발생하지 않는다	충격파 발생한다
온도·압력·밀도	온도·압력·밀도가 화염 면에서 연속적이다	온도·압력·밀도가 화염 면에서 불연속적이다
화재파급효과	크다	작다

정답 ③

16

위험물관리법령상의 제3류 위험물에 관한 설명으로 옳지 않은 것을 모두 고른 것은?

㉠ 자연발화성 물질 및 금수성 물질이다.
㉡ 무기과산화물류는 물과 반응하여 산소를 발생하고 발열한다.
㉢ 칼륨, 나트륨, 알킬알루미늄, 알킬리튬은 물보다 가볍다.
㉣ 산화성액체로 과염소산, 질산 등이 있다.

① ㉠㉢
② ㉠㉣
③ ㉡㉢
④ ㉡㉣

해설

고체 또는 액체로서 공기 중에서 발화의 위험성이 있거나 물과 접촉하여 발화하거나 가연성 가스를 발생하는 위험성이 있는 것이 3류 위험물이다.
1류 위험물(~염류, 무기과산화물)인 무기과산화물류(알카리금속의 과산화물)는 주수소화를 하면 안 되고, 마른 모래, 팽창질석, 팽창진주암 등에 의한. 질식소화가 일반적이다.
산화성액체(6류 위험물)로 과염소산, 질산 등이 있다.

○ **3류 위험물(자연발화성 물질 및 금수성 물질)**
- 칼륨(K), 나트륨(Na), 알킬알루미늄, 알킬리튬은 물보다 가볍고 나머지는 물보다 무겁다.
- 칼륨, 나트륨, 황린, 알킬알루미늄은 연소하고, 나머지는 연소하지 않는다.
1) 위험성
- 황린을 제외한 금수성 물질은 물과 반응하여 가연성 가스(수소, 아세틸렌, 포스핀)를 발생하고 발열한다.
- 자연 발화성 물질은 물 또는 공기와 접촉하면 연소하여 가연성 가스를 발생한다.
- 가열, 강산화성 물질 또는 강산류와 접촉에 의해 위험성이 증가한다.

2) 저장방법
- 저장용기는 공기와 수분관의 접촉을 피한다.
- 칼륨(K), 나트륨(Na)은 석유류(등유, 경유, 유동 파라핀)에 저장한다.
- 자연 발화성 물질은 불티, 불꽃, 고온체와 접근을 피한다.
3) 소화방법
- 황린은 주수소화가 가능하나 나머지는 물에 의한 냉각소화는 불가능하다.
- 소화약제는 마른모래, 탄산수소염류 분말 약제가 적합하다.

정답 ④

유제 다음 중 1류 위험물에 대한 설명으로 가장 옳은 것은?

① 산화성 고체이며 대부분 물에 잘 녹는다.
② 가연성 고체로써 강산화제로 작용을 한다.
③ 무기과산화물은 물 주수를 통한 냉각소화가 적합하다.
④ 과산화수소, 과염소산, 질산, 유기과산화물이 1류 위험물에 해당한다.

해설

② 제2류 위험물에 대한설명이다.
③ 무기과산화물 중 알칼리 금속 과산화물(Na_2O_2, K_2O_2 등)과 삼산화크롬(CrO_3, 무수크롬산)은 물과 반응하여 산소(O_2)를 방출하고 발열한다. 이런 의미에서 제3류 위험물과 비슷한 금수성(禁水性) 물질이다. 무기과산물류(알칼리금속의 과산화물)는 주수소화를 하면 안 되고 마른 모래, 팽창질석, 팽창진주암 등에 의한 질식소화가 적합하다.
④ 과산화수소·과염소산·질산은 제6류 위험물이고, 유기과산화물은 제5류 위험물에 해당한다.

○ **읽기자료: 1류 위험물(산화성 고체)**
무색의 결정 또는 백색분말로 상온에서 고체상태이다. 무기화합물에 속하며 강산화제로써 분해 시 산소를 발생한다. 일반적으로 불연성 물질이고 비중이 1보다 크며 물에 녹는 것이 많다.
1) 위험성
- 가열, 충격, 마찰 등에 분해하면서 산소를 발생한다.
- 가연물과 혼합하면 연소 또는 폭발의 위험이 크다.
- 알칼리금속과 과산화물은 물과 반응하여 산소를 발생하며 발열한다.
2) 저장
- 조해성 물질은 습기를 피하고 용기를 밀폐하여 저장한다.
- 직사광선을 피하고 환기가 잘 되는 냉암소에 보관한다.
3) 소화방법
- 일반적으로 다량의 물에 의한 냉각소화가 효과적이다.
- 화재 초기 또는 소량 화재의 경우에는 포, 분말, 이산화탄소, 할로겐화합물에 의한 질식소화도 가능하다.
- 무기과산화물류(알칼리금속의 과산화물)는 주수소화를 하면 안 되고 마른 모래, 팽창질석, 팽창진주암 등에 의한 질식소화가 적합하다.

정답 ①

17

다음에서 설명하는 현상은?

> 중질유와 같이 점성이 큰 유류에 화재가 발생하면 유류의 액표면 온도가 물의 비점 이상으로 올라가게 된다. 이 때 소화용수가 뜨거운 액표면에 유입되면 물이 수증기로 변하면서 급작스러운 부피팽창에 의하여 유류가 탱크 외부로 분출되는 현상이 나타난다.

① 오일오버(oil over)
② 보일오버(boil over)
③ 슬롭오버(slop over)
④ 후로스오버(froth over)

해설

소화용수가 뜨거운 액표면에 유입되면~: 슬롭오버(slop over)

정답 ③

18

최소발화(점화)에너지에 영향을 미치는 인자에 관한 설명으로 옳지 않은 것은?

① 온도가 높을수록 최소발화에너지가 낮아진다.
② 압력이 높을수록 최소발화에너지가 낮아진다.
③ 연소범위에 따라서 최소발화에너지는 변하며 화학양론비 부근에서 가장 낮다.
④ 산소의 분압이 높아지면 연소범위 내에서 최소발화에너지가 높아진다.

해설

○ 연소범위에 따라서 최소발화에너지는 변하며 화학양론비 부근에서 가장 낮다.
  최소발화에너지(MIE: Minimum Ignition Energy)는 인화성 혼합기체의 농도에 따라서 현저하게 변화되어, 화학양론비 근처에서 최소치를 갖고, 저농도측과 고농도측에서 무한대가 된다. 대개의 인화성 물질에서는 최소발화에너지(MIE)는 화학양론비보다 인화성물질이 약간 고농도인 쪽에서 나타난다.
○ 산소의 분압이 높아지면 연소범위 내에서 최소발화에너지가 낮아진다.
  산소분압이 높아지면 연소속도는 빨라진다.

정답 ④

| 유제 | 다음 중 최소발화에너지(MIE)에 대한 설명으로 옳지 않은 것은?

① 온도가 높아지면 분자 간 운동이 활발해지므로 최소발화에너지(MIE)가 감소한다.
② 압력이 높아지면 분자 간 거리가 가까워지므로 최소발화에너지(MIE)가 감소한다.
③ 가연성 가스의 조성이 화학양론적 농도 부근 일 경우 최소발화에너지(MIE)가 최저가 된다.
④ 열전도율이 높으면 최소발화에너지(MIE)가 감소한다.

해설

열전도율이 높으면 최소발화에너지가 커진다. 열전도율이 낮으면 MIE는 작아지므로 위험한 것이다. 열전도율이 낮은 경우에는 열을 축적하기 때문이다.

○ 최소발화에너지(MIE)에 영향을 주는 요소
1) 최소발화에너지(MIE)=f(가연성 물질의 온도, 압력, 농도, 전극의 형태)
   최소발화에너지는 물질의 종류, 혼합기의 온도, 압력, 농도(혼합비) 등에 따라 변한다.
   - 온도가 상승하면 MIE는 작아진다. (분자의 운동이 활발해지므로)
   - 압력이 상승하면 MIE는 작아진다. (분자 간의 거리가 가까워지므로)
   - 농도가 상승하면 MIE는 작아진다.
2) 가연성가스의 조성이 화학양론적 조성(농도) 부근일 경우 MIE는 최저가 된다. 이것보다 상한계나 하한계로 향함에 따라 MIE는 증가한다. 저농도측과 고농도측에서 무한대가 된다.
3) 일반적으로 연소속도가 클수록 MIE는 작아진다.
4) 매우 압력이 낮아서 어느 정도 착화원에 의해 점화하여도 점화할 수 없는 한계가 있는데 이를 '최소착화압력'이라 한다.

정답 ④

19

이산화탄소 소화설비의 화재안전기준에서 설명하는 용어의 정의로 옳지 않은 것은?

① 심부화재란 목재 또는 섬유류와 같은 고체가연물에서 발생하는 화재형태로서 가연물 내부에서 연소하는 화재를 말한다.
② 표면화재란 가연성물질의 표면에서 연소하는 화재를 말한다.
③ 호스릴방식이란 분사헤드가 배관에 고정되어 있지 않고 소화약제 저장용기에 호스를 연결하여 사람이 직접 화점에 소화약제를 방출하는 이동식 소화설비를 말한다.
④ 방화문이란 갑종방화문 또는 을종방화문으로써 언제나 열린 상태를 유지하거나 화재로 인한 연기발생 또는 온도상승에 따라 자동적으로 닫히는 구조를 말한다.

해설

정답 ④

20

소화기구 및 자동소화장치의 화재안전기준에서 규정된 소화기구에 관한 설명으로 옳지 않은 것은?

① 일반화재(A급 화재)에는 이산화탄소 소화약제 소화기가 적응성이 낮다.
② 근린생활시설인 경우 해당용도의 바닥면적 300㎡마다 소화기구 능력단위 기준을 1단위 이상으로 산출하여야 한다.
③ 소화기는 특정소방대상물의 각 부분으로부터 1개의 소화기까지의 보행거리가 소형소화기의 경우에는 20m 이내, 대형소화기의 경우에는 30m 이내가 되도록 배치하여야 한다.
④ 소화기구(자동확산소화기는 제외)는 거주자 등이 손쉽게 사용할 수 있는 장소에 바닥으로부터 높이 1.5m이하의 곳에 비치하여야 한다.

해설

소화기구 및 자동소화장치의 화재안전기준(NFSC 101) 참조.

○ **별표1(소화기구의 소화약제별 적응성)**

소화약제구분 / 적응대상	가스			분말		액체				기타			
	이산화탄소소화약제	할론소화약제	할로겐화합물 및 불활성기체소화약제	인산염류소화약제	중탄산염류소화약제	산알칼리소화약제	강화액소화약제	포소화약제	물·침윤소화약제	고체에어로졸화합물	마른모래	팽창질석·팽창진주암	그 밖의 것
일반화재 (A급 화재)	−	○	○	○	−	○	○	○	○	○	○	○	−
유류화재 (B급 화재)	○	○	○	○	○	○	○	○	○	○	○	○	−
전기화재 (C급 화재)	○	○	○	○	○	*	*	*	*	○	−	−	−
주방화재 (K급 화재)	−	−	−	−	*	−	*	*	*	−	−	−	*

주) "*"의 소화약제별 적응성은 「화재예방, 소방시설 설치유지 및 안전관리에 관한 법률」 제36조에 의한 형식승인 및 제품검사의 기술기준에 따라 화재 종류별 적응성에 적합한 것으로 인정되는 경우에 한한다.

[별표 3]
특정소방대상물별 소화기구의 능력단위기준(제4조 제1항 제2호 관련)

특정소방대상물	소화기구의 능력단위
1. 위락시설	해당 용도의 바닥면적 30㎡ 마다 능력단위 1단위 이상
2. 공연장·집회장·관람장·문화재·장례식장 및 의료시설	해당 용도의 바닥면적 50㎡ 마다 능력단위 1단위 이상
3. 근린생활시설·판매시설·운수시설·숙박시설·노유자시설·전시장·공동주택·업무시설·방송통신시설·공장·창고시설·항공기 및 자동차 관련 시설 및 관광휴게시설	해당 용도의 바닥면적 100㎡ 마다 능력단위 1단위 이상
4. 그 밖의 것	해당 용도의 바닥면적 200㎡ 마다 능력단위 1단위 이상

제3조(정의) 이 기준에서 사용하는 용어의 정의는 다음과 같다.
1. "소화약제"란 소화기구 및 자동소화장치에 사용되는 소화성능이 있는 고체·액체 및 기체의 물질을 말한다.
2. "소화기"란 소화약제를 압력에 따라 방사하는 기구로서 사람이 수동으로 조작하여 소화하는 다음 각 목의 것을 말한다.
   가. "소형소화기"란 능력단위가 1단위 이상이고 대형소화기의 능력단위 미만인 소화기를 말한다.
   나. "대형소화기"란 화재 시 사람이 운반할 수 있도록 운반대와 바퀴가 설치되어 있고 능력단위가 A급 10단위 이상, B급 20단위 이상인 소화기를 말한다.
3. "자동확산소화기"란 화재를 감지하여 자동으로 소화약제를 방출 확산시켜 국소적으로 소화하는 소화기를 말한다.
4. "자동소화장치"란 소화약제를 자동으로 방사하는 고정된 소화장치로서 법 제36조 또는 제39조에 따라 형식승인이나 성능인증을 받은 유효설치 범위(설계방호체적, 최대설치높이, 방호면적 등을 말한다) 이내에 설치하여 소화하는 다음 각 목의 것을 말한다.
   가. "주거용 주방자동소화장치"란 주거용 주방에 설치된 열발생 조리기구의 사용으로 인한 화재 발생 시 열원(전기 또는 가스)을 자동으로 차단하며 소화약제를 방출하는 소화장치를 말한다.
   나. "상업용 주방자동소화장치"란 상업용 주방에 설치된 열발생 조리기구의 사용으로 인한 화재 발생 시 열원(전기 또는 가스)을 자동으로 차단하며 소화약제를 방출하는 소화장치를 말한다.
   다. "캐비닛형 자동소화장치"란 열, 연기 또는 불꽃 등을 감지하여 소화약제를 방사하여 소화하는 캐비닛형태의 소화장치를 말한다.
   라. "가스자동소화장치"란 열, 연기 또는 불꽃 등을 감지하여 가스계 소화약제를 방사하여 소화하는 소화장치를 말한다.
   마. "분말자동소화장치"란 열, 연기 또는 불꽃 등을 감지하여 분말의 소화약제를 방사하여 소화하는 소화장치를 말한다.
   바. "고체에어로졸자동소화장치"란 열, 연기 또는 불꽃 등을 감지하여 에어로졸의 소화약제를 방사하여 소화하는 소화장치를 말한다.
5. "거실"이란 거주·집무·작업·집회·오락 그 밖에 이와 유사한 목적을 위하여 사용하는 방을 말한다.
6. "능력단위"란 소화기 및 소화약제에 따른 간이소화용구에 있어서는 법 제36조 제1항에 따라 형식승인 된 수치를 말하며, 소화약제 외의 것을 이용한 간이소화용구에 있어서는 별표 2에 따른 수치를 말한다.
7. "일반화재(A급 화재)"란 나무, 섬유, 종이, 고무, 플라스틱류와 같은 일반 가연물이 타고 나서 재가 남는 화재를 말한다. 일반화재에 대한 소화기의 적응 화재별 표시는 'A'로 표시한다.
8. "유류화재(B급 화재)"란 인화성 액체, 가연성 액체, 석유 그리스, 타르, 오일, 유성도료, 솔벤트, 래커, 알코올 및 인화성 가스와 같은 유류가 타고 나서 재가 남지 않는 화재를 말한다. 유류화재에 대한 소화기의 적응 화재별 표시는 'B'로 표시한다.
9. "전기화재(C급 화재)"란 전류가 흐르고 있는 전기기기, 배선과 관련된 화재를 말한다. 전기화재에 대한 소화기의 적응 화재별 표시는 'C'로 표시한다.
10. "주방화재(K급 화재)"란 주방에서 동식물유를 취급하는 조리기구에서 일어나는 화재를 말한다. 주방화재에 대한 소화기의 적응 화재별 표시는 'K'로 표시한다.

제4조(설치기준) ① 소화기구는 다음 각 호의 기준에 따라 설치하여야 한다.
1. 특정소방대상물의 설치장소에 따라 별표 1에 적합한 종류의 것으로 할 것
2. 특정소방대상물에 따라 소화기구의 능력단위는 별표 3의 기준에 따를 것
3. 제2호에 따른 능력단위 외에 별표 4에 따라 부속용도별로 사용되는 부분에 대하여는 소화기구 및 자동소화장치를 추가하여 설치할 것
4. 소화기는 다음 각 목의 기준에 따라 설치할 것
가. 각층마다 설치하되, 특정소방대상물의 각 부분으로부터 1개의 소화기까지의 **보행거리**가 소형소화기의 경우에는 **20m** 이내, 대형소화기의 경우에는 **30m** 이내가 되도록 배치할 것. 다만, 가연성물질이 없는 작업장의 경우에는 작업장의 실정에 맞게 보행거리를 완화하여 배치할 수 있으며, 지하구의 경우에는 화재발생의 우려가 있거나 사람의 접근이 쉬운 장소에 한하여 설치할 수 있다.
나. 특정소방대상물의 각층이 2 이상의 거실로 구획된 경우에는 가목의 규정에 따라 각 층마다 설치하는 것 외에 바닥면적이 33㎡ 이상으로 구획된 각 거실(아파트의 경우에는 각 세대를 말한다)에도 배치할 것

다. <삭제>
5. 능력단위가 2단위 이상이 되도록 소화기를 설치하여야 할 특정소방대상물 또는 그 부분에 있어서는 간이소화용구의 능력단위가 전체 능력단위의 2분의 1을 초과하지 아니하게 할 것 다만, 노유자시설의 경우에는 그렇지 않다.
6. 소화기구(자동확산소화기를 제외한다)는 거주자 등이 손쉽게 사용할 수 있는 장소에 바닥으로부터 높이 1.5m 이하의 곳에 비치하고, 소화기에 있어서는 "소화기", 투척용소화용구에 있어서는 "투척용소화용구", 마른모래에 있어서는 "소화용모래", 팽창질석 및 팽창진주암에 있어서는 "소화질석"이라고 표시한 표지를 보기 쉬운 곳에 부착할 것
7. 자동확산소화기는 다음 각 목의 기준에 따라 설치할 것
    가. 방호대상물에 소화약제가 유효하게 방사될 수 있도록 설치할 것
    나. 작동에 지장이 없도록 견고하게 고정할 것
8. 삭제
9. 삭제
② 자동소화장치는 다음 각 호의 기준에 따라 설치하여야 한다.
1. 주거용 주방자동소화장치는 다음 각 목의 기준에 따라 설치할 것
    가. 소화약제 방출구는 환기구(주방에서 발생하는 열기류 등을 밖으로 배출하는 장치를 말한다. 이하 같다)의 청소부분과 분리되어 있어야 하며, 형식승인 받은 유효설치 높이 및 방호면적에 따라 설치할 것
    나. 감지부는 형식승인 받은 유효한 높이 및 위치에 설치할 것
    다. 차단장치(전기 또는 가스)는 상시 확인 및 점검이 가능하도록 설치할 것
    라. 가스용 주방자동소화장치를 사용하는 경우 탐지부는 수신부와 분리하여 설치하되, 공기보다 가벼운 가스를 사용하는 경우에는 천장 면으로 부터 30㎝ 이하의 위치에 설치하고, 공기보다 무거운 가스를 사용하는 장소에는 바닥 면으로부터 30㎝ 이하의 위치에 설치할 것
    마. 수신부는 주위의 열기류 또는 습기 등과 주위온도에 영향을 받지 아니하고 사용자가 상시 볼 수 있는 장소에 설치할 것
2. 상업용 주방자동소화장치는 다음 각 목의 기준에 따라 설치할 것
    가. 소화장치는 조리기구의 종류 별로 성능인증 받은 설계 매뉴얼에 적합하게 설치 할 것
    나. 감지부는 성능인증 받는 유효높이 및 위치에 설치할 것
    다. 차단장치(전기 또는 가스)는 상시 확인 및 점검이 가능하도록 설치할 것
    라. 후드에 방출되는 분사헤드는 후드의 가장 긴 변의 길이까지 방출될 수 있도록 약제 방출 방향 및 거리를 고려하여 설치할 것
    마. 덕트에 방출되는 분사헤드는 성능인증 받는 길이 이내로 설치할 것
3. 캐비닛형자동소화장치는 다음 각 목의 기준에 따라 설치하여야 한다.
    가. 분사헤드의 설치 높이는 방호구역의 바닥으로부터 최소 0.2m 이상 최대 3.7m 이하로 하여야 한다. 다만, 별도의 높이로 형식승인 받은 경우에는 그 범위 내에서 설치할 수 있다.
    나. 화재감지기는 방호구역내의 천장 또는 옥내에 면하는 부분에 설치하되「자동화재탐지설비 및 시각경보장치의 화재안전기준(NFSC 203)」제7조에 적합하도록 설치할 것
    다. 방호구역내의 화재감지기의 감지에 따라 작동되도록 할 것
    라. 화재감지기의 회로는 교차회로방식으로 설치할 것. 다만, 화재감지기를「자동화재탐지설비 및 시각경보장치의 화재안전기준(NFSC 203)」제7조 제1항 단서의 각 호의 감지기로 설치하는 경우에는 그러하지 아니하다.
    마. 교차회로내의 각 화재감지기회로별로 설치된 화재감지기 1개가 담당하는 바닥면적은「자동화재탐지설비 및 시각경보장치의 화재안전기준(NFSC 203)」제7조 제3항 제5호·제8호 및 제10호에 따른 바닥면적으로 할 것
    바. 개구부 및 통기구(환기장치를 포함한다. 이하 같다)를 설치한 것에 있어서는 약제가 방사되기 전에 해당 개구부 및 통기구를 자동으로 폐쇄할 수 있도록 할 것. 다만, 가스압에 의하여 폐쇄되는 것은 소화약제방출과 동시에 폐쇄할 수 있다.
    사. 작동에 지장이 없도록 견고하게 고정시킬 것
    아. 구획된 장소의 방호체적 이상을 방호할 수 있는 소화성능이 있을 것
4. 가스, 분말, 고체에어로졸 자동소화장치는 다음 각 목의 기준에 따라 설치하여야 한다.
    가. 소화약제 방출구는 형식승인 받은 유효설치범위 내에 설치할 것

나. 자동소화장치는 방호구역내에 형식승인 된 1개의 제품을 설치할 것. 이 경우 연동방식으로서 하나의 형식을 받은 경우에는 1개의 제품으로 본다.

다. 감지부는 형식승인된 유효설치범위 내에 설치하여야 하며 설치장소의 평상시 최고주위온도에 따라 다음 표에 따른 표시온도의 것으로 설치할 것. 다만, 열감지선의 감지부는 형식승인 받은 최고주위온도범위 내에 설치하여야 한다.

설치장소의 최고주위온도	표시온도
39℃ 미만	79℃ 미만
39℃ 이상 64℃ 미만	79℃ 이상 121℃ 미만
64℃ 이상 106℃ 미만	121℃ 이상 162℃ 미만
106℃ 이상	162℃ 이상

라. 다목에도 불구하고 화재감지기를 감지부를 사용하는 경우에는 제3호 나목부터 마목까지의 설치방법에 따를 것

③ 이산화탄소 또는 할로겐화합물을 방사하는 소화기구(자동확산소화기를 제외한다)는 지하층이나 무창층 또는 밀폐된 거실로서 그 바닥면적이 20㎡ 미만의 장소에는 설치할 수 없다. 다만, 배기를 위한 유효한 개구부가 있는 장소인 경우에는 그러하지 아니하다.

정답 ②

21

화재현장에서 20℃의 물 10kg을 화염면에 방사하였더니 100℃일 때 수증기로 기화해 화염확산을 억제하였다. 이 때 소화약제로 작용한 물이 흡수한 전체 열량은 몇 kcal인가? (단, 물의 비열은 1kcal/kg · ℃)

① 800
② 5,390
③ 6,190
④ 6,290

해설

물이 흡수한 열량 = 물의 비열(c) × 물의 질량(m) × 물의 온도 변화(t)

어떤 물질 1kg의 온도를 1℃ 올리는 데 드는 열량을 비열이라 하고 액체가 기화하여 기체로 될 때 흡수하는 열을 증발 잠열이라고 하는데, 물은 끓는점이 100℃, 비열이 1kcal/kg · ℃, 증발 잠열이 539kcal/kg로서 다른 어느 물질보다도 큰 열 흡수 능력을 가지고 있다. 20℃의 물 1kg이 완전히 증기로 변할 때, 물은 온도를 끓는점까지 올리기 위한 80kcal의 열량에 이를 증기로 변하게 하기 위한 539kcal의 열량을 더하여 총 619kcal를 흡수할 수 있게 된다. 화재가 일어나 분당 6,000kcal의 열량이 방출되고 있어 물의 냉각 작용만을 통해 화세를 제어하고자 한다면, 20℃의 물을 분당 10kg 내보내면 물이 증발하면서 총 6,190kcal를 흡수할 수 있으므로 연소물로부터 방출되는 열량을 흡수하여 화세를 제어하고 불을 끌 수 있게 된다.

정답 ③

> 연습문제

25℃의 물 1kg을 끓는점인 100℃까지 올리기 위해 75kcal, 이를 기체로 변하게 하기 위해 539kcal가 필요하므로 총 614kcal의 열량을 흡수할 수 있다. (○)

22
가스화재 발생 시 밸브를 차단시킴으로써 가스공급이 중단되어 소화되는 원리는?

① 냉각소화
② 제거소화
③ 부촉매소화
④ 질식소화

> 해설

가스(가연물)을 제거하는 것이 제거소화 방식이다.

정답 ②

23
물소화약제에 관한 설명으로 옳은 것을 모두 고른 것은?

> ㉠ 물은 다른 물질에 비해 비열과 기화열이 비교적 크다.
> ㉡ 물 1g을 0℃에서 100℃가지 상승시키는데 필요한 열량은 100kcal이다.
> ㉢ 물은 주수방법에 따라 유류화재와 전기화재에도 적용이 가능하다.

① ㉠
② ㉠㉡
③ ㉠㉢
④ ㉡㉢

> 해설

물 1g을 0℃에서 100℃가지 상승시키는데 필요한 열량은 100cal이다.
1cal는 물 1g의 온도를 1℃ 올리는 데 필요한 열량으로 정의한다.
물은 수소 결합 때문에 분자량이 비슷한 다른 물질에 비해 녹는점과 끓는점이 높고, 융해열과 기화열이 크다.
물 1g의 경우, 융해열은 80cal/g이고 기화열은 539cal/g이다.
물은 주수방법에 따라 유류화재(B급 화재)와 전기화재(C급 화재)에도 적용이 가능하다.

정답 ③

24

화재예방, 소방시설 설치·유지 및 안전관리에 관한 법령상 소방시설 중 소화활동설비에 해당하지 않는 것은?

① 물분무등소화설비
② 무선통신보조설비
③ 연결송수관설비
④ 연결살수설비

해설

소화활동 설비(무비연결-암기법)

○ 소화활동설비: 화재를 진압하거나 인명구조활동을 위하여 사용하는 설비로서 다음 각 목의 것
　가. 제연설비
　나. 연결송수관설비
　다. 연결살수설비
　라. 비상콘센트설비
　마. 무선통신보조설비
　바. 연소방지설비

정답 ①

25

화재예방, 소방시설 설치·유지 및 안전관리에 관한 법령상 소방용품 중 경보설비를 구성하는 제품 또는 기기가 아닌 것은?

① 수신기
② 기동용수압개폐장치
③ 누전경보기
④ 중계기

해설

시행령 별표3 참조.
화재예방, 소방시설 설치·유지 및 안전관리에 관한 법률 시행령 [별표 3]

소방용품(제6조 관련)
1. 소화설비를 구성하는 제품 또는 기기 　가. 별표 1 제1호 가목의 소화기구(소화약제 외의 것을 이용한 간이소화용구는 제외한다) 　나. 별표 1 제1호 나목의 자동소화장치 　다. 소화설비를 구성하는 소화전, 관창(菅槍), 소방호스, 스프링클러헤드, 기동용 수압개폐장치, 유수제어밸브 및 가스관선택밸브

2. 경보설비를 구성하는 제품 또는 기기
   가. 누전경보기 및 가스누설경보기
   나. 경보설비를 구성하는 **발신기, 감지기, 중계기, 수신기,** 및 음향장치(경종만 해당한다)
3. 피난구조설비를 구성하는 제품 또는 기기
   가. 피난사다리, 구조대, 완강기(간이완강기 및 지지대를 포함한다)
   나. 공기호흡기(충전기를 포함한다)
   다. 피난구유도등, 통로유도등, 객석유도등 및 예비 전원이 내장된 비상조명등
4. 소화용으로 사용하는 제품 또는 기기
   가. 소화약제(별표 1 제1호 나목2)와 3)의 자동소화장치와 같은 호 마목3)부터 8)까지의 소화설비용만 해당한다)
   나. 방염제(방염액·방염도료 및 방염성물질을 말한다)
5. 그 밖에 행정안전부령으로 정하는 소방 관련 제품 또는 기기

정답 ②

○ 제2과목: 구급 및 응급처치론

26
심폐소생술을 시작하지 않아도 되는 상황에 해당하지 않는 것은?

① 환자의 사망이 명백한 경우
② 환자 발생장소에 구조자의 신변에 위험이 되는 요소가 있는 경우
③ 급성질환에 의한 심정지가 명백한 경우
④ 대량재해 상황에서 심정지가 확인된 경우

해설

급성은 말 그대로 급성으로 치유되고 만성은 만성으로 치유해야 하는 것을 말한다.

정답 ③

27
열화상에서 중증화상으로 옳은 것은?

① 30세 여성의 얼굴, 손, 회음부 5% 화상
② 45세 남성의 체표면적 5% 3도 화상
③ 20세 여성의 체표면적 15% 2도 화상
④ 8세 여아의 체표면적 15% 2도 화상

해설

○ 중증화상
1) 30% 이상의 2도 화상
2) 체표면의 10% 이상의 3도 화상
3) 얼굴, 손, 발 및 회음부에 발생한 2도·3도 화상

> ○ 읽기자료: 화상의 분류
> 1. 원인에 따른 분류
>   1) 열화상: 일반적으로 지칭되는 용어
>   가. 화염 화상
>   나. 열탕 화상
>   다. 접촉 화상
>   2) 전기화상: 번개, 고압전선, 가정용 전선
>   3) 화학화상: 강산, 강알칼리

2. 경중에 따른 분류
  1) 경도 화상(Minor burn)
     - 1도 화상
     - 신체 15% 이하의 2도 화상
     - 신체 2% 이하의 3도 화상
  2) 중간 화상(Moderate burn)
     - 신체 15~30%의 2도 화상
     - 신체 2~10%의 3도 화상
  3) 중증 화상(Critical or Major burn)
     - 신체 30% 이상의 2도 화상
     - 신체 10% 이상의 3도 화상
     - 호흡기계 또는 주요 연부조직의 화상, 골절과 동반된 화상
     - 전기 화상, 안면부, 수부 등의 3도 화상

정답 ①

28

제세동기 관한 일반적인 설명으로 옳은 것은?

① 자동제세동기는 단상파형으로만 사용된다.
② 이상파형을 사용할 경우 120~200J로 제세동한다.
③ 단상파형을 사용할 경우 최초의 에너지는 200J이다.
④ 제세동 파형에 따라 제세동에 필요한 에너지는 같다.

해설

○ **제세동**
1) 이상파형 제세동기: 120~200J
2) 단상파형 제세동기: 300J
3) 불응성 심실세동, 무맥성 심실빈맥인 경우 최대 에너지까지 사용 가능

정답 ②

29

흉통을 호소하는 심근경색 환자에게 니트로글리세린(nitroglycerin)을 투여하는 방법으로 옳은 것은?

① 수축기 혈압이 90 mmHg 이상인 경우 맥박수를 고려하여 투여한다.
② 흉통이 없어지지 않으면 1~2분 간격으로 3회까지 반복 투여한다.
③ 기존 혈압보다 수축기 혈압이 30 mmHg 이상 낮아진 경우 투여한다.
④ 맥박수가 50회/분 미만인 경우 투여한다.

> **해설**

니트로글리세린은 분해되어 산화질소를 형성하고, 이는 혈관에서 평활근 이완 효과를 가져와서 혈액 유입을 증가시켜서 협심증, 심근경색 등의 통증을 완화시킨다.
니트로글리세린(nitroglycerin)을 투여에 금기증으로서는 수축기 혈압이 90 mmHg 미만이다.
흉통이 없어지지 않으면 5분 간격으로 3회까지 반복 투여한다.
정상 맥박수(성인)는 '60~100회/분'이다.

정답 ①

30
40세 남자 환자의 화상 범위는? (단, 9의 법칙 적용)

> ○ 몸통 전면: 2도 화상
> ○ 오른쪽 상지 전체: 2도 화상
> ○ 오른쪽 하지 한쪽: 1도 화상

① 18%
② 27%
③ 36%
④ 45%

> **해설**

2도 화상 이상인 경우에 9의 법칙을 적용한다.

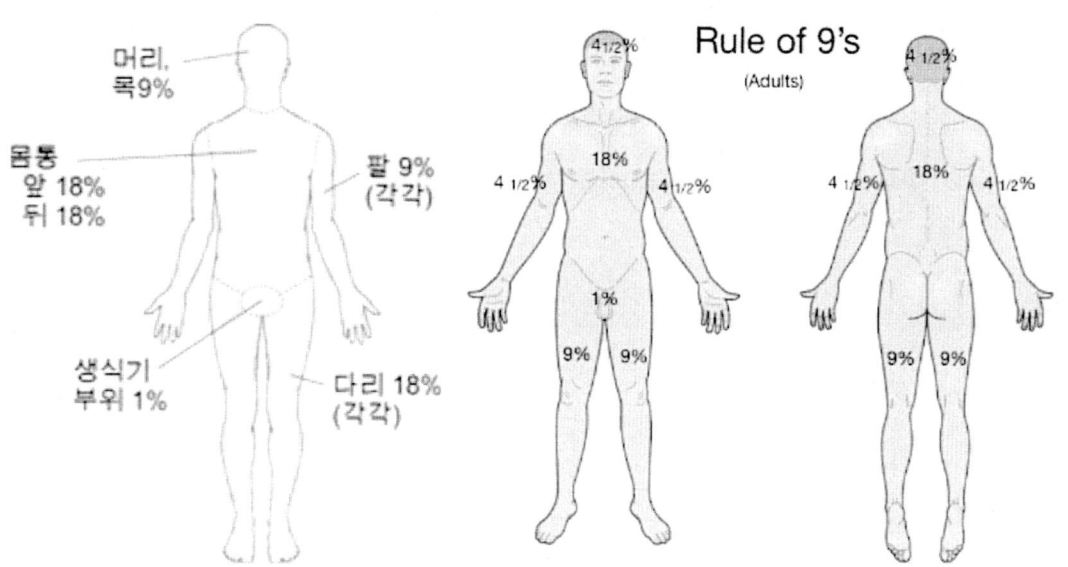

정답 ②

31

등산 중 벌에 쏘여 의식소실, 어지러움증, 호흡곤란 증상을 보이는 40대 환자의 응급처치로 옳은 것은?

① 쏘인 부위를 절개하여 항원을 제거한다.
② 쏘인 부위에 온찜질하여 붕대를 감아준다.
③ 쏘인 벌의 침은 병원에서만 제거해야 한다.
④ 에피네프린 1:1,000 0.3~0.5mg을 근육이나 피하에 주사한다.

> **해설**

벌에 쏘여 아나필락시스가 발생한 경우에는 에피네프린을 투여한다.
에피네프린은 대퇴부 허벅지의 중간 전외측에 근육주사로 투여한다.
1:1,000(1mg/mL) 희석용액으로 주사제 기준으로 성인에서는 0.3~0.5 mL(0.3~0.5 mg)이다.
아나필락시스는 급작스럽게 발생하는 심한 전신적 알레르기 과민반응으로 드물게는 사망에 이를 수 있는 심각한 알레르기 질환이다. 아나필락시스가 중요한 이유는 흔한 질환은 아니나 종종 생명을 위협할 수 있는 심각한 전신반응을 일으키고 때로는 사망에도 이를 수 있는 치명적인 질환이기 때문이다.
에피네프린은 혈관의 수축을 유도하고, 동시에 기관지 점막 부종에 의한 기도 폐쇄를 경감시켜 저혈압과 쇼크를 예방한다.

정답 ④

32

공장에서 알칼리 성분의 용액을 옮기다가 쏟아지면서 환자의 양손에 묻었다. 일반적인 응급처치로 옳은 것은?

① 중화제를 사용하여 제거한다.
② 글리세롤로 닦아낸다.
③ 알코올로 닦아낸다.
④ 다량의 물로 충분히 씻어낸다.

> **해설**

공장에서 알칼리 성분의 용액으로는 다목적용 세제 등이 대표적이다.
다량의 물로 충분히 씻어낸다.

정답 ④

33

병원전 단계에서 뇌졸중 환자의 신경학적 평가에 관한 설명으로 옳은 것은?

① 로스앤젤레스 병원전 뇌졸중 검사는 얼굴근육, 팔근육, 언어장애를 평가한다.
② 신시내티 병원전 뇌졸중 척도는 얼굴근육 이상, 팔근육 검사, 언어장애를 평가한다.
③ 로스앤젤레스 병원전 뇌졸중 검사는 포도당 수치, 언어장애, 얼굴 처짐을 평가한다.
④ 신시내티 병원전 뇌졸중 척도는 얼굴미소, 손 쥐는 힘, 팔의 힘을 평가한다.

해설

○ CPSS는 이학적 검사(눈으로만 관찰)로만 구성되어 있다.
○ LAPSS는 의식의 변화를 초래하는 요인들(예: 경련의 과거력, 저혈당)을 파악한 후에 안면의 미소, 손의 쥐는 힘, 팔의 힘을 검사하는 방법으로 구성

> ○ 읽기자료: 뇌졸중의 병원전 단계 평가
> 1. Cincinnati Prehospital Stroke Scale(CPSS)
>   1) 안면 마비 검사(환자에게 치아가 보이게 하거나 웃어보라고 한다.)
>   • 정상: 얼굴 양측이 대칭으로 움직이는 경우
>   • 비정상: 얼굴의 한쪽이 반대쪽에 비하여 움직이지 않는 경우
>   2) 사지 마비 검사(환자에게 눈을 감고 양측 팔을 10초간 앞으로 펴서 들고 있게 한다.)
>   • 정상: 양측 팔을 똑같이 들고 있을 수 있거나, 양측 모두 움직이지 못하는 경우
>   • 비정상: 한쪽 팔만을 들지 못하거나, 한쪽 팔이 다른 쪽 팔에 비하여 아래로 내려가는 경우
>   3) 언어 장애 검사(간단한 문장을 말해보도록 한다.)
>   • 정상: 어눌함이 없어 또렷하게 따라하는 경우
>   • 비정상: 단어를 말할 때 어눌하거나, 다른 단어를 말하는 경우, 환자가 말을 할 수 없는 경우
> 2. Los Angeles Prehospital Stroke Scale(LAPSS)
>   이 검사는 각 항목이 모두 양성이거나 또는 알 수 없는 경우에 뇌졸중이 발생하였을 가능성이 90% 이상인 것으로 알려져 있다.
>   1) 나이가 45세 이상이다.
>   2) 임상증상의 지속시간이 24시간 이내이다.
>   3) 간질 또는 경련 발작의 과거력이 없다.
>   4) 발병 전 일상생활이 가능하였다.
>   5) 혈당이 60mg이상이며 400mg이하이다.
>   6) 다음 세 가지 검사에서 한 가지라도 분명한 이상(비대칭)이 있다.
>   • 안면 근육
>   • 손의 잡는 힘
>   • 팔의 힘

정답 ②

34
쇼크의 일반적인 응급처치에 관한 설명으로 옳지 않은 것은?

① 기도유지를 하고 산소를 공급한다.
② 출혈부위를 지혈시킨다.
③ 체온을 보존시킨다.
④ 탈수를 방지하기 위해 마실 것을 준다.

해설

쇼크 상태의 환자는 의식 수준이 떨어지기 쉬운데 의식이 명료하지 않은 상황에서 입으로 음식을 먹거나 마시는 행위는 자칫 음식물이 기도로 잘못 들어가거나 구토를 유발하여 기도 폐쇄를 유발할 가능성을 가진다. 덧붙여 의식이 떨어지는 상황(예, 쇼크나 뇌졸중)에서 우황청심환을 환자에게 먹이는 것도 같은 이유로 위험하니 금하는 것이 좋다.

정답 ④

35
교통사고를 당한 임신 말기의 산모를 병원으로 이송 시 산모의 자세로 적절한 것은? (단, 척추손상은 없음)

① 심스자세(Sim's position)
② 무릎가슴자세
③ 좌측옆누운자세
④ 바로누운자세

해설

정답 ③

36
심폐소생술 중 가슴 압박 시 가슴압박과 이완의 비율은?

① 50:50
② 70:30
③ 80:20
④ 90:10

해설

○가슴압박과 인공호흡의 비율이 30:2
○가슴압박 시 압박수축기와 압박이완기 비율은 50:50

정답 ①

37

호흡곤란 환자에게 분당 10L의 유량(유속)으로 산소를 투여하려 한다. 유량계(압력계)가 1,200psi를 나타내고 있다면 산소통의 사용 가능시간은? (단, M형 산소통 상수는 1.56, 안전잔류량은 200psi이다)

① 156분
② 166분
③ 176분
④ 186분

해설

산소통 사용 가능시간
○ 분자: (산소통 유량계 - 안전잔류량) × 산소통 상수
○ 분모: 분당 유량(L/min)

정답 ①

38

신경학적 검사 중 글래스고우 혼수 척도(GCS)의 평가점수로 옳은 것은?

① 명령에 따라 눈을 뜬다: 개안반응 점수 4점
② 질문에 정확한 답변을 구사한다: 언어반응 점수 5점
③ 자극을 주면 비정상적으로 몸을 굴곡한다: 운동반응 점수 4점
④ 자극을 주면 비정상적으로 몸을 신전한다: 운동반응 점수 3점

해설

○ 뇌손상의 평가방법 – 글래스고우 혼수 척도(Glasgow coma scale)
GCS는 임상에서 가장 널리, 손쉽게 사용되고 있는 평가방법이다.
글라스고우 척도의 점수가 낮을수록 환자의 신경학적 상태는 나쁘고, 점수가 높을수록 신경학적 회복이 좋은 것으로 본다.

구분	검사	환자의 반응	점수
개안	자발적	자발적으로 눈을 뜬다	4
	말로 지시	큰 소리로 불러서 눈을 뜬다	3
	통증	통증 자극에 의해서 눈을 뜬다	2
	통증	전혀 눈을 뜨지 않는다	1
운동반응	명령	간단한 명령에 따른다	6
	통증	통증을 가할 때 검사자의 손을 잡아당긴다	5
	통증	통증을 가할 때 검사자의 몸 일부분을 잡아당긴다	4
	통증	통증을 가할 때 이상 굴절반응이 일어난다	3
	통증	통증을 가할 때 이상 신전반응이 일어나며 몸이 경직된다	2
	통증	통증을 가할 때 운동성 반응이 없다	1

구두반응	말로 지시	명확하게 대화 수행.	5
	말로 지시	말이 혼돈되고 지남력이 상실되었다	4
	말로 지시	혼란된 말을 한다	3
	말로 지시	검사자가 이해하지 못하는 소리를 한다	2
	말로 지시	아무런 소리를 내지 않는다	1

○ 글래스고우 결과 척도

결과 척도는 외상성 뇌손상 환자의 임상경과를 분류하기 위하여 개발된 것이다. 결과척도는 5가지로 분류한다.

사망	외상성 뇌손상의 직접적인 결과로 인한 의식소실은 회복되지만 이차적 합병증으로 인해 사망한다.
식물인간상태	지속적으로 의식을 회복하지 못하고 말을 하거나 명령을 수행하지 못하며 주위 환경을 알아차리지 못한다.
중증장애	환자가 신체적 장애나 정신적 장애로 인해 독립적 기능을 하지 못하고 매일 의존적 생활을 하는 장애가 남는다.
중등도 장애	독립적인 개인생활은 유지하지만 지능과 기억능력의 결핍, 성격의 변화, 연하곤란, 편마비나 실조증과 같은 다양한 장애가 남는다.
회복	미미한 신경학적 결핍이 있더라도 정상적인 생활을 유지한다.

정답 ②

39

2015년 한국형 심폐소생술 가이드라인 상 의식 및 반응이 없는 환자를 발견한 경우 즉시 취해야 할 행동으로 옳은 것은?

① 기도를 개방한다.
② 호흡을 확인한다.
③ 119에 신고한다.
④ 가슴압박을 실시한다.

해설

119 - C - A - B

○ 생존 사슬
1) 심장마비의 예방과 조기 발견
2) 신속한 신고
3) 신속한 심폐소생술
4) 신속한 제세동
5) 효과적 전문소생술과 심장마비 후 치료

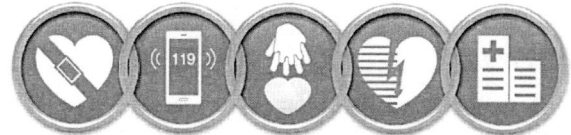

정답 ③

40
포켓마스크에 관한 설명으로 옳지 않은 것은?

① 일 - 방향 밸브는 환자로부터 배출된 공기나 이물질이 구조자의 입으로 들어가는 것을 막아주는 장점이 있다.
② 성인 환자에게 적용할 때 얼굴에 밀착시켜 뾰족한 쪽이 턱에 위치하도록 한다.
③ 영아에게 성인용 포켓마스크를 적용할 수 있다.
④ 구조자가 두 손으로 마스크를 밀착시켜 환자의 기도를 유지하기가 용이하다.

해설

세모로 뾰족한 부분(nose라 표시된 부위)을 환자 코에 대고 엄지와 간지로 C 모양

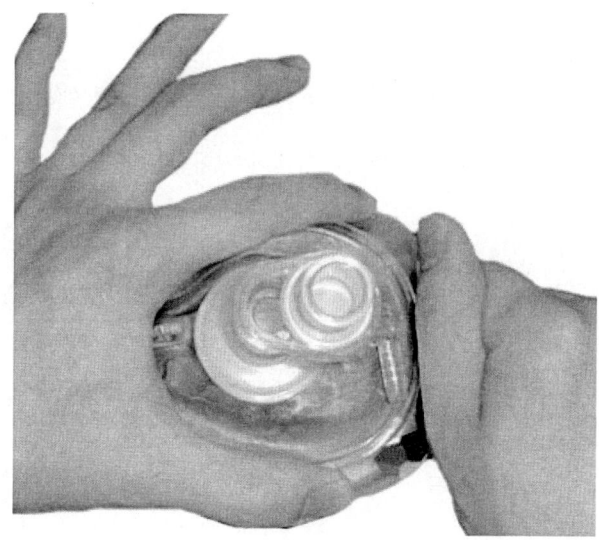

정답 ②

41

출생 직후 신생아의 건강상태이다. 아프가(Apgar) 점수는?

- 심박동수 110회/분
- 자극 시 얼굴 찡그림
- 적극적으로 움직임
- 몸은 핑크색, 손과 팔다리는 청색
- 호흡 우렁참

① 6점
② 7점
③ 8점
④ 9점

해설

2+1+2+1+2=8점

아프가 점수 (Apgar score)는 1952년 마취과 의사 버지니아 아프가가 방금 출산한 신생아의 건강 상태를 빠르게 평가하기 위해 만든 점수 시스템이다. 아프가는 산부인과에서 분만 시 마취가 신생아에게 어떤 영향이 있는지 알아보기 위해 이런 점수 시스템을 고안하였다. 출생 직후 신생아의 건강상태를 평가할 수 있는 빠르고 간단한 방법으로 다섯 가지의 검사항목을 0점에서 2점까지 점수를 측정하여 총점을 통해 신생아의 건강상태를 평가한다. 검사항목으로는 피부색, 맥박, 호흡, 근육의 힘, 자극에 대한 반응이 있다.
출산 1분, 5분이 지난 시점의 신생아에게 점수를 측정하며, 점수가 낮을 경우 신생아의 상태가 안정될 때까지 반복 측정한다.
8점~10점은 정상적인 적응 상태이다.
일반적으로 1분 검사보다 5분 검사 점수가 높다.
5분 검사와 이후에 진행되는 추후 검사에서 지속적으로 3점 이하로 점수가 낮다면 신생아는 향후 지속적인 발달에 대한 추적관찰이 필요하다.
건강한 아이는 분만 후 5분이 지나면 손발의 푸른빛이 없어지고 피부색이 분홍빛을 띤다.

APGAR 구분	0점	1점	2점
피부색(Appearance)	전체적으로 창백함	사지가 창백하고 몸통은 분홍색	전신이 청색증 없다
맥박(Pulse)	없음	100미만	100이상
자극 반응도 (Grimace)	자극에 대한 반응이 없다	자극을 주면 약하게 울거나 찡그린다	자극을 주면 움츠리거나 운다
근 긴장도 (Activity)	없음	약간 굽힘	펴는 힘에 대항하는 굽히는 팔과 다리
호흡 (Respiration)	없음	약하고 불규칙적이며 헐떡인다	강한 호흡과 울음

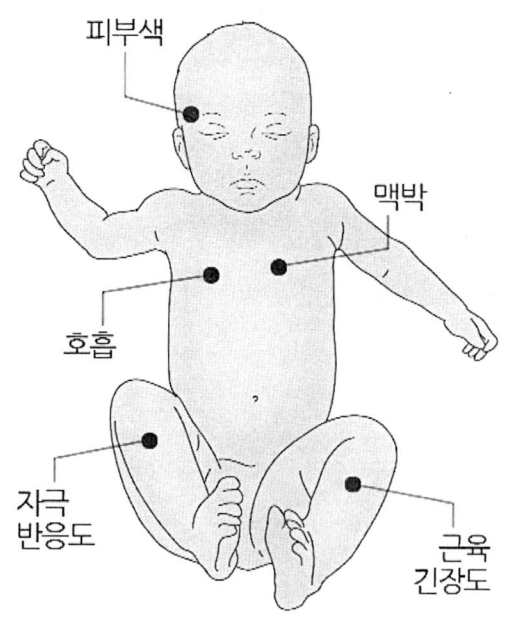

【 아프가점수 】

정답 ③

42
환자를 들어 올리는 기본적인 원칙에 관한 설명이다. 옳지 않은 것은?

① 무리 없이 들어 올릴 수 있는 환자만 들어 올린다. 나이, 성별, 근육 정도와 신장 등을 고려하여 환자의 최대 체중을 예측한다.
② 허리 높이보다 낮은 곳에서 들어 올릴 때는 무릎을 구부리고 허리와 등을 약간 구부린 상태에서 일어난다.
③ 단단한 평편한 바닥 위에서 어깨 넓이로 발을 벌려준다.
④ 중력의 중심이 한쪽으로 치우치지 않도록 하고 근육이 지나치게 긴장하지 않도록 한다.

해설

○ **환자를 들어 올리는 원칙**
① 굴릴 수 없고 밀 수 없고 당길 수 없는 환자만 사용.
② 중력의 중심이 한쪽으로 치우치지 않도록, 근육의 지나친 긴장금지.
③ 이동할 때는 가장 강한 근육 사용: 이두박근, 사두근, 둔근.
④ 허리 높이보다 낮은 곳에서 들어 올릴 때는 무릎을 구부리고 등은 곧게 편 후 다리를 펴면서 일어선다. (허리를 구부리면 안 됨)
⑤ 한쪽 발을 다른 쪽보다 약간 앞쪽으로 위치하면서, 발바닥은 바닥에 편평하게 유지.

⑥ 환자의 체중이 응급구조사의 양쪽 발에 균등하게 유지.
⑦ 들어 올릴 때 무릎을 곧게 편다. 대퇴부(허벅지)와 둔부(엉덩이)의 근육 이용.
⑧ 어깨를 척추와 골반에 일직선으로 맞추고 복부에 힘을 준다.
⑨ 방향을 바꿀 때는 선회축(pivoting movement)이동. 어깨가 골반과 일치토록 유지.
⑩ 머리를 똑바로 세우고 부드럽게 조정하면서 움직인다.
⑪ 무리 없이 들어 올릴 수 있는 환자만 들어 올린다. 환자의 최대 체중 예측.
⑫ 환자를 이송할 때는 보폭은 어깨 넓이보다 넓어서는 안 된다.
⑬ 신체의 균형을 유지하기 위해 가능한 전방향으로 이동.
⑭ 보조 장비를 최대 활용. 분리형 들것 등

정답 ②

43

울혈심장기능상실증(울혈성 심부전증, congestive heart failure) 병력이 있으며 폐부종 증상 및 징후를 보이고 있는 환자(40세 여성, 혈압 130/70mmHg, 맥박 98회/분, 호흡 24회/분, 체온 36.8℃)를 이송 시 취해 주어야 할 자세는?

① 등을 바닥면으로 하고 바로 누운 자세
② 바로 앉아 두 다리를 떨어드리는 자세
③ 엎드린 자세에서 머리를 옆으로 돌린 자세
④ 바로 누운 상태에서 45도 높이고 머리를 낮춘 자세

> 해설

울혈성 심부전의 흔한 증상은 누운 자세에서 숨이 찬 증상(orthonea)이다. 숨을 내쉴 때 배가 둥글게 부푸는 소견은 폐부종을 시사하는 소견으로 앉은 자세를 취하게 한다.

정답 ②

44

중심체온 30℃인 저체온증 환자에 나타날 수 있는 증상 및 징후로 옳지 않은 것은?

① 떨림(shivering)
② 서맥
③ 근육경직
④ 부정맥

해설

중심 체온이 30℃ 이하로 내려가면 몸 떨림의 방어기전이 작용하지 않는다.
일반적으로 정상체온은 36.5-37.0℃이다. 신체는 추위나 더위에 따라 체온을 유지하면서 스스로 방어할 수 있는 능력을 갖고 있다. 하지만 외상 등의 질환이나 추위와 같은 환경적 요인 등으로 신체가 정상체온을 유지하지 못하고 35℃이하로 떨어질 때 이를 두고 저체온증이라고 한다. 직장체온이 35℃ 미만일 경우를 저체온증이라고 하고, 온도에 따라 32℃~35℃를 경도, 28℃~32℃를 중등도, 28℃도 미만을 중도의 3가지로 구분한다.

○ 증상

경도 저체온증(32~35℃): 혈압이 증가하고 신체기능이 떨어져 오한, 빈맥, 과호흡 등으로 판단력 저하와 건망증이 나타난다. 말이 어눌해지고 몸을 비틀거리는 경우가 발생한다.

중등도 저체온증(28~32℃) : 온몸의 근육이 경직된다. 저체온증에서 나타나는 증상들이 심해지면서 부정맥이 나타난다.

중도 저체온증(28℃ 미만): 반사기능이 사라지고 호흡부전, 부종, 폐 출혈, 저혈압, 혼수, 심실세동 등이 나타난다. 응급 치료를 받지 않아 지속될 경우 사망에 이를 수 있다.

정답 ①

45

매슬로우의 인간의 기본욕구 단계 중 욕구가 만족되면 자신을 필요한 사람으로 인식하며 자신감을 갖게 되지만 그렇지 못할 경우 열등감 내지 무력감을 갖게 되는 욕구 단계는?

① 생리적 욕구
② 사랑과 소속의 욕구
③ 자아존중의 욕구
④ 자아실현의 욕구

해설

열등감이 심하면 사회적 활동(친교의 욕구)를 갖지 못하는 경우가 있다.

정답 ③

47

멸균 상태를 유지하는 기술인 외과적 무균법의 기본 원리로 옳지 않은 것은?

① 멸균 영역 내에서 사용되는 모든 물품은 멸균된 것이어야 한다.
② 멸균 물품과 비멸균 물품이 접촉하면 비멸균으로 간주한다.
③ 멸균 용기의 가장 자리 끝은 오염된 것으로 간주한다.
④ 약물을 몸 안에 주사하기 위한 물품은 반드시 소독하여 사용한다.

해설

멸균영역에는 멸균된 물품이나 기구들만 접촉할 수 있다. 소독으로만은 안 된다.

정답 ④

48

깊고 빠른 호흡양상을 보이며 뇌졸중이나 뇌줄기 손상 시 정상 환기 조절이 되지 않아 호흡성 알칼리증이 나타나는 호흡은?

① 체인-스토크스(Cheyne-Stokes)호흡
② 쿠스마울(Kussmaul) 호흡
③ 중추신경성 과다호흡(hyper ventilation)
④ 비오(Biot) 호흡

해설

호흡성 알칼리증이란 폐에서 과다하게 호흡이 일어나 혈액에서 이산화탄소가 너무 많이 제거되어 혈중의 이산화탄소 분압이 감소하는 것으로, 고산지대에서 대기 중에 산소가 줄어들어 호흡을 촉진시키거나 약물에 의해 호흡중추가 자극을 받아 생길 수 있다. 치료방법으로는 호흡성 알칼리증의 치료는 원인을 발견하여 정상적인 호흡 형태로 회복시키는 것을 목적으로 한다. 불안으로 인한 과대환기시 환자에게 설명 후 안심시키고, 종이백이나 병 속으로 호흡하도록 하여 호기의 공기를 재흡입하고, 진정제를 투여한다. 저산소증이 있을 때는 산소요법과 극심한 불안 동반시 진정제를 함께 투여한다.

정답 ③

49

최근에 수술 받은 환자가 침대에 장기간 계속 누워있던 중 갑작스러운 가슴 통증, 심한 호흡곤란, 객혈을 보이는 경우 의심되는 질환은?

① 폐색전증
② 자연기흉
③ 폐기종
④ 동요가슴(flail chest)

해설

폐색전증의 증상은 다양하지만, 일반적으로 숨가쁨을 포함한다. 호흡곤란, 기침, 객혈이 특징으로 '폐동맥 색전증'이라고도 한다.
갑자기 시작된 호흡곤란이 가장 흔한 증상이며 빠른 호흡이 가장 흔한 징후이다.
폐기종(肺氣腫)은 폐를 이루고 있는 허파꽈리가 파괴되어 산소 접촉 표면적이 줄어들고 폐의 탄력성이 저하되어 영구적인 기도폐쇄를 일으키는 질환이다.
폐기종은 질병명이라기 보다는 병리학적인 용어이며, 만성 기관지염(chronic bronchitis)과 함께 만성 폐쇄성 폐질환(COPD)이라는 병명으로 불리는 만성적이며 비가역적인 기류 폐쇄를 특징으로 하는 폐질환군의 구분에 해당한다.

정답 ①

50
차량 밖으로 튕겨져 나온, 의식이 혼미한 환자의 사지(extremities)에 대한 빠른 외상평가 시 옳지 않은 것은?

① 양쪽 다리의 감각과 움직임이 없다면 척추손상을 의미한다.
② 환자를 척추고정판에 눕히고 척추를 고정하기 전에 맥박, 감각과 운동신경을 확인하고 말초신경혈관 기능을 평가한다.
③ 환자의 맥박이 촉진되지 않으면 체온, 피부색과 팔다리의 피부상태를 평가하여 관류 적절성을 파악한다.
④ 우측 종아리의 불안정성이 확인되면 충분한 시간을 갖고 현장에서 골절 부위에 부목을 대어 합병증을 예방한다.

해설

현장에서 실시하는 응급처치는 궁극적으로 사망과 불구를 방지하기 위한 것이기에 의식이 혼미한 환자의 경우 골절부위에 부목을 대는 일보다는 사망을 방지하기 위한 조치가 우선하므로 충분한 시간을 갖는 것이 아니라 급박한 조치 후 이송해야 한다.

정답 ④

○ 제3과목: 재난관리론

51
재난 및 안전관리 기본법상 용어의 정의에 관한 설명으로 옳지 않은 것은?

① "해외재난"이란 대한민국의 영역 밖에서 대한민국 국민의 생명·신체 및 재산에 피해를 주거나 줄 수 있는 재난으로서 정부차원에서 대처할 필요가 있는 재난을 말한다.
② "재난관리"란 재난이나 그 밖의 각종 사고로부터 사람의 생명·신체 및 재산의 안전을 확보하기 위하여 하는 모든 활동을 말한다.
③ "재난관리주관기관"이란 재난이나 그 밖의 각종 사고에 대하여 그 유형별로 예방·대비·대응 및 복구 등의 업무를 주관하여 수행하도록 대통령령으로 정하는 관계 중앙행정기관을 말한다.
④ "재난관리정보"란 재난관리를 위하여 필요한 재난상황정보, 동원가능 자원정보, 시설물정보, 지리정보를 말한다.

해설

제3조(정의) 이 법에서 사용하는 용어의 뜻은 다음과 같다.
1. "재난"이란 국민의 생명·신체·재산과 국가에 피해를 주거나 줄 수 있는 것으로서 다음 각 목의 것을 말한다.
    가. 자연재난: 태풍, 홍수, 호우(豪雨), 강풍, 풍랑, 해일(海溢), 대설, 한파, 낙뢰, 가뭄, 폭염, 지진, 황사(黃砂), 조류(藻類) 대발생, 조수(潮水), 화산활동, 소행성·유성체 등 자연우주물체의 추락·충돌, 그 밖에 이에 준하는 자연현상으로 인하여 발생하는 재해
    나. 사회재난: 화재·붕괴·폭발·교통사고(항공사고 및 해상사고를 포함한다)·화생방사고·환경오염사고 등으로 인하여 발생하는 대통령령으로 정하는 규모 이상의 피해와 에너지·통신·교통·금융·의료·수도 등 국가기반체계(이하 "국가기반체계"라 한다)의 마비, 「감염병의 예방 및 관리에 관한 법률」에 따른 감염병 또는 「가축전염병예방법」에 따른 가축전염병의 확산, 「미세먼지 저감 및 관리에 관한 특별법」에 따른 미세먼지 등으로 인한 피해
2. "해외재난"이란 대한민국의 영역 밖에서 대한민국 국민의 생명·신체 및 재산에 피해를 주거나 줄 수 있는 재난으로서 정부차원에서 대처할 필요가 있는 재난을 말한다.
3. "재난관리"란 재난의 예방·대비·대응 및 복구를 위하여 하는 모든 활동을 말한다.
4. "안전관리"란 재난이나 그 밖의 각종 사고로부터 사람의 생명·신체 및 재산의 안전을 확보하기 위하여 하는 모든 활동을 말한다.
4의2. "안전기준"이란 각종 시설 및 물질 등의 제작, 유지관리 과정에서 안전을 확보할 수 있도록 적용하여야 할 기술적 기준을 체계화한 것을 말하며, 안전기준의 분야, 범위 등에 관하여는 대통령령으로 정한다.
5. "재난관리책임기관"이란 재난관리업무를 하는 다음 각 목의 기관을 말한다.
    가. 중앙행정기관 및 지방자치단체(「제주특별자치도 설치 및 국제자유도시 조성을 위한 특별법」 제10조 제2항에 따른 행정시를 포함한다)
    나. 지방행정기관·공공기관·공공단체(공공기관 및 공공단체의 지부 등 지방조직을 포함한다) 및 재난관리의 대상이 되는 중요시설의 관리기관 등으로서 대통령령으로 정하는 기관
5의2. "재난관리주관기관"이란 재난이나 그 밖의 각종 사고에 대하여 그 유형별로 예방·대비·대응 및 복구 등의 업무를 주관하여 수행하도록 대통령령으로 정하는 관계 중앙행정기관을 말한다.
6. "긴급구조"란 재난이 발생할 우려가 현저하거나 재난이 발생하였을 때에 국민의 생명·신체 및 재산을 보호하기 위하여 긴급구조기관과 긴급구조지원기관이 하는 인명구조, 응급처치, 그 밖에 필요한 모든 긴급한 조치를 말한다.
7. "긴급구조기관"이란 소방청·소방본부 및 소방서를 말한다. 다만, 해양에서 발생한 재난의 경우에는 해양경찰청·지방해양경찰청 및 해양경찰서를 말한다.

8. "긴급구조지원기관"이란 긴급구조에 필요한 인력·시설 및 장비, 운영체계 등 긴급구조능력을 보유한 기관이나 단체로서 대통령령으로 정하는 기관과 단체를 말한다.
9. "국가재난관리기준"이란 모든 유형의 재난에 공통적으로 활용할 수 있도록 재난관리의 전 과정을 통일적으로 단순화·체계화한 것으로서 행정안전부장관이 고시한 것을 말한다.
9의2. "안전문화활동"이란 안전교육, 안전훈련, 홍보 등을 통하여 안전에 관한 가치와 인식을 높이고 안전을 생활화하도록 하는 등 재난이나 그 밖의 각종 사고로부터 안전한 사회를 만들어가기 위한 활동을 말한다.
9의3. "안전취약계층"이란 어린이, 노인, 장애인 등 재난에 취약한 사람을 말한다.
10. "재난관리정보"란 재난관리를 위하여 필요한 재난상황정보, 동원가능 자원정보, 시설물정보, 지리정보를 말한다.
11. "재난안전통신망"이란 재난관리책임기관·긴급구조기관 및 긴급구조지원기관이 재난관리업무에 이용하거나 재난현장에서의 통합지휘에 활용하기 위하여 구축·운영하는 무선통신망을 말한다.

정답 ②

52
재난관리방식에 관한 설명으로 가장 옳지 않은 것은?

① 재난관리방식은 일반적으로 분산관리방식과 통합관리방식으로 구분할 수 있다.
② 분산관리방식은 정보전달체계에 있어서 정보전달의 다원화를 특징으로 한다.
③ 총괄적 자원동원과 신속한 대응성 확보는 통합관리방식의 장점이라 할 수 있다.
④ 콰란텔리(Quarantelli)는 재난개념의 변화에 따라 통합관리방식에서 분산관리방식으로 전환되어야 함을 강조하였다.

해설

정답 ④

53
다음과 같은 재난을 분류한 학자는?

○ 자연재난을 지진성 재난과 기후성 재난으로 분류하였다.
○ 인적재난(사회재난)을 사고성 재난과 계획성 재난으로 분류하였다.

① 존슨(Jones)
② 아네스(Anesthth)
③ 포스너(Posner)
④ 길버트(Gilbert)

해설

정답 ②

54

재난 및 안전관리 기본법상 재난의 예방에 해당하는 내용이 아닌 것은?

① 위기경보의 발령
② 국가기반시설의 지정
③ 재난방지시설의 관리
④ 재난안전분야 종사자 교육

> 해설

정답 ① 대응단계

55

재난 및 안전관리 기본법상 재난관리자원의 비축·관리의 일부 내용이다. ( )에 들어갈 수 없는 자는?

> ( )는(은) 재난 발생에 대비하여 민간기관·단체 또는 소유자와 협의하여 재난 및 안전관리 기본법 제37조에 따라 응급조치에 사용할 장비와 인력을 지정·관리할 수 있다.

① 소방청장
② 시·도지사
③ 행정안전부장관
④ 시장·군수·구청장

> 해설

제5장 재난의 대비

법 제34조(재난관리자원의 비축·관리) ① 재난관리책임기관의 장은 재난의 수습활동에 필요한 대통령령으로 정하는 장비, 물자 및 자재(이하 "재난관리자원"이라 한다)를 비축·관리하여야 한다.
② 행정안전부장관, 시·도지사 또는 시장·군수·구청장은 재난 발생에 대비하여 민간기관·단체 또는 소유자와 협의하여 제37조에 따라 응급조치에 사용할 장비와 인력을 지정·관리할 수 있다.
③ 행정안전부장관은 제1항에 따라 재난관리책임기관의 장이 비축·관리하는 재난관리자원을 체계적으로 관리 및 활용할 수 있도록 재난관리자원공동활용시스템(이하 "자원관리시스템"이라 한다)을 구축·운영할 수 있다.
④ 행정안전부장관은 자원관리시스템을 공동으로 활용하기 위하여 재난관리자원의 공동활용 기준을 정하여 재난관리책임기관의 장에게 통보할 수 있다. 이 경우 재난관리책임기관의 장은 통보받은 재난관리자원의 공동활용 기준에 따라 재난관리자원을 관리하여야 한다.
⑤ 제2항에 따른 장비와 인력의 지정·관리와 자원관리시스템의 구축·운영 등에 필요한 사항은 행정안전부령으로 정한다.

정답 ①

56
재난관리단계 중 대응단계에 해당하는 내용은?

① 각종 재난관련 기준의 검토 및 정비
② 위험지도 작성
③ 긴급수송 및 구조 수단의 확보
④ 재난보험제도 마련

해설

정답 ③

57 ★
특별재난지역의 선포와 사유가 되었던 재난(재해)를 모두 고른 것은?

> ㉠ 2016년 9월 12일에 발생한 경주지진
> ㉡ 2012년 9월 27일에 발생한 (주)휴브글로벌 구미불산 사고
> ㉢ 2003년 2월 18일에 발생한 대구지하철 화재사고
> ㉣ 1995년 6월 29일에 발생한 삼풍백화점 붕괴사고

① ㉠㉢
② ㉠㉡㉣
③ ㉡㉢㉣
④ ㉠㉡㉢㉣

해설

자연재해는 태풍, 지진, 대설, 호우 등 많은 사례가 있다.

○ 사회재난의 경우(특별재난지역 선포 사례)를 찾아보자.

구분	사고명	사고일시
화재 (3)	동해안 산불	2000.4.7.~15.
	대구지하철 화재사고	2003.2.18.
	양양 산불	2005.4.4.~4.6.
붕괴 (1)	삼풍백화점 붕괴사고	1995.6.29.
교통사고 (1)	세월호 침몰사고	2014.4.16.
화생방 (1)	㈜휴브글로벌 구미불산 사고	2012.9.27.
환경오염 (1)	허베이스 피리트호 유류 유출사고	2007.12.7.

* 강원도 산불로 특별재난지역 선포 사례
- 2000년 4월 7일 동해안 산불
- 2005년 4월 4일 양양산불
- 2019년 4월 4일 강원도 고성 산불

정답 ④

58
다음 내용이 해당하는 재난관리단계는?

> ○ 위기상담
> ○ 피해평가
> ○ 특별재난지역의 선포 및 지원

① 예방단계
② 대비단계
③ 대응단계
④ 복구단계

해설

정답 ④

59
재난 및 안전관리 기본법령상 안전기준의 분야 및 범위의 내용으로 옳지 않은 것은?

① 건축 시설 분야 : 각종 공사장 및 산업현장에서의 주변 시설물과 그 시설의 사용자 또는 관리자 등의 안전부주의 등과 관련된 안전기준
② 생활 및 여가 분야 : 생활이나 여가활동에서 사용하는 기구, 놀이시설 및 각종 외부활동과 관련된 안전기준
③ 보건·식품 분야 : 의료·감염, 보건복지, 축산·수산·식품 위생 관련 시설 및 물질 관련 안전기준
④ 환경 및 에너지 분야 : 대기환경·토양환경·수질환경·인체에 위험을 유발하는 유해성 물질과 시설, 발전시설 운영과 관련된 안전기준

해설

■ 재난 및 안전관리 기본법 시행령 [별표 1]

안전기준의 분야 및 범위(제2조의2 관련)

안전기준의 분야	안전기준의 범위
1. 건축 시설 분야	다중이용업소, 문화재 시설, 유해물질 제작·공급시설 등 관련 구조나 설비의 유지·관리 및 소방 관련 안전기준
2. 생활 및 여가 분야	생활이나 여가활동에서 사용하는 기구, 놀이시설 및 각종 외부활동과 관련된 안전기준
3. 환경 및 에너지 분야	대기환경·토양환경·수질환경·인체에 위험을 유발하는 유해성 물질과 시설, 발전시설 운영과 관련된 안전기준
4. 교통 및 교통시설 분야	육상교통·해상교통·항공교통 등과 관련된 시설 및 안전 부대시설, 시설의 이용자 및 운영자 등과 관련된 안전기준
5. 산업 및 공사장 분야	각종 공사장 및 산업현장에서의 주변 시설물과 그 시설의 사용자 또는 관리자 등의 안전부주의 등과 관련된 안전기준(공장시설을 포함한다)
6. 정보통신 분야(사이버 안전 분야는 제외한다)	정보통신매체 및 관련 시설과 정보보호에 관련된 안전기준
7. 보건·식품 분야	의료·감염, 보건복지, 축산·수산·식품 위생 관련 시설 및 물질 관련 안전기준
8. 그 밖의 분야	제1호부터 제7호까지에서 정한 사항 외에 제43조의9에 따른 안전기준심의회에서 안전관리를 위하여 필요하다고 정한 사항과 관련된 안전기준

비고
위 표에서 규정한 안전기준의 분야, 범위 등에 관한 세부적인 사항은 행정안전부장관이 정한다.

정답 ①

60

재난 및 안전관리 기본법령상 중앙안전관리위원회에 관한 내용으로 옳지 않은 것은?

① 안전기준관리에 관한 사항을 심의한다.
② 농림축산식품부장관은 위원이 된다.
③ 사고 또는 부득이한 사유가 없는 경우에는 행정안전부장관이 위원장이 된다.
④ 심의 사무가 국가안보보장과 관련되는 경우에는 국가안전보장회의와 협의하여야 한다.

해설

제9조(중앙안전관리위원회) ① 재난 및 안전관리에 관한 다음 각 호의 사항을 심의하기 위하여 국무총리 소속으로 중앙안전관리위원회(이하 "중앙위원회"라 한다)를 둔다.
  1. 재난 및 안전관리에 관한 중요 정책에 관한 사항
  2. 제22조에 따른 국가안전관리기본계획에 관한 사항
  2의2. 제10조의2에 따른 재난 및 안전관리 사업 관련 중기사업계획서, 투자우선순위 의견 및 예산요구서에 관한 사항
  3. 중앙행정기관의 장이 수립·시행하는 계획, 점검·검사, 교육·훈련, 평가 등 재난 및 안전관리업무의 조정에 관한 사항

3의2. 안전기준관리에 관한 사항
4. 제36조에 따른 재난사태의 선포에 관한 사항
5. 제60조에 따른 특별재난지역의 선포에 관한 사항
6. 재난이나 그 밖의 각종 사고가 발생하거나 발생할 우려가 있는 경우 이를 수습하기 위한 관계 기관 간 협력에 관한 중요 사항
7. 중앙행정기관의 장이 시행하는 대통령령으로 정하는 재난 및 사고의 예방사업 추진에 관한 사항
8. 그 밖에 위원장이 회의에 부치는 사항
② 중앙위원회의 위원장은 국무총리가 되고, 위원은 대통령령으로 정하는 중앙행정기관 또는 관계 기관·단체의 장이 된다.
③ 중앙위원회의 위원장은 중앙위원회를 대표하며, 중앙위원회의 업무를 총괄한다.
④ 중앙위원회에 간사 1명을 두며, 간사는 행정안전부장관이 된다.
⑤ 중앙위원회의 위원장이 사고 또는 부득이한 사유로 직무를 수행할 수 없을 때에는 행정안전부장관, 대통령령으로 정하는 중앙행정기관의 장 순으로 위원장의 직무를 대행한다.
⑥ 제5항에 따라 행정안전부장관 등이 중앙위원회 위원장의 직무를 대행할 때에는 행정안전부의 재난안전관리사무를 담당하는 본부장이 중앙위원회 간사의 직무를 대행한다.
⑦ 중앙위원회는 제1항 각 호의 사무가 국가안전보장과 관련된 경우에는 국가안전보장회의와 협의하여야 한다.
⑧ 중앙위원회의 위원장은 그 소관 사무에 관하여 재난관리책임기관의 장이나 관계인에게 자료의 제출, 의견 진술, 그 밖에 필요한 사항에 대하여 협조를 요청할 수 있다. 이 경우 요청을 받은 사람은 특별한 사유가 없으면 요청에 따라야 한다.
⑨ 중앙위원회의 구성과 운영 등에 필요한 사항은 대통령령으로 정한다.

영 제6조(중앙안전관리위원회의 위원) ① 법 제9조 제2항에 따른 중앙안전관리위원회(이하 "중앙위원회"라 한다)의 위원은 다음 각 호의 사람이 된다.
1. 기획재정부장관, 교육부장관, 과학기술정보통신부장관, 외교부장관, 통일부장관, 법무부장관, 국방부장관, 행정안전부장관, 문화체육관광부장관, 농림축산식품부장관, 산업통상자원부장관, 보건복지부장관, 환경부장관, 고용노동부장관, 여성가족부장관, 국토교통부장관, 해양수산부장관 및 중소벤처기업부장관
2. 국가정보원장, 방송통신위원회위원장, 국무조정실장, 식품의약품안전처장, 금융위원회위원장 및 원자력안전위원회위원장
3. 경찰청장, 소방청장, 문화재청장, 산림청장, 기상청장 및 해양경찰청장
4. 삭제
5. 그 밖에 중앙위원회의 위원장이 지정하는 기관 및 단체의 장
② 법 제9조 제5항에서 "대통령령으로 정하는 중앙행정기관의 장 순"이란 제1항 제1호에 따른 중앙행정기관의 장의 순서를 말한다.

정답 ③

61
재난 및 안전관리 기본법령상 중앙민관협력위원회의 당연직 위원으로 명시된 자는?

① 행정안전부장관
② 행정안전부차관
③ 행정안전부 안전정책실장
④ 소방청장

> 해설

법 제12조의2(안전관리민관협력위원회) ① 조정위원회의 위원장은 재난 및 안전관리에 관한 민관 협력관계를 원활히 하기 위하여 중앙안전관리민관협력위원회(이하 "중앙민관협력위원회"라 한다)를 구성·운영할 수 있다.
② 지역위원회의 위원장은 재난 및 안전관리에 관한 지역 차원의 민관 협력관계를 원활히 하기 위하여 시·도 또는 시·군·구 안전관리민관협력위원회(이하 이 조에서 "지역민관협력위원회"라 한다)를 구성·운영할 수 있다.
③ 중앙민관협력위원회의 구성 및 운영에 필요한 사항은 대통령령으로 정하고, 지역민관협력위원회의 구성 및 운영에 필요한 사항은 해당 지방자치단체의 조례로 정한다.

법 제12조의3(중앙민관협력위원회의 기능 등) ① 중앙민관협력위원회의 기능은 다음 각 호와 같다.
  1. 재난 및 안전관리 민관협력활동에 관한 협의
  2. 재난 및 안전관리 민관협력활동사업의 효율적 운영방안의 협의
  3. 평상시 재난 및 안전관리 위험요소 및 취약시설의 모니터링·제보
  4. 재난 발생 시 인적·물적 자원 동원, 인명구조·피해복구 활동 참여, 피해주민 지원서비스 제공 등에 관한 협의
② 중앙민관협력위원회의 회의는 다음 각 호의 어느 하나에 해당하는 경우에 공동위원장이 소집할 수 있다.
  1. 제14조 제1항에 따른 대규모 재난의 발생으로 민관협력 대응이 필요한 경우
  2. 재적위원 4분의 1 이상이 회의 소집을 요청하는 경우
  3. 그 밖에 공동위원장이 회의 소집이 필요하다고 인정하는 경우
③ 재난 발생 시 신속한 재난대응 활동 참여 등 중앙민관협력위원회의 기능을 지원하기 위하여 중앙민관협력위원회에 대통령령으로 정하는 바에 따라 재난긴급대응단을 둘 수 있다.

영 제12조의3(중앙민관협력위원회의 구성·운영) ① 법 제12조의2 제1항에 따른 중앙안전관리민관협력위원회(이하 "중앙민관협력위원회"라 한다)는 공동위원장 2명을 포함하여 35명 이내의 위원으로 구성한다.
② 중앙민관협력위원회의 공동위원장은 행정안전부의 재난안전관리사무를 담당하는 본부장과 제4항에 따라 위촉된 민간위원 중에서 중앙민관협력위원회의 의결을 거쳐 행정안전부장관이 지명하는 사람이 된다.
③ 중앙민관협력위원회의 공동위원장은 중앙민관협력위원회를 대표하고, 중앙민관협력위원회의 운영 및 사무에 관한 사항을 총괄한다.
④ 중앙민관협력위원회의 위원은 다음 각 호의 사람이 된다.
  1. 당연직 위원
    가. 행정안전부 안전정책실장
    나. 행정안전부 재난관리실장
    다. 행정안전부 재난협력실장

정답 ③

62 ★

재난 및 안전관리 기본법령상 안전조치명령서에 기재하여야 하는 사항을 모두 고른 것은?

> ㉠ 안전조치를 명하는 이유
> ㉡ 안전점검의 결과
> ㉢ 안전조치 방법

① ㉠
② ㉠㉡
③ ㉡㉢
④ ㉠㉡㉢

> 해설

영 제39조(안전조치명령) ① 법 제31조 제1항에 따라 행정안전부장관 또는 재난관리책임기관의 장은 안전조치에 필요한 사항을 명하려는 경우에는 다음 각 호의 사항이 적힌 행정안전부령으로 정하는 안전조치명령서를 제38조 제1항에 따른 시설 및 지역의 관계인에게 통지하여야 한다.
  1. 안전점검의 결과
  2. 안전조치를 명하는 이유
  3. 안전조치의 이행기한
  4. 안전조치를 하여야 하는 사항
  5. 안전조치 방법
  6. 안전조치를 한 후 관계 재난관리책임기관의 장에게 통보하여야 하는 사항
② 법 제31조 제2항에 따라 작성·제출하여야 하는 이행계획서에는 다음 각 호의 사항이 포함되어야 한다.
  1. 안전조치를 이행하는 관계인의 인적사항
  2. 이행할 안전조치의 내용 및 방법
  3. 안전조치의 이행기한
③ 행정안전부장관 또는 재난관리책임기관의 장은 법 제31조 제2항에 따라 안전조치 결과를 통보받은 경우에는 안전조치 이행 여부를 확인하여야 한다.

정답 ④

63

재난 및 안전관리 기본법령상 기능연속성계획에 포함되어야 하는 사항으로 명시되지 않은 것은?

① 재난예방대책에 관한 사항
② 재난관리책임기관의 핵심기능의 선정과 우선순위에 관한 사항
③ 핵심기능의 유지를 위한 대체시설, 장비 등의 확보에 관한 사항
④ 재난상황에서 핵심기능을 유지하기 위한 의사결정권자 지정 및 그 권한의 대행에 관한 사항

> 해설

제4장 재난의 예방

법 제25조의2(재난관리책임기관의 장의 재난예방조치 등) ① 재난관리책임기관의 장은 소관 관리대상 업무의 분야에서 재난 발생을 사전에 방지하기 위하여 다음 각 호의 조치를 하여야 한다.
  1. 재난에 대응할 조직의 구성 및 정비
  2. 재난의 예측 및 예측정보 등의 제공·이용에 관한 체계의 구축
  3. 재난 발생에 대비한 교육·훈련과 재난관리예방에 관한 홍보
  4. 재난이 발생할 위험이 높은 분야에 대한 안전관리체계의 구축 및 안전관리규정의 제정
  5. 제26조에 따라 지정된 국가기반시설의 관리
  6. 제27조 제2항에 따른 특정관리대상지역에 관한 조치
  7. 제29조에 따른 재난방지시설의 점검·관리

7의2. 제34조에 따른 재난관리자원의 비축 및 장비·인력의 지정
8. 그 밖에 재난을 예방하기 위하여 필요하다고 인정되는 사항
② 재난관리책임기관의 장은 제1항에 따른 재난예방조치를 효율적으로 시행하기 위하여 필요한 사업비를 확보하여야 한다.
③ 재난관리책임기관의 장은 다른 재난관리책임기관의 장에게 재난을 예방하기 위하여 필요한 협조를 요청할 수 있다. 이 경우 요청을 받은 다른 재난관리책임기관의 장은 특별한 사유가 없으면 요청에 따라야 한다.
④ 재난관리책임기관의 장은 재난관리의 실효성을 확보할 수 있도록 제1항 제4호에 따른 안전관리체계 및 안전관리규정을 정비·보완하여야 한다.
⑤ <u>재난관리책임기관의 장은 재난상황에서 해당 기관의 핵심기능을 유지하는 데 필요한 계획(이하 "기능연속성계획"이라 한다)을 수립·시행하여야 한다.</u>
⑥ 행정안전부장관은 재난관리책임기관의 기능연속성계획 이행실태를 정기적으로 점검하고, 그 결과를 제33조의2에 따른 재난관리체계 등에 대한 평가에 반영할 수 있다.
⑦ 기능연속성계획에 포함되어야 할 사항 및 계획수립의 절차 등은 대통령령으로 정한다.

영 제29조의3(기능연속성계획의 수립 등) ① 행정안전부장관은 법 제25조의2 제5항에 따른 재난상황에서 각 재난관리책임기관의 핵심기능을 유지하는 데 필요한 계획(이하 "기능연속성계획"이라 한다)의 수립을 위한 지침을 작성하여 재난관리책임기관의 장에게 통보하여야 한다.
② 제1항에 따라 기능연속성계획의 수립을 위한 지침을 통보받은 관계 중앙행정기관의 장 및 시·도지사는 소관 업무 또는 관할 지역의 특수성을 반영한 지침을 작성하여 관계 재난관리책임기관의 장 및 관할 지역의 재난관리책임기관의 장에게 각각 통보할 수 있다.
③ **기능연속성계획에는 다음 각 호의 사항이 포함되어야 한다.**
  1. 재난관리책임기관의 핵심기능의 선정과 우선순위에 관한 사항
  2. 재난상황에서 핵심기능을 유지하기 위한 의사결정권자 지정 및 그 권한의 대행에 관한 사항
  3. 핵심기능의 유지를 위한 대체시설, 장비 등의 확보에 관한 사항
  4. 재난상황에서의 소속 직원의 활동계획 등 기능연속성계획의 구체적인 시행절차에 관한 사항
  5. 소속 직원 등에 대한 기능연속성계획의 교육·훈련에 관한 사항
  6. 그 밖에 재난관리책임기관의 장이 재난상황에서 해당 기관의 핵심기능을 유지하는 데 필요하다고 인정하는 사항
④ 재난관리책임기관의 장은 기능연속성계획을 수립하거나 변경한 경우에는 수립 또는 변경 후 1개월 이내에 행정안전부장관에게 통보하여야 한다. 이 경우 시장·군수·구청장은 시·도지사를 거쳐 통보하고, 별표 1의2에 따른 재난관리책임기관의 장은 관계 중앙행정기관의 장 또는 시·도지사를 거쳐 통보한다.
⑤ 행정안전부장관은 법 제25조의2 제6항에 따라 기능연속성계획의 이행실태를 확인·점검(이하 이 조에서 "이행실태점검"이라 한다)하는 경우에는 재난관리책임기관의 장에게 미리 이행실태점검 계획을 통보하여야 한다.
⑥ 행정안전부장관은 별표 1의2에 따른 재난관리책임기관에 대하여 이행실태점검을 하는 경우에는 관계 중앙행정기관의 장 또는 소관 지방자치단체의 장과 합동으로, 시·군·구에 대하여 이행실태점검을 하는 경우에는 시·도지사와 합동으로 점검할 수 있다.
⑦ 행정안전부장관은 이행실태점검 결과 시정 또는 보완 등이 필요한 사항에 대하여 해당 재난관리책임기관의 장에게 시정 또는 보완 등을 요청할 수 있고, 시정 또는 보완 등을 요청한 사항이 적정하게 반영되었는지 여부를 법 제33조의2에 따른 재난관리체계 등에 대한 평가에 반영할 수 있다.
⑧ 제1항부터 제7항까지에서 규정한 사항 외에 기능연속성계획의 수립 및 이행실태점검에 필요한 사항은 행정안전부장관이 정한다.

정답 ①

64

재난 및 안전관리 기본법령상 안전기준심의회의 구성 및 운영 등에 관한 내용으로 옳은 것은?

① 의장을 포함한 50명 이내의 위원으로 구성한다.
② 의장은 행정안전부의 재난안전관리사무를 담당하는 본부장이다.
③ 위촉위원의 임기는 4년으로 하며, 한 차례만 연임할 수 있다.
④ 심의회는 재적위원 과반수의 출석으로 개의하고, 출석위원 3분의 2 이상 찬성으로 의결한다.

해설

법 제34조의7(안전기준의 등록 및 심의 등) ① 행정안전부장관은 안전기준을 체계적으로 관리·운용하기 위하여 안전기준을 통합적으로 관리할 수 있는 체계를 갖추어야 한다.
② 중앙행정기관의 장은 관계 법률에서 정하는 바에 따라 안전기준을 신설 또는 변경하는 때에는 행정안전부장관에게 안전기준의 등록을 요청하여야 한다.
③ 행정안전부장관은 제2항에 따라 안전기준의 등록을 요청받은 때에는 안전기준심의회의 심의를 거쳐 이를 확정한 후 관계 중앙행정기관의 장에게 통보하여야 한다.
④ 중앙행정기관의 장이 신설 또는 변경하는 안전기준은 제34조의3에 따른 국가재난관리기준에 어긋나지 아니하여야 한다.
⑤ 안전기준의 등록 방법 및 절차와 안전기준심의회 구성 및 운영에 관하여는 대통령령으로 정한다.

영 제43조의10(안전기준의 등록 방법 등) ① 행정안전부장관은 법 제34조의7 제1항에 따른 통합적 관리체계를 갖추기 위하여 법 제34조의7 제2항에 따라 등록대상이 되는 안전기준을 조사하여 관계 중앙행정기관의 장에게 통보할 수 있으며, 관계 중앙행정기관의 장은 안전기준을 등록하는 등 필요한 조치를 하여야 한다.
② 행정안전부장관은 안전기준이 법 제34조의7 제3항에 따라 안전기준심의회를 거쳐 확정되었을 때에는 관보에 고시하여야 한다.
③ 제1항과 제2항에서 규정한 사항 외에 안전기준의 등록 및 고시 등에 필요한 사항은 행정안전부장관이 정한다.

영 제43조의11(안전기준심의회의 구성 및 운영 등) ① 법 제34조의7 제3항에 따른 안전기준심의회(이하 이 조에서 "심의회"라 한다)는 의장을 포함한 <u>20명 이내의 위원으로 구성</u>한다.
② 심의회는 다음 각 호의 사항을 심의·의결한다.
  1. 안전기준의 등록에 관한 사항
  2. 안전기준의 신설, 조정 및 보완에 관한 사항
  3. 그 밖에 의장이 회의에 부치는 사항
③ <u>심의회의 의장은 행정안전부의 재난안전관리사무를 담당하는 본부장</u>이 된다.
④ 심의회의 위원은 다음 각 호의 사람 중에서 <u>성별을 고려하여 행정안전부장관이 임명하거나 위촉</u>한다.
  1. 관계 중앙행정기관의 고위공무원단에 속하는 일반직공무원 또는 이에 상당하는 공무원
  2. 안전기준에 관한 학식과 경험이 풍부한 사람
⑤ **위촉위원의 임기는 2년으로 하며, 두 차례만 연임할 수 있다.**
⑥ 위원의 사임 등으로 새로 위촉된 위원의 임기는 전임위원 임기의 남은 기간으로 한다.
⑦ 행정안전부장관은 심의회 위원이 다음 각 호의 어느 하나에 해당하는 경우에는 해당 위원을 해임 또는 해촉(解囑)할 수 있다.
  1. 심신장애로 인하여 직무를 수행할 수 없게 된 경우
  2. 직무와 관련된 비위사실이 있는 경우
  3. 직무태만, 품위손상이나 그 밖의 사유로 인하여 위원으로 적합하지 아니하다고 인정되는 경우
  4. 위원 스스로 직무를 수행하는 것이 곤란하다고 의사를 밝히는 경우
⑧ 심의회는 재적위원 과반수의 출석으로 개의하고, 출석위원 과반수의 찬성으로 의결한다.
⑨ 심의회의 사무를 처리하기 위하여 간사 1명을 두며, 간사는 행정안전부 소속 공무원 중에서 의장이 지명한다.
⑩ 심의회는 심의의 전문성을 확보하기 위하여 필요한 경우에는 안전기준 분과위원회를 둘 수 있다.

⑪ 심의회의 회의에 출석한 위원에게는 예산의 범위에서 수당과 여비 등을 지급할 수 있다. 다만, 공무원인 위원이 그 업무와 관련하여 회의에 참석하는 경우에는 그러하지 아니하다.
⑫ 제1항부터 제11항까지에서 규정한 사항 외에 심의회의 운영과 안전기준 분과위원회의 구성·운영 등에 필요한 사항은 행정안전부장관이 정한다.

정답 ②

65

재난 및 안전관리 기본법령상 재난대비훈련에 관한 내용으로 옳은 것은?

① 재난대비훈련에 참여하는 기관은 자체 훈련을 수시로 실시할 수 있다.
② 훈련참여기관의 장은 재난대비훈련 실시 후 15일 이내에 그 결과를 훈련주관기관의 장에게 제출하여야 한다.
③ 소방청장은 2년마다 재난대비훈련 기본계획을 수립하고 재난관리책임기관의 장에게 통보하여야 한다.
④ 재난대비훈련에 참여하는 데에 필요한 비용은 훈련주관기관이 부담한다.

해설

법 제34조의9(재난대비훈련 기본계획 수립) ① 행정안전부장관은 매년 재난대비훈련 기본계획을 수립하고 재난관리책임기관의 장에게 통보하여야 한다.
② 재난관리책임기관의 장은 제1항의 재난대비훈련 기본계획에 따라 소관분야별로 자체계획을 수립하여야 한다.
③ 행정안전부장관은 제1항에 따라 수립한 재난대비훈련 기본계획을 국회 소관상임위원회에 보고하여야 한다.

법 제35조(재난대비훈련 실시) ① 행정안전부장관, 중앙행정기관의 장, 시·도지사, 시장·군수·구청장 및 긴급구조기관(이하 이 조에서 "훈련주관기관"이라 한다)의 장은 대통령령으로 정하는 바에 따라 매년 정기적으로 또는 수시로 재난관리책임기관, 긴급구조지원기관 및 군부대 등 관계 기관(이하 이 조에서 "훈련참여기관"이라 한다)과 합동으로 재난대비훈련(제34조의5에 따른 위기관리 매뉴얼의 숙달훈련을 포함한다)을 실시하여야 한다.
② 훈련주관기관의 장은 제1항에 따른 재난대비훈련을 실시하려면 제34조의9 제2항에 따른 자체계획을 토대로 재난대비훈련 실시계획을 수립하여 훈련참여기관의 장에게 통보하여야 한다.
③ 훈련참여기관의 장은 제1항에 따른 재난대비훈련을 실시하면 훈련상황을 점검하고, 그 결과를 대통령령으로 정하는 바에 따라 훈련주관기관의 장에게 제출하여야 한다.
④ 훈련주관기관의 장은 대통령령으로 정하는 바에 따라 다음 각 호의 조치를 하여야 한다.
  1. 훈련참여기관의 훈련과정 및 훈련결과에 대한 점검·평가
  2. 훈련참여기관의 장에게 훈련과정에서 나타난 미비사항이나 개선·보완이 필요한 사항에 대한 보완조치 요구
  3. 훈련과정에서 나타난 제34조의5 제1항 각 호의 위기관리 매뉴얼의 미비점에 대한 개선·보완 및 개선·보완조치 요구
⑤ 재난대비훈련의 효율적인 추진을 위한 절차·방법 등에 필요한 사항은 대통령령으로 정한다.

영 제43조의13(재난대비훈련 기본계획의 수립) 행정안전부장관은 법 제34조의9 제1항에 따라 재난대비훈련 기본계획을 수립하는 경우에는 다음 각 호의 사항을 포함하여야 한다.
  1. 재난대비훈련 목표
  2. 재난대비훈련 유형 선정기준 및 훈련프로그램
  3. 재난대비훈련 기획, 설계 및 실시에 관한 사항

4. 재난대비훈련 평가 및 평가결과에 따른 교육·재훈련의 실시 등에 관한 사항
5. 그 밖에 재난대비훈련의 실시를 위하여 행정안전부장관이 필요하다고 인정하여 정하는 사항

영 제43조의14(재난대비훈련 등) ① 행정안전부장관, 중앙행정기관의 장, 시·도지사, 시장·군수·구청장 및 긴급구조기관의 장(이하 "훈련주관기관의 장"이라 한다)은 법 제35조 제1항에 따라 관계 기관과 합동으로 참여하는 재난대비훈련을 각각 소관 분야별로 주관하여 연 1회 이상 실시하여야 한다.
② 제1항에 따라 재난대비훈련에 참여하는 기관은 자체 훈련을 수시로 실시할 수 있다.
③ 훈련주관기관의 장은 법 제35조 제1항에 따라 재난대비훈련을 실시하는 경우에는 훈련일 15일 전까지 훈련일시, 훈련장소, 훈련내용, 훈련방법, 훈련참여 인력 및 장비, 그 밖에 훈련에 필요한 사항을 재난관리책임기관, 긴급구조지원기관 및 군부대 등 관계 기관(이하 "훈련참여기관"이라 한다)의 장에게 통보하여야 한다.
⑤ 훈련주관기관의 장은 재난대비훈련 수행에 필요한 능력을 기르기 위하여 제1항에 따른 재난대비훈련 참석자에게 재난대비훈련을 실시하기 전에 사전교육을 하여야 한다. 다만, 다른 법령에 따라 해당 분야의 재난대비훈련 교육을 받은 경우에는 이 영에 따른 교육을 받은 것으로 본다.
⑥ 훈련참여기관의 장은 법 제35조 제3항에 따라 재난대비훈련 실시 후 10일 이내에 그 결과를 훈련주관기관의 장에게 제출하여야 한다.
⑦ 제1항에 따른 재난대비훈련에 참여하는 데에 필요한 비용은 참여 기관이 부담한다. 다만, 민간 긴급구조지원기관에 대해서는 훈련주관기관의 장이 부담할 수 있다.
⑧ 제1항부터 제7항까지에서 규정한 사항 외에 재난대비훈련 및 지원에 필요한 사항은 행정안전부장관이 정한다.

영 제43조의15(재난대비훈련의 평가) ① 훈련주관기관의 장은 다음 각 호의 평가항목 중 훈련 특성에 맞는 평가항목을 선정하여 법 제35조 제4항에 따른 재난대비훈련평가(이하 "훈련평가"라 한다)를 실시하여야 한다.
1. 분야별 전문인력 참여도 및 훈련목표 달성 정도
2. 장비의 종류·기능 및 수량 등 동원 실태
3. 유관기관과의 협력체제 구축 실태
4. 긴급구조대응계획 및 세부대응계획에 의한 임무의 수행 능력
5. 긴급구조기관 및 긴급구조지원기관 간의 지휘통신체계
6. 긴급구조요원의 임무 수행의 전문성 수준
7. 그 밖에 행정안전부장관이 정하는 평가에 필요한 사항

② 훈련주관기관의 장은 훈련평가의 결과를 훈련 종료일부터 30일 이내에 재난관리책임기관의 장 및 관계 긴급구조지원기관의 장에게 통보하고, 통보를 받은 재난관리책임기관의 장 및 긴급구조지원기관의 장은 평가 결과가 다음 훈련계획 수립 및 훈련을 실시하는 데 반영되도록 하는 등의 재난관리에 필요한 조치를 하여야 한다.
③ 행정안전부장관은 제1항에 따른 평가 결과 우수기관에 대해서는 포상 등 필요한 조치를 할 수 있다.
④ 행정안전부장관은 체계적이고 효율적인 훈련평가를 위하여 필요한 경우 민간전문가로 이루어진 평가단을 구성하여 운영할 수 있다.
⑤ 제1항부터 제4항까지에서 규정한 사항 외에 훈련평가에 필요한 사항은 행정안전부장관이 정하여 고시한다.

정답 ①

66

재난 및 안전관리 기본법령상 긴급구조지휘대의 구분 유형에 해당되지 않는 것은?

① 특수구조지휘대
② 방면현장지휘대
③ 권역현장지휘대
④ 소방서현장지휘대

> **해설**

영 제65조(긴급구조지휘대 구성·운영) ① 법 제55조 제2항에 따른 긴급구조지휘대는 다음 각 호의 사람으로 구성하여야 한다. ☞ 안.경.통.신.자.
  1. 신속기동요원
  2. 자원지원요원
  3. 통신지휘요원
  4. 안전담당요원
  5. 경찰관서에서 파견된 연락관
  6. 「응급의료에 관한 법률」 제26조에 따른 권역응급의료센터에서 파견된 연락관
② 법 제55조 제2항에 따른 긴급구조지휘대는 소방서현장지휘대, 방면현장지휘대, 소방본부현장지휘대 및 권역현장지휘대로 구분하되, 구분된 긴급구조지휘대의 설치기준은 다음 각 호와 같다.
  1. 소방서현장지휘대: 소방서별로 설치·운영
  2. 방면현장지휘대: 2개 이상 4개 이하의 소방서별로 소방본부장이 1개를 설치·운영
  3. 소방본부현장지휘대: 소방본부별로 현장지휘대 설치·운영
  4. 권역현장지휘대: 2개 이상 4개 이하의 소방본부별로 소방청장이 1개를 설치·운영
③ 제1항 및 제2항에서 규정한 사항 외에 긴급구조지휘대의 세부 운영기준은 행정안전부령으로 정한다.

시행규칙 제16조(긴급구조지휘대의 구성 및 기능) ① 영 제65조 제3항의 규정에 의하여 긴급구조지휘대는 별표 5의 규정에 따라 구성·운영하되, 소방본부 및 소방서의 긴급구조지휘대는 상시 구성·운영하여야 한다.
② 영 제65조 제3항의 규정에 의하여 긴급구조지휘대는 다음 각호의 기능을 수행한다.
  1. 통제단이 가동되기 전 재난초기시 현장지휘
  2. 주요 긴급구조지원기관과의 합동으로 현장지휘의 조정·통제
  3. 광범위한 지역에 걸친 재난발생시 전진지휘
  4. 화재 등 일상적 사고의 발생시 현장지휘
③ 영 제65조 제1항의 규정에 의하여 긴급구조지휘대를 구성하는 다음 각호에 해당하는 자는 통제단이 설치·운영되는 경우에는 다음의 구분에 따라 통제단의 해당부서에 배치된다.
  1. 상황분석요원 : 대응계획부
  2. 자원지원요원 : 자원지원부
  3. 통신지휘요원 : 구조진압반
  4. 안전담당요원 : 연락공보담당 또는 안전담당
  5. 경찰파견 연락관 : 현장통제반
  6. 응급의료파견 연락관 : 응급의료반

정답 ①

67

재난 및 안전관리 기본법령상 재난유형별 긴급구조대응계획에 포함되어야 하는 사항이 아닌 것은?

① 재난 발생 단계별 주요 긴급구조 대응활동 사항
② 주요 재난유형별 대응 매뉴얼에 관한 사항
③ 비상경고 방송메시지 작성 등에 관한 사항
④ 긴급구조대응계획의 목적 및 적용범위

해설

영 제63조(긴급구조대응계획의 수립) ① 법 제54조에 따라 긴급구조기관의 장이 수립하는 긴급구조대응계획은 기본계획, 기능별 긴급구조대응계획, 재난유형별 긴급구조대응계획으로 구분하되, 구분된 계획에 포함되어야 하는 사항은 다음 각 호와 같다.

1. 기본계획
    가. 긴급구조대응계획의 목적 및 적용범위
    나. 긴급구조대응계획의 기본방침과 절차
    다. 긴급구조대응계획의 운영책임에 관한 사항
2. 기능별 긴급구조대응계획
    가. 지휘통제: 긴급구조체제 및 중앙통제단과 지역통제단의 운영체계 등에 관한 사항
    나. 비상경고: 긴급대피, 상황 전파, 비상연락 등에 관한 사항
    다. 대중정보: 주민보호를 위한 비상방송시스템 가동 등 긴급 공공정보 제공에 관한 사항 및 재난상황 등에 관한 정보 통제에 관한 사항
    라. 피해상황분석: 재난현장상황 및 피해정보의 수집·분석·보고에 관한 사항
    마. 구조·진압: 인명 수색 및 구조, 화재진압 등에 관한 사항
    바. 응급의료: 대량 사상자 발생 시 응급의료서비스 제공에 관한 사항
    사. 긴급오염통제: 오염 노출 통제, 긴급 감염병 방제 등 재난현장 공중보건에 관한 사항
    아. 현장통제: 재난현장 접근 통제 및 치안 유지 등에 관한 사항
    자. 긴급복구: 긴급구조활동을 원활하게 하기 위한 긴급구조차량 접근 도로 복구 등에 관한 사항
    차. 긴급구호: 긴급구조요원 및 긴급대피 수용주민에 대한 위기 상담, 임시 의식주 제공 등에 관한 사항
    카. 재난통신: 긴급구조기관 및 긴급구조지원기관 간 정보통신체계 운영 등에 관한 사항
3. 재난유형별 긴급구조대응계획
    가. 재난 발생 단계별 주요 긴급구조 대응활동 사항
    나. 주요 재난유형별 대응 매뉴얼에 관한 사항
    다. 비상경고 방송메시지 작성 등에 관한 사항

② 긴급구조기관의 장은 긴급구조대응계획을 수립하기 위하여 필요한 경우에는 긴급구조지원기관의 장에게 소관별 긴급구조세부대응계획을 수립하여 제출하도록 요청할 수 있다. 이 경우 긴급구조기관의 장은 긴급구조세부대응계획의 작성에 필요한 긴급구조세부대응계획의 수립에 관한 지침을 작성하여 배포하여야 한다.

정답 ④

68

재난 및 안전관리 기본법령상 지역축제 개최 시 안전관리조치에 관한 내용이다. ( )안에 들어갈 내용으로 옳은 것은?

> 중앙행정기관의 장 또는 지방자치단체의 장은 축제기간 중 순간 최대 관람객이 ( )명 이상이 될 것으로 예상되는 지역축제 를 개최하려면 해당 지역축제가 안전하게 진행될 수 있도록 지역축제 안전관리계획을 수립하고, 그 밖에 안전관리에 필요한 조치를 하여야 한다.

① 500
② 1,000
③ 2,000
④ 3,000

해설

법 제66조의11(지역축제 개최 시 안전관리조치) ① 중앙행정기관의 장 또는 지방자치단체의 장은 대통령령으로 정하는 지역축제를 개최하려면 해당 지역축제가 안전하게 진행될 수 있도록 지역축제 안전관리계획을 수립하고, 그 밖에 안전관리에 필요한 조치를 하여야 한다.
② 행정안전부장관 또는 시·도지사는 제1항에 따른 지역축제 안전관리계획의 이행 실태를 지도·점검할 수 있으며, 점검 결과 보완이 필요한 사항에 대해서는 관계 기관의 장에게 시정을 요청할 수 있다. 이 경우 시정 요청을 받은 관계 기관의 장은 특별한 사유가 없으면 요청에 따라야 한다.
③ 제1항에 따른 지역축제 안전관리계획의 내용, 수립절차 등 필요한 사항은 대통령령으로 정한다.

영 제73조의9(지역축제 개최 시 안전관리조치) ① 법 제66조의11 제1항에서 "대통령령으로 정하는 지역축제"란 다음 각 호의 어느 하나에 해당하는 지역축제를 말한다.
 1. 축제기간 중 순간 최대 관람객이 3천명 이상이 될 것으로 예상되는 지역축제
 2. 축제장소나 축제에 사용하는 재료 등에 사고 위험이 있는 지역축제로서 다음 각 목의 어느 하나에 해당하는 지역축제
  가. 산 또는 수면에서 개최하는 지역축제
  나. 불, 폭죽, 석유류 또는 가연성 가스 등의 폭발성 물질을 사용하는 지역축제
② 법 제66조의11 제1항에 따른 지역축제 안전관리계획(이하 "지역축제 안전관리계획"이라 한다)에는 다음 각 호의 사항이 포함되어야 한다.
 1. 지역축제의 개요
 2. 축제 장소·시설 등을 관리하는 사람 및 관리조직과 임무에 관한 사항
 3. 화재예방 및 인명피해 방지조치에 관한 사항
 4. 안전관리인력의 확보 및 배치계획
 5. 비상시 대응요령, 담당 기관과 담당자 연락처
③ 중앙행정기관의 장 또는 지방자치단체의 장은 지역축제 안전관리계획을 수립하려면 개최지를 관할하는 지방자치단체, 소방서 및 경찰서 등 안전관리 유관기관의 의견을 미리 들어야 한다.
④ 행정안전부장관은 지역축제 안전관리계획이 효율적으로 수립·관리될 수 있도록 하기 위하여 지역축제 안전관리 매뉴얼을 작성하여 중앙행정기관의 장 또는 지방자치단체의 장에게 통보할 수 있다.
⑤ 제1항부터 제4항까지에서 규정한 사항 외에 지역축제 안전관리계획의 세부적인 내용 및 수립절차 등에 관하여 필요한 사항은 행정안전부장관이 정한다.

정답 ④

69

자연재해대책법상 다음에서 정의하는 용어는?

> 자연재해에 영향을 미치는 행정계획으로 인한 재해 유발 요인을 예측·분석하고 이에 대한 대책을 마련하는 것을 말한다.

① 자연재해저감 종합계획
② 재해영향성검토
③ 재해영향평가
④ 침수흔적도

해설

제2조(정의) 이 법에서 사용하는 용어의 뜻은 다음과 같다.
1. "재해"란 「재난 및 안전관리 기본법」(이하 "기본법"이라 한다) 제3조 제1호에 따른 재난으로 인하여 발생하는 피해를 말한다.
2. "자연재해"란 기본법 제3조 제1호 가목에 따른 자연재난(이하 "자연재난"이라 한다)으로 인하여 발생하는 피해를 말한다.
3. "풍수해"(風水害)란 태풍, 홍수, 호우, 강풍, 풍랑, 해일, 조수, 대설, 그 밖에 이에 준하는 자연현상으로 인하여 발생하는 재해를 말한다.
4. "재해영향성검토"란 자연재해에 영향을 미치는 행정계획으로 인한 재해 유발 요인을 예측·분석하고 이에 대한 대책을 마련하는 것을 말한다.
5. "재해영향평가"란 자연재해에 영향을 미치는 개발사업으로 인한 재해 유발 요인을 조사·예측·평가하고 이에 대한 대책을 마련하는 것을 말한다.
6. "자연재해저감 종합계획"이란 지역별로 자연재해의 예방 및 저감(低減)을 위하여 특별시장·광역시장·특별자치시장·도지사·특별자치도지사(이하 "시·도지사"라 한다) 및 시장·군수가 지역안전도에 대한 진단 등을 거쳐 수립한 종합계획을 말한다.
7. "우수유출저감시설"이란 우수(雨水)의 직접적인 유출을 억제하기 위하여 인위적으로 우수를 지하로 스며들게 하거나 지하에 가두어 두는 시설을 말한다.
8. "수방기준"(水防基準)이란 풍수해로부터 시설물의 수해 내구성(耐久性)을 강화하고 지하 공간의 침수를 방지하기 위하여 관계 중앙행정기관의 장 또는 행정안전부장관이 정하는 기준을 말한다.
9. "침수흔적도"란 풍수해로 인한 침수 기록을 표시한 도면을 말한다.
10. "재해복구보조금"이란 중앙행정기관이 재해복구사업을 위하여 특별시·광역시·특별자치시·도·특별자치도(이하 "시·도"라 한다) 및 시·군·구(자치구를 말한다. 이하 같다)에 지원하는 보조금을 말한다.
11. 삭제
12. "지구단위 홍수방어기준"이란 상습침수지역이나 재해위험도가 높은 지역에 대하여 침수 피해를 방지하기 위하여 행정안전부장관이 정한 기준을 말한다.
13. "재해지도"란 풍수해로 인한 침수 흔적, 침수 예상 및 재해정보 등을 표시한 도면을 말한다.
14. "방재관리대책대행자"란 재해영향성검토 등 방재관리대책에 관한 업무를 전문적으로 대행하기 위하여 제38조 제2항에 따라 행정안전부장관에게 등록한 자를 말한다.
15. "지역안전도 진단"이란 자연재해 위험에 대하여 지역별로 안전도를 진단하는 것을 말한다.
16. "방재기술"이란 자연재해의 예방·대비·대응·복구 및 기후변화에 신속하고 효율적인 대처를 통하여 인명과 재산 피해를 최소화시킬 수 있는 자연재해에 대한 예측·규명·저감·정보화 및 방재 관련 제품생산·제도·정책 등에 관한 모든 기술을 말한다.
17. "방재산업"이란 방재시설의 설계·시공·제작·관리, 방재제품의 생산·유통, 이와 관련된 서비스의 제공, 그 밖에 자연재해의 예방·대비·대응·복구 및 기후변화 적응과 관련된 산업을 말한다.

정답 ②

70

자연재해대책법령상 재난관리책임기관의 장이 재해 유형별 행동요령을 작성하는 경우, 단계별 행동요령 중 대응단계에 포함되어야 할 세부 사항으로 옳은 것은?

① 이재민 수용시설의 운영 등에 관한 사항
② 재난정보의 수집 및 전달체계에 관한 사항
③ 방재물자·동원장비의 확보·지정 및 관리에 관한 사항
④ 재해가 예상되거나 발생한 경우 비상근무계획에 관한 사항

해설

시행규칙 제14조(재해 유형별 행동 요령에 포함되어야 할 세부 사항) ① 영 제33조 제1항 제1호 및 같은 조 제2항에 따라 단계별 행동 요령에 포함되어야 할 세부 사항은 다음 각 호와 같다.

1. 예방단계
   가. 자연재해위험개선지구·재난취약시설 등의 점검·정비 및 관리에 관한 사항
   나. 방재물자·동원장비의 확보·지정 및 관리에 관한 사항
   다. 유관기관 및 민간단체와의 협조·지원에 관한 사항
   라. 그 밖에 행정안전부장관이 필요하다고 인정하는 사항
2. 대비단계
   가. 재해가 예상되거나 발생한 경우 비상근무계획에 관한 사항
   나. 피해 발생이 우려되는 시설의 점검·관리에 관한 사항
   다. 유관기관 및 방송사에 대한 상황 전파 및 방송 요청에 관한 사항
   라. 그 밖에 행정안전부장관이 필요하다고 인정하는 사항
3. 대응단계
   가. 재난정보의 수집 및 전달체계에 관한 사항
   나. 통신·전력·가스·수도 등 국민생활에 필수적인 시설의 응급복구에 관한 사항
   다. 부상자 치료대책에 관한 사항
   라. 그 밖에 행정안전부장관이 필요하다고 인정하는 사항
4. 복구단계
   가. 방역 등 보건위생 및 쓰레기 처리에 관한 사항
   나. 이재민 수용시설의 운영 등에 관한 사항
   다. 복구를 위한 민간단체 및 지역 군부대의 인력·장비의 동원에 관한 사항
   라. 그 밖에 행정안전부장관이 필요하다고 인정하는 사항

정답 ②

71

자연재해대책법령상 방재신기술의 보호기간 등에 관한 내용이다. ( )에 들어갈 내용이 순서대로 옳은 것은?

> ( )은 방재신기술을 지정받은 자의 신청이 있으면 그 신기술의 활용 실적 등을 검증하여 방재신기술의 보호기간을 방재신기술로 지정된 날로부터 5년의 보호기간을 포함하여 ( )년의 범위에서 연장할 수 있다.

① 소방청장, 7
② 소방청장, 12
③ 행정안전부장관, 7
④ 행정안전부장관, 12

해설

제52조(방재신기술의 보호기간 등) ① 법 제61조 제3항에 따른 방재신기술의 보호기간은 방재신기술로 지정된 날부터 5년으로 한다.
② 행정안전부장관은 방재신기술을 지정받은 자의 신청이 있으면 그 신기술의 활용 실적 등을 검증하여 제1항에 따른 방재신기술의 보호기간을 제1항에 따른 보호기간을 포함하여 12년의 범위에서 연장할 수 있다.
③ 제2항에 따라 보호기간을 연장하는 경우 제49조를 준용한다.

정답 ④

72

「긴급구조대응활동 및 현장지휘에 관한 규칙」상 긴급구조기관과 긴급구조지원기관 중 재난통신분야의 책임기관은? (단, 해양에서 발생한 재난은 제외)

① 과학기술정보통신부
② 보건복지부
③ 소방청
④ 경찰청

해설

제11조(긴급구조지원기관 등의 역할) 긴급구조기관과 긴급구조지원기관은 다음 각 호의 구분에 따라 책임기관 또는 지원기관으로서의 역할을 수행한다.
1. 법 제3조 제7호의 규정에 의한 긴급구조기관과 영 제4조 제1호 및 제3호의 긴급구조지원기관 : 별표 2의 규정에 의한 역할
2. 영 제4조 제2호·제4호 내지 제7호의 긴급구조지원기관 : 긴급구조대응계획이 정하는 역할

[별표 2]

긴급구조지원기관의 역할(제11조 제1호 관련)

계획 번호	1	2	3	4	5	6	7	8	9	10	11
기능별 긴급 구조대응계획 / 긴급구조 지원기관 등	지휘 통제	비상 경고	대중 정보	상황 분석	구조 진압	응급 의료	오염 통제	현장 통제	긴급 복구	긴급 구호	재난 통신
소방청	○	○	○	○	○	△	△	△	△	△	○
국방부	△				△	△	△	△	△	△	△
과학기술정보통신부		△	△	△			△		△	△	
산업통상자원부				△			△		△		
보건복지부					△	○	△			△	△
환경부						△	○		△		△
국토교통부	△		△				△		○		
방송통신위원회			△						△		△
경찰청	△	△	△	△				○			△
기상청		△									
산림청					△						△
대한적십자사						△	△		△	○	

비고
1. "○"는 책임기관을 말한다.
2. "△"는 지원기관을 말한다.
3. 위 구분에도 불구하고 해양에서 발생한 재난에 대해서는 해양경찰청장이 기능별 긴급 구조대응계획의 모든 분야에서 책임기관이 된다.

정답 ③

73

「긴급구조대응활동 및 현장지휘에 관한 규칙」상 중증도 분류표의 내용이다. 사상자의 상태별로 부착하는 중증도 분류표 색상의 연결이 옳은 것은?

① 생존불능 : 적색
② 심각한 두부손상 : 흑색
③ 중증의 화상 : 황색
④ 단순 두부손상 : 녹색

> 해설

○ 사상자의 상태별로 부착하는 중증도 분류표 색상

사망(흑색)	사망 생존불능
긴급(적색)	기도, 호흡, 심장이상 조절 안 되는 출혈, 개방성 흉부 복부손상 심각한 두부손상, 쇼크, 기도화상 내과적 이상
응급(황색)	척추손상, 다발성 주요골절 중증의 화상, 단순 두부손상
비응급(녹색)	경상의 합병증 없는 골절, 외상, 손상, 화상 정신과적인 문제

정답 ③

74

「긴급구조대응활동 및 현장지휘에 관한 규칙」상 통제단이 설치·운영되는 경우, 긴급구조지휘대를 구성하는 자와 통제단에 배치되는 해당부서의 연결이 옳은 것은?

① 신속기동요원: 현장통제반
② 통신지휘요원: 구조진압반
③ 자원지원요원: 상황보고반
④ 안전담당요원: 응급의료반

> 해설

제16조(긴급구조지휘대의 구성 및 기능) ① 영 제65조 제3항의 규정에 의하여 긴급구조지휘대는 별표 5의 규정에 따라 구성·운영하되, 소방본부 및 소방서의 긴급구조지휘대는 상시 구성·운영하여야 한다.
② 영 제65조 제3항의 규정에 의하여 긴급구조지휘대는 다음 각호의 기능을 수행한다.
  1. 통제단이 가동되기 전 재난초기시 현장지휘
  2. 주요 긴급구조지원기관과의 합동으로 현장지휘의 조정·통제
  3. 광범위한 지역에 걸친 재난발생시 전진지휘
  4. 화재 등 일상적 사고의 발생시 현장지휘
③ 영 제65조 제1항에 따라 긴급구조지휘대를 구성하는 사람은 통제단이 설치·운영되는 경우 다음 각 호의 구분에 따라 통제단의 해당부서에 배치된다. <개정 2020. 2. 21.>
  1. **신속기동요원** : 대응계획부
  2. 자원지원요원 : 자원지원부
  3. 통신지휘요원 : 구조진압반
  4. 안전담당요원 : 연락공보담당 또는 안전담당
  5. 경찰파견 연락관 : 현장통제반
  6. 응급의료파견 연락관 : 응급의료반

정답 ②

75

「긴급구조대응활동 및 현장지휘에 관한 규칙」상 긴급구조활동평가단의 구성에 관한 내용으로 옳지 않은 것은?

① 평가단의 단장은 통제단장으로 한다.
② 3인 이상 9인 이하로 한다.
③ 민간전문가 2인 이상을 포함하여 구성한다.
④ 통제단의 대응계획부장은 단원으로 될 수 있는 자에 해당한다.

해설

제39조(긴급구조활동평가단의 구성) ① 통제단장은 재난상황이 종료된 후 긴급구조활동의 평가를 위하여 긴급구조기관에 긴급구조활동평가단(이하 "평가단"이라 한다)을 구성하여야 한다.
② 평가단의 단장은 통제단장으로 하고, 단원은 다음 각호의 어느 하나에 해당하는 자와 민간전문가 2인 이상을 포함하여 5인 이상 7인 이하로 구성한다.
1. 통제단장
2. 통제단의 대응계획부장 또는 소속 반장
3. 자원지원부장 또는 소속 반장
4. 긴급구조지휘대장
5. 긴급복구부장 또는 소속 반장
6. 긴급구조활동에 참가한 기관·단체의 요원 또는 평가에 관한 전문지식과 경험이 풍부한 자중에서 통제단장이 필요하다고 인정하는 자.

정답 ②

소방 안전교육사 기출문제집
Vision

초판 1쇄 발행 2020년 05월 20일

편저 정명재
발행인 이향준 **발행처** (주)법률저널
등록일자 2008년 9월 26일 **등록번호** 제15-605호
주소 151-862 서울 관악구 복은4길 50 (서림동 120-32)
대표전화 02)874-1144 **팩스** 02)876-4312
홈페이지 www.lec.co.kr
ISBN 978-89-6336-498-8
정가 23,000원